建设项目水资源论证报告书案例汇编

(2016)

水利部水资源管理中心　编著

中国水利水电出版社
www.waterpub.com.cn
·北京·

内 容 提 要

本书选取了8个建设项目水资源论证报告书案例进行汇编，分别为：平凉天元煤电化有限公司安家庄矿井及选煤厂项目水资源论证；广东省平远县仁居稀土矿水资源论证；长沙洋湖A区区域供冷（热）能源站水资源论证；陕西国华锦界能源有限责任公司电厂三期工程2×660MW机组水资源论证；山东能源临矿集团临沂会宝岭铁矿有限公司凤凰山铁矿采选工程水资源论证；凌源钢铁集团有限责任公司取用水水资源论证；中科合成油内蒙古有限公司年产1.2万t煤制油催化剂项目水资源论证；平岗—广昌原水供应保障工程水资源论证。每个案例在内容设计上结合了论证内容的特点，突出了案例的特色。

本书可供水资源论证报告书编制人员、水资源论证管理人员和评审专家参考，也可作为从事水资源评价、规划、设计、保护及相关工作的科研与管理人员及大专院校师生的参考用书。

图书在版编目（CIP）数据

建设项目水资源论证报告书案例汇编. 2016 / 水利部水资源管理中心编著. -- 北京 : 中国水利水电出版社, 2017.12
ISBN 978-7-5170-6099-4

Ⅰ. ①建… Ⅱ. ①水… Ⅲ. ①基本建设项目—水资源管理—研究报告—中国—2016 Ⅳ. ①TV213.4

中国版本图书馆CIP数据核字(2017)第305373号

书　名	**建设项目水资源论证报告书案例汇编（2016）** JIANSHE XIANGMU SHUIZIYUAN LUNZHENG BAOGAOSHU ANLI HUIBIAN（2016）
作　者	水利部水资源管理中心　编著
出版发行	中国水利水电出版社 （北京市海淀区玉渊潭南路1号D座　100038） 网址：www.waterpub.com.cn E-mail：sales@waterpub.com.cn 电话：(010) 68367658（营销中心）
经　售	北京科水图书销售中心（零售） 电话：(010) 88383994、63202643、68545874 全国各地新华书店和相关出版物销售网点
排　版	中国水利水电出版社微机排版中心
印　刷	天津嘉恒印务有限公司
规　格	184mm×260mm　16开本　18.5印张　439千字
版　次	2017年12月第1版　2017年12月第1次印刷
印　数	0001—2000册
定　价	**78.00**元

前　言

建设项目水资源论证作为水资源管理的一项基本制度，在规范建设项目取水许可管理和水资源有偿使用等方面发挥了重要作用。近年来，党中央、国务院高度重视水资源问题，深入推进水利改革与发展，对水资源论证与取水许可管理工作提出了新的要求，根据《国务院关于取消和调整一批行政审批项目等事项的决定》（国发〔2014〕27号）、《水利部简化整合投资项目涉水行政审批实施办法（试行）》（水规计〔2016〕22号）等有关要求，国家取消了建设项目水资源论证机构资质认定，将取水许可和建设项目水资源论证报告书审批两项整合为取水许可审批。在改革的新形势下，为进一步落实最严格水资源管理制度，保障建设项目水资源论证与取水许可管理工作的质量，不断提高建设项目水资源论证报告书编制技术水平，应广大水资源论证从业人员的要求，水利部水资源管理中心于2016年组织开展了第三批建设项目水资源论证报告书优秀案例汇编。经各地推荐及专家评选，通过认真研究讨论，选定了8个水资源论证报告书。2016年11月至2017年6月，水利部水资源管理中心组织水资源论证报告书编写单位及有关专家开展了案例编制工作，着重对案例的内容进行了讨论。针对项目的特点，在内容与结构上突出案例的特色与针对性，以更好地发挥案例的示范和借鉴作用。每个案例附有专家点评，并在此基础上汇总编著本书。

本书的编著得到了有关水资源论证编制单位及多位专家的大力支持。为本书提供案例的单位（排名不分先后）及案例主要编写人员有：平凉天元煤电化有限公司安家庄矿井及选煤厂项目水资源论证，黄河水资源保护科学研究院，刘永峰、韩柯尧、闫海富；广东省平远县仁居稀土矿水资源论证，珠江水利委员会水文局，赵小娥、曾京、陈春燕；长沙洋湖A区区域供冷（热）能源站水资源论证，湖南省水利水电勘测设计研究院，卓志宇、孙美云；陕西国华锦界能源有限责任公司电厂三期工程2×660MW机组水资源论证，黄河水利科学研究院，李皓冰、张磊；山东能源临矿集团临沂会宝岭铁矿有限公司凤凰山铁矿采选工程水资源论证，山东省水利科学研究院，陈华伟、张欣；凌源钢铁集团有限责任公司取用水水资源论证，辽宁省水利水电科学研究院，孟晓路、王志坤、孙博；中科合成油内蒙古有限公司年产1.2万t煤制油催化剂项目水资源论证，内蒙古自治区水利水电勘测设计院，赵晓萍、姜姝婷、赵洪光；平岗—广昌原水供应保障工程水资源论证，珠江水利委员会珠江水利科学研究院，贺新春、张丽。

高而坤、刘振胜、连煜、储德义、李和跃、徐志侠、李砚阁、李世举、何宏谋等专家提出了有益的修改意见并进行了点评工作。水利部水资源管理中心通审了全稿。

尽管编写人员付出了很大的努力，限于理论及实践水平，难免存在不足之处，希望读者批评指正。

编　者

2017年7月

目　录

案例一　平凉天元煤电化有限公司安家庄矿井及选煤厂项目水资源论证报告书

1　概　述

1.1　项目概况

1.1.1　基本情况

平凉天元煤电化有限公司安家庄矿井及选煤厂项目位于甘肃省灵台县的东北部，行政区划属中台镇、独店镇管辖，属于国家发改委批复的《甘肃灵台矿区总体规划》中的矿井。矿井设计生产规模500万t/a，配套建设同等规模的选煤厂。井田东西长约19.0km，南北宽约7.5km，面积107.317km^2，设计服务年限70.2年。

按照水利部、原国家发展计划委员会2002年第15号令《建设项目水资源论证管理办法》等相关要求，2014年5月平凉天元煤电化有限公司委托黄河水资源保护科学研究院开展安家庄矿井及选煤厂项目水资源论证工作。

1.1.2　生产工艺

（1）井田特征。安家庄井田设计可采储量491.73Mt，主采煤层为煤5－1、煤5－2、煤6－2、煤8－1、煤8－2、煤9－3。煤层埋深为地表以下756.22（煤5－1）～1524.50m（煤9－3）；井田煤层埋藏深度为东部浅、西部深，南部浅、北部深，煤层埋藏深度最浅部位于井田的东南方向达溪河沟谷附近。

安家庄井田主采煤层煤8－2平均厚度为3.34m，其余开采煤层均厚在2m以下；煤层倾角一般6°以下，局部区域煤层倾角最大达到12°。井田构造复杂程度为中等型，水文地质条件简单，煤层瓦斯含量较高，煤尘有爆炸危险性，煤层为易自燃及自燃煤层，地温值偏高，煤层顶底板岩性较差，工程地质条件较差，井筒施工难度较大。

（2）井田开拓与开采。安家庄井田设计生产能力5.0Mt/a，煤矿主井、副井、风井均采用立井开拓方式，井筒采用冻结法施工。全井田划分为一个水平，标高＋50m。采煤采用综采一次采全高采煤工艺，后退式回采，全部跨落法管理顶板，选煤采用重介浅槽工艺。井田共划分为10个盘区，其中11盘区、21盘区、31盘区、41盘区、51盘区开采上煤组，12盘区、22盘区、32盘区、42盘区、52盘区开采下煤组（煤5－1、煤5－2和煤6－2为上煤组；煤8－1、煤8－2、煤9－3为下煤组）。首采区为上煤组的11盘区和下煤组的21盘区，11盘区开采年限9.5年，21盘区开采年限5.0年。

（3）地面总体布置。安家庄煤矿工业场地位于灵台县城东北1.3km处的河湾村，项目建设用地总规模为46.02hm^2，分为主副井工业场地、风井工业场地、临时排矸场地、场外道路等。安家庄煤矿地面布置及交通位置示意图见图1－1。

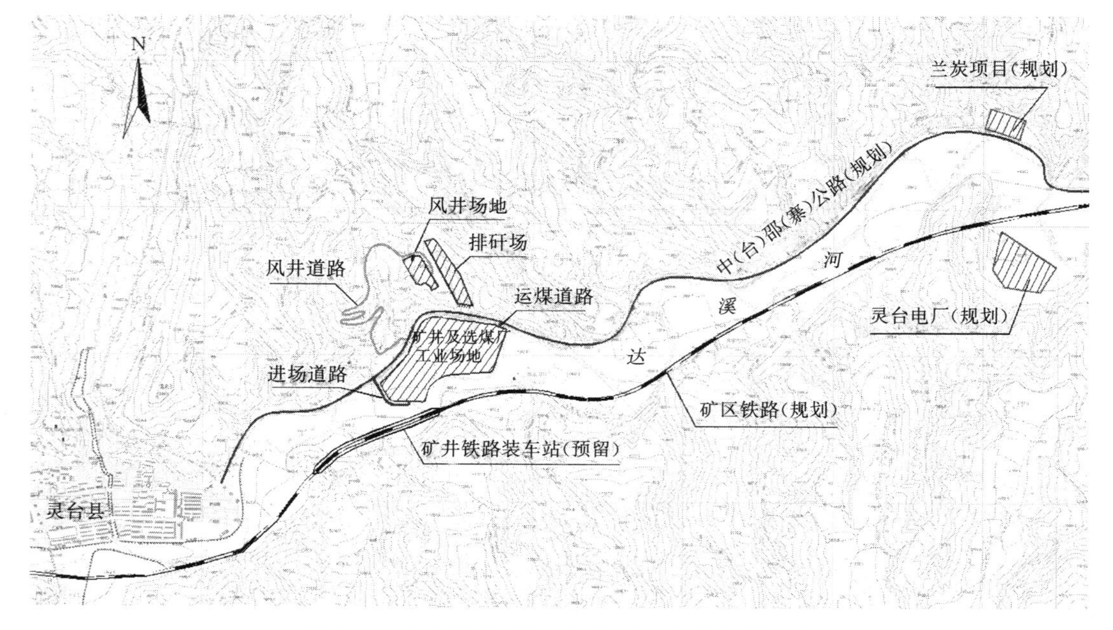

图1-1 安家庄煤矿地面布置及交通位置示意图

1.1.3 取用水方案

安家庄煤矿及选煤厂项目年取水量为104.6万m^3，其中生产取自身矿井涌水85.4万m^3，生活年取水量19.2万m^3（矿井涌水4.5万m^3，自来水14.7万m^3）。本项目原煤生产水耗0.093m^3/t，选煤补水量0.05m^3/t等主要用水指标，符合《清洁生产标准　煤炭采选业》（HJ 446—2008）的一级标准和甘肃省行业用水定额标准。

1.1.4 退水方案

安家庄煤矿及选煤厂项目废污水主要来源为矿井涌水、生产废水、生活污水以及选煤厂泥水。正常工况下，本项目各类废污水处理后全部回用，对外零排放；检修期多余矿井涌水经深度处理后贮存于4.5万m^3的矿井水回用水池内，灌溉期用于独店镇姚景项目区苹果示范园灌溉。

1.1.5 水资源论证范围

（1）分析范围。安家庄井田取水水源位于灵台县境内，论证范围和影响范围均位于灵台县境内，但考虑到项目地处黄河流域，按照目前水资源管理要求，该区域的水资源开发利用受黄河可供耗水总量控制指标和用水总量红线控制指标的双重约束，为便于分析，水资源分析范围宜适当放大，故确定本项目水资源分析范围为平凉市全境，重点分析灵台县。

（2）矿井涌水取水水源论证和取水影响范围。论证结合地表沉陷影响范围和矿井涌水疏干范围综合确定矿井涌水水源论证和取水影响范围，分析后确定为安家庄井田及井田边界向外延伸500m的区域。

（3）自来水取水水源论证和取水影响论证范围。本项目施工期用水和运行期生活用水均取自灵台县坷台水厂自来水，坷台水厂水源为达溪河一级支流涧河的地表水，据此确定自来水取水水源论证范围为灵台县坷台水厂涧河渠首坝址以上涧河流域范围。自来水取水影响范围为灵台县坷台水厂供水范围（灵台县城及中台镇12个村庄）。

（4）退水影响范围。正常工况下，本项目矿井涌经处理后可全部回用，生产生活废污水经处理后全部回用，检修期多余矿井涌水经深度处理后用于独店镇苹果示范园灌溉，因此确定本项目退水影响论证范围为项目工业广场区域、临时排矸场区域，以及独店镇苹果示范园区域。

1.2　水资源论证的重点与难点

（1）大型井工煤矿合理用水量核定及高矿化度矿井涌水分质回用方案。安家庄矿井及选煤厂设计规模为5.0Mt/a，属于高瓦斯、高地温矿井，设计有瓦斯抽采站和地面制冷站，可研设计取水量为5528m^3/d，且本项目位于水资源紧缺地区，矿井涌水水量相对充足，但矿化度较高。根据井工煤矿的用水特点，针对不同用水单元的用水水质要求，提出合理的矿井用水分级处理、分质回用方案，使矿井涌水全部回用，是本项目水资源论证的一个重点问题。

（2）矿井涌水取水水源论证。安家庄煤矿项目运行期的生产水源为自身矿井涌水，矿井涌水取水水源论证是本次水资源论证中用水合理性分析、取水影响论证和退水影响论证的基础，也是安家庄煤矿项目水资源论证的一个重点和难点问题。

（3）矿井涌水取水影响论证。安家庄煤矿属于井工煤矿，可采煤层之上存在白垩系巨厚含水层，煤层开采是否导通白垩系含水层，开采对地表水、地下水以及其他用水户的影响是安家庄煤矿项目水资源论证的一个重点和难点问题。

1.3　工作过程

黄河水资源保护科学研究院接受安家庄煤矿项目水资源论证委托后，仔细研究了该项目的地勘资料、可研资料，在对拟建区域进行初步现场勘查和资料收集的基础上，编制完成了《平凉天元煤电化有限公司安家庄矿井及选煤厂项目水资源论证工作大纲》，于2014年5月报送甘肃省水行政主管部门审查并通过。

报告编制过程中，论证单位先后前往灵台现场和周边地区开展了5次资料收集和调研工作，对灵台矿区内部在建的邵寨煤矿（1.2Mt/a）、甘肃华亭矿区已建的山寨煤矿（3.0Mt/a）、陕西麟游矿区已建的郭家河煤矿（5Mt/a）进行了实地走访，对井筒施工工艺、采煤工艺、选煤工艺、矿井涌水处理工艺、采煤影响、矿山恢复情况等进行了深入调研。在此基础上，按照《建设项目水资源论证导则》（SL 322—2013）要求，编制完成了《平凉天元煤电化有限公司安家庄矿井及选煤厂项目水资源论证报告书（初审版）》，于2014年10月通过甘肃省水利厅的初审（甘水发〔2014〕105号）。

2015年10月，论证单位再次前往安家庄矿井临近的陕西麟游矿区郭家河煤矿，进一步调研采煤过程中导水裂隙带实测发育高度、瓦斯抽采及发电、矿井涌水等情况。结合此次调研成果，编制完成了《平凉天元煤电化有限公司安家庄矿井及选煤厂项目水资源论证报告书（送审版）》。12月25日，水利部黄河水利委员会在郑州组织召开会议，对《平凉天元煤电化有限公司安家庄矿井及选煤厂项目水资源论证报告书（送审版）》进行了审查；

论证单位按照与会专家意见对报告书进行了修改完善，形成了报告书最终版。

1.4 案例的主要内容

本次案例汇编对原水资源论证报告中第1章“总论”、第3章“取用水合理性分析”、第4章“建设项目取水水源论证”、第5章“取水影响论证”和第8章“建设项目水资源论证结论和建议”进行了适当简化、合并和省略，同时省略了原报告中第2章“水资源及其开发利用状况分析”、第6章“退水影响论证”以及第7章“影响补偿和水资源保护措施”的内容。主要突出了用水合理性分析、矿井涌水取水水源论证、矿井涌水取水影响论证三个部分的内容：

（1）本案例按照国家、甘肃省以及煤炭行业各项标准、规范的相关要求，结合对周边区域其他煤矿的实际调研结果，对项目的合理用水量进行核定，经计算，安家庄煤矿项目年取水量为104.6万m^3/a，其中取自身矿井涌水89.9万m^3/a，取自来水14.7万m^3/a；案例根据论证项目的用水特点，针对不同用水单元的用水水质要求，提出了矿井涌水分级处理、分质回用的方案，使矿井涌水可做到全部回用。

（2）本案例在分析矿井充水因素的基础上，确定矿井开采时的直接充水含水层，在收集到大量实测数据的基础上，分别采用解析法（大井法）和比拟法（富水系数法）对矿井涌水量进行预算，综合两种方法的计算结果进行分析，确定合理的矿井涌水可供水量为2606m^3/d，并对矿井涌水水质保证程度、取水口位置合理性以及取水可靠性进行了分析。

（3）本案例在分析井田水文地质条件的基础上，选取了井田可采区的所有钻孔对开采形成的导水裂隙带发育高度进行计算，经计算，安家庄煤矿开采产生的导水裂隙带一般会导通侏罗系延安组、直罗组，但不会进入侏罗系安定组隔水层。案例根据导水裂隙带发育高度计算结果，绘制了导水裂隙顶部至宜君组含水层底界面高度平面图、勘探线剖面裂隙高度发育示意图、钻孔裂隙带发育高度示意图，分别分析了井田开采对地下水含水层、地表水以及其他用水户的影响，提出了相应的水资源保护措施。

2 用水合理性分析

2.1 合理用水量的核定

2.1.1 可研设计的用水量

根据可研，本项目总用水量为5790m^3/d，其中取新水量5528m^3/d（自来水947 m^3/d，自身矿井涌水4581m^3/d），外排水量751m^3/d。可研设计的水量平衡图见图2-1。

2.1.2 可研设计用水参数的合理性识别

论证比照国家、地方及行业有关标准规范要求、先进用水工艺、节水措施及用水指标，结合可研提出的用水方案，对项目生活、生产用水系统的用水设计参数进行合理性分析。

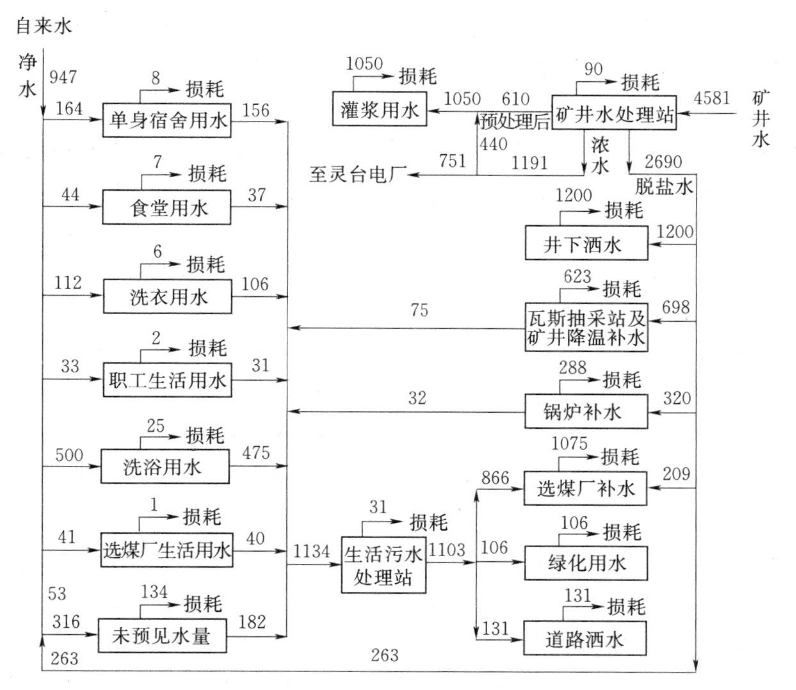

图 2-1　可研设计安家庄煤矿用水水量平衡图（单位：m^3/d）

（1）生活用水系统。生活用水系统包括职工生活用水、食堂用水、洗衣用水、洗浴用水等。论证按照《煤炭工业矿井设计规范》（GB 50215—2005）、《建筑给水排水设计规范》（GB 50015—2009）和《煤炭工业给水排水设计规范》（GB 50810—2012）、《甘肃省行业用水定额（修订本）》（甘政发〔2011〕64号），并根据周边煤矿运行实际情况，对职工生活用水、食堂用水、洗衣用水、洗浴用水的用水定额和用水人数进行核定，核定后职工生活用水、食堂用水、洗衣用水、洗浴用水的用水量分别为193m^3/d、50m^3/d、94m^3/d、125m^3/d。

（2）生产用水系统。生产系统用水主要包括灌浆用水、瓦斯抽采站补水、矿井降温补水、井下洒水、选煤厂补水和锅炉补水等。论证参照GB 50215—2005、GB 50810—2012、《煤矿井下消防、洒水设计规范》（GB 50383—2006），《煤矿瓦斯抽采工程设计规范》（GB 50471—2008）、《煤炭洗选工程设计规范》（GB 50359—2005）、《锅炉房设计规范》（GB 50041—2008）的相关要求，对生产系统用水设计参数进行合理性分析。

1）灌浆用水。根据可研设计，灌浆工作制度为每天三班工作，每班纯灌浆时间为3.5h，可研设计灌浆用水为1050m^3/d，灌浆工作与回采工作紧密配合。

论证依据《煤矿注浆防灭火技术规范》（MT/T 702—1997），对可研设计的灌浆系数、取土系数、灌浆泥水比、冲洗管道防止堵塞的水量备用系数以及浆液制成率进行核定，核定后项目灌浆用水为996m^3/d。

灌浆过程中有一定的析出水水量，参考麟游矿区郭家河煤矿实际运行经验，论证按照40%取值，经计算灌浆析出水为477m^3/d，与矿井涌水一同进入处理站处理后回用。

综上，经核定后本项目灌浆用水为996m^3/d，灌浆析出水量为477m^3/d。

2）瓦斯抽采站补水。可研设计瓦斯抽采站及矿井降温补水量未单独区分，合计为698m^3/d。

论证依据GB 50810—2012），结合项目周边的郭家河煤矿瓦斯抽采站的实际用水统计数据，对瓦斯抽采站补水量进行核定，在保证本项目瓦斯抽采站补水量能够满足实际生产运行需求的情况下，核定后瓦斯抽采站补水采暖期为29.0m^3/d，非采暖期为41.0m^3/d。瓦斯抽采站补水为软化水，排污量极小且为临时性排污，可忽略不计。

3）矿井降温补水。由于项目井下温度较高，为保证煤矿的安全生产，可研设计地面制冷站设置2台GBNL3-500型开式冷却塔。根据当地气象条件，论证计算出冷却塔蒸发风吹损失率冬季为循环水量的1.2%，夏季为1.7%，小于GB 50810—2012中“循环冷却补充水占循环水量10%”的规定。经计算，核定后矿井降温补水采暖期为288m^3/d，非采暖期为408m^3/d，其补水为软化水，排污量极小且为临时性排污，可忽略不计。

4）井下洒水。本项目井下洒水主要用于回采和综掘工作面的降尘喷雾。根据可研，本项目设计井下洒水量为1200m^3/d。论证根据GB 50215—2005、GB 50383—2006的规定，并参考华亭矿区山寨煤矿、麟游矿区郭家河煤矿的实际运行经验，对采煤机喷雾泵站、净化风流水幕喷头、工作面喷雾防尘喷头、工作面冲洗顺槽用给水栓、转载点喷雾防尘喷头、煤巷掘进机、装载机喷雾防尘、混凝土搅拌机、净化风流水幕喷头等9个井下用水设施用水量进行核定，经计算，核定后井下洒水量应为886m^3/d。

5）选煤厂补水。根据可研，本矿井配套建设选煤厂规模与矿井一致，采用重介浅槽分选工艺，煤泥水闭路循环，补水量为1075m^3/d，吨煤耗水为0.071m^3/t，产品煤含水量为11.0%。

论证根据原煤含水量、产品煤带出水量计算选煤过程中需补充的水量应为656m^3/d（吨煤耗水量0.043m^3/t）。为保证项目选煤厂用水需要，论证对该地区已建选煤厂进行调研后得出选煤耗水量一般在0.05m^3/t左右，从用水安全角度考虑，论证按0.05m^3/t核定本项目的选煤厂吨煤耗水量，即选煤厂补充水量为758m^3/d。

6）锅炉补充水。可研设计本项目选用4台SZL10-1.0-AⅢ型蒸汽锅炉，采暖期4台锅炉同时运行（采暖期天数141d），非采暖期1台锅炉运行为洗浴用热服务。论证根据GB 50215—2005、GB 50041—2008对锅炉补水、排水进行核定，核定后采暖期锅炉补水量256m^3/d，耗水量224m^3/d，排污32m^3/d；非采暖期锅炉补水量21m^3/d，耗水量19m^3/d，排污2m^3/d。

7）绿化用水。可研设计绿化用水106m^3/d，绿化面积3.6hm^2，用水定额3.0L/(m^2·d)。参考GB 50810—2012“绿化用水量可采用1.0～3.0L/(m^2·d)计算”及《甘肃省行业用水定额（修订本）》“园林绿化业1.5L/(m^2·次）”的要求，用水定额论证取1.5L/(m^2·d)，经核定，本项目绿化面积应为4.0hm^2。经计算，核定后本项目绿化用水量为60m^3/d，项目冬季不进行厂区绿化喷洒。

8）地面及道路洒水。可研设计地面及道路洒水131m^3/d，地面及道路面积4.4hm^2，用水定额3.0L/(m^2·d)，符合GB 50810—2012“浇洒道路用水量可采用2.0～3.0L/

$(m^2 \cdot d)$ 计算”的要求，道路洒水量合理。考虑到矿区扬尘较大及冬季寒冷的实际，冬季地面道路洒水应以地面不结冰为原则进行少量喷洒，论证预估冬季厂区道路喷洒为 $50m^3/d$。

(3) 消防用水。可研设计工业场地室外消防流量 30L/s，室内消防流量 15L/s，火灾延续时间按 3h 计算，消防水幕流量 20L/s，火灾延续时间按 1h 计算，自动喷淋消防系统消防流量 28L/s，火灾延续时间按 1h 计算，一次消防所需水量为 $658.8m^3$。

可研设计井下消防流量为 22.5L/s，其中消火栓系统消防流量为 7.5L/s，火灾延续时间为 6h，自动喷淋系统消防流量为 15L/s，火灾延续时间为 2h。井下一次消防用水量为 $270m^3$。

按照 GB 50383—2006 对上述可研设计消防用水进行复核，论证认为可研设计消防用水基本合理。消防用水不计入项目总用水量之中。

(4) 未预见水量分析。可研设计未预见水量按矿井地面用水量的 15%确定，符合 GB 50215—2005 和 GB 50810—2012 的要求。但项目地处水资源紧缺地区，论证认为未预见水量应严格控制，宜按生活用水系统用水量的 10%计。未预见水量是针对各用水系统难以预测的各项因素而准备的水量，可按照全部损耗处理。

2.1.3 核定后的用水量

经核定，安家庄煤矿项目采暖期用水量为 $3771m^3/d$，非采暖期用水量为 $3809m^3/d$。取新水量采暖期为 $3005m^3/d$（自身矿井涌水 $2606m^3/d$，自来水 $399m^3/d$），非采暖期为 $3072m^3/d$（自身矿井涌水 $2606m^3/d$，自来水 $466m^3/d$），核定后的采暖期用水水量平衡见图 2-2，核定后的非采暖期用水水量平衡图见图 2-3。

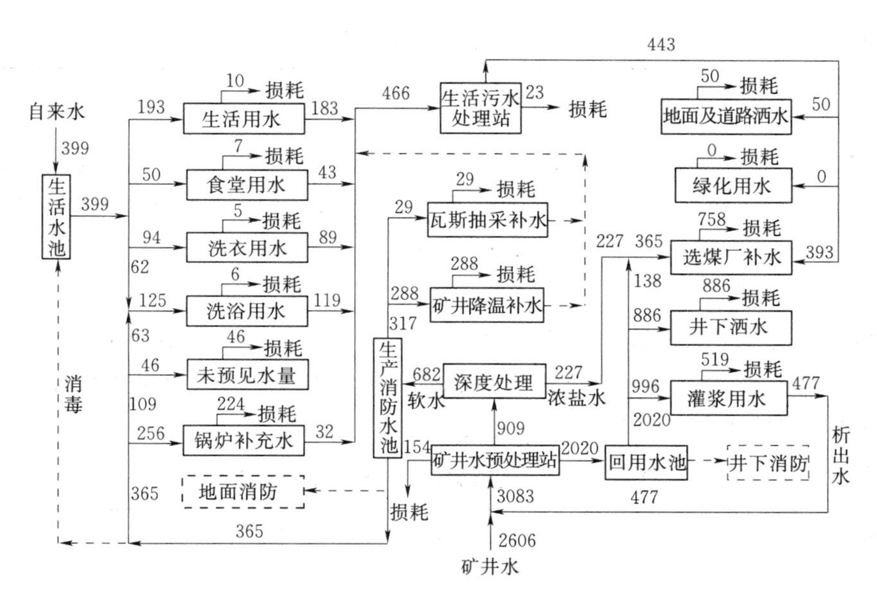

图 2-2　核定后安家庄煤矿采暖期用水水量平衡图（单位：m^3/d）

经计算，安家庄煤矿项目年取水量为 104.6 万 m^3/a，其中取自身矿井涌水 89.9 万 m^3/a（85.4 万 m^3 用于生产，4.5 万 m^3 用于生活），取自来水 14.7 万 m^3/a（全部用于生活）。

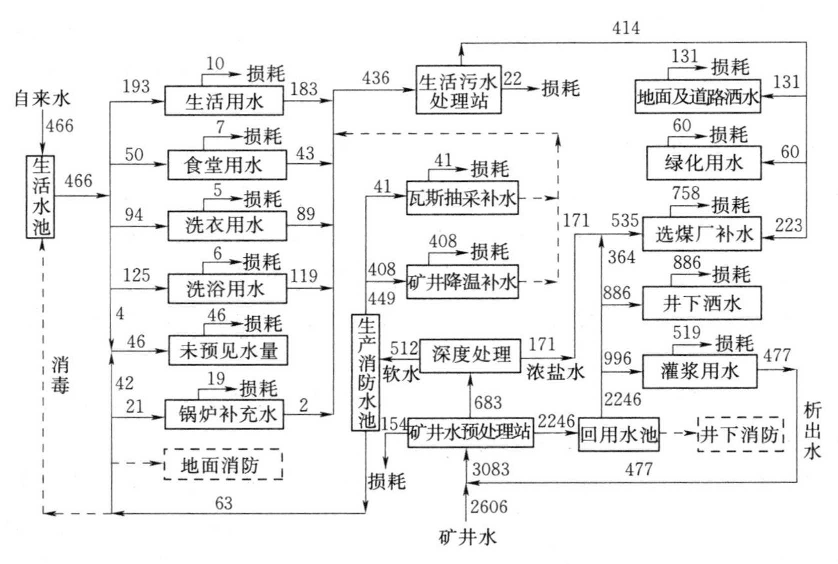

图 2-3　核定后安家庄煤矿非采暖期用水水量平衡图（单位：m^3/d）

2.2　论证核定前后用水指标比较

2.2.1　取水量

在保障项目正常用水需求的前提下，核定后项目取水量与可研设计取水量相比最低减少 44%，做到了矿井涌水全部回用，见表 2-1。

表 2-1　　**可研设计与核定后取水量比较**　　单位：m^3/d

可研设计取水量		核定后取水量		取水量比较
自来水	矿井涌水	自来水	矿井涌水	核定后采暖期减少 2523，非采暖期减少 2456
947	4581	采暖期 399，非采暖期 466	2606	
5528		采暖期 3005，非采暖期 3072		

2.2.2　煤矿用水水平

论证根据《清洁生产标准煤炭采选业》（HJ 446—2008）、《节水型企业评价导则》（GB/T 7119—2006）及《甘肃省行业用水定额（修订本）》，对项目可研设计及核定后的用水水平进行分析，见表 2-2。

表 2-2　　**用水量核定前后主要用水指标对比分析表**

序号	指标	可研设计	核定后	比较	核定后符合标准
1	原煤生产水耗/(m^3/t)	0.149	0.093	降低 0.056	清洁生产指标：一级不大于 0.1（国际清洁生产先进水平），二级不大于 0.2（国内清洁生产先进水平）
2	选煤补水量/(m^3/t)	0.071	0.05	降低 0.021	清洁生产指标：一级不大于 0.1；甘肃省行业用水定额：0.15

续表

序号	指标	可研设计	核定后	比较	核定后符合标准
3	单位产品取水量/(m^3/t)	0.29	0.15	降低 0.14	甘肃省行业用水定额：0.34
4	矿井水利用率/%	100	100	保持	清洁生产一级标准：100%；甘肃省行业用水定额：90%
5	污水回用率/%	100	100	保持	—
6	人均生活用水量/[m^3/(人·d)]	0.52	0.27	降低 0.25	—

由表 2-2 可知：

(1) 经核定，项目原煤生产水耗从 0.149m^3/t 降至 0.093m^3/t，达到 HJ 446—2008 一级标准，属国际清洁生产先进水平。

(2) 经核定，项目选煤生产补水量从 0.071m^3/t 降至 0.05m^3/t，符合 HJ 446—2008 一级标准及《甘肃省行业用水定额（修订本）》的要求，属国际清洁生产先进水平。

(3) 经核定，项目单位产品取新水量从 0.29m^3/t 降至 0.15m^3/t，符合《甘肃省行业用水定额（修订本）》的要求。

(4) 经核定，全矿综合生活用水定额从 0.52m^3/(人·d) 降至 0.27m^3/(人·d)，节水效果明显。

(5) 全矿井下排水及生活污水处理达标后全部回用，实现了废污水资源化。

2.3 矿井涌水及其他废污水回用方案

本项目废污水主要包括工业场地生活污水和生产废水、井下排水和灌浆析出水以及初期雨水。经论证核定后，本项目废污水处理后全部回用。项目用水方案示意图见图2-4。

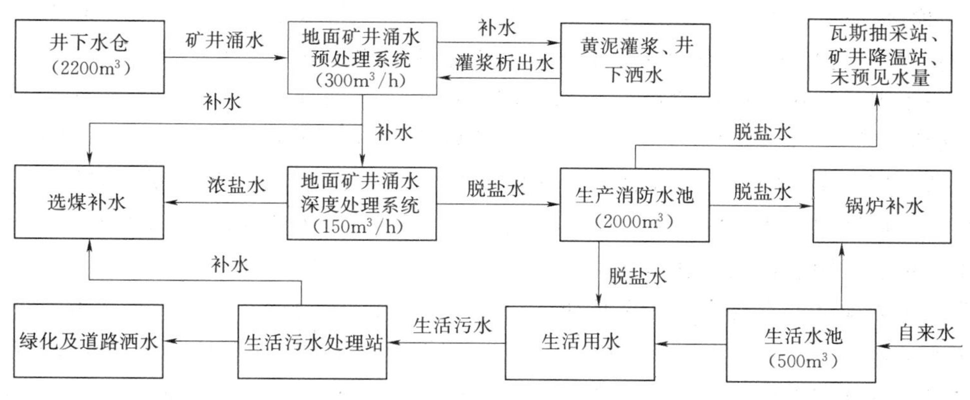

图 2-4 本项目用水方案示意图

2.3.1 矿井涌水回用方案

根据勘探期间的水文地质钻孔水质检测资料，安家庄煤矿矿井涌水的主要污染物为煤粉悬浮物、色度、浊度、细菌、COD 及盐分，拟在项目主副井工业场地内设置矿井涌水处理站一座，采用预处理和反渗透深度处理工艺，按照“分级处理、分质回用”原则，对矿井涌水进行综合利用。矿井涌水预处理和反渗透深度处理工艺流程见图 2－5。

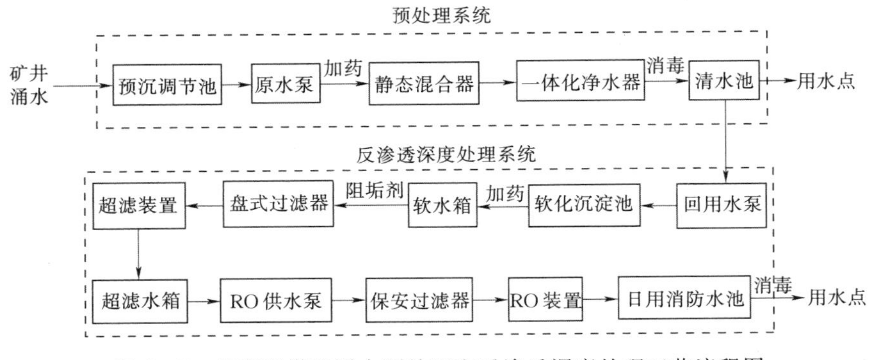

图 2－5　安家庄煤矿涌水预处理和反渗透深度处理工艺流程图

（1）正常工况下矿井涌水回用方案。经论证核定后，对矿井涌水进行分级处理、分质回用，矿井涌水全部回用：

1）矿井涌水从井底水仓送至地面预沉调节池后，经混凝反应、斜管沉淀、多介质过滤等流程进行预处理后，送至清水池，部分回用于对水质要求较低的部门（灌浆用水、井下洒水、选煤厂补水）。

2）多余矿井涌水经预处理后送反渗透系统进行深度脱盐处理，深度处理系统的产品水（脱盐水）作为锅炉、瓦斯抽采站、井下集中降温站等补水，多余的脱盐水经消毒处理后向生活供水（洗浴用水）。

3）深度处理系统排出的浓盐水水质符合《煤炭洗选工程设计规范》（GB 50359—2005）所列的水质要求，这部分浓盐水与处理达标的生活污水掺混后用做选煤厂的补水。

（2）非正常工况下矿井涌水回用方案。

1）检修期矿井涌水回用方案。本项目检修期间存在部分生产装置停运检修的情况（检修期间主要为煤矿生产设备停产检修，矿井涌水排水及处理装置正常运行），有一定量的矿井涌水无法回用。论证建议检修期的矿井涌水经预处理和深度处理，出水水质满足《工业锅炉水质》（GB/T 1576—2008）、《生活饮用水卫生标准》（GB 5749—2006）要求后，一部分用于矿井降温、瓦斯抽采、锅炉补水，一部分经消毒处理后供给矿区生活，剩余的可用于矿区内独店镇的苹果示范园绿化（项目业主已与独店镇人民政府签订《灵台县独店镇苹果示范园建设项目利用安家庄煤矿矿井涌水的协议》）。

鉴于煤矿检修期主要集中在采暖期，根据检修期水量平衡图（图 2－6），检修期间无法利用的水量为 1245m^3/d，检修期为 35d，计算得检修期间无法利用的水量为4.4 万 m^3；为避免对区域环境造成影响，论证建议本项目设置不小于 4.5 万 m^3 的矿井水回用水池，用于贮存检修期经深度处理后的矿井涌水，非采暖期用于独店镇苹果示范园绿化。

2）事故工况下矿井涌水回用方案。事故工况退水指煤矿出现风险事故时的退水，主要包括：①矿井涌水处理系统、污水处理系统、煤泥水处理系统发生事故不能进行正常处理；②矿井涌水量增大、矿井涌水处理系统处理不及等情况。

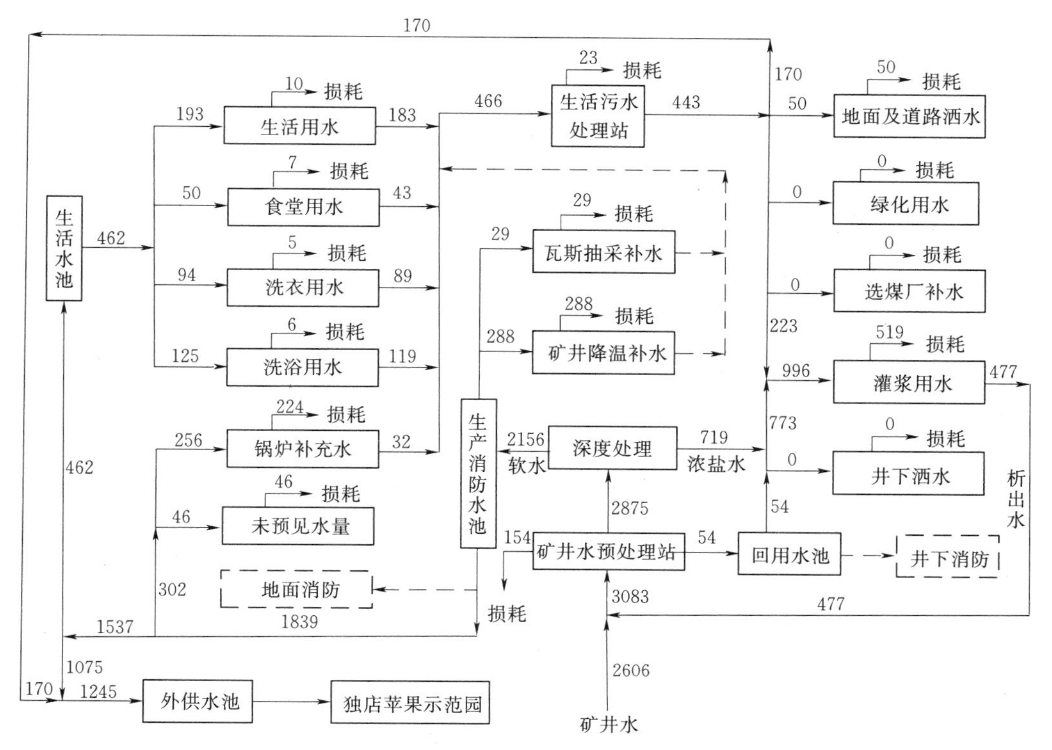

图 2-6　项目检修期水量平衡图（单位：m^3/d）

当出现矿井涌水量突然增大和矿井涌水处理系统、污水处理系统等发生事故的情况，污水和矿井涌水将不能及时处理回用而产生滞留。考虑到同时发生概率较小，论证建议在工业场地内设置不小于 $5000m^3$ 容积（按最大退水量 $4438m^3/d$ 考虑）的缓冲水池用于暂存事故退水（可与矿井水回用水池合并建设，分块独立使用）。待事故风险消除后，事故废污水全部处理后回用。

选煤厂设置有事故浓缩机承接煤泥浓缩机的事故排放水和厂内的事故排放水，以达到选煤厂煤泥水不外排的目的。

另外，如出现矿井涌水量突增的情况，可相应加大深度处理系统的处理量，以减少对坷台水厂自来水的取用。

2.3.2　其他废污水回用方案

其他废污水主要包括工业场地生活污水和生产废水、灌浆析出水以及初期雨水，经论证核定后，其他废污水处理回用方案如下：

（1）灌浆析出水与矿井涌水一同送入矿井涌水处理站处理后回用。

（2）地面生活污水经二级生物接触氧化法处理后，达到《城市污水再生利用　城市杂用水水质》（GB/T 18920—2002）中的绿化杂用水水质标准和《煤炭洗选工程设计规范》（GB 50359—2005）中的选煤用水水质标准的要求，回用于绿化、道路洒水及选煤厂补水。

（3）工业场地内雨水由雨水沟收集排出至蓄水池，用做道路洒水及绿化等，雨水沟采用砌片石结构，在车行、人行处设置钢筋混凝土盖板。

3　矿井涌水取水水源论证

3.1　井田地质构造

安家庄井田大部分区域被第四系覆盖，仅在沟谷与河谷中零星出露下白垩统志丹群，出露面积小。据矿区钻孔揭露和区域地质资料，评价区发育的地层自下而上有：上三叠统延长群，下侏罗统富县组，中侏罗统延安组，直罗组，安定组，下白垩统志丹群宜君组，洛河组，环河组及第四系。

煤系地层总体上为向西（微偏北）平缓倾斜的单斜构造，地层倾角一般在5°～10°之间。但本区属不同构造单元的过渡地带，所以不同期形成南北向天环向斜的东西方向压应力和形成东西方向彬县—黄陵坳褶带的南北压应力都对本区进行了改造，从而使本区基本构造走向呈北东向，并在波浪起伏的单斜构造上主要发育有2条背斜，3条向斜，20个断层，3个孤立断点，构造复杂程度属中等，煤系地层构造纲要见图3-1。

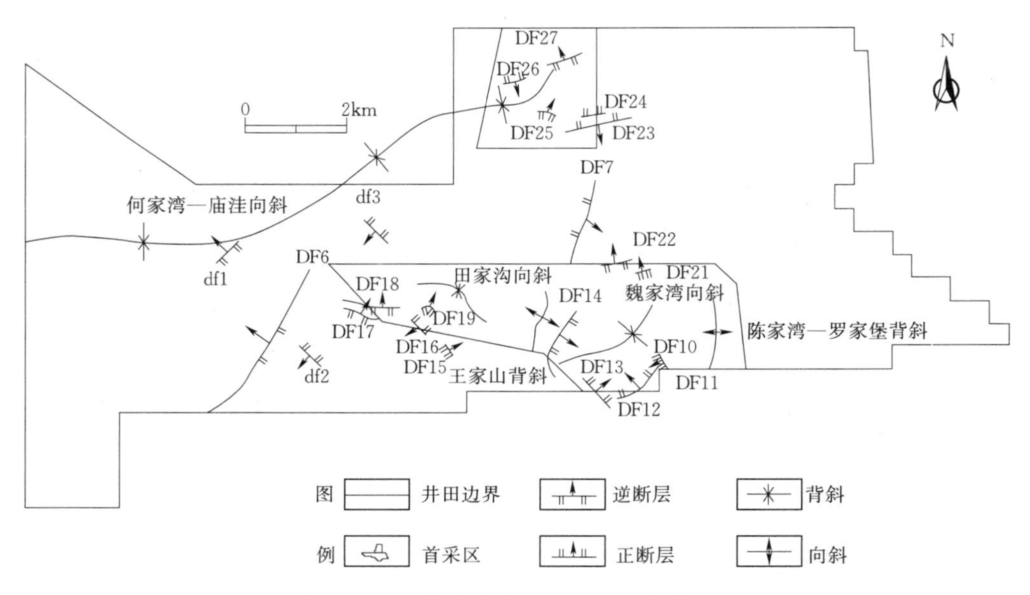

图3-1　安家庄井田煤系地层构造纲要图

3.2　区域水文地质概况

本区属于鄂尔多斯大盆地中的一个相对独立的白垩系含水盆地，又称陇东承压水盆地，盆地的西部边界是彭阳—平凉—灵台一线，为弱补给边界，东边界在宁县子午岭以东的老地层露头分布区，为补给边界，北边界没有封闭，是一个补给边界，灵台以东的长庆桥至彬县亭口一带的泾河河谷是排泄边界。

区域地下水以白垩系基岩裂隙承压水为主，第四系潜水及新近系甘肃群、侏罗系承压裂隙水次之。深部环河组、洛河组、直罗组、延安组普遍具有承压水分布，其中洛河组富水性相对较好，其他含水层的富水性差。

3.3 井田水文地质条件

3.3.1 地表水

安家庄井田内无较大的地表水体。常年性流水河有达溪河，沿井田南部边界由西向东流出灵台县后与黑河汇流，在长武县亭南村汇入泾河。井田内沟谷支流均由北往南汇入达溪河，一般雨后有少量流水外，平时干涸。

3.3.2 含水层

安家庄井田内共施工了 9 个水文地质勘查孔，根据钻孔资料并参考临近矿区资料，安家庄井田内地下水以基岩层状裂隙承压水为主，第四系孔隙潜水次之。依据含水介质及地下水分布规律，将本区含水层划分为第四系松散岩类孔隙—裂隙潜水含水层，前第四系碎屑岩类孔隙—裂隙潜水含水层，以及前第四系碎屑岩孔隙—裂隙承压含水层 3 大类，含水层特征一览表见表 3－1。

表 3－1　　安家庄井田含水层特征一览表

<table>
<tr><th>序号</th><th colspan="2">类别/层位</th><th>地层厚度/m</th><th>含水层厚度/m</th><th>单位涌水量/[L/(s·m)]</th><th>富水性</th><th>性质</th></tr>
<tr><td rowspan="2">Ⅰ</td><td rowspan="2">第四系松散岩类孔隙—裂隙潜水</td><td>全新统孔隙潜水</td><td rowspan="2">4.00～293.51/161.22</td><td>3～15</td><td>—</td><td>中等</td><td rowspan="3">具有一定供水意义的含水层，当地居民分散取水水源</td></tr>
<tr><td>中、上更新统孔隙—裂隙潜水</td><td>100～150</td><td>—</td><td>弱</td></tr>
<tr><td>Ⅱ</td><td colspan="2">前第四系碎屑岩类孔隙—裂隙潜水</td><td>226.90～715.74/416.66</td><td>1～3</td><td>—</td><td>弱</td></tr>
<tr><td rowspan="8">Ⅲ</td><td rowspan="8">前第四系碎屑岩孔隙—裂隙承压水</td><td>白垩系环河组裂隙—孔隙承压水</td><td>226.90～715.74/416.66(158)</td><td>0～313.13/50</td><td>0.009</td><td>弱</td><td></td></tr>
<tr><td rowspan="2">白垩系洛河组—宜君组碎屑岩裂隙—孔隙承压水</td><td>洛河组：214.10～489.83/352.44</td><td rowspan="2">128.80～472.60/330.69</td><td rowspan="2">0.0027～0.66</td><td rowspan="2">中等</td><td rowspan="2">具有一定供水意义的含水层</td></tr>
<tr><td>宜君组：1.0～73.30/19.73</td></tr>
<tr><td rowspan="3">侏罗系安定组—直罗组—延安组煤 9－3 以上复合承压水</td><td>安定组：13.05～208.90/66.21(158)</td><td rowspan="3">19.93～247.89/78.54</td><td rowspan="3">0.0005～0.0027</td><td rowspan="3">极弱</td><td rowspan="3">相对隔水层，$K=0.0003\sim0.0031$m/d</td></tr>
<tr><td>直罗组：30.13～164.60/96.88(158)</td></tr>
<tr><td>延安组：28.70～200.19/90.66(158)</td></tr>
<tr><td rowspan="2">延安组含煤地层煤 9－3 底板以下—三叠系复合承压水</td><td>富县组：1.06～30.50/9.53</td><td>1.7～114.87/29.81</td><td>0.0005～0.0019</td><td>极弱</td><td>相对隔水层，$K=0.0004\sim0.0016$m/d</td></tr>
<tr><td>延长群：最大揭露厚度 150.59</td><td>—</td><td>—</td><td>—</td><td>—</td></tr>
</table>

3.3.3 隔水层

井田内主要隔水层为：第四系中更新统离石组黏土隔水层，下白垩统志丹群环河组隔水层，中侏罗统安定组、直罗组泥岩、粉砂岩隔水层，中侏罗统延安组泥岩、砂质泥岩、炭质泥岩隔水层，富县组相对隔水岩组，三叠系相对隔水层。

3.3.4 地下水的补给、径流、排泄条件

（1）补给。河谷区现代冲洪积层潜水与其两侧的基岩风化裂隙带潜水接受大气降水的渗入补给。水位埋藏浅，一般3.0～6.0m，季节性变化明显，且与地表河流存在互补关系，一般枯水期地下水补给地表水，丰水期地表水补给地下水。

区内白垩系下统环河组岩性以近水平状的粉砂岩夹泥岩和砂质泥岩为主，其中的泥岩及砂质泥岩夹层具有一定的隔水性能，因而下伏的白垩系下统洛河组、宜君组含水层及侏罗系承压裂隙含水层基本不接受区内大气降水的间接补给，补给来源主要为西部的含水层侧向补给，层间越流补给极为微弱。

（2）径流。第四系黄土层潜水由塬面中心地段向四周径流，径流条件好。河谷区现代冲洪积层潜水由两侧向中心或由上游向下游径流。

侵蚀基准面以下地下水埋藏较深，主要为洛河组、宜君组及延安组含水岩组，总体趋势由西向东以层流的方式径流。洛河组承压水的径流较复杂，整体由西向东径流。

洛河组含水层由于裂隙发育且连通性好，因而流速较大。延安组埋藏深度大，裂隙少，含水层流速相对较为滞缓，但承压水位高。另外从收集的资料分析表明本区大部分区域承压水具有下部含水层水位高于上部含水层水位的特点。

井田以东各煤矿开采过程中的疏、排水也是引起本区含煤地层裂隙承压水由西向东径流的另一原因。

（3）排泄。河谷区第四系松散卵砾层孔隙潜水向河流排泄。

深层承压含水层排泄区主要在矿井以东的亭口一带泾河较低地段（地面标高低于850m）以渗出形式排泄。以往河谷地段施工的钻孔在揭露洛河组含水层后，洛河组承压水常常涌出地面，形成点状涌出排泄。

矿井以东陕西境内的彬长矿区开发程度较高，煤矿开采过程中的疏、排水也是延安组含水层的重要排泄方式。

3.3.5 矿井充水因素分析

（1）老窑积水。本井田及邻近区域无老窑采空区，不存在老窑积水。

（2）地表水对矿井开采的影响。勘查区南部常年性地表水主要为达溪河。由于地表水与煤层顶界的最小垂距都在750m以上，基岩地层近水平状，夹有多层泥岩类隔水层，基本隔断了地表水与煤层开采巷道的水力联系，判断地表水对矿井开采不造成影响。临近的郭家河煤矿矿井涌水不随季节变化即为佐证。

（3）地下水对矿井开采的影响。地下水对未来矿井开采的影响程度，取决于煤层开采后其上覆岩层所形成导水裂隙带的穿透程度，需要对井田内各钻孔导水裂隙带高度进行分析。

论证选取了安家庄煤矿设计开采范围内的122个钻孔（占设计开采范围内钻孔总数的

100%)，采用“三下规程”“地勘规范”推荐方法和“实测裂采比”比拟法等方法分别计算了安家庄煤矿各钻孔导水裂隙带的发育高度。

计算结果表明，本井田煤层开采后，导水裂隙带发育高度在侏罗系延安组、直罗组地层内，延伸不到白垩系宜君组、洛河组、环河组含水层，也意味着对最上层的第四系含水层基本没有影响；判断第四系、白垩系含水层对未来矿井开采影响很小。

侏罗系安定组—直罗组—延安组含煤地层煤 9-3 以上承压含水层是煤层开采后的直接影响含水层，是矿井未来开采时的主要直接充水含水层。

(4) 充水强度分析。安家庄井田直接充水含水层埋藏较深，裂隙不甚发育，补给来源单一，导水性差，径流滞缓，富水性微弱，对矿井开采威胁不大。

白垩系洛河组含水层为井田内主要含水层，其分布范围广，厚度大，富水性中等。根据分析，煤层开采导水裂隙带不会导通洛河组含水层，但不排除采掘过程中在局部地段地下水透过“天窗”或封闭不良的钻孔进入矿坑造成水害。矿井生产过程中，要严格按照《煤矿防治水规定》《煤矿安全规程》要求进行开采，必须坚持“预测预报、有疑必探、先探后掘、先治后采”原则，加强井下探放水工作，避免导通白垩系含水层地下水。

3.4 矿坑涌水量预算

3.4.1 计算方法的选择

根据《煤矿床水文地质、工程地质及环境地质勘查评价标准》(MT/T 1091—2008)，常用的矿井涌水量计算方法主要有水文地质比拟法（富水系数法、单位用水量比拟法）、解析法（大井法、水平廊道法）等。本次论证采用解析法和水文地质比拟法分别对安家庄煤矿先期开采区域的涌水量进行预算，再对各预算成果进行分析，以确定合理的矿井涌水水量。

3.4.2 解析法预算矿井涌水量

(1) 预算原则。

1) 预算范围：先期开采区域位于井田中部，东西方向长约 4.0km，南北方向长约 7.7km，面积 24.39km^2，按该范围预算矿井涌水量。

2) 预算方法：根据《基坑工程手册（第二版）》（中国建筑工业出版社，2009）解释的解析法中大井法和水平廊道法两种方法的适用范围：“长宽比值小于 10 的视为辐射流，即可将巷道系统假设为一个理想大井，采用大井法进行预算；比值大于 10 的视为平行流，即将其概化为水平廊道，采用水平廊道法进行预算。”安家庄井田先期开采区域长宽比为 1.9，矿井涌水量预算采用大井法。

3) 考虑到导水裂隙带达不到白垩系含水层，侏罗系以上的白垩系含水层和第四系含水层对矿井充水基本无影响，所以只计算侏罗系安定组—直罗组—延安组含煤地层煤 9-3 以上承压含水层的涌水量。

4) 利用现有抽水钻孔资料，结合井田地形地貌及井田含水层水文地质条件及特征，不考虑大气降水及枯水、丰水期，对先期开采区域涌水量进行预算。

5) 不考虑非正常开采及施工导致的意外性突水事故，仅以正常导水裂隙所能导通的含水层形成的地下水渗流场模式。

（2）预算公式选取。预算公式选取及参数概念一览见表3－2。

表3－2　　安家庄煤矿先期开采区域矿井涌水预算公式一览表

计算方法		矿井涌水量预算公式	引用半径计算公式	引用影响半径计算公式
大井法	计算公式	$Q=\frac{1.366K(2HM-M^2-h^2)}{\lg R_0-\lg r_0}$	$r_0=\sqrt{\frac{F}{\pi}}$	$R_0=r_0+R$；$R=2S\sqrt{KM}$
	公式参数概念	Q：矿井涌水（m^3/d）；M：含水层厚度（m），采用本井田水文孔参数的平均值；K：渗透系数（m/d），采用本井田水文孔参数的平均值；H：承压水从井底算起的水头高度（m），采用A2402、A2007两钻孔平均值；S：水位降深，采用本井田水文孔参数的平均值；h：含水层疏干过程中含水层剩余厚度（m），取值0；R_0：引用影响半径（m）；r_0：引用半径（m）；F：先期开采区域面积（m^2）；R：影响半径（m）		

（3）大井法矿井涌水量预算。采用本井田6个水文孔平均值计算含水层厚度和渗透系数，采用本井田A2402、A2007两孔的平均值计算水头高度、降深，计算结果见表3－3。由表3－3可知，采用大井法对先期开采区域矿井涌水量的预算结果为2720m^3/d。

表3－3　　首采区域大井法矿井涌水预算结果表

孔号	含水层厚度/m	水头高度/m	降深/m	矿坑影响半径/m	矿坑半径/m	渗透系数/(m/d)	导水系数/(m^2/d)	涌水量预算结果/(m^3/d)
A2402	72.11	1258.98	1258.98	—	—	0.0014	0.1010	—
A1107	75.22	—	—	—	—	0.0003	0.0226	—
x1401	83.73	—	—	—	—	0.0003	0.0251	—
A1705	55.3	—	—	—	—	0.001	0.0553	—
A2007	61.19	1330.56	1330.56	—	—	0.003	0.1836	—
A1710	63.29	—	—	—	—	0.001	0.0633	—
采用值	68.47	1294.77	1294.77	3519	2786	0.00117	0.0644	2720

3.4.3　富水系数法预算矿井涌水量

（1）比拟对象选择。安家庄井田中心半径50km范围内的在建、已建矿井基本情况一览见表3－4。

表3－4　　安家庄煤矿周边在建、已建矿井一览表

煤矿名称	与本井田距离	设计规模/(Mt/a)	运行时间	设计采煤方法	主要充水含水层	富水系数/(m^3/t煤)
邵寨矿井	相邻	1.2	在建	长臂综采＋综采放顶	侏罗系含水层	—
郭家河矿井	15km	5.0	2011年7月	综采采全高＋综采放顶	侏罗系含水层	0.366（最大）
核桃峪矿井	35km	8.0	在建	综采采全高＋综采放顶	侏罗系含水层	—
新庄矿井	43km	8.0	在建	综采采全高＋综采放顶	侏罗系＋白垩系含水层	—
亭南矿井	25km	3.0	2006年10月	综采放顶	侏罗系＋白垩系含水层	0.63（正常）
下沟矿井	35km	3.15	1997年6月	综采放顶	侏罗系＋白垩系含水层	0.51（正常）

由表 3-4 可知，安家庄井田的水文地质条件与亭南煤矿、下沟煤矿的水文地质条件有较大差别，这两处煤矿的导水裂隙带已经延伸到白垩系，涌水量受白垩系中等富水性含水层影响较大。安家庄井田煤层埋深大且煤层厚度较小，其导水裂隙带发育高度经计算并未达到白垩系底界，故采用亭南、下沟两个煤矿的吨煤富水系数比拟计算得出的涌水量偏大，并不具有参考意义。其余几个煤矿，邵寨矿井、核桃峪矿井和新庄矿井尚未建成，不具备比拟条件，故此论证选择与本井田间隔 15km 的郭家河矿井进一步分析，郭家河矿井与本项目对比一览表见表 3-5。

表 3-5　郭家河煤矿与安家庄煤矿矿井涌水因素对比表

对比因素	郭家河煤矿	安家庄煤矿	对比结果
所处流域	达溪河支流南川河、黎家河	达溪河流域	基本一致
水文地质类型	二类一型	二类一型	一致
含煤地层	侏罗系中统延安组	侏罗系中统延安组	一致
岩层岩性	三叠系地层为含煤岩系基底，以上地层依次为侏罗系富县组、延安组、直罗组、安定组、白垩系宜君组、洛河组、华池环河组、新近系和第四系	三叠系地层为含煤岩系基底，以上地层依次为侏罗系富县组、延安组、直罗组、安定组、白垩系宜君组、洛河组、华池环河组和第四系	基本一致
主要含水层	白垩系洛河组，厚度 110～310m	白垩系洛河组，厚度 214.10～489.83m	基本一致
主要隔水层	侏罗系中统安定组泥岩隔水层，厚度 68.56～110.41m	侏罗系中统安定组—直罗组泥岩隔水层，厚度 35.4～178.29m，平均 106.94m	基本一致
顶板管理	煤层伪顶泥岩、炭质泥岩为不稳定岩体，直接顶砂泥岩属稳定性较差的岩体，饱和抗压强度 9.8～22.9，以软岩为主。全部垮落法管理顶板	煤层伪顶泥岩、炭质泥岩为不稳定岩体，直接顶砂泥岩属稳定性较差的岩体，各煤层顶板饱和抗压强度 2～23.8MPa，以软岩为主。全部垮落法管理顶板	基本一致
煤层埋深	可采煤层埋深 310～598m	可采煤层埋深 700～1170m（以侵蚀面标高起算）	不一致
煤厚	主采煤层 3 煤，平均厚 11.34m	主采煤层 8-2 煤，平均厚度 3.34m	不一致
煤层倾角	小于 9°，属缓倾斜岩层	一般在 6°以下，属缓倾斜岩层	基本一致
工作面长度	推进长度：3300m/a； 工作面长度：220m	推进长度：2500～3500m/a； 工作面长度：200～240m	基本一致
开采规模	5Mt/a	5Mt/a	一致
开采阶段	已开采，2011 年 7 月投产	未建设	不一致
采煤方法	综采采全高+综采放顶	综采采全高	不一致

由表 3-5 可知，从地理位置、井田地层和水文地质类型、含煤地层、主要含隔水层、煤层倾角、采煤方法、顶板管理等多方面分析，郭家河煤矿与安家庄煤矿较为接近，但其煤层埋藏较浅、厚度较大，与安家庄煤矿存在较大的差异。在目前灵台矿区没有建成矿井可供比拟的情况下，本论证认为郭家河煤矿现状的吨煤富水系数可以作为本矿井涌水量预算的借鉴。

黄河水资源保护科学研究院在2014年8月赴郭家河煤矿收集到了郭家河运行后3年的矿井涌水量统计和富水系数计算，见表3-6。

表3-6　郭家河煤矿涌水量统计和富水系数计算表

时间	2011年7月至2012年6月	2012年7月至2013年6月	2013年7月至2014年6月
矿井涌水量/(m^3/d)	3665	5075	4695
煤炭产量/(Mt/a)	3.26	4.55	4.28
富水系数/(m^3/t煤)	0.371	0.368	0.362

考虑到郭家河煤矿2011—2014年处于开采初期，其矿井涌水量、富水系数可能偏大；为进一步确定合理的富水系数，2015年9月22—23日，工作组赴郭家河煤矿现场进行调研，收集到了郭家河煤矿2014年7月至2015年8月共14个月的矿井涌水水量监测数据和对应煤炭产量，计算出的逐月吨煤富水系数，见表3-7。

表3-7　郭家河煤矿涌水量统计和富水系数计算表

年份	2014						2015							
月份	7	8	9	10	11	12	1	2	3	4	5	6	7	8
涌水量/(m^3/d)	2280	2376	2400	2448	2520	2520	2496	2544	2520	2640	2640	2832	2664	2784
煤炭月产量/万t	45.4	44.6	45.2	45.5	45.5	44.8	44.6	44.2	45.1	45.1	45.0	45.6	45.2	45.2
煤炭日均产量/(t/d)	14645	14387	15067	14677	15167	14452	14387	15786	14548	15033	14516	15200	14581	14581
富水系数/(m^3/t煤)	0.156	0.165	0.159	0.167	0.166	0.174	0.173	0.161	0.173	0.176	0.182	0.186	0.183	0.191
平均富水系数/(m^3/t煤)	0.172													

注　郭家河煤矿分段检修。

通过表3-6、表3-7对比分析可知，郭家河煤矿2011年下半年至2014年上半年处于开采初期，其矿井涌水量较大，吨煤富水系数也较大，同时吨煤富水系数在逐渐减小；郭家河煤矿2014年下半年至2015年8月的矿井涌水量相对趋于稳定，吨煤富水系数在0.156～0.191m^3/t煤之间，比开采前3年有明显减小。从供水安全角度考虑，论证采用郭家河煤矿2014年7月至2015年8月期间的吨煤富水系数平均值0.172m^3/t煤作为本次水文地质比拟法预算安家庄煤矿矿井涌水量的依据。

（2）矿井涌水量预算。安家庄煤矿设计产能5Mt/a，考虑35d的集中检修期，年运行时间按照330d计算，平均日产出煤炭15152t，代入表3-8中的郭家河煤矿吨煤平均富水系数进行计算，可知安家庄煤矿开采后正常涌水量为2606m^3/d，见表3-8。

表3-8　采用富水系数预算安家庄煤矿矿井涌水量成果表

计算方法	计算公式	富水系数 K_B/(m^3/t)	设计开采量 P/(t/d)	预计涌水量 Q/(m^3/d)
吨煤富水系数法	$Q=K_BP$	0.172	15152	2606

3.4.4　矿井涌水可供水量推荐值

论证采用不同方法分别预算得出的安家庄煤矿矿井涌水量，见表3-9。

表 3-9　两种方法预算安家庄煤矿矿井涌水可供水量对比表　单位：m³/d

计算方法	矿井涌水可供水量
大井法	2720
吨煤富水系数法	2606

由表 3-10 可知，用大井法和吨煤富水系数法计算的结果误差在 10%以内，结果较为接近。从供水安全角度出发，论证采用吨煤富水系数法计算的 2606m^3/d 作为矿井涌水可供水量推荐值。

3.5　水质保证分析

（1）矿井涌水水质。2012 年 8 月 25 日和 2012 年 10 月 5 日，项目业主分别对 A1705 孔煤 8 顶板、煤 8 底板各取一组水样进行化验。根据国土资源部兰州矿产资源监督检测中心出具的水质检测报告结论，A1705 孔两组水样均属强矿化度水，水垢很多、具有硬沉淀物，属腐蚀性水，容易起泡；按照《地下水质量标准》（GB/T 14848—93）评价属于Ⅴ类水，水质较差，必须进行处理后方可使用。

（2）矿井涌水处理效果。本项目拟建矿井涌水处理站一座，采用预处理和反渗透深度处理工艺，按照“分级处理、分质回用”原则对矿井涌水进行综合利用，处理工艺流程示意图见图 2-5。

矿井涌水经预处理后，部分可回用于对水质要求较低的部门，其余送深度处理系统进行处理，处理后产品水为软化水，可作为本项目各类工业用水使用，进一步经消毒处理后，可作为生活用水使用。矿井涌水深度处理系统的排水盐分相对较高，但符合《煤炭洗选工程设计规范》（GB 50359—2005）和《煤矿井下消防、洒水设计规范》（GB 50383—2006）所列的水质要求，可以用于选煤厂补水和黄泥灌浆用水。本项目矿井涌水预处理部分设计能力为 300m^3/h，反渗透深度处理系统设计能力为 150m^3/h，能够满足项目矿井涌水量的处理需求。

3.6　取水口位置设置合理性分析

本项目矿井涌水经沿巷道敷设管路收集至副井井底车场附近 2200m^3 容积的井下水仓后，通过 3 台 MD420-96×10（原 PJ200 型）型矿用耐磨离心式排水泵（单泵流量 416.6m^3/h，扬程 937.6m，正常涌水时 1 台水泵工作，1 台备用，1 台检修，最大涌水期 2 台工作）送至地面进行处理；排水管路选用 3 趟 D325×22 无缝钢管，分段选择壁厚。正常涌水期均为 1 趟工作，2 趟备用，最大涌水期为 3 趟工作；处理后的矿井涌水回用。从工程上分析，取水可以实现，取水口位置设置合理。

3.7　矿井涌水取水可靠性分析

（1）政策与经济技术可行性分析。安家庄煤矿使用自身矿井涌水作为供水水源，符合国家产业政策要求，有利于水资源利用效率的提高，对于缓解当地水资源矛盾和促进经济发展具有重要意义。从经济技术角度来看，矿井涌水再生利用技术成熟，目前在国内已得到广泛应用，本项目回用矿井排水在经济技术上是可行的。

（2）水量可靠性分析。经前分析，论证分别采用大井法和吨煤富水系数法对安家庄矿井涌水量进行了预算，选取了偏安全的吨煤富水系数法预算结果作为本项目的矿井涌水可供水量，水量较为可靠。

（3）水质可靠性分析。安家庄煤矿矿井涌水处理工艺流程较为成熟，应用广泛，矿井涌水经处理后，水质可以满足项目用水水质要求。

综上分析，本项目以自身矿井涌水作为主水源，在水量和水质上是可靠的，对区域水资源的优化配置起着积极的作用。

4　矿井涌水取水影响论证

4.1　对地下水影响分析

4.1.1　采煤导水裂隙带发育高度预测

安家庄井田经过普查、详查和勘探三个勘查阶段的研究，证实延安组主要含煤5组、煤6组、煤8组、煤9组等4个煤组，其中可编号的煤层有12层。可编号煤层中可采煤层6层，分别为煤8-1、煤9-3、煤5-1、煤5-2、煤6-2、煤8-2。

煤层开采会导致上覆岩层形成三带：冒落带、裂隙带和弯曲下沉带。煤矿开采对地下水的影响程度，取决于煤层开采后其上覆岩层所形成导水裂隙带的穿透程度，需要对井田内各钻孔导水裂隙带高度进行分析。导水裂隙带高度与煤层厚度、煤层倾斜度、采煤方法和岩石力学性质等有关。

（1）判定依据的确定。根据井田水文地质条件，本井田煤层顶板之上含水层由下至上分别为侏罗系延安组裂隙承压含水层、侏罗系安定组—直罗组裂隙承压含水层、白垩系宜君组孔隙—裂隙承压含水层、白垩系洛河组孔隙—裂隙承压含水层、白垩系环河组裂隙—孔隙承压含水层、前第四系碎屑岩类孔隙—裂隙潜水含水层和第四系松散岩类孔隙潜水含水层，其中白垩系洛河组孔隙—裂隙承压含水层、第四系松散岩类孔隙—裂隙潜水含水层为区域内主要含水层。

白垩系宜君组位于洛河组下部，开采煤层与宜君组含水层之间稳定分布有中侏罗统安定组、直罗组隔水层，论证以安定组隔水层作为影响含水层组的论证目标，以煤层开采后形成的导水裂隙带是否到穿透安定组作为判定煤矿开采影响对象的主要依据。

（2）导水裂隙带分析基本条件。

1）安家庄井田内煤层倾角一般在6°以下，属缓倾斜岩层，结构简单—复杂。

2）根据对安家庄煤矿顶板条件的分析论证可知，各煤层伪顶泥岩、炭质泥岩为不稳定岩体，直接顶砂泥岩属稳定性较差的岩体，各煤层顶板饱和抗压强度2～23.8MPa，以软岩为主。为安全起见，本次导水裂隙带发育高度预测选用中硬岩计算公式计算裂隙带。

3）安家庄煤矿采用滚筒采煤机长壁一次采全高综采采煤方法。

（3）分析钻孔选取。安家庄井田经过普查、详查和勘探三个阶段，共施工钻孔158

个，其中矿井边界外10个，位于各类煤柱区的钻孔26个，剩余122个钻孔位于可采区。为尽可能准确反映矿井开采裂隙发育情况，本次选取位于可采区的122个钻孔进行计算，可采区域钻孔选取率为100%。根据勘探报告提供的《安家庄煤层综合成果表》，钻孔分布图见图4-1。

（4）导水裂隙带计算方法及适用性评述。导水裂隙带计算一般采用《矿区水文地质工程地质勘探规范》（GB 12719—1991，以下简称“地勘规范”）、《建筑物、水体、铁路及主要井巷煤柱留设与压煤开采规程》（煤行管字〔2000〕第81号，以下简称“三下规程”）中的推荐方法，也可采用临近煤矿实测裂采比进行比拟分析。论证选择的导水裂隙带计算方法及公式见表4-1。

表4-1　　安家庄井田导水裂隙带计算方法及公式选择一览表

<table>
<tr><th>导水裂隙带计算方法</th><th colspan="2">导水裂隙带计算经验公式(中硬岩)</th><th>参数概念</th><th>适用对象</th></tr>
<tr><td rowspan="4">“三下规程”推荐方法</td><td>方法一</td><td>方法二</td><td rowspan="6">H_{li}：导水裂隙带高度(m)；H_m：冒落带高度(m)；M：累计采厚(m)；$M_{Z1\text{-}2}$：综合开采厚度(m)；M_1：上层煤开采厚度；M_2：下层煤开采厚度；$h_{1\text{-}2}$：上、下两层煤之间法线距离；y_2：下层煤的垮落高度与采厚之比；n：煤层分层厚度(m)；a：实测裂采比</td><td rowspan="4">缓倾斜煤层；中硬岩；厚煤层分层开采，单层采厚1～3m，累计采厚不超15m；导水裂隙带高度含冒落带</td></tr>
<tr><td>$H_{li}=\frac{100\sum M}{1.6\sum M+3.6}\pm5.6$</td><td>$H_{li}=20\sqrt{\sum M}+10$</td></tr>
<tr><td colspan="2">冒落带公式：$H_m=\frac{100\sum M}{4.7\sum M+19}\pm2.2$</td></tr>
<tr><td colspan="2">综合开采厚度公式：$M_{Z1\text{-}2}=M_1+M_2-\frac{h_{1\text{-}2}}{y_2}$</td></tr>
<tr><td>“地勘规范”推荐方法</td><td colspan="2">$H_{li}=\frac{100M}{3.3n+3.8}+5.1$</td><td>煤层倾角小于54°，顶板全部陷落，中硬岩，含冒落带高度；适用中厚煤层分层开采</td></tr>
<tr><td>实测裂采比比拟法</td><td colspan="2">$H_{li}=a\sum M$</td><td>地质水文地质条件、岩石条件、开采条件、采煤方法相同或接近</td></tr>
</table>

1）“三下规程”所列2个公式均强调其适用条件为“厚煤层分层开采，且单层采厚1～3m，累计采厚不超过15m”，没有给出薄及中厚煤层的计算公式；由于“公式二”中有常数项10，对于煤层较厚的情况，该值对结果影响不大，但煤层较薄的情况，却对结果影响极大，造成较大偏差。因此，在采矿设计中，薄及中厚煤层一般参照厚煤层分层开采“公式一”进行计算。由于本矿井6个可采煤层均为薄及中厚煤层，均采用一次采全高采煤法，因此，本次参照裂隙带高度计算“公式一”进行计算。

由于各煤层厚度及层间距各处差异较大，存在相互影响关系，在计算裂隙带高度时，应予考虑，即：下层煤的垮落带触及或完全进入上层煤范围时，上层煤的导水裂隙带最大高度按照本煤层开采厚度计算，下层煤导水裂缝带高度，应按照上、下两层煤的综合开采厚度确定。两层煤的最终裂隙带高度应取其中最大值。

2）“地勘标准”所列公式未考虑煤层间的相互影响。标准中经验公式所依据的实测数据主要来源于20世纪50—80年代炮采、普采、分层开采工作面的实测值，且采深一般不超过500m。

3）“实测裂采比”比拟法要求两煤矿之间的地质条件、水文地质条件、岩石条件、开采条件、采煤方法相同或接近。本项目临近的郭家河煤矿与安家庄煤矿开采规模完全一致，工作面长度接近，岩层岩性一致，顶板均以软岩为主，煤层倾角接近，煤层埋深较为接近，因此选取郭家河煤矿的实测裂采比作为本项目导水裂隙带发育高度预测的参数。

根据《郭家河煤矿综合防治水技术研究报告》（煤炭科学技术研究院有限公司，2015），2014年在郭家河煤矿1305工作面地表施工了两个导水裂隙带观测钻孔，采用钻孔冲洗液漏失量观测法和钻孔电视观测法确定采煤工作面开采后上覆岩层导水裂隙带发育高度，研究1305综放工作面导水裂隙带发育高度与煤层采高的对应关系。观测成果表明，D01钻孔导水裂隙带发育最大高度为135.78m，对应煤厚17.92m，裂采比7.6；D02钻孔导水裂隙带发育最大高度为164m，对应煤厚16.29m，裂采比10.1。本次以郭家河煤矿的最大实测裂采比10.1作为本项目导水裂隙带预测的参数。

4）综上所述，“三下规程”仅给出了厚煤层分层开采的裂隙带高度计算公式，但实际工作中薄及中厚煤层一般参照该公式进行计算；“地勘标准”中给出的公式未考虑近距离煤层群的相互影响关系；同时，郭家河煤矿的煤层为巨厚煤层，本项目煤层较薄，且郭家河煤矿采用综采一次采全高＋综采放顶煤的采煤工艺，与本项目采用的综采采全高的采煤工艺有所区别，其实测裂采比的参考价值有待商榷。鉴于此，本次计算导水裂隙带发育高度时，采用上述3种方法分别计算，以期能弥补各自不足。

（5）导水裂隙带发育高度预测结果。论证分别按照表4－1中的“三下规程”和“地勘规范”推荐方法以及采用郭家河煤矿实测裂采比比拟法对安家庄煤矿开采后可采区122个钻孔导水裂隙带发育高度进行预测，并根据计算出的各钻孔导水裂隙发育高度顶端标高，结合对应钻孔处上覆地层的界面标高，判断该钻孔处裂隙穿入上覆地层情况。根据计算结果，绝大部分钻孔的导水裂隙带进入了直罗组，但是所有钻孔的裂隙带顶端均未进入安定组，即所有钻孔处的发育裂隙均不会导通上覆的白垩系宜君组含水层，更不会对白垩系洛河组含水层产生影响。

按照“三下规程”和“地勘标准”计算方法，裂隙进入直罗组最深的钻孔均为A1709，分别进入30.38m和36.65m，该处距离宜君组含水层下的安定组隔水层底界面还有61.75m；参照郭家河煤矿实测裂采比计算的裂隙高度，穿入直罗组最深的钻孔为A2305，进入深度为24.02m，该处距离宜君组含水层下的安定组隔水层底界面还有94.98m。

为了能够更为直观地分析导水裂隙带发育对煤层以上含水层的影响，论证根据本次导水裂隙发育高度预测成果，绘制了导水裂隙顶部至宜君组含水层底界面隔水岩柱高度等值线图，以及导水裂隙顶端距宜君组最近的钻孔A1709和A2305的裂隙带高度发育柱状图，并在安家庄井田17号勘探线中绘制了导水裂隙发育高度曲线图。

安家庄井田导水裂隙带发育高度预测所采用的钻孔、剖面布置位置示意图见图4－1，导水裂隙顶部至宜君组含水层底界面隔水岩柱高度等值线图见图4－2，17号勘探线剖面裂隙高度发育示意图见图4－3，A1709钻孔和A2305钻孔裂隙发育高度示意图见图4－4。

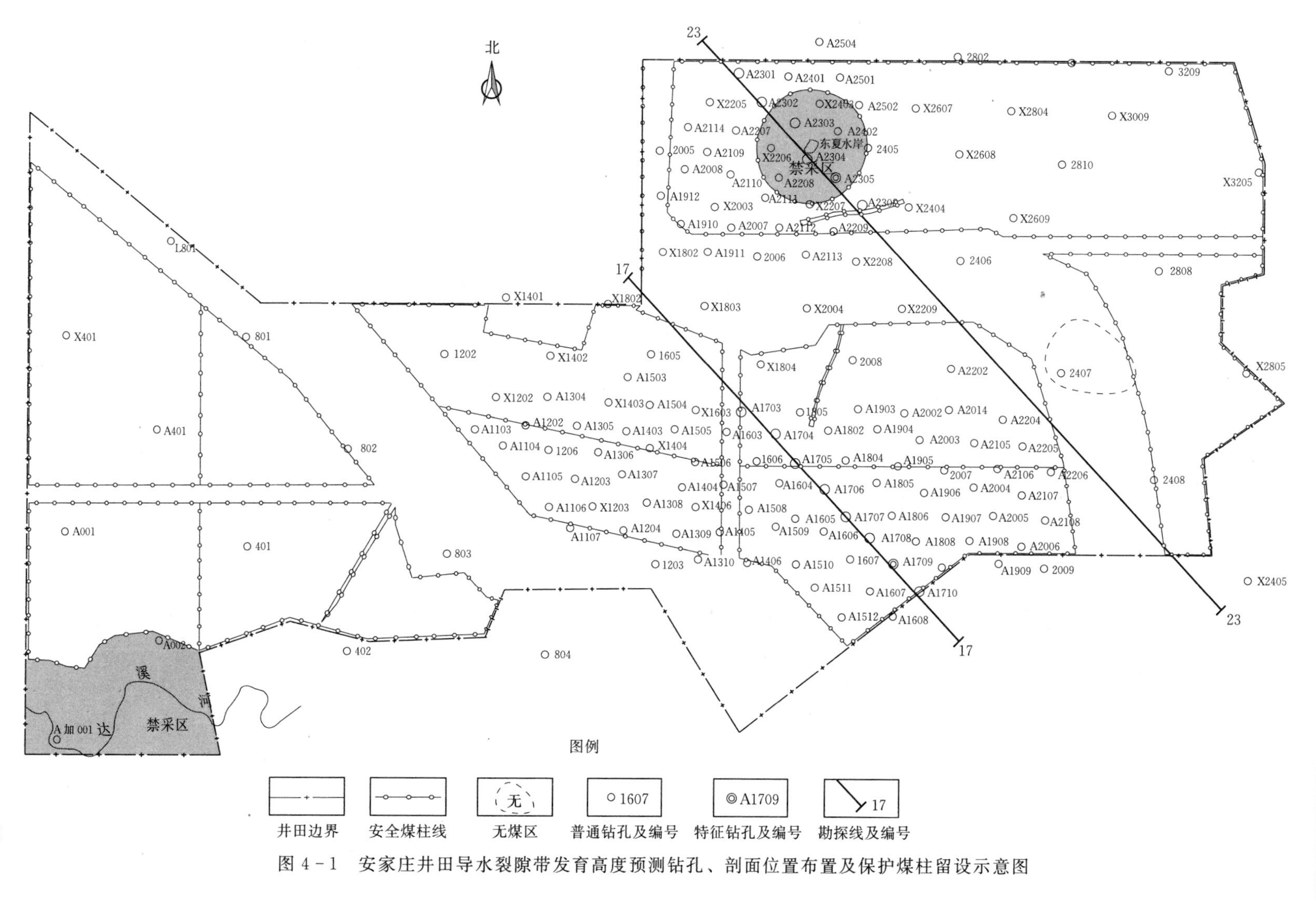

图 4-1　安家庄井田导水裂隙带发育高度预测钻孔、剖面位置布置及保护煤柱留设示意图

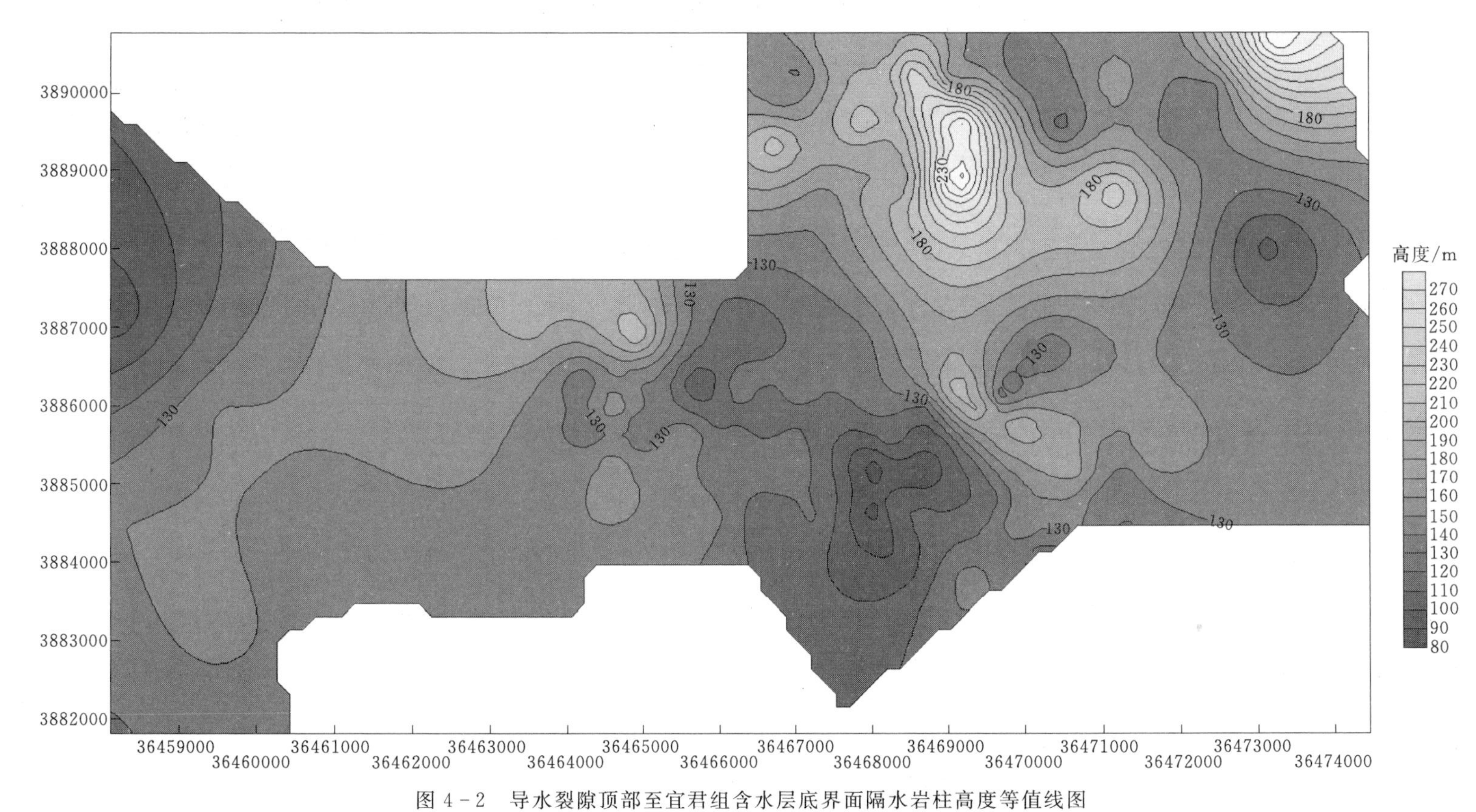

图 4-2　导水裂隙顶部至宜君组含水层底界面隔水岩柱高度等值线图

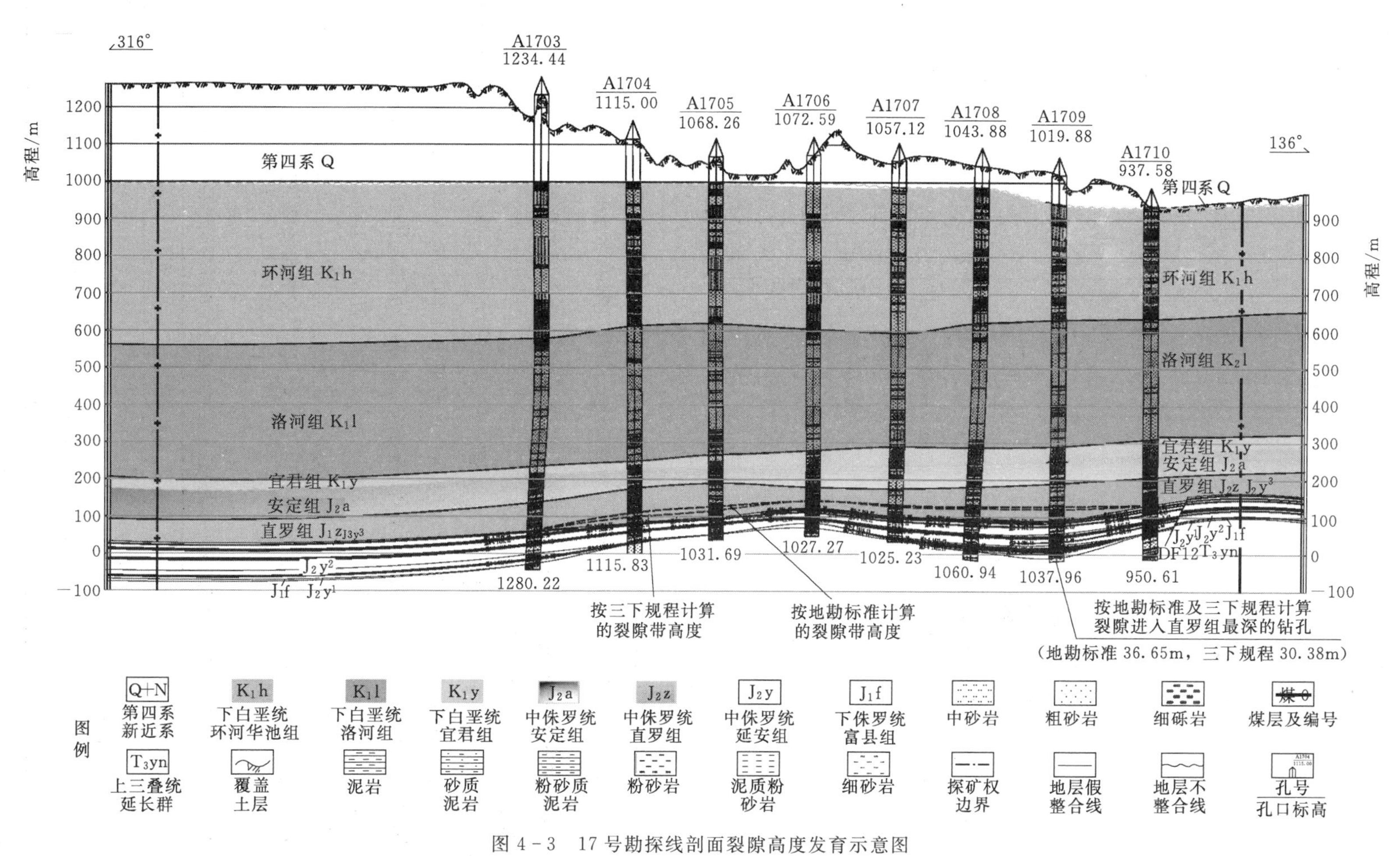

图 4-3　17 号勘探线剖面裂隙高度发育示意图

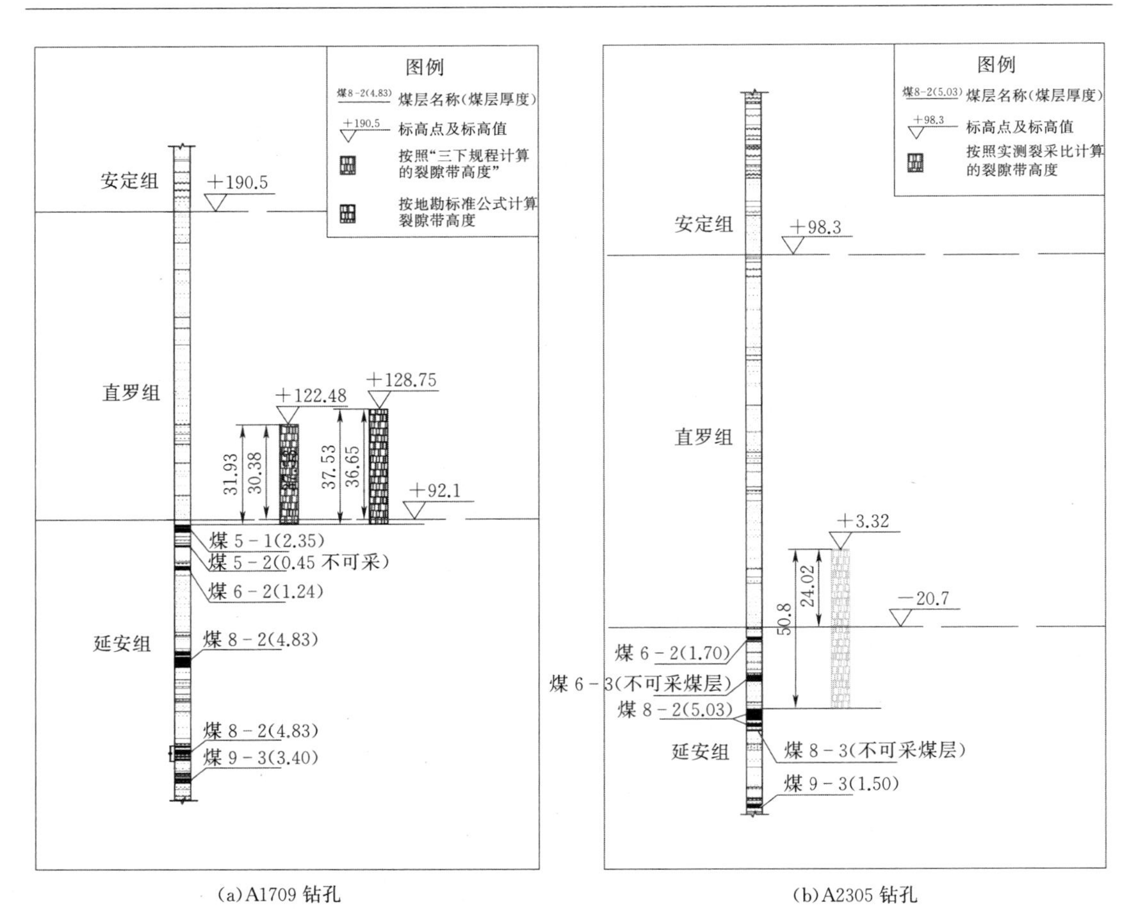

(a)A1709 钻孔　　(b)A2305 钻孔

图 4-4　A1709 钻孔、A2305 钻孔裂隙发育高度示意图

4.1.2　采煤对侏罗系中统延安组、直罗组、安定组复合含水层的影响

根据前述分析可知，安家庄煤矿采煤采用综采一次采全高工艺，产生的导水裂隙带将导通延安组、直罗组地层，将对侏罗系安定组—直罗组—延安组复合含水层造成严重影响，使该含水层成为矿井直接充水含水层，含水层地下水将沿导水裂隙带进入矿坑。

从影响区域和范围来看，该复合含水层受采煤影响的范围局限在采区及采区附近，一般扩大至采煤边界外 24.65～117.34m（表 4-2）。该复合含水层富水性极弱，且埋藏深度大，水质极差，无开采利用价值，不具有常规供水意义。本项目通过建设矿井涌水处理工程，将自身的水质较差的矿井涌水再生用于生产，对区域水资源的优化配置有积极的作用。

表 4-2　安家庄煤矿侏罗系安定组—延安组—直罗组复合含水层影响半径计算表

孔号	含水层	降深 S/m	含水层厚度/m	渗透系数 K/(m/d)	影响半径 R/m
x1401	$J_2a+J_2z+J_2y$ 煤 9-3 顶	77.78	83.73	0.0003	24.65
A1107	$J_2a+J_2z+J_2y$ 煤 9-3 顶	188.55	75.22	0.0003	56.65
A1405	$J_2a+J_2z+J_2y+T_3yn$	104.67	55.42	0.0031	86.77

续表

孔号	含水层	降深 S/m	含水层厚度/m	渗透系数 K/(m/d)	影响半径 R/m
A1710	$J_2a+J_2z+J_2y$ 煤 9－3 顶	233.21	63.29	0.0010	117.34
A1705	$J_2a+J_2z+J_2y$ 煤 8－2 顶	206.77	55.30	0.001	97.25
A2007	$J_2a+J_2z+J_2y$ 煤 8－2 顶	206.77	55.3	0.0010	97.25
A2402	$J_2a+J_2z+J_2y$ 煤 9－3 顶	64.39	61.19	0.0030	55.18

4.1.3　采煤对白垩系洛河组—宜君组含水岩组的影响

白垩系洛河组—宜君组含水岩组全区分布，埋藏于环河组相对隔水岩组之下，含水层由上部的洛河组及下部的宜君组构成，中间无隔水层，可视为一个含水层。洛河组岩性以紫红、褐红色中、粗粒砂岩及厚层状含砾粗砂岩为主，平均约占洛河组总厚度的 88%，砂岩、砾岩中裂隙极其发育，个别孔在钻至该层时冲洗液漏失。依据 179 个钻孔（包括井田周边钻孔）统计资料，洛河组含水层厚度 112～457m，平均厚度 311.53m。

宜君组岩性为紫灰、浅棕红色厚层状中—粗砾岩，局部夹含砾粗粒砂岩透镜体，偶见裂隙，均被石膏充填。依据 168 个钻孔（包括井田周边钻孔）统计资料，含水层厚度 0.59～82.80m，平均 20.30m。洛河组—宜君组含水层总厚度 128.80～472.60m，平均 330.69m。

该含水岩组下部为中侏罗统安定组、直罗组泥岩及粉砂岩构成的隔水层，全区均有分布，厚 35.4～178.29m，平均 106.94m。经前分析可知，采煤形成的导水裂隙带均延伸不到侏罗系安定组底板，不会导通洛河组—宜君组含水岩组，因此白垩系下统层状孔隙、裂隙承压水不会被导通，采煤对其影响较小。

4.1.4　采煤对特殊地下水的影响

特殊构造区主要指本区的构造裂隙和断层。构造裂隙、断层破碎带有时不但自身蕴藏着丰富的地下水（构造带富水区），而且也是地下水溃入矿坑的通道，开采靠近这些特殊构造区段时，矿井涌水量往往会突然增大，甚至会造成淹井事故。因此，在矿井井巷系统建设接近以上地段时，严格执行“有疑必探，先探后掘”的原则，确保矿井安全生产，在断层处留设断层保护煤柱。按照设计规范，本井田内断层煤柱按上、下盘各 50m 留设。

4.1.5　采煤对地下水水位及水质的影响

根据采煤对本区重要含水层结构的影响分析来看，延安组含煤地层承压复合含水岩组中的含水层和安定组—直罗组含水岩组中的含水层受采煤导水裂隙影响，地下水水位大幅度下降，水质亦受到采煤污染，其主要污染物为煤粉悬浮物和 COD，经过混凝沉淀以及反渗透等深度处理，达到相应的回用水标准后方可全部回用。

白垩系下统层状孔隙、裂隙承压水以及当地具有主要供水意义的第四系松散岩类孔隙、裂隙潜水由于距离开采煤层较远，且其间有隔水层，因此上述两个含水层基本不会受采煤影响，地下水流向和水质受采煤影响很小。

4.1.6　采煤引起地下水位变化对植被的影响

井田区域内植被以低矮草灌为主，农业植被也有较大面积分布，农业植被和草地所需的涵养层厚度一般不超过5m，涵养层水分主要靠大气降水补给。

安家庄煤矿采煤导水裂隙带不会侵入第四系含水层，因此对浅层地下水影响小，不会对地表植被生长用水产生大的影响。

4.2 对地表水影响分析

本井田涉及南部的达溪河流域（含干流）和北部的黑河流域（仅部分支沟）。煤矿开采对地表水的影响主要体现在两个方面：①采煤形成的导水裂隙带发育高度到达地表导致地表水漏失；②采煤引起地表沉陷、地表裂隙等对地表水产汇流条件造成影响。

4.2.1 采煤形成的导水裂隙带对地表水的影响分析

安家庄煤矿煤层开采后导水裂隙带高度预测结果表明，煤炭开采后形成的导水裂隙带导通侏罗系延安组，大部分进入侏罗系直罗组，但是所有钻孔的裂隙带顶端均未进入侏罗系安定组，更不会导通白垩系含水层，与地表河流底界相距甚远；由于地表水与煤层顶界垂距700～1170m，基岩地层近水平状，夹有多层泥岩类隔水层，隔断了地表水与煤层开采巷道的水力联系，因此安家庄煤矿采煤后形成的导水裂隙带不会对达溪河、黑河的地表水产生影响。

4.2.2 采煤引起的地表沉陷对地表水的影响分析

煤矿开采对地表的影响是缓慢的累积影响，主要表现为地表沉陷、地表位移、水土流失加剧或地表裂缝等。由于井田内地形起伏较大、沟谷较多，不会形成下沉盆地，但在沟谷边缘区域，土体原始受力平衡状态被破坏，会产生地表裂缝，引起崩塌等地质灾害。

因本区煤层采深与采厚比较大，一般在1∶150以上，根据井田的地形特点和表土层情况，预计地表移动变形基本是连续而缓慢的，一般不会出现突然下沉的情况。达溪河和黑河的汇水主要来自河道两侧支沟的汇水，这些沟道对地貌切割明显，沟谷两侧山体陡峭，山体平均高差在100～200m，河道比降较大。根据预测，采煤结束后本井田内各季节性支沟的沉陷深度最大不超过3.5m（开采70.2年后），小于未沉陷前的高差，也不会使各支沟流向发生根本性改变。河流流向不会发生改变，也不会改变这些河沟的产汇流条件，即对达溪河流域、黑河流域的产汇流条件影响轻微。

安家庄井田西南部约1.8km的达溪河穿井田而过，可研设计中未考虑预留防水煤柱，该区域预计在矿井生产41年后开采。

达溪河为流经本井田内的重要河流，论证认为，流经井田的达溪河应留设保护煤柱，其煤柱留设方法与西气东输管道线煤柱留设相同，即按围护带范围20m和煤岩移动角确定预留煤柱，见图4-1。除该河段外，与井田接壤的达溪河均为井田的南部边界，均设置有保护煤柱，受煤矿开采扰动很小。因此，在考虑预留煤柱的情况下，本矿开采产生沉陷对达溪河地表水资源量的影响轻微。

4.3 对其他用水户的影响

根据预测，安家庄煤矿开采引起的地表沉陷最大影响范围在开采边界外450m，论证对安家庄煤矿开采后引起地表沉陷范围内涉及的村庄人口进行了统计，灵台县中台镇、独店镇和西屯乡等3个建制镇（乡）共19个行政村，受影响人口共计31005人。

因本区煤层采深与采厚比一般在 1∶150 以上，本井田开采后对地表影响整体上以轻度影响为主，主要破坏方式以地表移动变形为主，变化方式为缓慢下沉，预计地表建筑受影响较小，本项目地面村庄不考虑搬迁，采用加固或维护的方式。

经论证调查，安家庄煤矿开采沉陷影响范围内的中台镇 4 个行政村，已实现县城自来水管网全覆盖。独店镇 13 个行政村均由人饮工程供水，其中 6 处使用地下水源，7 处使用地表水源；除吊街村目前为集中供水点供水外，其余 12 个行政村均已实现供水入户。西屯乡 2 个行政村均由人饮工程供水，且已实现供水入户。

安家庄煤矿开采后对井田区域的地表影响整体上为轻度影响，主要破坏方式以地表移动变形为主，变化方式为缓慢下沉，局部可产生地面轻微塌陷，并形成一定裂隙，会对井田区域生态环境和居民生产生活造成一定影响。

论证认为，业主方应按照国家规定建设地下水观测站网和地面塌陷监测网，密切关注井田区域的井泉水位、水量变化和供水工程损毁情况，一旦发现生产生活用水有水位下降、水量减少的趋势或供水工程因采煤影响发生损毁的情况时，项目业主应采取相应的供水措施或补偿措施，确保周边居民用水安全。业主方已出具承诺，明确表示生产过程中做好塌陷区整治工作，及时恢复土地功能；对受影响范围内的居民供水水源和供水管线进行长期跟踪观测，如发现煤矿开采对居民用水造成影响，将采取措施保障居民用水安全，并承担由此发生的全部费用。通过上述措施，可以有效减缓或避免煤矿开采对其他用水户产生的不利影响。

专◆家◆点◆评

安家庄煤矿项目位于甘肃省平凉市灵台县，属于大型井工煤矿项目。本案例针对安家庄煤矿项目的特点，对水资源论证中的用水合理性分析、矿井涌水取水水源论证和矿井涌水取水影响论证进行了重点介绍。

本案例内容符合《建设项目水资源论证导则》（SL 322—2013）的要求，总体质量较高。案例在用水合理性分析中，从节约水资源的角度出发，结合相关标准和实地调研情况，合理核定项目取水量，并提出了系统的矿井涌水回用方案，使得矿井涌水可做到全部回用；在矿井涌水取水水源论证中，采用解析法与水文地质比拟法相结合分析矿井涌水可供水量，收集了大量的实测数据，确定了合理的矿井涌水量，需要注意的是，在同类项目采用水文地质比拟法的时候，也要注意比拟条件的相似性；在矿井涌水取水影响论证中，收集井田可采范围内所有钻孔的钻孔资料，通过不同方法计算每个钻孔的导水裂隙带发育高度，分析井田开采对地表水、地下水含水层以及其他用水户的影响，并提出相应的保护和补偿措施。案例中的分析计算采用了常规方法，但重点突出、资料翔实，在分析思路、内容设置、分析深度等方面有较好的示范作用。

本案例也存在一些不足之处：应结合煤矿开采方案，建立矿井涌水数值模型，预测矿井涌水量，同时与其他方法进行比较。在今后同类项目的水资源论证过程中，应结合2017年2月开始实施的《采矿业建设项目水资源论证导则》（SL 747—2016）要求，进行分析论证。

李砚阁　李世举

案例二　广东省平远县仁居稀土矿水资源论证报告书

1　概　　述

1.1　项目概况

1.1.1　基本情况

平远县仁居稀土矿采选项目位于广东省梅州市平远县，距离平远县城 27km，隶属仁居镇管辖，矿区东西长 6.5km，南北宽 4.5km，呈 V 字形。

项目类型属于改扩建项目。该矿区自 1984 年开始进行稀土矿开采，先后经历了池浸工艺、堆浸工艺、原地浸矿工艺三种工艺开采阶段。2008 年之前仁居稀土矿分为仁居、黄畲两个稀土矿区。为了合理开发利用和保护稀土资源，经广东省人民政府审批，将仁居稀土矿和黄畲稀土矿整合，整合后的矿山名称为：平远县华企稀土实业有限公司仁居稀土矿。

矿区总面积 10.0864km^2（采场占地面积 139.02hm^2），矿区范围内包括了赤鸡坳、莲花塘、南山下、南山寨、三坝塘和白石岌 6 个矿段，开采标高 245.0～541.2m，矿区范围已获国土资源部批复。开采对象为划定矿区范围内的风化壳离子吸附型稀土矿，采用原地浸矿工艺。建设规模为年产 1000t 混合稀土氧化物（按 Re_2O_3 含量为 92%计）。矿山总的服务年限约 16 年，其中基建施工期 1.3 年，生产期 14.1 年，闭坑整治期为 0.6 年。

受平远县华企稀土实业有限公司委托，珠江水利委员会水文局开展了广东省平远县仁居稀土矿水资源论证工作。

1.1.2　生产工艺

1.1.2.1　离子型稀土矿特征

（1）矿床赋存特征。平远县仁居稀土矿矿区属低山丘陵地带，98%以上的矿体赋存在当地侵蚀基准面以上，山势平缓，主要地段坡度均在 25°以下，水文地质条件简单。表土为第四系坡冲积层，主要为土黄色、浅灰色含砂砾黏土层，黏土胶结，可塑，厚 0.50～7.8m，平均厚度为 1.15m。区内稀土矿为风化壳离子吸附型稀土矿矿床，产于花岗岩、次花岗斑岩和凝灰岩形成的风化壳中，矿体随地形呈似层状连续分布于核实范围的全区，稀土矿体赋存于基岩风化壳中，风化壳分残积土层、全风化土层和半风化岩土层，矿石结构为松散土状，矿物成分为高岭土、石英、长石、云母及其他微量矿物，矿石极其松散，富水性较弱，导水性很好，一般厚 2.40～13.00m，平均厚度为 5.57m。矿体底板均为微风化或未风化的花岗岩、次花岗斑岩和凝灰岩，该类岩体完整稳定，均为良好的隔水层。

（2）浸取工艺特殊。由于离子型稀土矿中的稀土元素赋存形式为离子相，其赋存形式决定了离子型稀土矿生产工艺不同于一般的金属矿开采工艺，无法采用重选、磁选或浮选选矿方式，而需采用电解质离子交换化学选矿法。

1.1.2.2 离子型稀土矿开采工艺

（1）工艺发展历程。离子型稀土开采工艺先后经历三个阶段：池浸工艺、堆浸工艺和原地浸矿工艺。平远县稀土矿于1983年开始采用池浸工艺进行工业生产，2001年采用的工艺以堆浸为主，2007年开始引进原地浸矿开采新工艺组织生产。

池浸工艺流程首先需要砍伐地表植被，将矿体的表土剥离后开挖矿石；然后运送至浸矿池，注入硫酸铵进行浸取，浸取过程中，浸取剂对池中含离子相稀土矿石进行“浸洗”，溶液中铵根离子与稀土离子在浸洗过程中进行离子交换，“离子相”稀土从含矿载体矿物中交换出来，成为硫酸稀土；最后将获得的含稀土母液送入母液处理车间。

堆浸工艺和池浸工艺一样，要先砍伐地表植被，剥离矿体表土，开挖山体，搬运矿石。不同的是，堆浸工艺在堆浸场内将矿石筑堆，在堆场表面布置喷淋管道，通过喷淋管道注入硫酸铵浸取液，稀土浸出液送入母液处理车间。

原地浸矿工艺只需较少破坏矿体地表植被，不剥离表土，直接在矿山上布置浸取剂注入孔和交换液收集孔，通过注入硫酸铵浸取剂，从集液沟内收集稀土母液，最后用草酸或碳酸氢铵沉淀。

（2）政策与环保要求。池浸和堆浸工艺被称为“搬山运动”，对地表植被完全破坏，大量含氨氮的尾矿裸露于地表堆积，水土流失非常严重，农田民宅受到威胁。原地浸矿工艺不但几乎不破坏植被，而且没有尾砂排放，最大程度地保护了生态环境；而且浸矿剂循环利用，几乎不排放。因此，国家发展和改革委员会公布施行的《产业结构调整指导目录（2011年本）（修正）》将离子型稀土矿堆浸和池浸工艺列为淘汰类项目；2012年7月国家工业和信息化部发布实施的《稀土行业准入条件》明确要求“离子型稀土矿开发应采用原地浸矿等适合资源和环境保护要求的生产工艺，禁止采用堆浸、池浸等国家禁止使用的落后选矿工艺”。2008年平远县人民政府下发《关于印发平远县仁居稀土开采综合治理工作方案的通知》（平府办发〔2008〕97号），规定：“截止2009年1月30日，所有矿点一律不得采取池浸、堆浸工艺。”

迄今为止，原地浸矿是离子型稀土资源提取高效环保的最先进工艺技术，是国家强制推广应用的先进技术。

1.1.2.3 原地浸矿工艺

原地浸矿工艺是针对露天堆浸工艺对矿区水土保持、周边环境有显著影响的缺陷，由赣州有色金属研究所于20世纪80年代后期研发的离子型稀土矿开采工艺，自称“离子型稀土矿就地浸取工艺”。该工艺成果获江西省科技进步一等奖、国家“八五”重大科技成果奖，为国家“八五”十大国际技术领先水平成果之一。经逐步推广应用，原地浸矿工艺已成为我国离子型稀土矿开采的主流工艺。

（1）地下水渗流原理。根据地下水渗流原理，原地浸矿过程中，当注液孔注液时，由于注液压力的作用，最终会形成稳定的渗透锥体，渗透局限在一个稳定的范围内。此稳定的范围与注液孔深及矿土的渗透性有关。一般渗透速率大、矿体厚度小时，注液孔网度可适当地加密。

根据本矿区的具体情况和生产实际，设计采用注液孔注液方案，布孔的相关参数可根据实际矿体开采条件及矿体埋藏条件进行优化。尽可能减少注液盲区，降低生态破坏。注液孔应安装龙头控制其注液量及注液速率。

（2）原地浸矿原理。由于离子吸附型稀土矿资源具有黏土含量高、质地疏松、毛细管十分发育等特点，采用高浓度的浸出剂和低速度的滴淋可以大大提高浸出剂的浓度梯度，强化扩散过程的推动力和传质过程，使矿石中的稀土得以充分有效地浸出。

原地浸矿法开采离子吸附型稀土矿的基本原理：吸附在黏土等矿物表面的稀土阳离子（Re^{3+}）在遇到化学性质更活泼的阳离子时，能被更活泼的阳离子交换解吸下来而进入溶液，交换解吸化学反应方程式如下：

2 高岭土 · $3Re^{3+}+3(NH_4)_2^+ \cdot SO_4^{2-}$ ══ 2 高岭土 · $3(NH_4)_3^+ + 3(SO_4)_3^{2-} \cdot Re^{3+}$

NH_4^+ 离子吸附在土壤中，而硫酸稀土进入母液中。收集母液，将母液除杂、净化、澄清，再加入沉淀剂即可提取稀土。施工中，在矿体地表进行布液工程很关键，首先按一定距离钻布液孔，然后将已配好在高位槽中的浸出剂按一定的固液比和加液速度，通过淋浸装置中的滴嘴，均匀缓慢地加到每个孔中。浸出剂借重力和毛细管作用，与矿石中的稀土离子接触进行代换反应，达到稀土浸出的目的。在矿体底部修建集液工程，以充分回收浸出液，防止浸出稀土溶液的流失。

（3）原地浸矿工艺流程。原地浸矿及母液处理工艺过程：在母液处理车间配液池配制硫酸铵浸取液，之后高压输送到山顶高位浸矿液池，后由主输液管自流进入采场分支管道，由分支管道自流进入设置在采场注液孔上方的注液管，注液管上安装塑料水龙头，控制注液流量。浸矿液进入注液孔内，自流进入稀土矿体，经过交换解吸反应后（交换解吸速度较快，矿体中稀土阳离子遇到溶浸液中更活跃的 NH_4^+ 阳离子时立即就被交换），浸出液汇流至集液巷道（平巷或叉巷），后经过集液管输送至山下的集液池内。浸出的稀土母液由集液池通过管道输送至母液处理车间，浸出的母液（稀土氧化物 ReO 不小于 0.03g/L）经过除杂—沉淀—压滤，得出的底浆经过洗涤过滤及初步脱水后（综合损失约 3%），最终产品为碳酸稀土（组成：稀土氧化物 ReO、杂质、水）。除杂渣外售，沉淀池上清液、压滤机压滤液入配液池，循环使用。

原地浸矿及母液处理工艺流程见图 1 - 1。

1）“三先”注液技术。即“先上后下，先浓后淡，先液后水”的注液原则。

先上后下：采场从山顶山脊至山坡山脚划分为不同的浸出区，山顶山脊为第一浸出区，山腰为第二浸出区，山脚为第三浸出区。注液时先注一区，再注二区，最后注三区，每区间隔时间应视矿层渗透系数、注液网度、矿层厚度等条件确定，一般前后间隔 5～7d，这样一方面可确保矿层厚的地方注液较多，以保证其液固比；另一方面可以从上往下依次挤出矿层中的自然含水（一般为浸出矿层总体积的 15%～20%），提高浸出液的浓度。浸矿液在矿体中的停留时间一般为 2～3 周。

先浓后淡：注液前期先注入浓的溶浸液，后注入淡的溶浸液，最后阶段加注顶水。溶浸液自然从上往下流，先期先注液山顶山脊，浓度大的液体溶浸矿体面积大（或溶浸矿体多），保证液体充分交换解吸，中后期注液山腰山脚，矿体面积及矿体量减少，但为了保证采场的饱和度，同时保证其液固比，减少药剂耗量，降低采矿成本，可采用较低浓度的溶浸液。

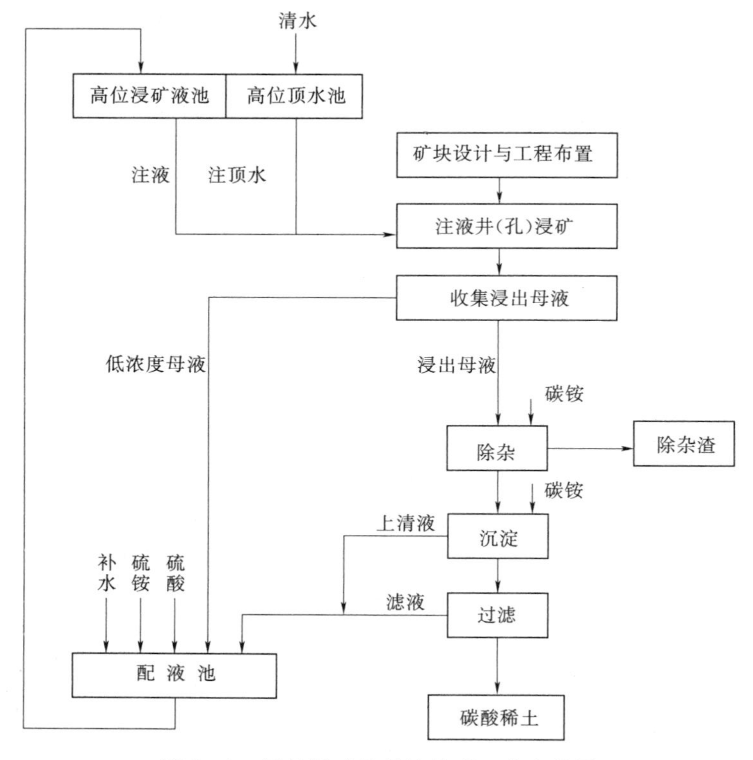

图 1－1　原地浸矿及母液处理工艺流程图

先液后水：溶浸液浸完以后，应及时加注顶水，挤出与溶浸液发生交换解吸反应后遗留在采场的浸出液，保证回收充分，前期顶水为回收稀土后的尾液，后期一般为清水，洗涤浸后采场，及时恢复地下水体水质。

“三先”注液技术不但可以解决离子型稀土在浸出过程“再吸附”问题的产生，可以确保采场不小于90%的浸出率，而且可以明显提高浸出液浓度、缩短浸出周期。

2）稀土回收。注液一段时间后，采场集液沟开始渗出清水，此后水量将逐步增加，并且渗出水量将逐渐接近注入量。再经过一段时间（时间长短鉴于开采的矿体厚度决定，开采厚度越厚，时间越长，一般10～15d），采场矿层所含原地下水已逐步被浸出液挤出、巷道内的集液沟将逐渐渗出浸出液，稀土浓度将很快提高，一般2～5d即可达到工业利用浓度（0.03g/L左右），此时即可从集液池回收母液。然后经过除杂池进行除杂，除杂后的母液澄清后排入沉淀池，以碳酸氢铵作为沉淀剂沉淀稀土，沉淀后的稀土送至压滤车间。沉淀稀土后的上清液，经回收进入废液处理池处理后（使得pH值为5左右），可补加浸矿剂（浓度为2%的硫酸铵）返回采场浸矿。

1.1.3　取用水方案

平远县仁居稀土矿采选项目生产用水取自仁居河，采用抽水泵取水，取水主要用于开采过程的浸矿剂调配、顶水及蒸发吸收耗水等。日最大取水量331.78m^3/d（0.0038m^3/s），年取用水总量9.29万m^3/a；生活用水取自市政自来水，日取用水量5.28m^3/d，年取用水总量1927.2m^3/a。

1.1.4 退水方案

平远县仁居稀土矿采选项目生产、生活用水循环利用，不外排，不设置入河排污口。

但是采矿浸取结束后，会有部分酸性浸取液——硫酸铵溶液残留在山坡土壤和岩石裂隙中，下渗进入地下水。残留在山坡土壤和岩石裂隙中的日渗漏量为144.36m^3/d，其中裂隙渗漏量为35.10m^3/d，土壤、植物吸收与蒸发损失量为109.26m^3/d。年渗漏量为4.04万m^3/a。

1.1.5 水资源论证范围

根据平远县水资源状况以及水资源开发利用情况，结合梅州市水资源调查评价现有成果，确定本次建设项目水资源论证的分析范围为梅州市平远县。

本项目取水口位于仁居河支流即碗窑坑溪和莲花塘溪汇合后的仁居河上，6个采矿段分布于碗窑坑溪和莲花塘溪两侧。仁居河为差干河的支流，流经黄畲村、仁居镇后，在五福村处与差干河连接。综合考虑取水水源来水情况、取水口位置以及便于水量调节计算，确定本项目取水水源论证范围为取水口以上集雨范围169km^2。取水影响范围为取水口—仁居河出口，河长约3km。取水水源论证和取水影响范围见图1-2。

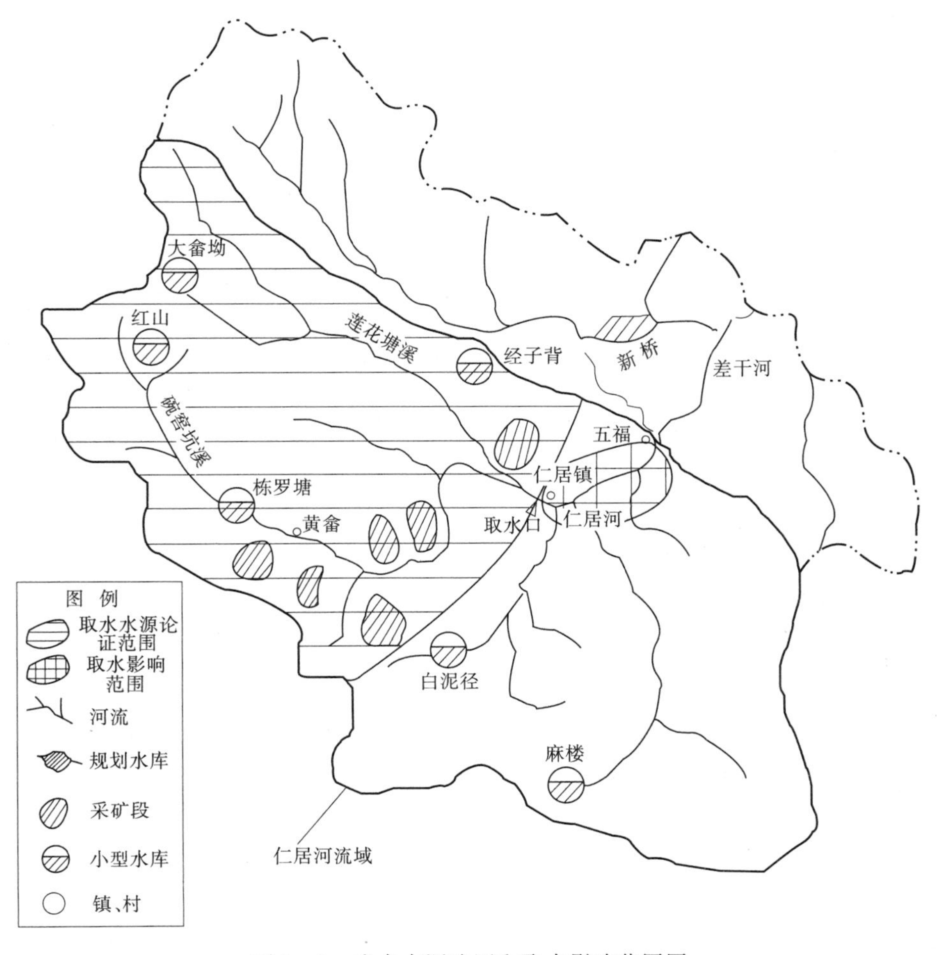

图1-2　取水水源论证和取水影响范围图

退水影响主要为少量酸性浸取液——硫酸铵溶液残留在山坡土壤和岩石裂隙中，对矿区范围内地下水和地表水的影响。根据矿区水文地质条件，确定项目矿区地下水与地表水水力联系范围：西至扩大矿区范围外沟谷，东至仁居河，南至扩大矿区范围外山脊，北至扩大矿区范围外山脊。因此确定退水影响论证范围为项目矿区地下水与地表水水力联系范围（主要包括塔上村、网形村、乌石头沟、仙人掌坑、盆形等敏感点）。退水影响论证范围见图 1－3。

1.2 水资源论证的重点与难点

仁居稀土矿采用最新的采矿工艺——原地浸矿工艺，为国家鼓励的采矿方法。针对这种新型采矿方法的特点，其水资源论证的重点为：①新型采矿工艺的用水合理性，包括开采条件、用水工艺等；②对地下水环境影响分析；③水资源保护措施。

难点为：①查清水文地质条件；②原地浸矿工艺对地下水环境影响分析。❶

1.3 工作过程

针对离子型稀土矿水资源论证，主要工作过程如下：

（1）收集国家稀土行业产业政策、稀土行业准入条件、矿产资源规划及有关资料等，从而了解国家对稀土行业鼓励和淘汰的生产工艺，检查本项目采用的生产工艺是否合理，是否符合稀土行业准入条件、是否符合矿产资源规划。

（2）现状查勘、调研，收集可研、环评、老矿区环境影响后评价、勘探报告及水质监测资料等。

（3）编写工作大纲，进行专家咨询，确定报告书的重点和难点。

（4）分析区域和矿区水文地质条件。

（5）分析用水工艺，对其用水设计参数、用水水平、污废水处理及回用进行合理性分析。

（6）分析老矿区环境影响后评价和环评报告中关于取用水、水环境影响的相关章节内容和结论。

（7）报告书初稿完成后，进行专家咨询。根据咨询意见，本项目专门作了水资源论证地下水影响分析专题报告。

（8）根据地下水影响分析专题报告，补充完善水资源论证报告书。

1.4 案例的主要内容

平远县仁居稀土矿为离子型稀土矿，矿产开发采用国家鼓励的原地浸矿生产工艺，属于新型的采矿方法。报告书针对这种新型采矿方法的特点，重点对项目用水合理性分析（包括开采条件、生产工艺和用水工艺）、原地浸矿工艺对地下水环境影响分析、水资源保护措施等方面进行介绍。

---

❶ 在编写同类型报告书时，建议提出原地浸矿工艺对水文地质条件的要求，同时应注意不同稀土置换剂对地下水环境的影响程度，注意稀土元素进入地下水是否会对环境造成不利影响，注意采用各种保护措施确保生产用水不外排。

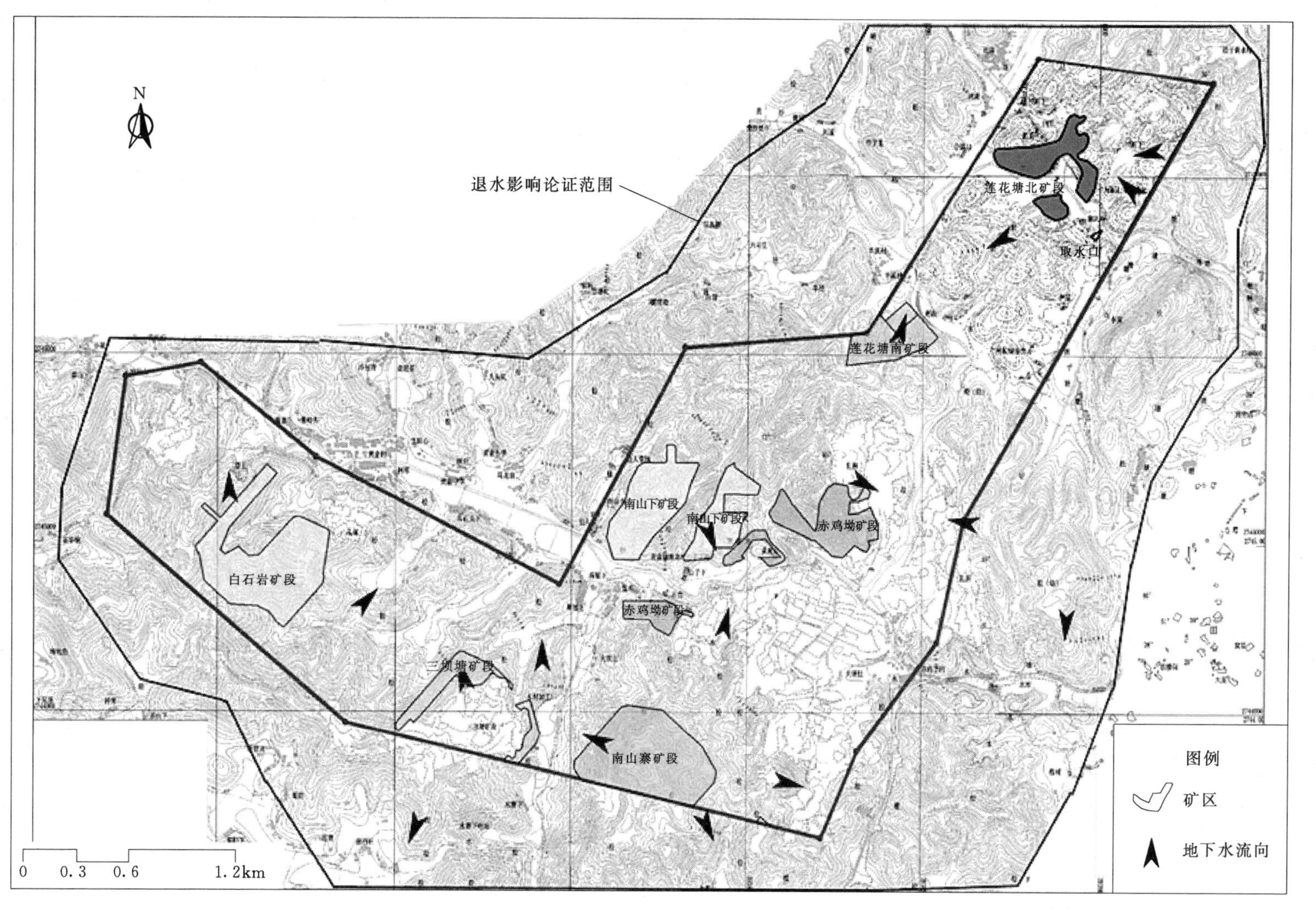

图 1-3 退水影响论证范围图

根据离子型稀土矿原地浸矿工艺水资源论证的重点和难点，本案例的主要内容包括：

（1）用水合理性分析。包括：①开采条件分析，包括区域地质与水文地质条件、矿区地质与水文地质条件等；②用水工艺分析，包括建设项目用水环节分析、用水设计参数、污废水处理及回用、用水水平指标计算与比较等。

（2）对地下水环境影响分析。包括：①地下水环境现状调查与评价；②对矿区内地下水环境影响预测与评价；③对矿区内外第三者的影响分析。

（3）水资源保护措施。包括：①措施设置原则；②污染控制措施；③风险事故应急响应措施；④工程措施规格；⑤地下水动态监测计划。

2 用水合理性分析

2.1 开采条件

根据章节1.1矿床赋存特征分析，该稀土矿满足原地浸矿的相应条件：

（1）矿体赋存于当地侵蚀基准面以上，埋藏于山坡地带，保证了水分能够自流。

（2）矿体（风化壳）平均厚度为5.57m，加上覆盖层的平均厚度1.15m，矿床底板距离地表垂直厚度约为6.72m，适宜掘进集液平巷和集液横巷。

（3）该矿矿石结构为松散土状，矿石极其松散，富水性较弱，导水性很好，保证了注入的硫酸铵溶液能够和矿石内游离的稀土离子进行充分交换，并通过松散的风化层矿体沿底板渗入集液巷道，保证稀土回收。

根据章节1.1生产工艺的分析，如何减小浸矿剂对地下水环境的影响？什么样的水文地质条件可以有效控制浸矿对地下水环境的影响？本报告对矿区地质条件，尤其是水文地质条件进行了详细分析。

2.1.1 区域地质与水文地质条件

2.1.1.1 地形地貌

矿区位于平远县北部粤赣闽接壤区，处于仁居差干断陷盆地（以下简称仁差盆地）西南端，属构造侵蚀剥蚀低山丘陵地区，风化剥蚀强烈，冲沟发育，地形高差较大，海拔标高245.00～541.09m，最低标高245.00m，相对高差一般小于200m。仁差盆地周围属低山丘陵地区，地形较陡峻。矿区侵蚀基准面高程为245.00m。

2.1.1.2 地层岩性

区内出露地层岩性主要为寒武系、泥盆系上统—石炭系下统、侏罗系中统、燕山早期的花岗岩侵入岩体、白垩系上统、次花岗斑岩、下第三系，以及第四系冲坡积层等。

（1）寒武系：灰绿色变质砂岩、千枚状粉砂岩、千枚岩、绢云母片岩。厚度不详，零散分布于仁差盆地外东南缘。

（2）泥盆系上统—石炭系下统：石英砂岩、粉砂岩夹灰黑色粉砂质页岩，底部为石英质砂砾岩。厚度不详，零散分布于仁差盆地外东南缘。

（3）侏罗系中统：灰白色中厚层状中细粒石英砂岩，夹灰紫色，紫红色泥质粉砂岩、页岩。厚度大于300m，分布于仁差盆地东南边缘。

（4）燕山早期花岗岩：区内岩浆活动强烈，除大面积的火山岩外，仁差盆地两侧均为燕山早期的黑云母花岗岩。东侧为葫芦岗岩体，西侧为南桥岩体。此外，还有各种不同期的脉岩。

南桥岩体：分布在鹧鸪窿断裂西侧，与次花岗斑岩呈断裂接触，为一大岩基，面积大于1000km²。以局部具似斑状结构的中粗粒黑云母花岗岩为主体，间杂有同源异相的花岗闪长岩、石英二长岩、二长花岗岩、正长岩及稍晚的细粒黑云母花岗岩。局部见混合岩化花岗岩。在东部近断裂带常见硅化及片理化，局部成为糜棱岩化花岗岩。

葫芦岗岩体：为一岩基，面积大于800km²。具巨斑状结构的中粗粒黑云母花岗岩和细粒黑云母花岗岩，区内仅为岩体西侧局部出露。

仁差盆地内或沿断裂带及其两侧发育着多期各种脉岩。猪麻坝断裂和F_9断裂带内，见有燕山晚期的球粒斑岩和石英斑岩；鹧鸪窿断裂带内及其两侧和赤鸡坳一带的次花岗岩及流纹质凝灰岩中，见有喜山早期的辉绿岩、闪长岩和晚期的细晶花岗岩。这些脉岩明显受主干断裂及其次级构造控制，分布在断裂带及附近。

（5）白垩系上统：按其岩性与沉积韵律变化可划分为3个岩组：

1）白垩系上统下组：紫红色、砖红色粉砂岩、粉砂质泥质泥岩夹少量细砂岩，底部为砂岩，底砾岩。不整合在下伏地层和燕山期黑云母花岗岩之上，主要分布在仁差盆地东侧。厚250～300m。

2）白垩上统中组：据岩性及火山喷发旋回，分为3个岩性段：

a. 下段：以紫红色流纹质火山角砾岩为主，夹凝灰质杂砂岩、杂砂质砾岩，及少量浅绿色凝灰岩。岩石呈中、厚层状，可见层理。主要分布在仁差向斜东翼，倾角比较平缓；少数分布在仁差盆地南端及向斜西翼，倾角较陡，厚约500m。

b. 中段：紫红色流纹质晶屑凝灰岩—弱熔结凝灰岩。岩石含大量晶屑及少量酸性熔岩角砾，近底部角砾增多，可达5%～20%，并逐渐过渡为火山角砾熔结凝灰岩。岩石呈块状，无层理。大面积分布于仁差盆地内，组成仁差向斜的两翼，厚约900m。

c. 上段：以紫红色、浅绿色及二者间杂的流纹质火山角砾凝灰岩、火山角砾岩及凝灰岩为主，夹有紫红色凝灰质粉砂岩、粉砂质泥岩及浅绿色凝灰岩，局部见有集块岩及熔岩。岩石层理较发育，产状亦较为平缓。分布在仁居及差干一带，组成向斜轴部的一部分。厚400～450m。

3）白垩系上统上组：主要为紫红色灰白色粉砂岩、粉砂质泥岩，夹少量灰白色细砂质，中下部夹有一层厚约1m的安山质凝灰岩，底部为浅紫红色凝灰质砂砾岩。分布于仁差向斜近轴部一带。厚度大于200m。

（6）次花岗斑岩：含稀土次花岗斑岩分布在鹧鸪窿断裂与鹞子嶂断裂交叉部位的盆地内侧，呈不规则状产于上白垩统中部的流纹质凝灰岩类中，为仁居矿区的成矿母岩。面积约3km²，其展布方向与平面形态和仁差盆地相似。

（7）下第三系：以紫红色、砖红色粉砂岩、粉砂质泥岩为主，夹砂砾岩、砾岩，底部为砾岩。粉砂岩、泥岩中普遍含少量砾石。分布在差干北部和上举西侧。岩层产状平缓，倾角一般在10°以内。与下伏地层呈不整合接触。厚大于650m。

（8）第四系冲坡积层：主要分布在河谷两侧的冲积阶地及少数水田分布区的残坡积物。多为黏土、砂质黏土，少数河流阶地上，尚有砂、砾石层。厚度多在5m以内，最大厚度为7m左右。

2.1.1.3　地质构造

矿区区域位于仁居—蕉岭大坝纬向构造带与北东向华夏系构造的交接复合部位，仁差盆地西南部。仁差盆地面积250km^2。

仁差盆地内由上白垩统—下第三系的一套火山碎屑岩、紫红色砂砾岩等组成。盆地西侧以鹧鸪窿断裂为界，与燕山期黑云母花岗岩接触；南侧以鹞子嶂断裂为界，与燕山期黑云母花岗岩、寒武系、泥盆系上统—石炭系下统、侏罗系中统接触；东侧以猪麻坝断裂为界，白垩系上统不整合于燕山黑云母花岗岩和侏罗系中统之上。往北东，盆地随着鹧鸪窿断裂延伸至福建省武平中山圩以北，呈北东向展布，长约40km。

褶皱构造：盆地内的上白垩统至下第三系地层不整合覆盖于由侏罗系等地层和黑云母花岗岩组成基底的燕山期构造层之上，构成仁差向斜，属复向斜。在东翼的上盘和猪麻坝断裂西侧各有一个小向斜；近轴部的仁居附近有3个呈雁行状排列的小向斜；差干北西侧，还有另一小向斜等一系列次级向斜。各小向斜轴向多为NNE，与主向斜轴有一小的交角。主向斜轴为北东向，与主构造线方向一致。东翼较缓，倾角一般为10°～15°，西翼稍陡，倾角一般为15°～30°，为一比较开阔，两翼不对称的向斜。

断裂构造分为3组：NE～NNE组、EW组和NW～NWW组。

（1）NE～NNE组。

1）鹧鸪窿断裂：区域性断裂，走向NE，倾向SE，倾角55°～75°。延伸大于25km。沿断裂出现宽数米至百余米的硅化构造角砾岩带，显示大型压性构造的特征，后期转化为张性，具正断层性质。与其性质相似的断裂还有F_2、F_4、F_6、F_7和F_9。这些断裂走向较F_1略偏北，多为NNE向，倾角较大，一般为70°～80°。均为向盆地内倾斜的正断层。以上断裂均分布在仁差向斜西翼。

2）猪麻坝断裂：为控制仁差盆地的主要断裂之一，走向NE，倾向NW，倾角70°～80°，延长大于10km。断裂带内有石英斑岩充填。与其性质相似的断裂还有F_3、F_5、F_{11}及F_{13}等，这些断裂均为向盆地内倾斜的正断层，多分布在仁差向斜的东翼。

（2）EW组。

1）鹞子嶂断裂：走向近EW，倾向SW，倾角45°～60°，为逆断层，延伸大于13km，为控制仁差盆地南界的主断裂。其形成时间较早，常被北东向断层切割。沿断裂带有次花岗斑岩充填。位于麻楼北侧的次花岗斑岩风化壳，稀土含量较高，局部构成工业矿体。

2）黄畲断裂带：分布在盆地外，位于矿区西部黄畲一带，与鹧鸪窿断裂近垂直接触。走向EW～NWW，倾向SW，倾角60°左右，长大于4km，宽0.8～3.2m。由石英脉和硅化碎裂花岗岩组成。

（3）NW～NWW组。盆地内除上述断裂外，尚有两组晚期断裂，即NW组及NWW组。这两组断裂多为正断层，规模较小，延伸多在5km以外，NW组发育较晚，常切割NE组断裂。NWW组发育较晚，切割所有其他断层。

2.1.1.4 水文地质条件

（1）含水层类型。根据含水岩组的岩性、构造和地下水的埋藏条件和水力特性等，与矿区相关的区域含水层有松散岩类孔隙水和基岩裂隙水两种类型。

1）松散岩类孔隙水。松散岩类孔隙水划分为水量中等、贫乏、极贫乏3种类型。

a. 水量中等区：含水岩组由全新统冲积层组成，构成Ⅰ级阶地，一般厚度3～5m。上部为亚砂土或亚黏土，厚度0.4～1.5m；下部一般为砂卵石层，结构松散，厚度2～4m。含水层厚度一般0.9～3.6m。潜水，水位埋深1.05～3.85m，年变幅小于2m。根据钻孔注水试验资料，渗透系数27.99～134.97m/d，单井涌水量185.67～249.83m^3/d。

b. 水量贫乏区：含水岩组由全新统、上更新统冲积层组成，构成Ⅰ、Ⅱ级阶地，厚度2～6m。上部为亚砂土、亚黏土，厚度0.6～3.5m；下部为砂砾石层，含少量黏粒，结构较紧密，不利于渗透，厚度1～5m。据6个抽水民井资料，渗透系数0.876～11.633m/d，涌水量10.368～51.86m^3/d。

c. 水量极贫乏区：含水岩组由中更新统、下更新统冲积层组成，构成Ⅲ、Ⅳ级阶地，厚度1.2～10m。上部为亚黏土，厚度0.3～5m；下部为黏土砾石层，含黏粒砂砾、卵石层，半固结，渗透性极差，厚度0.7～4m。根据钻孔注水试验资料，单位注水量0.0034L/(s·m^2)。

矿区的碗窑坑溪只有一级阶地，距离矿段较远，与矿段开采时的地下水变化联系少，矿区的松散岩类孔隙水基本上是分布在矿段之间的各个冲沟和小河谷内。

2）基岩裂隙水。

a. 花岗岩风化裂隙水。含水岩组由部分加里东期及燕山早期似斑状中粗粒黑云母花岗岩、细粒黑云母花岗岩及在白垩系上统凝灰岩中侵入的次花岗斑岩组成。根据测点资料，径流模数平均值4.43～5.85L/(s·km^2)，渗透系数0.0004～0.0037m/d，泉流量常见值0.014～0.221L/s。根据抽水孔资料，水量极贫乏区的涌水量为1.68～4.42m^3/d，水量贫乏区的涌水量为1.12～59.69m^3/d。

b. 火山碎屑岩（凝灰岩）风化裂隙水。主要分布于仁差、闾蒲向斜盆地中，含水岩组由侏罗系上统第二组的流纹质凝灰岩、火山角砾凝灰岩、熔结凝灰岩等火山碎屑岩组成。根据测流点资料，径流模数平均值为2.05～5.16L/(s·km^2)；根据泉点统计资料，泉流量为0.014～0.544L/s。属于水量贫乏—极贫乏区，但局部岩性分解部位含水量稍高，如仁居19号孔，属于红层碎屑岩与火山碎屑岩混合抽水孔，主要涌水部位在熔结凝灰岩中，涌水量达87.09m^3/d。

c. 红层裂隙水。红层富水性受岩相、含钙量、构造、地下水赋存空间、发育深度的控制，根据含水岩组富水程度划分为水量中等、贫乏、极贫乏三类。红层裂隙水分布在仁差盆地的东侧、仁差向斜近轴部一带，在矿区外围。

(a) 水量中等区：含水岩组由白垩系上统周田群下组碎屑岩组成。地下水水位埋深最大15.24m，渗透系数0.126～0.436m/d，涌水量14.688～170.61m^3/d，单井涌水量19.05～204.45m^3/d。

(b) 水量贫乏区：含水岩组由白垩系上统周田群、第三系丘坊群碎屑岩组成。根据统计的泉点资料，泉流量常见值0.039～0.35L/s。据测流点资料，径流模数常见值1.2～

$4.27L/(s \cdot km^2)$。

（c）水量极贫乏区：含水岩组由白垩系下统版石组及部分上统周田群下组碎屑岩组成。根据抽水钻孔资料，渗透系数 0.00027～0.0011m/d，单井涌水量 0.02～0.63m^3/d。

区域及矿段水文地质图见图 2－1 和图 2－2。

（2）地下水的补给、径流、排泄条件。

1）松散岩类孔隙水。松散岩类孔隙水主要以大气降水垂直补给为主，位于丘间谷地的松散岩类孔隙水部分由丘陵斜坡上的松散岩类孔隙水和基岩裂隙水补给，兼有地表间歇溪流补给，最后以下降泉、蒸发、地下潜流补给地表水等形式进行排泄。仁居河河谷阶地的孔隙水含水层在汛期能得到河水短时间的反补给，常年多以潜流或散流形式向河排泄。

2）基岩裂隙水。

a. 花岗岩风化裂隙水。地下水主要依靠大气降水入渗补给，泉流量与降水量具有同步变化的特点。受地形的影响，地下水顺坡向运移，水力梯度随地形陡缓而相应变化，且径流途径短，循环交替强烈。在沟谷、洼地和坡麓地带，地下水以散流或泉的形式就近向河溪排泄。

b. 火山碎屑岩（凝灰岩）风化裂隙水。大气降水是其主要补给来源，地表河流也对其有一定的补给。地下水的径流途径一般较长，径流较滞缓，钻孔流量滞后降雨变化一个月。地下水多在深切含水层的沟谷中以泉或散流方式向河谷排泄，局部以顶托方式向浅部含水层排泄。

c. 红层裂隙水。以大气降水入渗补给为主，含水岩组周边基岩裂隙水侧向补给为次。地下水的渗流途径较长，径流滞缓。由于红层裂隙水属承压水，往往以顶托补给的方式向浅部排泄，或在沟谷横切含水层地段以泉或散流形式向河溪排泄。

2.1.2 矿区地质与水文地质条件

2.1.2.1 地形地貌

矿区位于仁差盆地西南端，属构造侵蚀剥蚀低山丘陵区，风化剥蚀强烈，冲沟发育，地形较零散。从地形发育程度来看，矿区的地形主要分为：①丘陵斜坡型，以河流作为侵蚀基准面在河流两岸被冲沟切割形成的丘陵斜坡，高差 100～200m，坡度 15°～25°；②残丘型，在丘陵前缘及河流两岸残留的丘陵山包，高差 50～90m，坡度 10°～25°；③孤峰型，丘陵低山中由较完整山体形成的山峰，高差 200～270m，坡度 25°～35°。矿区整合之前分为原黄畲矿区、原仁居矿区两大部分，基本上沿碗窑坑溪分布，原黄畲矿区在赤鸡坳以西，原仁居矿区在赤鸡坳以北。碗窑坑溪总体上自西向东从矿区西端的黄泥丘流至中部的赤鸡坳，在赤鸡坳附近流向拐为朝北，流至矿区北端莲花塘合溪口附近与自北西往南东流的莲花塘溪合并汇成仁居河，转为往东南流，流经莲花塘之后流出矿区。碗窑坑溪两岸有较多冲沟支流汇入，较大的主要是三坝塘矿段与南山寨矿段之间由南往北流的水寨下溪以及赤鸡坳一带从大塘肚流出的短溪流。

2.1.2.2 地层岩性

矿区范围内出露的地层岩性主要有燕山早期的花岗岩、白垩系上统第二组中段、白垩系的次花岗斑岩，以及第四系的地层。

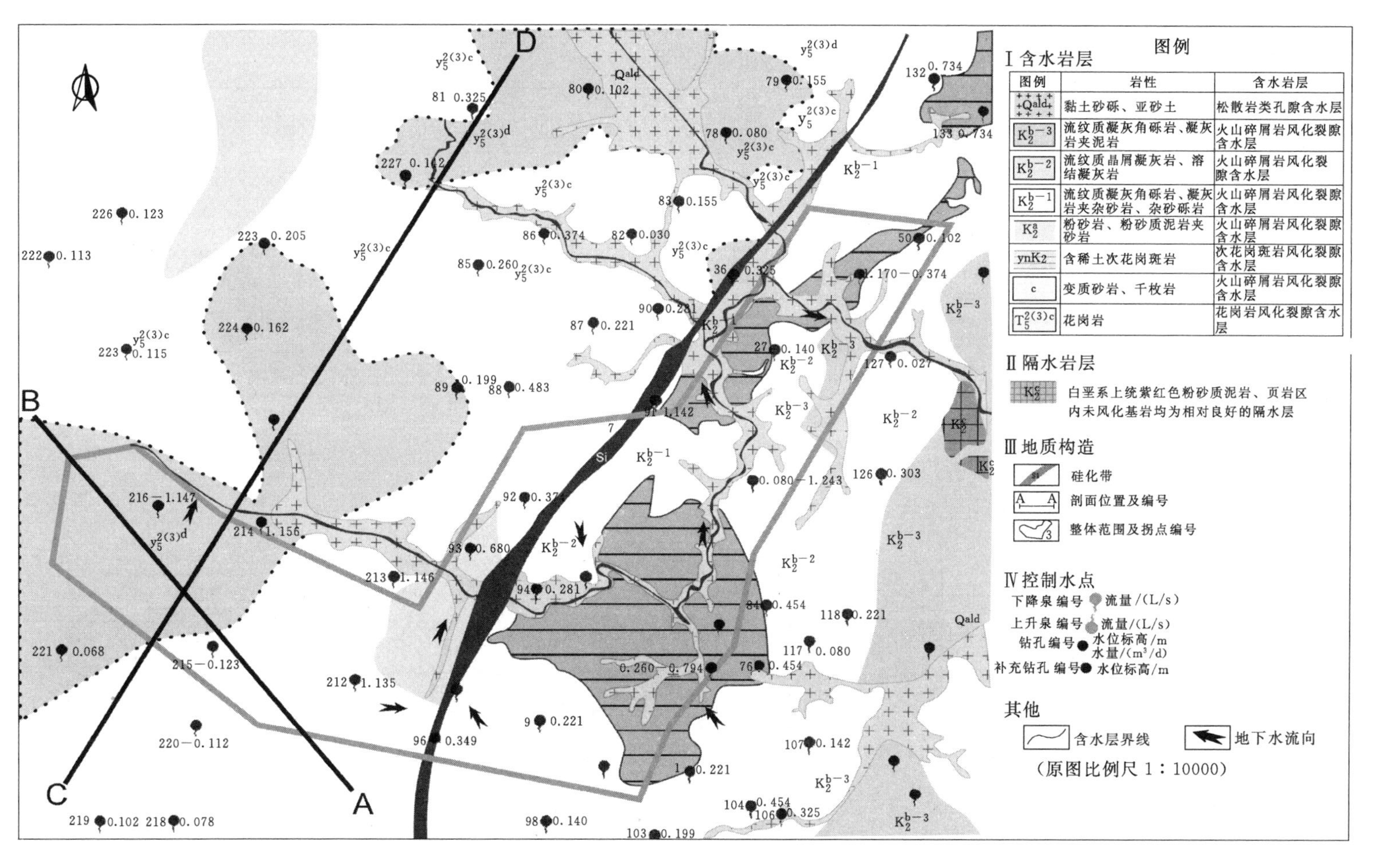

图 2-1　区域及矿段水文地质图

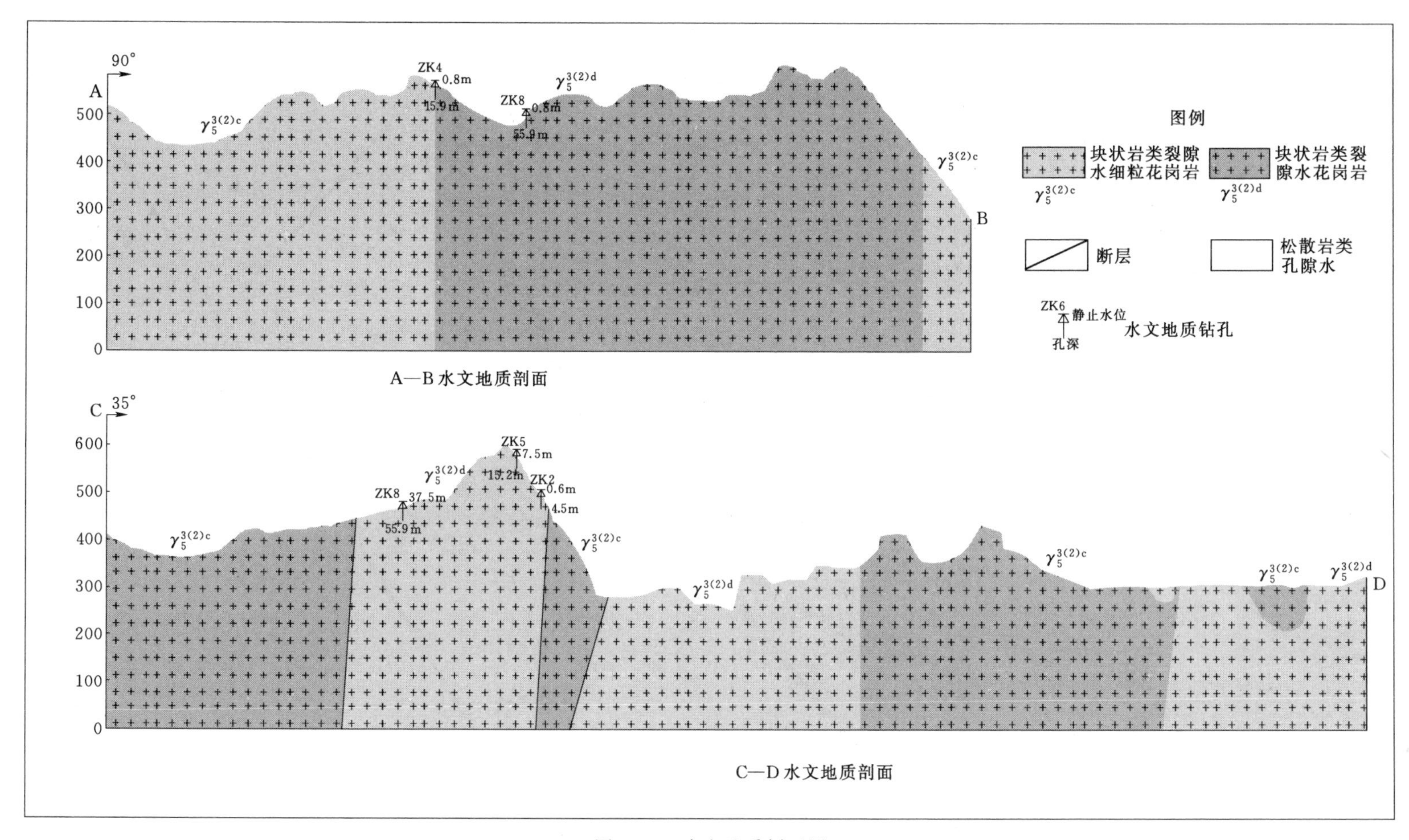
A
90°
500
400
300
200
100
0
ZK4 0.8m 15.9m
ZK8 0.8m 55.9m
$\gamma_5^{3(2)c}$
$\gamma_5^{3(2)d}$
B
A—B水文地质剖面
图例
块状岩类裂隙水细粒花岗岩 $\gamma_5^{3(2)c}$
块状岩类裂隙水花岗岩 $\gamma_5^{3(2)d}$
断层
松散岩类孔隙水
ZK6 静止水位 孔深
水文地质钻孔
C
35°
600
500
400
300
200
100
0
ZK8 37.5m 55.9m
ZK5 7.5m 15.2m
ZK2 0.6m 4.5m
D
C—D水文地质剖面

图 2-2　水文地质剖面图

（1）燕山早期的花岗岩：主要分布在矿区的盆形—合溪口一线以西，分布的矿段主要有碗窑坑溪以南的白石岌矿段、三坝塘矿段，碗窑坑溪以北的南山下矿段西侧。在区域上属于南桥岩体，属一大岩基，通过鹧鸪窿断裂与次花岗斑岩接触。浅灰白色—肉红色，主要以粒状结构为主，局部似斑状结构，块状—斑杂构造，主要成分为酸性斜长石、钾长石和石英，少量黑云母，间杂有同源异相的闪长岩、正长岩、石英二长岩、二长花岗岩等，较早期为中粗粒结构，稍晚期为细粒结构。白石岌矿段主要是细粒黑云母花岗岩，三坝塘矿段主要是中粗粒黑云母花岗岩间杂正长岩，南山下矿段仙人掌一带也是中粗粒—细粒花岗岩。

（2）白垩系上统第二组中段：该地层主要为火山碎屑岩（凝灰岩），岩性为紫红色流纹质晶屑凝灰岩—弱熔结凝灰岩，岩石含大量晶屑及少量酸性熔岩角砾，近底部角砾增多，可达5%～20%，并逐渐过渡为火山角砾熔结凝灰岩。块状构造，无层理。在矿区的鹧鸪窿断裂以东广泛分布，厚约900m。

（3）白垩系的次花岗斑岩：浅灰白色为主，斑状结构，块状—斑杂构造，主要成分为斜长石、石英，少量黑云母，分布在南山寨矿段的东北及赤鸡坳矿段，即原黄畲三采区、仁居四采区、仁居三采区范围，以及莲花塘矿段，呈带状不规则分布，受仁差盆地约束，呈不规则状侵入白垩系上统中部的火山碎屑岩（凝灰岩）中。

（4）第四系松散堆积层：按成因类型，矿区第四系松散堆积层分为残坡积、洪冲积、冲积等几种。

1）残坡积层：主要为粉质黏土、砂质黏土或碎石土等，主要分布在山顶及斜坡一带，一般厚1～5m。

2）洪冲积层：主要为含泥沙卵砾石、碎石等，分布在冲沟两侧及出口一带，厚0～3m。分布在碗窑坑溪河床及阶地处的冲积层下部为含泥粗砂、卵石等，上部为黏性土层，厚5～10m。

2.1.2.3　地质构造

矿区范围内经过的主要断裂有NE向的鹧鸪窿断裂、NWW向的黄畲断裂，两条断裂在盆形附近垂直接触。

鹧鸪窿断裂：区域性断裂，走向NE，倾向SE，倾角50°～75°，位于矿区中部，从水寨下往北东延伸至盆形、切过南山下，延伸至合溪口、社南再穿出矿区，在矿区延伸距离超过7km，沿断裂主要是宽数米至百余米的硅化构造角砾岩带，具正断层性质。断裂带中的泉水流量0.080～1.142L/s，富水、导水性弱。

黄畲断裂带：分布在原黄畲矿区，大体上沿着碗窑坑溪河谷延伸，在盆形附近与鹧鸪窿断裂近垂直接触。走向NW300°，倾向SW，倾角60°左右，在矿区内延伸长度大于4km，宽0.8～3.2m，由石英脉和硅化碎裂花岗岩组成。断裂带内少见泉眼，仅在黄泥丘附近见一浅水井，单井涌水量小于0.1L/s，富水、导水性弱。

2.1.2.4　含水岩组划分

矿区岩性可分为孔隙含水层和基岩裂隙含水层两种类型。孔隙含水层主要为第四系松散岩类孔隙含水层，基岩裂隙含水层主要为花岗岩风化裂隙含水层、次花岗斑岩风化裂隙含水层、火山碎屑岩（凝灰岩）风化裂隙含水层。

松散岩类孔隙水根据不同成因分为洪冲积孔隙水含水层、残坡积孔隙水含水层。洪冲积孔隙水含水层分布于河流阶地或冲沟内，水量中等—贫乏；残坡积孔隙水含水层分布在丘陵斜坡或山脚，水量贫乏—极贫乏。

根据本案例 2.1.1 所述，在白垩系上统中不规则状侵入的次花岗斑岩其含水层性状、分布特征等与燕山早期具似斑状结构的中粗粒黑云母花岗岩、细粒黑云母花岗岩基本一致，其他同源异相的花岗闪长岩、正长岩、二长花岗岩等也是具有统一的含水层性状与分布特征。因此，实际上将矿段的基岩含水层分为两大类：①花岗岩风化裂隙含水层；②火山碎屑岩（凝灰岩）风化裂隙含水层。

可以将矿区地下水含水层概化为以下几类：①洪冲积含水层、残坡积含水层；②全风化裂隙含水层；③强风化裂隙含水层；④弱—微风化裂隙含水层。

根据现场调查及水文地质钻孔揭露，矿区两大类岩性水文地质结构各含水层的分布厚度及地下水位等特征详见表 2-1。

（1）松散岩类孔隙含水层：分布在水文地质小单元侧向流出边界或排泄边界的冲沟及小河谷。在花岗岩地区，洪冲积层厚度一般 2～3.4m，局部可见基岩出露，在碗窑坑溪河流阶地洪冲积层厚度较大，局部接近 10m。残坡积层厚度不均，一般 2.1～13m，平均约 6m，位于山顶及山腰的残积层厚度一般不大于 5m，位于山脚包括坡积层时厚度一般超过 5m，达到 7.6～13m。在凝灰岩地区，洪冲积层厚度一般 0～2m，多见基岩出露。残坡积层厚度很小，一般 0.4～0.9m，平均不足 1m，位于山脚包括松散坡积层厚度达 3m。

（2）花岗岩风化裂隙含水层：全风化裂隙含水层厚度较大，平均厚度 13m，尤其是位于山腰及山顶处，厚度一般超过 15m，甚至超过 25m，而在山脚处的厚度仅 3.3～8m。强风化裂隙含水层厚薄不均，平均厚度 7.1m，一般小于 10m，但在残丘地形强风化裂隙含水层平均厚度仅 4.1m，在丘陵斜坡地形强风化裂隙含水层平均厚度达 11.2m。强风化裂隙含水层顶板埋深平均约 19.7m，但在不同区域其埋深差别很大，在山腰及山顶平均埋深 25.9m，在山脚埋深 10～12m，靠近侧向流出边界或排泄边界，埋深 2～3.4m，局部地表可见强风化裂隙含水层出露。弱—微风化裂隙含水层揭露平均厚度大于 14.5m，顶板平均埋深 26.8m，在山体不同部位的埋深趋势与强风化裂隙含水层基本一致。地下水水位在冲沟及小河谷部位一般位于洪冲积层内，埋深 0.55～3.1m，在山顶、山腰及斜坡部位一般见于全风化裂隙含水层内，地下水位埋深 7.5～32m，局部揭露于强风化裂隙含水层内，埋深 23.3～37.5m。

（3）凝灰岩风化裂隙含水层：全风化裂隙含水层厚度较小，平均约 3.8m，一般为 2.3～7.3m。强风化裂隙含水层厚薄不均，局部厚度为 0，局部超过 10m，平均厚度 4.7m，顶板埋深 1.2～10.3m，平均仅 5.3m，多见强风化岩出露。弱—微风化裂隙含水层平均厚度超过 36m，顶板平均埋深 9.6m。地下水位在冲沟及小河谷部位一般位于洪冲积层内，埋深与花岗岩类地区一致。在山腰及斜坡部位地下水位一般见于弱风化裂隙含水层，埋深 8.4～17.7m，局部见于强风化裂隙含水层，埋深 7.9～13m。

综上所述，花岗岩类与凝灰岩类水文地质结构含水层的明显区别是：①花岗岩类全风化岩厚度普遍较大，残坡积层厚度也不小，两者区别明显，但是凝灰岩类的全风化岩层厚度普遍较小，且残坡积层厚度很小，常常缺失，残坡积层与全风化岩层性质相似，可将这两层合并为一层；②花岗岩类强风化基岩埋深总体较大，凝灰岩类的强风化岩层埋深仅为

表 2-1　矿区钻孔地下水位、风化裂隙含水层分层情况一览表

单位：m

矿段/位置	岩性	孔号	孔深	地面高程	地下水		洪冲积层	残坡积层	全风化层		强风化层			弱—微风化基岩		
					埋深	高程	厚度	厚度	顶板高程	厚度	顶板埋深	顶板高程	厚度	顶板埋深	顶板高程	厚度
三坝塘	花岗岩类	ZK1	49.00	315.25	12.50	302.75	—	5.30	309.95	24.50	29.80	285.45	6.20	36.00	279.25	13.00
		ZK2	26.70	302.85	9.20	293.65	—	8.40	294.45	3.30	11.70	291.15	1.80	13.50	289.35	13.20
		ZK3	60.00	343.56	18.60	324.96	—	3.00	340.56	36.00	39.00	304.56	10.80	49.80	293.76	10.20
		ZK4	31.80	292.20	8.10	284.10	—	2.10	290.10	8.00	10.10	282.10	3.00	13.10	279.10	18.70
		ZK5	24.10	294.81	2.80	292.01	—	3.50	291.31	7.50	11.00	283.81	2.50	13.50	281.31	10.60
		ZK6	55.00	315.77	21.80	293.97	—	2.50	313.27	33.50	36.00	279.77	3.50	39.50	276.27	15.50
		ZK7	35.00	295.76	11.30	284.46	—	7.60	288.16	12.40	20.00	275.76	1.70	21.70	274.06	13.30
		ZK8	50.00	312.34	29.30	283.04	—	3.20	309.14	29.80	33.00	279.34	4.20	37.20	275.14	12.80
		ZK9	20.40	280.97	3.10	277.87	2.20	3.60	—	0.00	5.80	275.17	3.20	9.00	271.97	11.40
新屋下		ZK10	38.50	272.86	2.10	270.76	9.60	14.50	248.76	6.30	30.40	242.46	1.40	31.80	241.06	6.70
白石岌		BZK1	34.10	286.78	0.55	286.23	2.00	—	284.78	0.00	2.00	284.78	6.70	8.70	278.08	25.40
		BZK2	33.50	289.87	0.60	289.27	3.40	—	286.47	0.00	3.40	286.47	1.10	4.50	285.37	29.00
		BZK3	62.50	312.32	32.00	280.32	—	13.00	299.32	23.70	36.70	275.62	17.30	54.00	258.32	8.50
		BZK4	46.80	328.68	1.95	326.73	—	10.70	317.98	5.20	15.90	312.78	23.10	39.00	289.68	7.80
		BZK5	44.90	300.88	7.50	293.38	3.40	—	297.48	11.80	15.20	285.68	5.20	20.40	280.48	24.50
		BZK6	30.50	322.12	12.30	309.82	—	9.50	312.62	4.40	13.90	308.22	6.65	20.55	301.57	9.95
		BZK7	44.20	391.20	23.30	367.90	—	7.50	383.70	3.70	11.20	380.00	14.40	25.60	365.60	18.60
		BZK8	55.90	398.90	37.50	361.40	—	3.40	395.50	25.90	29.30	369.60	15.20	44.50	354.40	11.40
南山寨	凝灰岩类	ZKB1	53.10	306.00	8.40	297.60	—	0.90	305.10	4.80	5.70	300.30	2.70	8.40	297.60	44.70
		ZKB2	41.00	335.00	7.90	327.10	—	0.60	334.40	2.40	3.00	332.00	10.00	13.00	322.00	28.00
		ZKB3	45.00	320.00	16.00	304.00	—	3.00	317.00	7.30	10.30	309.70	3.60	13.90	306.10	31.10
		ZKB4	48.60	376.00	13.00	363.00	—	0.60	375.40	5.70	6.30	369.70	12.60	18.90	357.10	29.70
莲花塘		ZKB7-1	45.80	290.50	5.20	285.30	—	0.50	290.00	3.70	—	—	0.00	4.20	286.30	41.60
		ZKB8	45.40	288.00	17.50	270.50	—	0.90	287.10	2.30	—	—	0.00	3.20	284.80	42.20
赤鸡坳		ZKB6	44.60	312.00	17.70	294.30	—	0.40	311.60	0.80	1.20	310.80	4.40	5.60	306.40	39.00

前者的约1/4，在地表多见出露，在孤峰的陡坡地形（如南山寨）甚至大面积出露，而花岗岩类地区强风化岩层仅在山脚或排泄边界局部出露；③花岗岩类地下水埋深总体比凝灰岩地区略深，但花岗岩类地下水一般揭露于全风化层，局部见于强风化基岩，凝灰岩类地下水一般揭露于弱风化基岩顶板附近到强风化基岩。

2.1.2.5 含水岩组水文地质特征

（1）含水层渗透性。

1）松散岩类孔隙水：洪冲积层的渗透系数不分基岩岩性，冲积砂卵砾石渗透系数较大，注水试验统计平均值为3.9×10^{-3}cm/s，属中等偏强透水，冲积层上部的黏性土层渗透系数较小，抽水试验统计平均值为2.2×10^{-4}cm/s，属中等偏弱透水。在花岗岩类地区，分布在山顶及山腰的残坡积土层（粉质黏土或砂质黏土）渗透系数一般为$1.45\times10^{-4}\sim9.64\times10^{-4}$cm/s，局部较密实，渗透系数低至$6\times10^{-5}$cm/s，属于中等偏弱透水性；山脚的坡积松散堆积体或由于长期原地浸矿的注液孔在渗透压力作用下形成渗漏管道，渗透系数较大，达到1.85×10^{-3}cm/s，属于中等偏强透水性。总体上，残坡积土层渗透系数的平均值为6.23×10^{-4}cm/s，抽水试验显示其渗透系数平均值为6.05×10^{-4}cm/s。在凝灰岩类地区，由于残坡积土层厚度小，常常缺失，建议与下伏的全风化裂隙含水层概化为一层。

2）花岗岩风化裂隙水：全风化裂隙含水层渗透系数一般为$1.42\times10^{-4}\sim9.08\times10^{-4}$cm/s，局部较低，为$2.2\times10^{-5}\sim8.84\times10^{-5}$cm/s，整体平均值为$2.4\times10^{-4}$cm/s，属中等偏弱透水。强风化裂隙含水层注水试验显示渗透系数一般为$1.53\times10^{-4}\sim4.21\times10^{-3}$cm/s，平均值为$8.46\times10^{-4}$cm/s，抽水试验显示其渗透系数为$4.77\times10^{-4}\sim9.86\times10^{-4}$cm/s，总体上属于中等偏强透水。弱—微风化裂隙含水层渗透系数一般为$1.10\times10^{-5}\sim7.24\times10^{-5}$cm/s，平均值为$6.5\times10^{-5}$cm/s，属于弱透水，属矿段的相对隔水层，浸矿液基本不会渗透到该层。

3）凝灰岩风化裂隙水：分布在浅表层的残坡积土层与全风化裂隙含水层可概化为一层，渗透系数一般为$2.6\times10^{-5}\sim4.5\times10^{-4}$cm/s，平均值为$1.35\times10^{-4}$cm/s，属中等偏弱透水。强风化裂隙含水层注水试验显示渗透系数一般为$1.5\times10^{-5}\sim2.74\times10^{-4}$cm/s，局部存在渗漏管道，渗透系数高达$6.8\times10^{-3}$cm/s，抽水试验显示渗透系数一般为$5.59\times10^{-5}\sim2.89\times10^{-4}$cm/s，考虑到该层局部存在渗漏通道，建议渗透系数取大值，故建议值为2.9×10^{-4}cm/s，属中等透水。弱—微风化裂隙含水层注水试验显示渗透系数一般为$2.7\times10^{-6}\sim6.7\times10^{-5}$cm/s，平均值为$2.28\times10^{-5}$cm/s，压水试验显示透水率一般为0.2～2.5Lu，平均值为1.7Lu，综合考虑，弱—微风化岩层渗透系数建议值为1.7×10^{-5}cm/s。

综上所述，在花岗岩地区山丘及斜坡的水文地质结构中，松散岩类孔隙含水层残坡积层的渗透系数比全风化裂隙含水层大2～3倍，下伏的强风化裂隙含水层渗透系数最大，是全风化岩层的4～5倍，弱—微风化裂隙含水层渗透系数最小，比强风化岩层的1/10还小，属水文地质结构中的相对隔水层，浸矿液基本不会渗透到该层，而强风化岩层是地下水的主要渗透层。在凝灰岩地区，强风化裂隙含水层的渗透系数在各含水层中虽是相对最大，但仅是全风化岩层的2倍，弱—微风化岩层的渗透系数同样最小，比强风化岩层的1/10还小。综合比较，两类基岩含水岩组相似的是强风化岩层的渗透性都是相对最高的，不同的是凝灰岩各含水岩组的渗透系数整体上比花岗岩小。

（2）含水层富水特征。

1）含水层富水性。

a. 松散岩类孔隙水：第四系冲积层出露于冲沟沟谷及河流两岸阶地，在冲沟处厚度小，一般小于3.4m，在河流阶地（如碗窑坑溪）厚度大，最大接近10m。泉、井流量小于0.5L/s，水质为$HCO_3 \cdot SO_4 - Ca \cdot Na$型和$HCO_3 - Na \cdot Ca$型，矿化度小于0.50g/L。其中，冲积层冲积黏性土单井涌水量小于0.3m^3/d，富水性极弱，冲积层冲积含泥沙卵砾石，与地表溪流有水力联系，富水性弱—中等。在花岗岩类地区，残坡积层位于山顶及斜坡各部位，土层一般呈干燥状，花岗岩类地区局部见水，单井涌水量约0.2～0.42m^3/d，富水性极弱。在凝灰岩类地区，由于残坡积土层厚度小，常常缺失，建议与下伏的全风化裂隙含水层概化为一层。

b. 花岗岩风化裂隙水：全风化裂隙含水层，地下水位见于该层中下部，上部多呈干燥状，下部单井涌水量小于0.7m^3/d，富水性极弱。强风化裂隙含水层，单井涌水量0.528～4.737m^3/d，泉流量0.08～0.68L/s，水质为$HCO_3 - Na \cdot Ca$型，矿化度小于0.05g/L，富水性弱。弱—微风化裂隙含水层，单井涌水量一般小于0.3m^3/d，泉流量0.103～0.156L/s，水质为$HCO_3 - Na \cdot Ca$型和$HCO_3 \cdot SO_4 - Na$型，矿化度小于0.05g/L，富水性极弱。

c. 凝灰岩风化裂隙水：残坡积层厚度很小，与全风化裂隙含水层呈统一含水体，这两层厚度薄，基本呈干燥状，富水性极弱。强风化裂隙含水层，局部地下水位见于该层的中下部，埋深7.9～13m，单井涌水量1.68～8.88m^3/d，泉流量0.221～0.794L/s，水质为$HCO_3 \cdot SO_4 - Ca \cdot Mg$型，矿化度小于0.05g/L，富水性弱。弱—微风化裂隙含水层，地下水位多见于该层，揭露埋深8.4～17.7m，单井涌水量1.67～2.59m^3/d，泉流量0.039～0.325L/s，水质为$HCO_3 - Ca \cdot Mg$型，矿化度小于0.05g/L，富水性极弱。

2）含水层给水度。各风化裂隙含水层的钻孔内抽水试验显示在达到抽水稳定状态之前的全部贮存量较小，无法直接计算各含水层的给水度，只能根据各钻孔含水层的地质岩性给出含水层的经验给水度。

a. 松散岩类孔隙水：冲积层孔隙体积较大，给水度相对较高，为0.20～0.25。残坡积层成分主要为粉质黏土、砂质黏土，整体较松散，局部见地下潜水，给水度为0.12～0.15。

b. 花岗岩风化裂隙水：全风化裂隙含水层风化彻底部分的性状与残坡积层粉质黏土相似，下部含石英、长石细颗粒较多，呈砂砾至土状，但原岩结构尚可辨认，整体较密实，故给水度稍低，取值为0.10～0.15。强风化裂隙含水层岩体裂隙较发育，是潜水的主要透水层，给水度为0.08～0.12；弱—微风化裂隙含水层裂隙较不发育，多呈微张—闭合状，给水度0.05～0.08。

c. 凝灰岩风化裂隙水：全风化裂隙含水层与残坡积层砂质黏土相似，取值为0.12～0.15；强风化裂隙含水层给水度为0.08～0.12；弱—微风化裂隙含水层给水度0.05～0.08。

2.1.2.6　*矿区水文地质单元分区*

（1）分区背景条件。第一，矿区属花岗岩类及火山碎屑岩（凝灰岩）类块状岩体的构造侵蚀剥蚀低山丘陵地区，风化剥蚀强烈，冲沟发育，地下水分水岭与地形分水岭基本一致，冲沟内多见地下水出露，由此可以判断矿区内由冲沟隔开的不同山丘之间地下水相互影响小，补给-排泄边界条件清楚，即每一座山丘都各自构成一个水文地质小单元。第二，在丘陵斜坡，由地形分水岭、排泄基面（河流）及侧向切割的冲沟之间包围的地段也可构成一个水文地质小单元。第三，孤峰地形，单独一座山体四周被深切割冲沟分割，边界条件清楚，可构成水文地质小单元。据此可将矿区分割出若干个水文地质小单元，还可根据水文地质（剖面）结构在排泄边界上的差别对这些单元进行分类。

（2）水文地质（剖面）结构。根据水文地质测绘与勘探钻孔揭露，白石岌矿段、三坝塘矿段、南山下断层以西矿段水文地质结构各含水层自上而下概化为第四系松散岩类孔隙含水层和花岗岩风化裂隙含水层。第四系松散岩类孔隙含水层根据分布位置与成因可以分为：①冲洪积含泥砂砾卵石、冲积黏性土，分布在冲沟内与河流阶地；②残坡积粉质黏土或砂质黏土，局部为坡积或滑塌的堆积体。花岗岩风化裂隙含水层根据岩体的风化程度可以分为：①花岗岩全风化裂隙含水层；②花岗岩强风化裂隙含水层；③花岗岩弱—微风化裂隙含水层。

在赤鸡子坳矿段及莲花塘矿段开采区水文地质结构各含水层自上而下概化为第四系松散岩类孔隙含水层和次花岗斑岩风化裂隙含水层。第四系松散岩类孔隙含水层根据分布位置与成因可以分为冲洪积含泥砂砾卵石、冲积黏性土，分布在冲沟内与河流阶地；残坡积粉质黏土或砂质黏土，局部为坡积或滑塌的堆积体。次花岗斑岩风化裂隙含水层根据岩体的风化程度可以分为：①次花岗斑岩全风化裂隙含水层；②次花岗斑岩强风化裂隙含水层；③次花岗斑岩弱—微风化裂隙含水层。

在南山寨矿段、南山下断层以东矿段水文地质结构各含水层自上而下概化为第四系松散岩类孔隙含水层和凝灰岩风化裂隙含水层。第四系松散岩类孔隙含水层根据分布位置与成因可以分为冲洪积含泥砂砾卵石、冲积黏性土，分布在冲沟内与河流阶地；残坡积粉质黏土或砂质黏土，局部为坡积或滑塌的堆积体。凝灰岩风化裂隙含水层根据岩体的风化程度可以分为：①凝灰岩全风化裂隙含水层，由于厚度太薄，建议与残坡积层合并为同一层，即松散岩类孔隙含水层；②凝灰岩强风化裂隙含水层；③凝灰岩弱—微风化裂隙含水层。

综上所述，强风化裂隙含水层属于矿区山丘含水层中渗透性最强的一层，从而在剖面上呈现出渗透性上部偏弱、中间偏强、下部最弱的水文地质结构类型。在这种结构控制下，强风化岩成为花岗岩类山区地下水的主要透水层，对原地浸矿影响大，是浸矿液流失的主要途径之一。

矿区大部分水文地质单元全风化土层厚度大，渗透性也属中等，开采区注液孔之间水力梯度较大，矿液在全风化层中渗流量较大，如排泄区强风化层埋藏深度较大时，可通过全风化层排泄，在溪沟、山脚略上方的斜坡土层中渗出。较完整的弱风化岩层则是矿区的相对隔水层，矿液一般不会渗入该层流失。

（3）水文地质单元（平面）分区依据及类型。矿区各山丘岩土体分层结构相似，都呈四层结构，而且在剖面上均呈现出渗透性上部偏弱、中间偏强、下部最弱的水文地质结构类型。水文地质条件的显著差异体现在排泄边界的差异。根据各水文地质小单元排泄边界类型的不同，即水文地质结构中各岩土层在排泄边界分布厚度、出露形态的差异，可将矿区水文地质单元划分为 3 种类型。

类型Ⅰ：地下水排泄区被较深厚的残坡积土及全风化土覆盖，强风化层深埋于全风化层下方，局部厚度薄甚至缺失，较完整的弱风化层深埋。地下水排泄主要通过全风化土层或残坡积土层渗出，泉点较分散且水量较小，属于弱排泄型。弱排泄型水文地质单元结构见图 2－3。

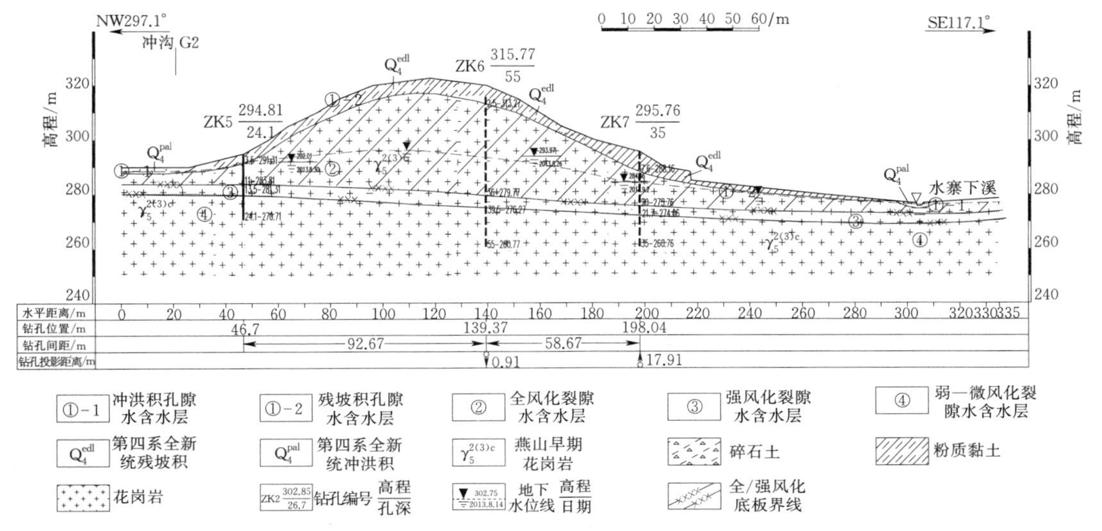

图 2－3　弱排泄型水文地质单元结构示意图

类型Ⅱ：地下水排泄区覆盖土层与全风化层厚度较小，强风化层顶埋深较浅，在排泄区局部沟谷或溪流岸边，强风化层顶板埋深接近地表高程，强风化层厚度大小不一，地下水排泄主要通过局部出露的强风化层，泉点较集中且水量较大，属中等排泄型。中等排泄型水文地质单元结构见图 2－4。

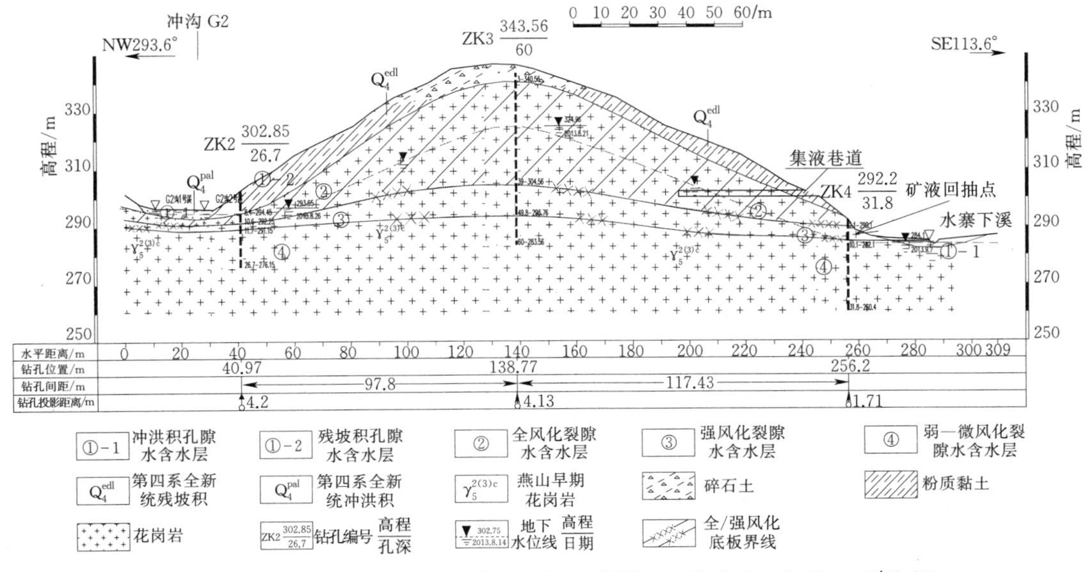

图 2－4　中等排泄型水文地质单元结构示意图（三坝塘Ⅱ1 单元 1－1′为例）

类型Ⅲ：山坡上覆盖土层及全风化层厚度较小，强风化岩多出露，山坡较陡峻，水文地质小单元的四周河溪沟谷边界或山脚常见弱风化岩出露，受弱风化岩顶托，地下水排泄基面一般较高，地下水排泄通过大范围出露的强风化层，属于强排泄型。由于排泄强而补给弱，泉点较分散且水量较小。强排泄型水文地质单元结构见图 2-5。

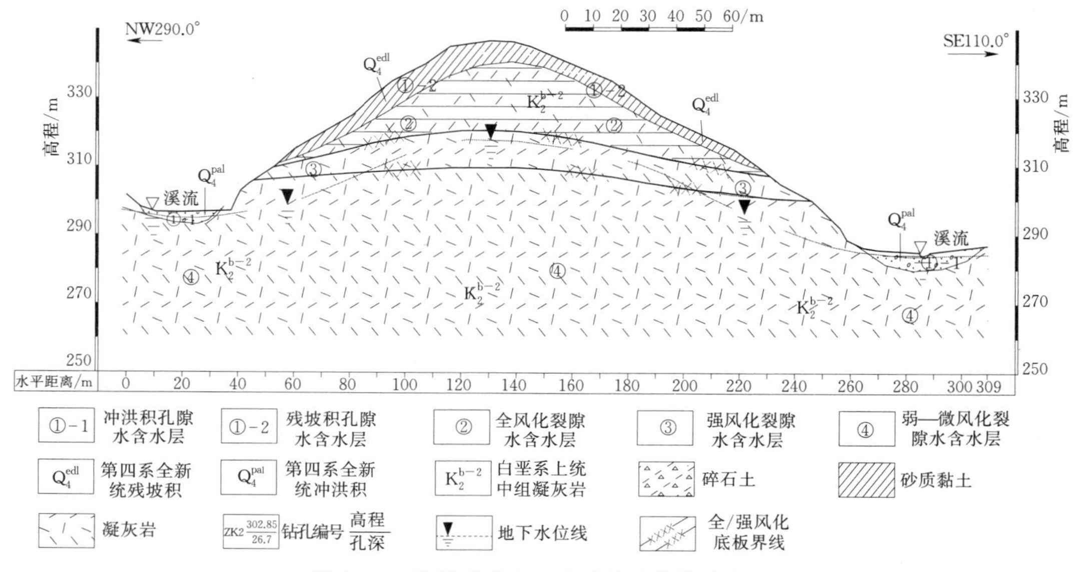

图 2-5　强排泄型水文地质单元结构示意图

根据上述分类，可以对全矿区作进一步水文地质分区，即把全矿区划分为若干个不同类型的水文地质小单元。详细水文地质分区图见图 2-6。

类型Ⅰ水文地质小单元分布在黄畲矿区碗窑坑溪河两岸的山丘，岩性以花岗岩为主，以及仁居二、三矿附近从合溪口到半溪村一带，岩性以含稀土次花岗岩斑岩为主。根据现场调查，可见山丘单元边界山脚附近残坡积层或全风化层厚度大，出露的泉水点或浅水井多分布在单元内的冲沟中上游至中下游，极少分布在山脚或单元边界。

类型Ⅱ水文地质小单元分布在鹧鸪窿断裂西侧的三坝塘矿段，岩性以正长岩为主，南山下及赤鸡子坳矿段，两矿段被鹧鸪窿断层分割，岩性分别为花岗岩、凝灰岩，以及原莲花塘一矿附近，岩性为凝灰岩与含稀土次花岗斑岩。山脚全风化层厚度一般不大，强—弱风化岩在排泄边界局部出露或顶板埋深小、接近地面，在水文地质小单元边界上该出露类型未达到大规模存在，在边界其他部位强风化层多埋藏于全风化层以下，低于地面超过10m，但仍造成了这类型的水文地质小单元存在强排泄的豁口。根据现场调查，出露的泉水点或浅水井多分布在山脚，或分布在靠近河床的部位。

类型Ⅲ水文地质小单元分布在南山寨以及矿区东部与矿区有少量交集的山丘，主要岩性为凝灰岩，弱风化岩在山脚较大面积出露。根据现场调查，泉水出露高程一般较高，多分布在山腰，少数在山脚，山脚泉水在弱风化岩内由裂隙水汇集形成。

（4）水文地质单元模拟分析建议。综上所述，属于同一类型的各开采矿段的水文地质条件基本相似，水文地质模拟可以通过典型小单元的模拟得出基本相似的结果，即同一类

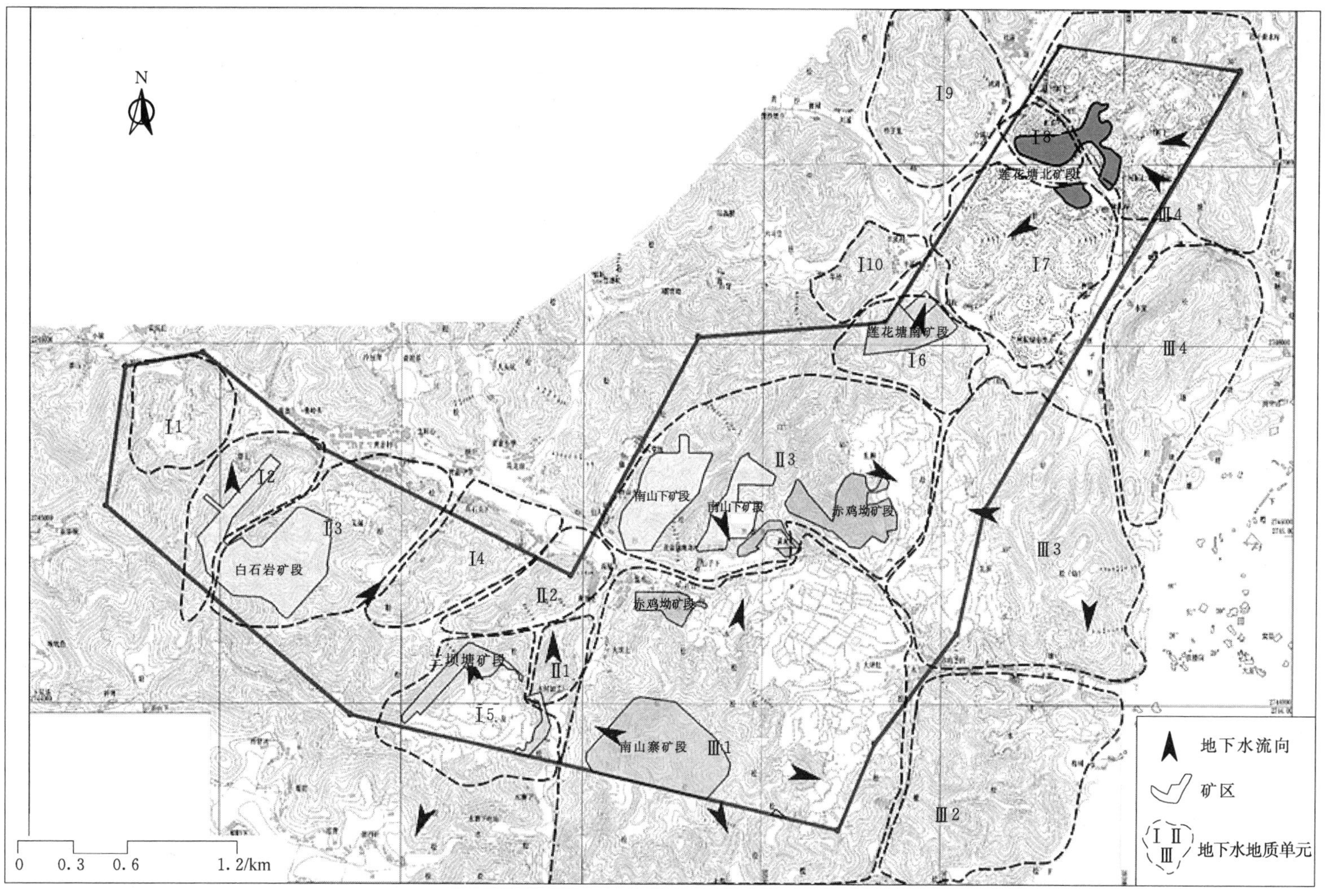

N
Ⅰ9
Ⅰ8
莲花塘北矿段
Ⅲ4
Ⅰ10
Ⅰ7
莲花塘南矿段
Ⅰ6
Ⅰ1
Ⅰ2
Ⅱ3
南山下矿段
赤鸡坳矿段
白石岩矿段
Ⅰ3
Ⅰ4
Ⅱ2
东鸡坳矿段
Ⅲ3
王坝塘矿段
Ⅱ1
Ⅰ5
南山寨矿段
Ⅲ1
Ⅲ2
地下水流向
矿区
Ⅰ Ⅱ Ⅲ 地下水地质单元
0 0.3 0.6 1.2/km

图 2-6　水文地质分区图

型的各开采矿段可按典型小单元的模拟结果进行类比。

类型Ⅰ建议以白石岌矿段为典型小单元进行模拟，类型Ⅱ建议以三坝塘矿段为典型小单元进行模拟，类型Ⅲ建议以南山寨矿段为典型小单元进行模拟。

2.1.2.7　各类型地下水的补给、径流、排泄条件

（1）松散岩类孔隙水。矿区所在区域充沛的降雨量是矿区地下水补给的主要来源，松散岩类孔隙水主要以大气降水垂直补给为主，位于丘间谷地的松散岩类孔隙水部分由丘陵斜坡上的松散岩类孔隙水和基岩裂隙水补给，兼有地表间歇溪流补给，最后以下降泉、蒸发、地下潜流补给地表水等形式进行排泄。

（2）花岗岩风化裂隙水。在孔隙含水层覆盖区的花岗岩风化裂隙水主要由孔隙水补给，由于矿区山坡较陡，地形有利于地表水和地下水的排泄，渗入后经短暂的径流，便以泉的形式排泄于沟谷中。由于山丘、斜坡地表被黏土、砾质黏土覆盖，透水性弱，致使松散岩类孔隙水对下伏的花岗岩风化裂隙水的补给量有限，造成矿区花岗岩风化裂隙含水层含水量一般。地下水径流方向与地表水径流方向基本一致，由高水位向低水位方向缓慢渗流。地下水以下降泉、蒸发、微弱补给地表水等形式进行排泄。

（3）火山碎屑岩（凝灰岩）风化裂隙水。矿区附近分布较为广泛的含水岩组主要为中低山丘陵火山碎屑岩（凝灰岩）裂隙含水层。在孔隙含水层覆盖区火山碎屑岩（凝灰岩）风化裂隙水由孔隙水补给，由于表层黏土、砾质黏土厚度的不同，降雨入渗进入火山碎屑岩（凝灰岩）风化裂隙含水层的水量各不相同。山区的火山碎屑岩（凝灰岩）风化裂隙水随其径流进入较大河谷和盆地后，水力坡度减缓，除大部分向附近的河谷排泄，小部分转化为地下潜流补给第四系孔隙水。山区火山碎屑岩（凝灰岩）风化裂隙水的排泄形式多以散流、出露成泉的形式排泄，形成地下水溢出带。

2.1.2.8　矿区地下水的补给、径流、排泄条件

矿区地下水的等水位线分布与地形密切相关，矿区的地形主要有丘陵斜坡型、低矮残丘型以及凝灰岩地区的高陡山峰型。丘陵斜坡型地下水形成分水岭与外界相隔，低矮残丘或高陡孤峰型地下水多自成一独立单元。从径流条件来看，渗透性相对最强的强风化裂隙含水层是地下水的主要渗流通道。地下水的排泄主要通过下降泉在侧向冲沟基岩或排泄区强风化层较集中出露，或通过散流、蒸发的形式在覆盖层中排泄。

（1）矿区。矿区地下水主要接受大气降水的入渗补给，入渗的大气降水在地势地形的作用下向地势较低的沟谷方向径流，最终以泉或地下潜流的方式补给地表溪流。矿区地形的最低点在碗窑坑溪沿线河床，也是地下水的排泄基准面，除了少量的散流、蒸发外，从西到东的原黄畲矿区部分、从南往北的原仁居矿区部分，地下水整体排入碗窑坑溪。有些地下水从分水岭往碗窑坑溪径流，有些从地下水的高点向四周径流，或经过短暂的径流以泉的形式排泄于沟谷中，或排泄进入较大型的溪沟（如水寨下溪），最后还是汇入碗窑坑溪。总体上，矿区地下水只能接受大气降水的补给，斜坡或残丘侧向冲沟的溪流对地下水补给少，局部略有补给。碗窑坑溪仅对阶地上的冲积层孔隙水有少量补给，无法补给斜坡或残丘的地下水。由于强风化岩层的渗透性相对最好，地下水主要径流通道位于强风化层，局部在全风化层中下部，在排泄区主要以下降泉或出露成泉的形式排泄。

（2）矿段。矿区原黄畲部分的白石岌矿段、三坝塘矿段分布在丘陵斜坡的北面，地下水在南面山脊线附近存在分水岭，与西南的神背-蒲杓丘分隔，因此地下水一般从地下水分水岭至碗窑坑溪方向产生径流，径流方向总体上为由南往北。白石岌、三坝塘矿段一般只接受大气降水的补给，侧向冲沟的溪流局部对地下水略有补给。由于强风化岩层的渗透性相对最强，地下水主要径流通道位于强风化层，同时在顺径流方向展布的矿段两侧的冲沟内，地下水通过泉的形式排泄，形成了侧向流出边界。当冲沟将地形切割成残丘时，残丘内的地下水也自成一单元，由地下水高水位点向四周排泄。

南山寨矿段分布在碗窑坑溪以南，地下水通过其单元内的高水位点向四周排泄，基本只接受大气降水的补给，西侧的水寨下溪、北侧的碗窑坑溪、东侧的单元分区界线均是排泄边界，南侧的七祭沟是侧向流出边界，该边界溪流最后在仁居镇汇入仁居河。地下水径流主要通道为强风化岩层，由于该层出露在山腰，因而南山寨矿段的排泄基面较高，再通过地表径流最后汇入四周的边界。

南山下矿段、赤鸡坳矿段地下水从单元内的地下水高水位点往南侧与东侧的碗窑坑溪排泄，一般只接受大气降水的补给，侧向冲沟的溪流局部对地下水略有补给。地下水径流主要通道为强风化岩层，径流方向主要由北往南或由西往东。强风化层在山脚或碗窑坑溪河边局部出露形成较顺畅的排泄边界。在侧向切割冲沟内（如仙人掌沟）地下水同样通过下降泉形式排泄，形成侧向流出边界。

莲花塘矿段地形上多为残丘型或斜坡型的前缘，地下水径流途径较短，地下水径流主要通道为强风化岩层，但由于次花岗斑岩残坡积层覆盖，地下水排泄并不顺畅，一般通过侧向切割冲沟的泉形式排泄，由地下水高水位点向四周排泄。

（3）开采区。每个矿段在实际开采时分片区与矿块进行开采。在开采矿块内通过注液孔将浸矿液注入该矿块所属的某个地下水单元内，这些浸矿液成为开采矿块范围的地下水补给源，同时单元内的地下水从分水岭或高水位区径流进入该矿块也形成了补给源。开采矿块内的地下水获得了两个方面的补给，并向低水位区径流，除了流向排泄边界，也可能流向统一地下水单元内其他矿块。在排泄区出露成泉的形式排泄，或者进入相连矿块，在覆盖层中以蒸发或散流的形式渗出地表，尤其是浸矿液从注液孔注入时，在较大的水力梯度作用下，除了下渗还可能在注液孔之间发生快速渗漏，并在坡脚残坡积层或全风化层中较集中地渗漏出来。

2.1.2.9 地下水动态变化

矿区地下水动态主要受降雨和径流控制，风化裂隙水补给区与排泄区相距较近，季节变化明显。根据泉水长期观测结果，年变化系数一般为1.2～3.95，个别达到4.82～5.86。据一些矿区泉水长期观测表明，地下水枯水期比降雨旱季推后40～60d，第四系孔隙水的水位年变化幅度一般在1～3m，个别达到4m左右。其变化幅度与所处的地貌部位、岩性、富水性及补给条件有关。根据收集的区域水文地质资料和以前水文地质勘查过程中钻孔水位的动态观测结果，矿区所在区域的枯水期为1—3月，丰水期为5—10月，全年其余时间为平水期。

在开采区，当注液孔内不断注入浸矿液时，残坡积层与全风化层是不断被浸润饱和，一部分浸矿液在坡脚渗出，一部分下渗进入地下水中，抬高地下水位，地下水位抬高后将向低水位区径流，也向排泄区径流。地下水位从残坡积层与全风化层被浸润饱和后不断抬高，至集液巷道收集回收液的量保持平稳开始，抬高后的地下水位也保持稳定。这个抬高幅度是地下水附加变幅，与季节变化无关。

2.2 用水工艺

2.2.1 建设项目用水环节分析

仁居稀土矿分6个矿段，原则上每个矿段设置一个水冶车间。由于南山寨矿段与三坝塘矿段合并为一个采区，共用原三坝塘矿段的水冶车间，则全矿区共设计5个水冶车间，同时生产的水冶车间数为2个。年产1000tReO必须同时有两个水冶车间共同完成，每个车间承担500tReO/a的产量。开采顺序为三坝塘矿段→白石岌矿段→南山寨矿段→南山下矿段→赤鸡坳矿段→莲花塘矿段。

生产用水环节包括浸矿剂调配用水、顶水以及蒸发吸收渗漏水等。

浸矿剂调配用水是矿山主要用水量，一般采用硫酸铵作为浸矿剂，配成质量浓度为20g/L（2%）。除经过浸矿、收液、除杂和沉淀等工艺过程消耗一部分外，其余全部回用。

顶水：注液停止后需注入顶水（清水），一方面置换出矿石中的稀土母液，另一方面稀释土壤中残余的氨氮离子。顶水注入量一般是浸矿剂配置用水的两倍，除渗漏、蒸发等消耗外，其余全部用于下一矿块配置浸矿剂。

蒸发吸收渗漏水：包括被土壤（矿体）、植物吸收与蒸发无法回收的水、通过岩石裂隙渗漏的水、产品（碳酸稀土）带走的水。这部分水为耗水，即需要补充的新水。另外，尾渣产量很少，含水率低，计算时忽略不计。

2.2.2 用水设计参数的合理性识别

2.2.2.1 *浸矿剂调配用水和顶水*

（1）浸矿剂调配用水量。浸矿剂调配用水设计参数包括浸矿剂（硫酸铵）浓度、液固比。

根据室内试验数据：不同的浸矿剂（硫酸铵）浓度，其离子相稀土浸出率也不同，见表2-2。可以看到当浸矿剂（硫酸铵）浓度为2%时，其稀土浸出率是99.81%，大于95%，因此确定浸矿剂（硫酸铵）浓度为2%，符合国家提倡的资源节约与综合利用矿产资源的精神。

表2-2　硫铵单耗、稀土浸出率统计计算表

硫铵浓度/(g/L)	矿土稀土含量/g	硫铵用量/g	母液平均浓度/(g/L)	母液体积/mL	浸出稀土量/g	单位稀土消耗的硫铵量/(g/g)	稀土浸出率/%
3	15.97	18.00	0.875	16230	14.20	1.27	88.92
5	15.97	30.12	1.341	11023	14.78	2.04	92.55
10	15.97	55.40	1.900	7920	15.05	3.68	94.24
20	15.97	103.10	2.365	6741	15.94	6.47	99.81
50	15.97	225.50	2.299	6899	15.86	14.22	99.31

液固比=浸矿剂液体体积/未松动原矿体积。注硫酸铵溶液时的基本液固比以挤出自然含水量后再达到饱和含水量来控制，可视为2%的硫酸铵浸矿液对矿体的完全浸泡。一

般矿石的自然含水量为15%～20%，饱和含水量为33%（即0.33）左右（此矿土含水量为矿体上部取样的测定值），因此液固比取0.33。主体设计液固比经实践生产验证，取值合理。

浸矿剂调配用水量（注液量）的计算：

$$Q_{液}=T/\rho\times液固比\times K$$

式中：$Q_{液}$为浸矿剂调配用水量（注液量），m^3；T为开采矿石量，万t；ρ为矿石体重，t/m^3，$\rho=1.556t/m^3$；液固比取0.33；K为浸矿液注液系数，K取2.5。

（2）顶水量。顶水用水设计参数主要为顶水液固比。顶水的液固比通常是浸矿剂液固比的2倍（即0.66），一般浸出液稀土浓度降到0.03g/L时即可停注顶水。主体设计液固比经实践生产验证，取值合理。

顶水量的计算：

$$Q_{顶}=2Q_{液}$$

式中：$Q_{顶}$为顶水量，m^3；$Q_{液}$为浸矿剂调配用水量（注液量），m^3。

主体设计根据采矿工艺流程的实际要求，采用连续工作制度，即每年工作365d，每天3班，每班8h作业。由于矿区雨天不注液，一般非雨天才进行注液，实际注入液反应、交换出矿的时间则按实际注液时间计算，因此集液天数按280d计算。各矿段水冶车间产能为500tReO/a，同一时期有两个水冶车间生产，各矿段注液量和顶水量见表2-3。

表2-3　年产500t稀土产品各矿段注液量和顶水量统计表

矿段名称	矿石量/万m^3	年产500tReO的注液量、顶水量/(万m^3/a)		每天注液量、顶水量/(m^3/d)		总注入流量/(m^3/d)
		注液量	顶水量	注液量	顶水量	
赤鸡坳	23.28	19.21	38.42	686.06	1372.12	2058.17
莲花塘	23.72	19.57	39.14	698.92	1397.84	2096.76
南山下	23.72	19.57	39.14	698.92	1397.84	2096.76
南山寨	21.32	17.59	35.18	628.24	1256.49	1884.73
三坝塘	23.28	19.21	38.42	686.06	1372.12	2058.17
白石岌	21.94	18.10	36.20	646.40	1292.80	1939.20

2.2.2.2　蒸发吸收渗漏水（补充新水量）

蒸发吸收渗漏水包括被土壤（矿体）、植物吸收与蒸发无法回收的水、通过岩石裂隙渗漏的水、产品（碳酸稀土）带走的水。

（1）裂隙渗漏水量。矿区开采中硫酸铵溶液在矿体内与稀土阳离子（Re^{3+}）经过反应后，顺延底板径流，后渗入集液平巷和集液横巷，液体在矿体径流期间产生部分损失，其包括渗漏和土壤、植物吸收与蒸发损失量。

裂隙渗漏量根据下式计算：

$$A=A_p\cdot\varphi_{max}$$

式中：A为裂隙渗漏量，m^3/d；A_p为流经裂隙区径流量，m^3/d，A_p=注入硫酸铵溶液流量×基岩裂隙率；φ_{max}为径流量渗入系数，$\varphi_{max}=0.32$。

根据工程物探勘察报告，赤鸡坳矿段、莲花塘矿段、南山下矿段、南山寨矿段、三坝塘矿段、白石岌矿段基岩裂隙率分别为 1.34%、1.34%、10.45%、6.80%、2.94%、10.04%。

径流量渗入系数 φ_{max} 为溶液顺沿裂隙流失量与径流裂隙区径流量的比值，其大小根据底板岩性特征不同取值。根据《采矿设计手册》（矿产地质卷下）渗入系数参考值，仁居稀土矿地板岩体为无塑性隔水层，属于脆性岩石类，则 $\varphi_{max}=0.30\sim0.35$。本项目计算取 $\varphi_{max}=0.32$，取值合理。

裂隙渗漏水量计算结果见表 2-4。

表 2-4　　裂隙渗漏水量计算结果表

矿段名称	注入流量/(m³/d)	基岩裂隙率/%	A_p /(m³/d)	φ_{max}	裂隙渗漏水量/(m³/d)
赤鸡坳	2058.17	1.34	27.58	0.32	8.83
莲花塘	2096.76	1.34	28.10	0.32	8.99
南山下	2096.76	10.45	219.11	0.32	70.12
南山寨	1884.73	6.80	128.16	0.32	41.01
三坝塘	2058.17	2.94	60.51	0.32	19.36
白石岌	1939.20	10.04	194.70	0.32	62.30

（2）土壤、植物吸收与蒸发耗水量。土壤、植物吸收与蒸发耗水量根据下式计算：

$$B=S\cdot B_0$$

式中：B 为土壤、植物吸收与蒸发耗水量，m^3/d；S 为采场面积，m^2；B_0 为单位面积矿体土壤、植物吸收与蒸发耗水量，$m^3/(d\cdot m^2)$，根据实际开采数据，取 $B_0=2.66\times10^{-3}$ $m^3/(d\cdot m^2)$。

土壤、植物吸收与蒸发损失水量计算结果见表 2-5。

表 2-5　　土壤、植物吸收与蒸发损失水量计算结果表

矿段名称	采场面积 S/(m²/a)	B_0/[m³/(d·m²)]	土壤、植物吸收与蒸发耗水量/(m³/d)
赤鸡坳	41803.20	0.00266	111.20
莲花塘	42587.01	0.00266	113.28
南山下	42587.01	0.00266	113.28
南山寨	38280.46	0.00266	101.83
三坝塘	41803.20	0.00266	111.20
白石岌	39386.83	0.00266	104.77

（3）产品带走的水量。碳酸稀土产品含水量=产品总重量×单位产品含水量。

根据实际开采数据，单位产品含水量按产品重量的 54%计，取值合理。

总用水量统计结果见表 2-6，生产用水水量平衡计算见表 2-7。

表 2-6　各矿段总用水量统计结果表

矿段名称	年处理量			日处理量			日平均耗水量			
	矿石量/万 m^3	注液量/(万 m^3/a)	顶水量/(万 m^3/a)	注液量/(m^3/d)	顶水量/(m^3/d)	注入量合计/(m^3/d)	裂隙渗漏水量/(m^3/d)	土壤、植物吸收与蒸发损失水量/(m^3/d)	产品含水量/(m^3/d)	合计/(m^3/d)
赤鸡坳	23.28	19.21	38.42	686.06	1372.12	2058.17	8.83	111.20	2.77	122.79
莲花塘	23.72	19.57	39.14	698.92	1397.84	2096.76	8.99	113.28	2.77	125.04
南山下	23.72	19.57	39.14	698.92	1397.84	2096.76	70.12	113.28	2.77	186.17
南山寨	21.32	17.59	35.18	628.24	1256.49	1884.73	41.01	101.83	2.77	145.61
三坝塘	23.28	19.21	38.42	686.06	1372.12	2058.17	19.36	111.20	2.77	133.33
白石岌	21.94	18.10	36.20	646.40	1292.80	1939.20	62.30	104.77	2.77	169.84

表 2-7　生产用水水量平衡计算表

矿段名称	总用水量/(m^3/d)	配液及顶水水量/(m^3/d)	循环水量/(m^3/d)	消耗水量/(m^3/d)	新水量/(m^3/d)	排放水量/(m^3/d)	循环利用率
赤鸡坳	2058.17	2058.17	1935.38	122.79	122.79	0	0.94
莲花塘	2096.76	2096.76	1971.72	125.04	125.04	0	0.94
南山下	2096.76	2096.76	1910.60	186.17	186.17	0	0.91
南山寨	1884.73	1884.73	1739.12	145.61	145.61	0	0.92
三坝塘	2058.17	2058.17	1924.84	133.33	133.33	0	0.94
白石岌	1939.20	1939.20	1769.36	169.84	169.84	0	0.91

2.2.3　污废水处理及回用

正常情况下，矿山在母液处理环节中所产生的沉淀池上清液和压滤机压滤液等废水，经回收进入废液处理池调节 pH 值和硫酸铵浓度后，作为浸矿液重复利用，不外排。在生产过程中有少量酸性浸取液——硫酸铵溶液会残留在山坡土壤和岩石裂隙中。

生活污水经化粪池处理，食堂污水经隔油池处理后与生活污水一起再经一体化生活污水处理设施处理，达标后用作农肥和绿化用水，不外排。

2.2.4　用水水平指标计算与比较

（1）单位产品取水量。单位产品取水量是考核工业用水水平较合理和较科学的指标之一。单位产品取水量是指每生产单位产品需要的生产和辅助性生产取水量（不包括厂区生活用水）。其计算公式如下：

$$单位产品取水量=\frac{年生产新水取水量}{年产量}$$

经计算，仁居稀土矿 6 个矿段的单位产品取水量见表 2-8。年注液时间以 280d 计，每个矿段年生产 500t 混合稀土氧化物，则南山下矿段的单位产品取水量最大，为 104.26m^3/t，赤鸡坳矿段的单位产品取水量最小，为 68.76m^3/t，平均单位产品取水量为 82.39m^3/t。

表 2-8　　单位产品取水量

矿段名称	日新水取水量/(m³/d)	年新水取水量/(m³/a)	单位产品取水量/(m³/t)
赤鸡坳	122.79	34381.20	68.76
莲花塘	125.04	35011.20	70.02
南山下	186.17	52127.60	104.26
南山寨	145.61	40770.80	81.54
三坝塘	133.33	37332.40	74.66
白石岌	169.84	47555.20	95.11
平均值	147.13	41196.40	82.39

本项目为稀土矿采选工程，采用原地浸矿工艺。广东省目前未规定稀土采矿类行业单位产品取水量标准，国内对稀土行业开采也未有明确的用水定额标准。本次论证拟参考其他省份相关的采矿用水定额与本项目生产用水水平进行分析比较。《江西省工业企业主要产品用水定额》（DB36/T 420—2011）中稀有稀土金属矿采选中稀土单位产品取水量定额 1850m³/t，本工程稀土开采单位产品用水量最大的南山下矿段为 104.26m³/t，远低于 DB36/T 420—2011 拟定的稀土矿开采用水定额。

（2）重复利用率。重复利用率是工业用水中能够重复利用的水量的重复利用程度。它是考核工业用水水平的一个重要指标。其计算公式如下：

$$R=\frac{V_r}{V_i+V_r}$$

式中：R 为重复利用率，%；V_r 为生产过程中一定计量时间内重复利用水量总和，m³；V_i 为生产过程中一定计量时间内取水量总和，m³。

经计算，采用原地浸矿工艺，仁居稀土矿 6 个矿段的用水重复利用率见表 2-9。根据《稀土行业准入条件》，生产用水循环利用率要达到 90%以上。表 2-9 中 6 个采矿段的用水循环利用率均达到 91%以上，满足《稀土行业准入条件》对生产用水循环利用率的要求。

表 2-9　　重复利用率

矿段名称	总用水量/(m³/d)	循环水量/(m³/d)	重复利用率/%
赤鸡坳	2058.17	1935.38	94
莲花塘	2096.76	1971.72	94
南山下	2096.76	1910.60	91
南山寨	1884.73	1739.12	92
三坝塘	2058.17	1924.84	94
白石岌	1939.20	1769.36	91
平均值	2022.30	1875.17	92.67

综合以上分析，仁居稀土矿采用原地浸矿工艺，生产用水环节包括浸矿剂调配、顶水以及蒸发吸收渗漏水等。用水设计参数通过试验和实际开采数据得到，单位产品取水量为 $82.39m^3/t$，用水循环利用率达到91%以上，符合《稀土行业准入条件》的相关要求。

3　对地下水环境影响分析

平远仁居稀土矿原地浸矿采选工程生产、生活用水全部回用，不外排，对地下水环境影响小。但是在采矿浸取结束后，会有少量酸性浸取液——硫酸铵溶液残留在山坡土壤和岩石裂隙中，下渗进入地下水。因此，本项目对地下水环境的影响主要表现为原地浸矿对地下水环境的影响。

3.1　地下水环境现状调查与评价

3.1.1　现状监测结果

监测点布置原则：宏观上按照矿区上游、矿区内各个矿段、矿区下游分别布置，微观上布置在水文地质小单元的排泄边界或侧向流出边界上。矿区上游，反映矿区地下水水质背景值。

本次监测针对整个矿区选取了浅井、泉水点及钻孔共 22 个监测点取水样 22 份进行检测。监测点编号以 T 开头，分别为 T1～T22。

这些监测点根据其在矿区中的位置可分为 3 类：①未开采区监测点，反映矿区地下水环境背景值或本底值；②老采区监测点，反映老矿区残留的地下水影响值；③正在开采区监测点，反映原地浸矿开采区的地下水影响值。

未开采区监测点：矿区上游的 T1，白石岌矿段的 T3、T4、T5、T6，南山下矿段的 T7、T8、T9，南山寨矿段的 T16、T17、T18。

老采区监测点：莲花塘矿段的 T19、T20、T21，矿区下游的 T22。T20 采样点位于泉水渗出后形成的潭水区，因死水无流动导致污染物汇集，监测值反映了地表污染源浓度，而非地下水受影响的现状值，所以监测值异常偏高，该监测点数据不参与分析。T21 采样点位于赵段冲沟的浅井，反映了仁居老矿区残留的地下水影响值，仁居老矿区堆浸开采一直到 2011 年才结束，停采距今时间短。T22 监测点是矿区下游、仁居镇以北仁居河边的水井。

正在开采区监测点：三坝塘矿段试验采区的 T10、T11、T12、T13、T14、T15，上游私采区 T2。T10、T11、T12 为泉眼。T13、T14、T15 为水文地质钻孔，由于停钻时间短（1d），钻孔内所采水样某些数据失真，这三个监测点数据不参与分析。

监测项目选取理由：2011—2012 年平远县环境监测站选取环评报告中的 8 个地下水监测点进行了水质监测，监测项目主要有 pH 值、氨氮、硫酸盐、硝酸盐（以 N 计）、氟化物、氯化物、六价铬、高锰酸盐指数共 8 项。

本次监测在分析已有成果的基础上，对主要的监测项目进行筛选，最后的监测项目与平远县环境监测站的监测项目基本一致，主要有 pH 值、氨氮、硫酸盐、硝酸盐（以 N 计）、氟化物、氯化物、六价铬、高锰酸盐指数、总硬度共 9 项，基本反映目前矿区地下水水质污染的主要问题。监测数据汇总见表 3－1。

表 3-1　地下水监测数据汇总表

单位：mg/L

监测点编号	T1	T2	T3	T4	T5	T6	T7	T8	T9	T10	T11	T12	T16	T17	T18	T19	T21	T22	标准值
分区	A	C	A							C			A			B			
矿段	矿区上游	私采区	白石岌矿段				南山下矿段			三坝塘矿段			南山寨矿段			莲花塘矿段		矿区下游	
位置	蒲杓丘	黄泥丘	塔上	黄畲西	网形	乌石头沟	仙人掌	仙人掌坑	山子下	三坝塘Q1	三坝塘Q3	三坝塘Q4	南山寨西	大塘肚	南山寨东	凹背窝	赵段	绿水井	（Ⅲ类）
pH 值	5.8	5.3	6.5	6.3	6.4	6.3	6.1	6.0	5.6	5.2	5.7	5.6	7.2	6.1	6.3	5.8	5.2	6.1	6.5～8.5
氨氮	<0.02	18.2	0.07	0.06	0.08	0.07	0.07	0.07	0.05	17.4	1.03	1.11	0.06	0.04	0.03	0.04	0.09	0.05	≤0.2
硫酸盐（以 SO_4^{2-} 计）	2.5	969	7.7	16.1	9.59	13.6	8.42	7.48	7.74	1160	1000	730	7.49	10	7.6	7.48	10.6	8.84	≤250
硝酸盐（以 N 计）	3.66	11.6	0.16	1.95	2.98	0.76	0.24	0.16	0.2	22.5	13.2	8.45	0.16	0.73	0.17	0.28	7.88	0.23	≤20
氟化物（以 F^- 计）	0.088	0.07	0.07	0.06	0.07	0.07	0.14	0.07	0.11	0.29	0.15	0.07	0.12	0.09	0.08	0.07	0.07	0.23	≤1.0
氯化物（以 Cl^- 计）	5.05	5.42	1.13	1.21	6.18	1.03	1.02	0.99	1.02	92.9	52.5	45.4	0.99	1.03	1.38	1.08	1.12	1.8	≤250
六价铬	<0.004	<0.004	<0.004	<0.004	<0.004	<0.004	<0.004	<0.004	<0.004	<0.004	<0.004	<0.004	<0.004	<0.004	<0.004	<0.004	<0.004	<0.004	≤0.05
高锰酸盐指数	0.8	1.4	0.8	0.7	0.7	0.5	1	<0.4	0.6	0.9	0.7	0.4	1.4	0.4	2	<0.4	<0.4	0.6	≤3
总硬度	34	462	23.4	58.5	74.3	43.6	22.8	18.4	19	1150	911	971	26	28.6	15.6	16	30	26.4	≤450

注　1. 采样日期为 2013 年 9 月 22 日。

2. A 为未开采区；B 为老采区；C 为正在开采区。

3. 采用的标准为《地下水质量标准》（GB/T 14848—93）。

3.1.2 监测数据分析

综合分析表3-1的监测数据，矿区拟扩建矿段的地下水pH值普遍低于6.5，过低，说明矿区地下水水质总体呈偏酸性。未开采区与老采区的地下水除了pH值过低外，其他指标均未见超标。正在开采区的地下水氨氮、硫酸盐等指标普遍超标，氨氮超标4～90倍、硫酸盐超标1.9～3.6倍，总硬度、硝酸盐等指标局部有超标，总硬度局部超标0.03～1.56倍、硝酸盐局部超标0.13倍，其他指标未见超标。监测数据说明，原地浸矿开采对地下水的影响范围主要集中在开采区的水文地质单元内，对下游其他水文地质单元的地下水影响小。

下面分述各超标因子的情况（见表3-2）。

（1）pH值。未开采区：除了T3、T16未超标外，其他监测点的pH值基本在5.6～6.5≤6.5，属Ⅳ类地下水。老采区：pH值基本在5.8～6.1<6.5，以Ⅳ类地下水为主。当老采区停采距今时间短，则pH值更低，如仁居矿T21的pH=5.2<5.5，属于Ⅴ类地下水。正在开采区：pH值基本在5.2～5.7<6.5，属于Ⅳ～Ⅴ类地下水。

综上所述：①当前矿区范围内的地下水环境背景值总体上偏酸性，多属Ⅳ类地下水，由于以前大范围矿山开采采用堆浸、池浸工艺，多用草酸浸泡，淋滤液随着降雨渗入含水层，缓慢降低了矿区地下水的pH值。②老采区pH值比未开采区略低，说明老开采区受堆浸、池浸工艺的影响地下水pH值下降、酸性加强。停采时间长，pH值恢复接近未开采区；停采时间短（如仁居矿停采距今仅两年），pH值较低，与正在开采区相当。③正在开采区的地下水属Ⅳ～Ⅴ类地下水，说明原地浸矿开采渗漏的浸矿母液进入含水层，导致开采单元内地下水pH值明显降低。

（2）氨氮。未开采区、老采区：均不超标（<0.2mg/L）。正在开采区：监测值为1.03～18.2mg/L，超标倍数4～90倍，属Ⅴ类地下水。

正在开采区的监测值表明：原地浸矿开采渗漏的浸矿母液下渗进入含水层，明显提高了开采区水文地质单元内地下水的氨氮浓度并导致超标，如果未采取有效处理措施，将影响下游地表水的氨氮浓度；其次，未开采区与下游老采区监测值不超标，表明原地浸矿开采对地下水的影响范围主要集中在开采区的水文地质单元内，对下游其他水文地质单元的地下水影响小。

从时间纵向上来比较：①T12的地下水氨氮浓度已经达1.11mg/L，该开采区从2012年才开始进行原地浸矿开采，仅1年多时间其排泄边界的地下水已经超过Ⅴ类标准，说明渗漏的浸矿母液在地下水中的运移速度较快。②T11在2011年10月氨氮浓度为1.038mg/L，至2013年9月氨氮浓度为1.03mg/L，期间浓度变化范围在1.038～1.322mg/L，说明在原地浸矿开采矿液循环利用的过程中，在开采水文地质单元排泄边界上的地下水氨氮浓度始终保持在一个较稳定的超标状态。这是因为制稀土过程不断加入碳铵，之后压滤液又进入配液池循环利用，因此氨氮浓度下降不明显。

（3）硫酸盐（以SO_4^{2-}计）。未开采区、老采区：一般小于2.5～16mg/L，基本上符合Ⅰ类标准（<50mg/L）。正在开采区：为730～1160mg/L，超标倍数1.9～3.6倍，属于Ⅳ～Ⅴ类地下水。

由于原地浸矿工艺配液池中的硫酸铵溶液是开始阶段一次性连续注入，之后只注入回收矿液和清水，浸矿母液中硫酸铵的浓度在达到峰值以后将逐渐下降，因而地下水中硫酸盐的（以 SO_4^{2-} 计）浓度在达到峰值以后也将逐渐下降。原地浸矿开采使开采区水文地质单元内的地下水硫酸盐浓度超标，未开采区与下游老采区监测值不超标，表明原地浸矿开采对地下水的影响范围主要集中在开采区的水文地质单元内，对下游其他水文地质单元的地下水影响小。

（4）总硬度。未开采区、老采区：一般为16～74mg/L，不超标；正在开采区：一般为462～1150mg/L，超标0.03～1.56倍，局部达到Ⅴ类标准。

说明原地浸矿工艺渗漏的浸矿母液进入含水层后可明显提高地下水的总硬度并导致局部超标。其次，未开采区与下游老采区监测值不超标，表明原地浸矿开采对地下水的影响范围主要集中在开采区的水文地质单元内，对下游其他水文地质单元的地下水影响小。

（5）硝酸盐（以N计）。未开采区、老采区：0.16～7.88mg/L，不超标；正在开采区：T2、T11、T12监测值在8.45～13.2mg/L，不超标（＜20mg/L），T10为22.5mg/L，超标0.13倍。

总体来说，原地浸矿使采场水文地质单元内的地下水硝酸盐浓度增加，排泄边界上的地下水硝酸盐浓度局部超标。其次，未开采区与下游老采区监测值不超标，表明原地浸矿开采对下游其他水文地质单元的地下水影响小。

（6）氟化物（以 F^- 计）、氯化物。在未开采区、老采区和正在开采区均未超标，但正在开采区的监测值比环境背景值略有升高。因此，原地浸矿开采对开采区地下水水文地质单元内的氟化物、氯化物浓度略有影响，但未导致超标，对地表水系影响小。

（7）六价铬、高锰酸盐指数。在未开采区、老采区和正在开采区的监测值基本无差别，均不超标。因此，原地浸矿开采对开采区地下水水文地质单元内的六价铬、高锰酸盐指数基本无影响。

表3-2　　　　地下水监测数据分析表　　　　单位：mg/L

指标	未开采区	老采区	正在开采区	标准值（Ⅲ类）
pH值	5.6～6.5	5.8～6.1	5.2～5.7	6.5～8.5
氨氮	＜0.2	＜0.2	1.03～18.2	≤0.2
硫酸盐（以 SO_4^{2-} 计）	2.5～16.1	7.48～10.6	730～1160	≤250
硝酸盐（以N计）	0.16～3.66	0.23～7.88	8.45～22.5	≤20
氟化物（以 F^- 计）	0.06～0.14	0.07～0.23	0.07～0.29	≤1
氯化物（以 Cl^- 计）	0.99～6.18	1.08～1.8	5.42～92.9	≤250
六价铬	＜0.004	＜0.004	＜0.004	≤0.05
高锰酸盐指数	0.4～2	0.4～0.6	0.4～2.8	≤3
总硬度	15.6～74.3	16～30	462～1150	≤450

注　1. 采样日期为2013年9月22日。
2. 采用标准为《地下水质量标准》（GB/T 14848—93）。

根据上述分析结果，氨氮、硫酸盐、硝酸盐等指标在未开采区地下水未见超标，但在正在开采区的地下水中这些指标都超标，其中氨氮、硫酸盐为普遍超标，硝酸盐为局部超标。其他指标如氟化物、氯化物、六价铬、高锰酸盐指数在未开采区和正在开采区的地下水中未见超标。

3.2　对矿区内地下水环境影响的预测与评价

原地浸矿对矿区内地下水环境的影响预测采用地下水流数值模型来模拟预测。根据章节2.1分析，将矿区水文地质单元划分为3种类型：类型Ⅰ弱排泄型、类型Ⅱ中等排泄型、类型Ⅲ强排泄型。属于同一类型的各开采矿段的水文地质条件基本相似，水文地质模拟可以通过典型小单元的模拟得出基本相似的结果，即同一类型的各开采矿段可按典型小单元的模拟结果进行类比。本次模拟中，类型Ⅰ选取白石炭矿段的典型小单元进行模拟，类型Ⅱ选取三坝塘矿段的典型小单元进行模拟，类型Ⅲ类比类型Ⅱ的模拟结果分析。将各开采矿块浸出母液的氨氮和硫酸盐视为地下水污染面源。由于篇幅所限，本次仅给出模拟结果。

本次地下水氨氮和硫酸盐浓度预测中，按照GB/T 14848—93，氨氮和硫酸盐的地下水质量Ⅲ类标准分别为0.2mg/L和250mg/L，当地下水中的浓度大于0.2mg/L和250mg/L时，即认为稀土开采对地下水环境产生了质的影响。

3.2.1　三坝塘矿段模拟区模拟结果及分析

（1）氨氮对地下水环境影响预测结果分析。经模型计算，随着时间的推移，地下水中氨氮离子浓度的影响范围越来越大，浓度越来越低。

100d时，正处于浸采期间，残坡积孔隙水含水层中的氨氮浓度值都较高，并由山顶向沟谷地带扩散，沟谷地带地下水氨氮浓度值在2～100mg/L，地势低洼处浓度值为2～4.0mg/L，地势高的则为2～100mg/L，这是因为矿体开采不久，氨氮污染羽扩散范围尚不广。全风化裂隙含水层中氨氮浓度值集中在2～20mg/L，山顶及低洼处较高，为40～80mg/L，并通过扩散排泄到西侧冲沟的地下水中，地下水氨氮浓度值在2～90mg/L，且分布范围不广。强风化裂隙水含水层中地下水中的氨氮浓度值比残坡积土层及全风化土层小，但其扩散的规律大同小异，氨氮浓度值分布在1～5mg/L。弱—微风化裂隙含水层氨氮浓度值一直都处于较低的水平。

500d时，较之100d，污染羽已扩散开来，残坡积层中氨氮浓度值大于0.2mg/L的范围由20.93%扩大到56.23%，大于20mg/L的范围由16.59%扩大到36.97%，大于200mg/L的范围则由4.3%扩大到8.19%。全风化层中，污染羽浓度值大于0.2mg/L的范围由19.9%扩大到46.76%，大于20mg/L的范围由12.7%扩大到33.97%，大于200mg/L的范围则由0扩大到3.96%。强风化层中，各冲沟氨氮分布范围都较小，零星分布：西侧冲沟仅在地势高处分布10～20mg/L；东侧冲沟及北侧冲沟零星分布着2～20mg/L的氨氮。

1000d时，残坡积层中处于2～200mg/L范围，集中于20～100mg/L范围内，伴随地势低洼氨氮浓度持续升高，地势高处则降低。全风化层中，处于2～150mg/L范围，集中于20～100mg/L范围内。强风化层中，浓度值上升分布范围为2～50mg/L，集中在20～50mg/L。

2000d时，浸采结束，土层中残留的氨氮在降水淋滤作用下不断扩散，残坡积层氨氮浓度处于 2～100mg/L，局部出现 40～100mg/L，污染羽浓度值已无大于 200mg/L 的范围，大于 0.2mg/L 的范围变化甚微，大于 20mg/L 缩小至 58.91%。全风化层为 2～90mg/L，局部呈 40～100mg/L，污染羽浓度值大于 0.2mg/L 的范围变化较小，大于 20mg/L 缩小至 84.3%。强风化层中，氨氮浓度值呈下降趋势，污染羽范围扩大后缩小。西侧冲沟氨氮浓度值由 2～40mg/L 降低至 0.4～1mg/L；东侧冲沟由 2～100mg/L 降低至 2～40mg/L；北侧冲沟由 2～90mg/L 降低至 1～20mg/L。弱风化岩层中浓度值大于 0.2mg/L 的范围在 1500d 时最大，为 42.56%，此时大于 20mg/L 的范围也是最大值，为 11.82%。

随着时间的推进，3650d 时距离结束浸采已经较长时间，模拟区范围内的氨氮随着地下水对流及弥散作用向冲沟排泄，残坡积及全风化层中残留的氨氮浓度持续降低，集中于 1～4mg/L，局部有 10～40mg/L 的较高浓度值。强风化层处于 0.2～10mg/L，局部有 10～20mg/L 较高浓度值。弱风化层中，氨氮几乎都已经扩散排泄消失，仅在低洼处可见 0.5～5mg/L 范围的氨氮，浓度值大于 0.2mg/L 的范围为 8.05%。这表明，随着时间推移，污染范围逐渐后退，如果预测时间更长，污染范围甚至于消失。

（2）硫酸盐对地下水环境影响预测结果分析。经模型计算，渗漏的浸出母液中硫酸盐会对地下水环境造成一定影响。1500d，残坡积土层中浓度分布范围 300～2500mg/L，污染羽范围浓度值大于 250mg/L，为 70.49%，浓度值大于 1250mg/L，为 33.12%，浓度值大于 2800mg/L，为 13.37%；全风化土层中浓度分布范围 300～2000mg/L，污染羽范围浓度值大于 250mg/L，为 82.58%，浓度值大于 1250mg/L，为 28.56%，浓度值大于 2800mg/L，为 0.47%；强、弱风化岩层中硫酸盐浓度值较低，分布范围为 250～500mg/L，污染羽范围大于 250mg/L，分布为 82.7%与 55.11%。浸采结束后，硫酸盐在地下水对流弥散作用的影响下，其浓度迅速下降，3650d 仅全风化层中残留的硫酸盐浓度较高，处于 300～1000mg/L，超过 GB/T 14848—93 中 250mg/L 的Ⅲ类水标准限值，而其他岩土层中浓度值较低，为 250～450mg/L，且分布范围较小，硫酸盐在时间上和空间上对地下水的影响趋势同氨氮的影响基本一致。

3.2.2 白石岌矿段模拟区模拟结果及分析

（1）氨氮对地下水环境影响预测结果分析。经模型计算，随着时间的推移，地下水中氨氮离子浓度的影响范围越来越大，浓度越来越低。

100d 时，处于开采阶段，残坡积及全风化层中的氨氮浓度值都较高，并由山顶向沟谷地带扩散，集中在 80～300mg/L 的范围内，山顶地下水中的氨氮浓度值较高，达到 200～400mg/L，而 0.2mg/L 的污染羽面慢慢扩散到沟谷；而强风化岩层中的氨氮值相对较小，集中于 0.2mg/L，局部山顶处较高达 40～50mg/L；弱风化岩层则 0.2mg/L，且分布范围较小。

500d 时，矿段浸采结束，污染羽浓度逐步降低，残坡积及全风化层集中处于 0.2～50mg/L，而 200～400mg/L 分布的范围急剧减小；强风化岩层在地下水的对流影响下，浓度值有小范围的上升；弱风化 0.2mg/L 的污染羽面积有所扩大。此时，污染羽范围已扩散至北侧碗窑坑溪，残坡积土层中已达到 100mg/L，全、强风化岩土层则分布在 0.2～40mg/L 的范围。

2000d 时，浓度急剧下降，0.2mg/L 的污染羽面大范围扩展，40～200mg/L 的浓度范围值迅速缩小。残坡积及全风化层中的沟谷局部仍有 200mg/L 的高浓度值，沟谷地带浓度集中 40～100mg/L 的范围，仅是弱风化岩层中氨氮浓度值一直维持在较低水平。此时，对北侧碗窑坑溪的影响范围扩大，集中在 0.2～40mg/L 的范围内。

随着时间的推进，3650d 时距离结束浸采已经较长时间，模拟区范围内的氨氮随着地下水对流及弥散作用向冲沟排泄，残坡积及全风化层中残留的氨氮浓度相对较高，仍有 40～100mg/L 的分布范围，强风化层中 40～100mg/L 的范围已经很小。这表明，随着时间推移，污染范围逐渐后退，如果预测时间更长，污染范围甚至于消失。

(2) 硫酸盐对地下水环境影响预测结果分析。经模型计算，地下水中硫酸盐浓度的分布扩展趋势同氨氮离子类似。从时间分布上分析，开采初期浓度值处在较高的水平，后随着开采的结束，污染羽不断扩大且浓度值逐步降低。从空间分布上来看，残坡积及全风化层的浓度值相对较高，强风化次之，微风化影响则很小。

3.2.3　矿区内地下水环境影响

通过对三坝塘矿段、白石岽矿段的地下水渗流及污染物溶质（氨氮、硫酸盐）运移进行数值模拟，可以得到原地浸矿对地下水影响的程度主要取决于渗漏母液量、母液浓度、地下水的补、径、排特征，以及各个含水层的渗透系数、弥散度等水文地质参数。此外，当水文地质小单元内分多个矿块先后进行浸采，时间不同，也会产生一定的相互影响。

在不同的时间段，对比类型Ⅰ弱排泄型、类型Ⅱ中等排泄型两种类型的水文地质单元，综合来看：

类型Ⅱ：在刚开始注液阶段，残坡积层的氨氮浓度及范围是各含水层中最大的。在浸矿液回收循环利用至结束阶段，由于全风化层是花岗岩离子型稀土矿的主要矿层，其厚度在残坡积层、全风化层、强风化层三个含水层中最大，该层的氨氮浓度、分布范围在各含水层中最大，因此集液巷道、导流孔等集液措施深入该层内能收集到大部分的浸矿母液。同时模拟显示，在浸矿液回收利用至结束阶段，强风化层内污染物溶质的浓度与分布范围也比较大，仅比残坡积层略小，而且由于强风化层渗透系数属于中等偏强透水，渗透系数较大，能较快扩散至地表，即对下游地表水系的污染影响程度较大，如果集液措施不包含该层，集液率就难以提升，对下游地表水的污染也难以根治。强风化层由于污染物溶质扩散快，后期浓度下降也较快。弱风化层作为基岩层，弥散度小，渗透性差，地下水径流速度缓慢，主要影响来自上覆含水层的入渗补给，使该含水层地下水受到轻微影响。

类型Ⅰ：刚开始注液阶段，残坡积层污染物溶质浓度及分布范围是最大的，到了收液循环利用阶段，残坡积层与全风化层污染物浓度及分布范围基本相当，强风化层污染物浓度超标的范围只有小部分，不足 1/4。说明虽然强风化层渗透系数属于中等偏强透水，渗透系数较大，但由于排泄不畅，污染物溶质无法快速扩散到地表。到了服务期满（即开始注液后 5 年）甚至到服务期满后 5 年，强风化层仍有大范围的水质超标，这也说明该层对地表水的污染强度比类型Ⅱ低，但持续时间较长。

从污染物溶质影响持续时间来看：在同样设计工况下，矿区内类型Ⅱ的单元由于地下水径流—排泄距离短，较高浓度的浸矿液排泄出去后对下游地表水的影响强度也较高，但持续时间相对较短。例如三坝塘矿段试验采区开采期出现过附近及下游地表水氨氮超标也可作为例证。类型Ⅰ的单元内较高浓度的浸矿液在较长的径流—排泄范围不断被稀释，对下游地表水的影响强度较低，但持续时间较长。类型Ⅱ的单元，服务期满后5年，对应浸矿液回收循环利用后6年，强风化层水质超标的范围仅在排泄边界呈狭长带状分布，分布面积小于开采单元面积的1/10。类型Ⅰ的单元，服务期满后5年，对应浸矿液回收循环利用后9年，强风化层水质超标的范围仍然在单元内较大范围分布，分布面积超过开采单元面积的1/2，因此在类型Ⅰ单元内，地下水通过强风化层对地表水的影响时间较长，比类型Ⅱ的单元至少长3年。

水寨下溪为三坝塘矿段模拟区的排泄基面。地下水排泄到西侧冲沟、东侧冲沟、北侧冲沟后汇集至水寨下溪，如果渗漏的浸矿母液排泄进入下游溪水，将对溪水造成影响。

3.3 对矿区内外第三者的影响

根据水文地质条件和矿区内地下水环境影响分析，采矿渗漏的浸矿液会通过残坡积层、全风化层、强风化层排泄至地表。

矿区内外农田灌溉用水取自山塘水，部分村组以及下游仁居镇居民的生活用水来自当地的自来水厂，另有少部分村组的生活用水靠分散供水，主要通过泉、浅井取水，居民饮用水取水点多位于冲蚀切割较深的山间沟谷地带或是山麓浅基岩区。因此原地浸矿对矿区内外第三者的影响主要表现为对居民饮用水源的影响。根据实际调查，受影响的取水点见表3－3。

表3－3　矿区居民饮用水源受影响概况表

<table>
<tr><th>序号</th><th>保护目标</th><th>供水水源</th><th>供水方式</th><th>供水量/(m³/d)</th><th>影响原因</th><th>可能影响人口</th></tr>
<tr><td>1</td><td>塔上村</td><td rowspan="3">泉水出露设浅井、集水池</td><td rowspan="3">铺水管自流引入居民家中</td><td>70</td><td>供水泉位于白石岌矿段西边的侧向流出边界，未来浸矿开采时可能受渗漏的浸出母液的影响</td><td>15户50人</td></tr>
<tr><td>2</td><td>网形村</td><td>30</td><td>供水泉位于白石岌矿段北侧的排泄边界，未来浸矿开采时可能受渗漏的浸出母液的影响</td><td>10户30人</td></tr>
<tr><td>3</td><td>乌石头沟</td><td>25</td><td>供水泉位于白石岌矿段东边的侧向流出边界，未来浸矿开采时可能受渗漏的浸出母液的影响</td><td>8户25人</td></tr>
<tr><td>4</td><td>仙人掌坑</td><td>泉水出露处设集水池</td><td>铺水管自流引入居民家中</td><td>20</td><td>供水泉位于南山下矿段西边的侧向流出边界，未来浸矿开采时可能受渗漏的浸出母液的影响</td><td>5户20人</td></tr>
<tr><td>5</td><td>盆形</td><td rowspan="2">泉水出露处设集水池</td><td rowspan="2">铺水管自流引入居民家中</td><td>25</td><td>供水泉位于南山寨矿段北侧的排泄边界，未来浸矿开采时可能受渗漏的浸出母液的影响</td><td>8户25人</td></tr>
<tr><td>6</td><td>赤鸡子坳</td><td>10</td><td>供水泉位于南山寨矿段东边的排泄边界，未来浸矿开采时可能受渗漏的浸出母液的影响</td><td>3户10人</td></tr>
</table>

续表

序号	保护目标	供水水源	供水方式	供水量/(m^3/d)	影响原因	可能影响人口
7	赵段	沟谷内浅井	水泵提水	10	仁居二、三矿老采区，堆浸池浸工艺已影响地下水	3户10人
8	曹屋	山麓挖井	水泵提水	10		3户10人
9	林风寺	泉水出露处设集水池	铺水管自流引入居民家中	15		莲花木制品厂约15人

上述1～6处的分散取水点，目前水质基本达标，但在未来扩建项目投产以后，这些取水点均位于采场区水文地质单元内地下水径流方向的下游排泄边界或侧向流出边界，地下水可能受原地浸矿渗漏的浸矿液影响，地下水中氨氮或硫酸盐等含量可能超过GB/T 14848—93 Ⅲ类标准限值，这些分散取水点将失去供水意义。其他分布在开采水文地质单元外、与开采矿体之间无水力联系的饮用水源不会受原地浸矿影响。7～9处取水点，由于分布在仁居二、三矿老采区的周边边界，目前该老采区虽已停产，但监测结果表明地下水质已经超标，不适宜饮用。

为了保证扩建项目周边受影响村民生产生活用水的需要，建设单位承诺从仁居镇自来水供水管网引水供受影响村民饮用，供水能力按84.3m^3/d考虑，在此过程中产生的提水泵、泵房、输水管线等一切费用均由建设单位承担。

为了最大限度保障矿区及周边居民饮用水安全，扩建项目运行过程中，对无影响的居民饮用水源进行监测，一旦发现受到改扩建项目的影响，将这部分居民也纳入到仁居镇供水范围内，在此过程中产生的所有费用由建设单位承担。

4　水资源保护措施

4.1　措施设置原则

4.1.1　发挥水文地质小单元控制性作用

矿区开采拟采用分矿段开采，其中各座山丘均可各自单独开采。只要与水文地质小单元相适应，就可以通过人为控制开采范围和强度，进而控制浸矿液漏失可能产生的污染影响范围和强度，故各种类型水文地质小单元相对独立的分布对污染影响范围和强度具有控制性作用。根据各矿段水文地质小单元补径排模型的分析以及监测数据的验证，每个开采区的地下水受影响范围均分布在所属的水文地质小单元内，而且开采单元的地下水基本上都是在排泄区以泉水的形式排泄，因此治理措施需针对各个水文地质小单元分别布置，主要在边界（尤其是排泄边界）采取环绕或封闭措施，将从单元内排泄出的地下水和受污染的地表水统一回收利用。

4.1.2　调控排泄条件控制污染影响强度和时间

针对水文地质小单元不同排泄类型，根据不同目标，可以采取相应的措施进一步调控不同水文地质小单元地下水污染的影响强度和时间。

类型Ⅰ（弱排泄型）：污染物随地下水渗流主要通过全风化土层或残坡积土层缓慢渗出，扩散缓慢。水文地质小单元内的高浓度污染时间长，对外界（如地表水）的影响强度较低，但时间较长。

目标1：尽量减少对外界（如地表水）的影响强度或缩减影响时间。

相应措施：保持现有的缓慢排泄条件，或抬高泉水井水位，进一步降低排泄区渗流比降，减少污染物随地下水渗流通过全风化土层或残坡积土层渗出。

目标2：在对外界（如地表水）的影响强度较低的前提下尽快恢复水文地质小单元内部的地下水水质。

相应措施：改善现有的排泄条件，如增加排水洞、井或降低泉水井水位，并在排泄区设置集水设施，水力截取（回抽）高浓度污染液。

类型Ⅱ（中等排泄型）：污染物随地下水渗流主要通过强风化层集中渗流带出，扩散快速。水文地质小单元内的高浓度污染时间短，对外界（如地表水）的影响强度较高，但时间较短。

目标：尽量减少对外界（如地表水）的影响强度或缩减影响时间。

相应措施：①改变现有的快速而集中的排泄条件，如封堵大泉点或抬高泉水井水位；②在集中渗漏点设置集水设施，水力截取高浓度污染液。如正在开采的三坝塘矿段Ⅱ1矿块。

类型Ⅲ（强排泄型）：污染物随地下水渗流主要通过大范围出露的强风化层渗流带出，扩散快速。水文地质小单元内的高浓度污染时间短，对外界（如地表水）的影响强度较高，但时间短。

目标：尽量减少对外界（如地表水）的影响强度或缩减影响时间。

相应措施：①在排泄区设置以弱透水层（弱风化岩）为底板的集液系统；②针对快速且分散的排泄条件，在排泄区设置防渗导水帷幕，把分散排泄改变为集中排泄，并在集中排泄点采用水力截取高浓度污染液。

4.2 污染控制措施

根据原地浸矿采场、输送管线等可能产生地下水影响的工程单元的分布情况，按照“源头控制、分区防治、污染监控、应急响应”相结合的原则，从污染物的产生、入渗、扩散、应急响应等方面制定地下水资源保护措施。

4.2.1 源头控制措施

扩建项目对产生的废污水进行综合利用，尽可能从源头上减少废污水的产生。

（1）原地浸矿采场区：将浸矿液硫酸铵的浓度控制在2%以下，同时优化巷道布置，保证浸出液的回收率，从源头上控制注入原地浸矿采场的硫酸铵溶液的量和渗漏进入地下水的浸出母液的量。

（2）母液处理车间。

1）各池体采取双层防渗措施，防止浸出液和配置的硫酸铵溶液渗漏进入地下水环境。

2）始终保持1个除杂池和1个沉淀池处于放空状态，作为应急事故池。

3）母液处理车间山脚低凹处设1个事故池（单个容积约400m³），将事故工况下浸出母液及时收集。

4）收液池、除杂池等各池体保持液面与池体上沿之间有0.5m的高差，防止池中浸出母液溢出池体。

（3）浸出母液输送管线地势最低处设置事故池（单个容积约400m³），同时对事故池运输管道定期巡视检修，避免浸出母液和硫酸铵溶液的跑、冒、滴、漏，将废水渗漏的环境风险事故降到最低程度。

4.2.2　分区控制措施

4.2.2.1　*原地浸矿采场污染控制措施*

（1）巷道与截渗沟联合措施。根据水文地质单元类型的分析以及现场揭示土层渗漏点、水质监测结果的验证，原地浸矿的浸出母液一部分在地下水中通过渗透性中等偏强的强风化裂隙含水层集中渗流，另一部分在渗透性中等偏弱的全风化裂隙含水层中渗透扩散。因此，一方面要优化巷道布置截取在强风化裂隙含水层中渗流的地下水，另一方面还要对采场表层渗液联合采取截渗措施。

1）优化巷道。优化巷道的关键在于巷道的布置高程与长度。含矿山体内的平巷和叉巷采用潜水接收垂向水流补给的模型，如果平巷长度不够，就无法接收在强风化层中渗流的地下水，且叉巷收集垂向水流补给的面积也会更小。为了有效收集强风化层中的浸矿母液，应加长巷道长度，平巷应穿透强风化岩到达其底板，叉巷之间局部可相通。从施工与工程投资考虑，平巷与叉巷的密度也不可能很高，由于叉巷之间接收垂向水流的面积可能有重复，仍有比例不低的浸矿母液从全风化层、残坡积土层渗出。

2）截渗沟。原地浸矿采矿场的上方（山头或山坡上部）与采场的下方（坡脚），一般都具有较大高差（20～50m），此高差造成了浸矿溶液与浸出母液具有较大的地下径流水力坡度。在水力坡度驱使下，原地浸矿浸出的母液主要沿着矿层往采场下方渗透，部分在采场坡脚或山腰中下部的部位从残坡积土、全风化层中渗出，因此在坡脚合适的部位顺等高线布置截渗沟系统，将有效减少因渗透扩散导致浸矿母液的在采场边界上的损失。截渗沟在矿层下方大致沿等高线布置。

截渗沟可以部分代替原塑料集液管道，截渗沟布置在巷道口下方，将所有巷道口连接起来，截渗沟的汇水最后汇集至山下的集液池内，尽量减少从矿层表面渗漏出来的浸矿液，实现对生产矿块区下部的源头封闭。

3）巷道与截渗沟防渗措施。截渗沟的深度，建议至少有2m，截渗沟的底部和与外围土层直接接触的一侧采用水泥砂浆抹面防渗。巷道底板抹上水泥砂浆，修成U字形，保留人工假底措施。截渗沟应有顶盖，防止雨水或污物进入。

（2）水封措施。采用原地浸矿法开采离子型稀土矿时，由于该类矿床疏松、矿体孔裂隙发育，浸析电解质溶液和浸出母液从注液孔经矿体孔裂隙向四周渗透扩散，这种渗透扩散在空间上是不受限制的，不能形成一个向一定方向渗透的稳定的地下母液渗透带。因此，不但污染了采场外围的矿体，而且浸出母液收集难、资源回收率低，导致成本增加。针对这一问题，主要采用“以水制漏，用水封闭”的水封闭工艺。

水封工程主要是在采场的上、左、右三方设置注水井，其井距、排距与注液孔相同。

在注水孔中注水，使上、左、右三面形成水帘，把整个采场封闭住，使浸出母液不外渗，只能沿向下的方向流入集液巷道。

根据原地浸矿采场矿体的分布特征和地形地貌的不同，将开采矿体主要分为半边山式和全山式采场，其水封示意图见图 4－1。

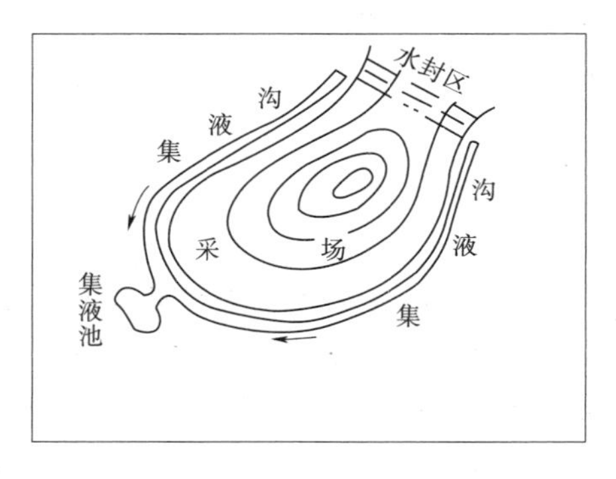

(a)半边山式采场

(b)全山式采场

图 4－1　水封示意图

（3）提前灌清水措施。该措施即采场在高位注液池与注液孔系统布置好以后先按实际工况的注液量注入清水。该措施的优点有：①在坡脚寻找渗水点，在渗水点的略下方布置巷道与截渗沟，较准确合理地确定巷道与截渗沟的高程；②先饱和土壤，减少浸矿母液被干土吸收，减少硫酸铵的用量；③有助于抬高地下水位，减少母液下渗量；④可以用注水回收率校核或修正设计的矿液回收率。

（4）生产措施。

1）在采场区对截渗沟、集液巷道以及输液管道应定期巡视检修，检查浸矿区异常渗液点，避免浸出母液和硫酸铵溶液的跑、冒、滴、漏，将废水渗漏的环境风险事故降到最低程度。

2）浸矿结束后，继续加注顶水（清水），挤出与溶浸液发生交换解吸反应后遗留在采场的浸出液，当回收液水质达到 GB/T 14848—93 Ⅲ类水标准限值后停止注水。

4.2.2.2 *排泄边界区控制措施*

水文地质单元内受污染的地下水最后都要经过排泄边界进入下游地表水系，从排泄区排出的地下水和流经开采区的沟水全部采用集水设施收集，不让其排入下游地表水系，封闭在单元内供原地浸矿开采循环利用，既减少了污染源，也减少了抽取下游地表水，保证了下游稀释污染物的水量。

根据矿体所在区域的地形和地下水径流特征，在水文地质单元的排泄边界和侧向流出边界建立统一的集水设置，如在山脚环绕设置截渗（水）沟、两侧冲沟内设置截渗坝，统一收集至集液池，再用水泵抽回至顶水池，实现开采矿块所属单元内的地下水和地表水循环利用。

上述截渗（水）沟和截渗坝的具体要求如下：

（1）截渗（水）沟。与排泄边界地表水系平行布置，截渗（水）沟的底部和与区外地下水环境直接接触的一侧采用水泥砂浆防渗，沟深宜揭穿残坡积土或冲积黏性土层，但沟底宜高于外围地表水水面。截渗（水）沟中每隔一定距离开挖一座集液池，再用水泵抽水回顶水池。平时巡视截渗沟，若确定浸矿液的异常渗出点或发现泉眼出露，可开挖成大井或集液池，集中进行水力截取。

（2）截渗坝。当矿段存在侧向流出边界的沟谷时，地下水进入该类沟谷再集中向地势较低的地表水系排泄，在沟谷下游可设置截渗坝，与其他边界的截渗（水）沟组成统一的集水设施。截渗坝由高压旋喷桩或灌浆帷幕组成，灌浆帷幕可做成防渗导水帷幕，在侧向流出边界把地下水的分散排泄改变为集中排泄，并将地下水集中导入集液池中，再用水泵抽水回顶水池。同时地面部分坝高1～2m，将沟谷内的水流导入截渗（水）沟内，避免矿段冲沟的沟水直接流入下游水系。

4.2.3　监控措施

为监控原地浸矿采场和母液处理车间池底渗漏对地下水的影响，在矿区建立地下水长期动态观测网。

4.2.3.1　*原地浸矿采场地下水监控*

在截渗沟下游平行截渗沟的方向设1～2排监测井，第1排井与截渗沟的距离5～10m，井间距为50～100m，井排距根据矿层边界与水文地质小单元排泄边界之间的距离而定，可设10～50m，井深至弱—微风化基岩。

定期对监测井内水质进行监测，监测因子为pH值、氯化物、硫酸盐、氨氮、高锰酸盐指数、硝酸盐、汞、镉、铅、砷。监测频次：常规状态，即浸矿液回收循环利用且水质不超标情况下，建议每个季度监测一次。特殊状态：如新增加一个顶水池开采一个新矿块时或水质出现超标时，加密频次，目的是发现新的高浓度注液对地下水最短的影响时间以及最近的渗漏影响点，因此注液后每10d监测一次，2个月后每个月监测一次，半年后恢复至每个季度监测一次，当水质出现超标时，也是每10d监测一次，直到水质恢复正常，再按常规状态监测。当监测井水质指标超过GB/T 14848—93中的Ⅲ类水标准时，监测井改为抽水井，用潜水泵将井水抽回至截渗沟或集液池，最后回收至母液处理车间，直至其水质满足Ⅲ类水标准时，停止抽水。当截渗沟下游1～2排的监测井只是个别井出现水质超标时，可找出矿层区主要的渗漏点，进行大井开挖形成集水设施，井深宜揭露大部强风化层，集中进行水力截取。

4.2.3.2　*母液处理车间地下水监控*

为监控母液处理车间池底渗漏对地下水的影响，根据母液处理车间位置的地下水流向，在母液处理车间地下水径流下游呈正三角形设置3眼地下水监控井，井间距为20m，并对监控井中的水质进行定期监测，以掌握母液处理车间下游地下水水质变化情况，监测因子为pH值、氯化物、硫酸盐、氨氮、高锰酸盐指数、硝酸盐、汞、镉、铅、砷，监测频次为每月监测一次。当地下水监控井水质指标超过GB/T 14848—93中的Ⅲ类水标准时，立即停止生产，检修各工艺池体防渗结构，查找渗漏源，同时将监测超标的监测井改为抽水井，将抽出的受污染的地下水返回母液处理车间用于生产，不外排。

4.2.4　各类型水文地质单元污染控制措施

（1）类型Ⅰ（弱排泄型）。以白石岌矿段为例。当矿层边界与排泄边界之间径流路径较长，可从补给源头区、径流区、排泄边界区分别采取措施降低地下水的污染值，保证在边界处的地下水不对排泄边界的河流造成污染。

源头区在矿层下部布置截渗沟与巷道，布置高程除根据现场渗水点确定外，可结合考虑布置在陡坡与缓坡变化拐点的下方。

径流区较长，可布置1～2排监测井，同时可结合利用村庄泉井，如果水质超标，可改为抽水井，进行水力截污，更重要的是摸查出上游浸矿母液的集中渗漏点，在源头集中水力截取。

排泄区由于地形平缓，并且残坡积土与全风化层厚度较大，布置在坡脚的平巷即使长50m也无法到达强风化岩，因此类型Ⅰ水文地质小单元内的平巷长度应超过50m，同样宜穿透强风化岩并达到其底板。截渗沟联合平巷布置，代替集液塑料管，截渗沟的深度不宜小于2m，尽量揭穿残坡积土层。

白石岌矿段从地貌上来看属于斜坡型水文地质小单元，两侧侧向流出边界冲沟的地下水控制也很重要。在侧向边界的3条冲沟的下游各需布置一座截渗坝，同时在冲沟的上游也需布置一座截渗坝，将侧向流出边界地下水和地表冲沟沟水统一通过截渗（水）沟汇入集液池，再用水泵回抽至顶水池。在碗窑坑溪沿线的排泄边界布置第二道截渗（水）沟，与两侧冲沟的截渗坝组成统一的集水设置，实现地下水与地表水供原地浸矿开采循环利用。

（2）类型Ⅱ（中等排泄型）。以三坝塘矿段为例。矿层边界与北侧和东侧的排泄边界之间径流路径很短，补给区与边界区的两道截渗（水）沟可合为一道。

由于巷道与截渗沟联合布置且三坝塘矿段在地貌上属于残丘型水文地质小单元，因此截渗沟与巷道口应位于残丘的山脚，尽量靠近强风化裂隙含水层出露或埋深小的部位布置。截渗沟略低于平巷巷口，建议沟底揭露至强风化层顶板。当平巷高程选择合适，平巷长50m可达到甚至穿透强风化裂隙含水层，由于局部强风化层埋深小，可根据揭穿强风化层的深度适当缩短平巷长度。

东侧截渗沟与水寨下溪之间可设置一排监测井，井深至弱—微风化基岩，井间距宜为50～80m，井点位置可结合平巷口错开一定距离布置。对井水进行监测，如果水质超标，应巡查找出集中渗漏点，开挖成大井或集液池采用水力截取高浓度的污染液。

（3）类型Ⅲ（强排泄型）。以南山寨矿段为例。矿层布置在山头，四周有些山坡见强风化层大面积出露，有些山坡虽然见残坡积和全风化层，但厚度很小，强风化裂隙含水层埋深小。虽然矿层边界与排泄边界之间的径流路径很长，但浸出母液随地下水渗流通过大范围出露的强风化层渗流带出，或者浸矿液直接在强风化层中渗透扩散渗出地表，浸出母液的运移快速。

南山寨矿段在地貌上属于孤峰型水文地质单元，山腰无法布置截渗沟，从山脚至排泄边界河流的距离很短，因此只能在山脚布置一道截渗（水）沟。

由于浸出母液已经在大面积出露的强风化层中渗透扩散出地表，在山脚布置集液巷道不合适，应考虑在山腰中下部或矿层的下部设置以弱风化裂隙含水层为隔水底板的集液系统，收集主要在强风化裂隙含水层中渗透的浸矿液，比如设置排水孔，分布在矿层下部的斜坡上。排水孔分若干排，按梅花形式布置10°～15°的仰角，深度以打进弱风化岩5m为准，一般孔深不宜小于30m，孔间距2～3m，孔径不宜小于100mm，当提前注清水试验注液后，发现有渗水较多或大股水流处，应加密排水孔。在布置排水孔系统时，宜优先选择强风化层出露且裂隙发育、有渗水或泉水出露的部位，这些部位也可加密孔间距。

排水孔的出口用集液管将浸出母液收集至山脚的截渗（水）沟内，同时在山脚各冲沟的下游布置截渗坝，将受污染的地下水与地表水统一导流至截渗（水）沟，再通过间隔分布的集液池，用水泵将水抽回至顶水池，实现地下水与地表水供原地浸矿开采循环利用。

4.3 风险事故应急响应措施

针对可能发生的暴雨洪水、台风、次生地质灾害以及采场污染物事故泄露等造成突发性水污染事故，应积极采取提前预防、加强防护工程和设立事故处理池等应对措施，建立预警和应急预案。

4.3.1 工程措施

（1）台风、降雨天气下应采取以下措施：

1）停止浸矿作业，采场采用塑料薄膜进行覆盖，避免雨水冲刷采场，同时集液输送沟内的雨水必须及时外排，避免汇入集液池，降低浸液池中母液外溢的风险。若由于雨水渗入采场，稀释采场矿液，并与采场矿液一同渗出，导致矿液浓度大大降低，达不到矿液利用浓度的均导流至雨污分流池进行收集，雨污分流池容积为 400m^3，根据当期降雨大小，废液处理池可作为备用的雨污分流池。雨污分流池内收集的低浓度矿液须进行回收利用。

2）注液孔在注液前做封闭处理，回填土和覆盖植被，防止雨水进入。

（2）采取水封措施：水封工程主要是在采场的上、左、右三方设置注水井，其井距、排距与注液孔同。在注水井中加水，使上、左、右三面形成水帘，把整个采场封闭住，防止浸出液外渗，促进浸取液和浸出液向下的方向流入集液沟，防止地下水污染。

（3）母液处理车间采取的措施：

1）母液处理车间除杂池和沉淀池采用多池交替使用方案，始终保持 1 个除杂池和 1 个沉淀池处于放空状态，作为应急池。在除杂池和沉淀池沉淀渣清除时，及时检查防渗膜的完好性，发现渗漏，及时处理。

2）在母液处理车间山脚低凹处设 1 个事故池（容积约 400m^3），将事故排放的母液及时收集进事故池。

3）母液输送管线、集液管线每隔一定距离设置止回阀，在母液管线沿线每隔一定距离在低洼处设置事故池（容积约 400m^3），及时将事故池母液抽至母液处理车间利用。收液池上方加盖简易雨棚，池体四周高出地面 0.5m 以上，防止雨水汇入其中。

4）对硫酸存储区进行防渗处理，尽量减少硫酸储存量，按硫酸存储量储备相应纯碱、生石灰等，并在硫酸储罐外围设置相匹配的事故池等。

（4）严格执行地下水监控计划，保证对矿区及周边地下水环境质量的实时监控。

（5）防止山体滑坡的主要应对措施：

1）在下一步设计中，提前预防，防止山体滑坡带走集水池造成污染。

2）加强监测系统的观察，及时掌握采场内地下水位上升情况。采场内外监测系统，主要是为了观察稀土浸出情况及液位高低而设置的。一般注液一个星期左右，采场内观察井即可出液，尔后液面将不断升高，并稳定在某一高度上。技术人员根据观察结构判断其液位是否正常，如发现液位超常，应立即通知注液人员减少注液或是停止注液。采场注液一段时间后，一旦发生开裂现象，应密切关注裂缝发育情况，每班对裂缝做好观察记录，并加以对比分析。在裂缝不断扩大，地下水位也不断升高部位，也应采取断然措施，停止注液 1～2d 后再加注溶液，之后在整个过程中都要采用间歇式注液方法以防止采场滑坡。

3）注液孔中注液面要严格控制在表土层以下，禁止溶浸液注入表土层与全风化层的过滤带中，以免发生气泡堵塞与固体堵塞现象，其主要措施是护井与标记注液高度。护井即支护注液井，可采用与注液浅井等直径的竹编笼护井，也可以用填塞茅草护井。

4）在动植物活动干涉较大地段，加深注液井。在开掘注液井时要掌握每个注液浅井中井筒注液段的地质情况，发现白蚁洞、老鼠洞、蛇穴、树根等，将井加深以避免注液穿井现象的发生。

5）增加集液沟渗液面积。集液沟在开挖时一定要将全风化矿层挖透，并使其在全风化矿层有一定高度的渗液面，浸出稀土母液能及时顺利地渗入集液沟，从而预防采场内因积聚母液过多而造成底层滑坡。另一种措施是开挖集液副沟。即在山坡凹陷转变地段开挖与主集液沟走向近似垂直的集液副沟，增加集液沟长度，使母液渗流集中部位增加渗液面积，加大采场内母液渗出能力，也可有效防止局部采场底层滑坡。

6）开挖排洪系统。采场设计时，就要将排水排洪系统安排好，保证山洪暴发时，采场内外地表径流洪水能顺利从排水、排洪系统排出，不发生地表径流水进入注液井与集液沟的现象。这样可以有效防止暴雨天气的滑坡。

7）加强采场巡视。制订严格的巡查制度，及时处理好管道脱落、开裂与漏水等故障。一个采场面积上万平方米，从山脚到山顶数百个注液井，保证白天，特别是夜晚巡视到每一个注液井，防止因管道事故所引起的采场滑坡。

8）采用人工干预工程，主动防护滑坡。如在坡度较陡或事故易发地段提早施工防滑桩、或锚杆条网，将潜在滑坡体固定。

9）当拟采矿块其山体坡度较陡（大于 45°），且表土层不厚（小于 3m），以及原池（堆）浸残采区陡坎上部边缘时，可考虑在矿体边缘沿山坡留 6～8m 的矿土不注液，作为“保安矿体”，以控制山体滑坡事故。

10）控制注液强度，暴雨期间禁止人员进入采场，防止突发滑坡事故。

4.3.2 非工程措施

针对可能发生的突发性事故，在加强防护工程、设立事故处理水池等工程措施的同时，还必须建立预警和危险事件紧急处理制度。

为防范风险事故的发生，及时消除事故隐患，首先应确保工程建设过程中，防治措施与建设项目同时设计、同时（或先期）施工、同时（或提前）投入运行，且有关“三同时”项目必须按规定经有关部门验收合格后方可正式投入运行；其次，应派专人加强对风险概率高的环节的定期检查，并在各可能发生事故处设自动报警仪。此外，根据相关统计，绝大部分事故都是由违章操作等人为因素造成的，应建立健全完善的管理及监督制度以及强化职工安全防范意识培训。

（1）建立风险事故应急响应预案。突发性事故一旦发生，必须尽快进行有效处理，最大限度地减小或消除事故造成的损失。因此，一套行之有效的突发性污染事故应急响应程序是十分必要的。

（2）建立突发性事故防护和救援程序。在发生突发性事故时，应急行动首要的工作是控制事故污染源和防止事故造成对人群等重要保护对象的伤害。按防护和救援的不同要求，将事故可能波及的范围划分为救援区域、防护区域和安全区域，设置相应的监控点位，及时监测，实时调整。

（3）突发性事故的善后处理。突发性事故处理包括应急处置和善后处理 2 个过程。经过应急处置应达到下列 3 个条件：①根据应急指挥部的建议，确信事故已经得到控制，事故装置已处于安全状态；②有关部门已采取并继续采取保护公众免受事故影响的有效措施；③已责成或通过了有关部门制定和实施恢复计划。事故控制区域环境质量正处于恢复之中时，应急委员会可以宣布应急状态终止，进入善后处理阶段。

善后处理事项为：①组织实施水环境恢复计划；②继续监测和评价水环境污染状况，直至基本恢复；③有必要时，对人群和动植物的长期影响作跟踪监测；④评估污染损失，协调处理污染赔偿和其他事项。

4.4 工程措施规格

平远仁居稀土矿水资源保护采取的具体工程措施及规格见表 4－1。

表 4－1　水资源保护工程措施及规格

措施	规格
注液孔	注液孔挖好后，孔底部铺草，上部覆土，土内埋设注液管（管径 3～5cm），防止雨水进入矿体
注水井	井深、井距、排距与注液孔相同
巷道人工假底措施	巷道底板修成 U 字形，并且抹上水泥砂浆
集液沟	不小于 0.5m×0.5m，其标高应低于集液巷道口标高 3～5m
截渗沟	沟底宽 0.5m，沟深不小于 2m，坡度为 1∶1，水力坡度不小于 1%
截排水沟	采场周边修建截排水沟，雨污分流。采用梯形断面，沟底宽 0.5m，沟深 0.5m，坡度为 1∶1，水力坡度不小于 1%
截渗坝	截渗坝由高压旋喷桩或灌浆帷幕组成，灌浆帷幕可做成防渗导水帷幕
雨污分流池	体积 400m^3（ϕ16m×2m）
事故应急池	体积 400m^3（ϕ16m×2m）
废液处理池	128m^3（ϕ9m×2m）
集液沟防渗层	集液沟的底部及侧面均用水泥敷 2～3cm 防渗层
截渗沟防渗措施	截渗沟的底部和与外围土层直接接触的一侧采用水泥砂浆抹面防渗
工艺池防渗层	各工艺池均采取双层防渗处理，底层为现浇混凝土。面层为防渗橡胶布，缝制好的橡胶布其缝线需涂胶处理。两防渗层间设置渗漏监测层或设置监控系统进行监控
监控井	钢筋混凝土井口，深 3m、直径 2m
监测井	钢筋混凝土井口，深 2m、直径 1m

4.5 地下水动态监测计划

监测点布置原则：宏观上按照矿区上游、矿区内各个矿段、矿区下游分别布置，微观上在水文地质小单元的排泄边界或侧向流出边界布置。矿区上游，反映矿区地下水水质背景值。

矿区上游：T1（水寨下村）、T2（凤仪村）。

矿区内白石岌矿段：T3（塔上）、T5（网形）、T6（乌石头沟）。

矿区内南山下矿段：T7（仙人掌）、T9（山子下）。

矿区内南山寨矿段：T16（南山寨西）、T17（大塘肚）、T18（南山寨东）。

矿区内莲花塘矿段：T19（神树下）、T20（莲花塘）、T21（赵段）。

矿区下游：T22（绿水井）。

矿区内正在开采区：T10（三坝塘 Q1）、T11（三坝塘 Q3）、T12（三坝塘 Q14）。

上述为监测矿区总体水质的监测点，合计有 17 个。在各个矿段开采以后配合治理措施的其他监测井点根据实际情况布置。

监测指标：延续本次监测的指标，适量增、删其他指标。

六价铬、高锰酸盐指数，本次监测以及前期长期监测均显示，这两个项目含量基本是低于监测方法限值或不受影响的，因此建议取消。由于地表水中锰是受影响明显的指标，故在地下水监测需增加该项指标。前期监测显示许多重金属离子等，监测值基本上不受影响，但根据《地下水质量标准》（GB/T 14848—93），一般地下水水质监测需要包含的项目有 21 项，包括了砷、汞、铅、镉、铁、锰等重金属离子，参考其他相关研究文献，还包括铜、锌也需要增加。

计划监测的主要监测项目有：pH 值、氨氮、硫酸盐（以 SO_4^{2-} 计）、锰、硝酸盐（以 N 计）、氯化物、氟化物（以 F^- 计）、总硬度、砷、汞、铅、镉、铁、锰、铜、锌。

监测频次布置：按照 GB/T 14848—93，要求监测频率不少于每季度监测一次，每年 4 次。

由于矿区按常规状态（正常收液循环利用阶段）、特殊状态（刚开始注入高浓度浸矿液阶段）对地下水的影响程度是不同的，因此监测频次按两种状态布置。常规状态：建议每个季度监测一次；特殊状态：如新增加一个顶水池开采一个新矿块时，需加密频次，目的是发现新的高浓度注液对地表水最短的影响时间。根据三坝塘矿段 3 号矿块的统计数据，注顶水约 12d 后开始回收母液，因此注液后每 10d 监测一次，2 个月后每个月监测一次，半年后恢复至每个季度监测一次。

监测年限与矿山服务期满以后进行水质恢复的时间相关，地下水水质恢复措施，在目前三坝塘试验采区有采用，即继续在顶水池注清水，注清水结束时间以山脚集液巷道的回收液浓度控制，当回收液水质达到 GB/T 14848—93Ⅲ类水标准限值后停止注水。建议监测年限至矿山水质恢复后 2 年。

专◆家◆点◆评

离子吸附性稀土是我国宝贵、有限而不可再生的战略资源，它具有中重稀土元素含量高、提取工艺简单和放射性低等特点，是高新技术领域的重要支撑材料。平远县仁居稀土矿作为改扩建项目，立项依据明确，符合稀土行业发展有关要求，并列入广东省矿产资源总体规划。

离子型稀土原地浸矿工艺是一种新型的采矿工艺，本案例对于这种新型的采矿方法，以用水合理性分析、对地下水环境影响和水资源保护措施为论证重点。报告书全面介绍了离子型稀土矿特征、生产工艺发展历程及各工艺特点、产业政策和环保要求，原地浸矿工艺的渗流原理、浸矿原理和工艺流程，深入论证了新型采矿工艺的用水环节、用水设计参数、污废水处理及回用、用水水平等，深入分析了矿区水文地质结构，根据不同排泄类型将矿区分为弱排泄型、中等排泄型和强排泄型，为论证原地浸矿对地下水环境的影响并提出有效的水资源保护措施提供基础依据，提出系统完善的方案。地下水监测，监测指标选择反映了原地浸矿工艺对地下水水质的影响。根据矿区水文地质特征和采矿工艺特点，按照上游—源头控制、径流区—采场污染物入渗控制与截流、母液车间污染控制、下游—排泄边界区截流等水资源保护措施，制订了具有较强可操作性的地下水动态监测计划。

此类项目水资源论证工作的重点包括：对矿区水文地质条件分析要到位；根据水文地质特征，通过水质监测和模型预测等方法论证原地浸矿对地下水环境的影响；采用合理有效的水资源保护措施控制和减小浸矿液对地下水的影响强度和时间。

李砚阁　何宏谋

案例三　长沙洋湖A区区域供冷（热）能源站水资源论证报告书

1　概　述

1.1　项目概况

1.1.1　项目简介

洋湖垸片区位于湖南省长沙市大河西先导区（现已更名为国家级湘江新区）东南部，东临湘江，南抵三环线，西至开田冲路—华润路—靳江河西侧绿化带，北至二环线，是湘江生态经济带、先导区起步重点建设区、长株潭城市群核心区，规划范围为13.38km²，可容纳人口数为26.27万。

长沙市规划管理局、深圳市城市规划设计研究院和长沙市规划设计咨询有限公司联合编制的《长沙市大河西先导区空间发展战略规划》，将洋湖垸片区定位为中国一流的总部经济区、生态居住区、旅游休闲区、湿地保护区以及两型社会示范区。按照“建设资源节约型、环境友好型社会”要求，洋湖垸片区将建设成为全国知名的生态文明区域、资源节约的循环集约新区、环境友好的山水宜居新城、自然与人文高度融合的新生态城市。

为实现以上目标，充分利用洋湖垸良好的自然条件和区位优势，项目利用湘江水作为冷热源，采用成熟的水源热泵技术实现供冷、供热，为整个总部经济区提供夏季供冷、冬季供热服务。

根据《长沙洋湖A区区域供冷（热）能源站及配套管网工程可行性研究报告》，洋湖A站供能范围为公交路以东、北临二环线、南至岳塘路、潇湘大道以西的区域。区域规划建筑面积1365959m²，实际供冷（热）面积884535.9m²。夏季最大冷负荷48MW，冬季最大热负荷27.3MW。建设内容包括能源站、水源水取水、退水系统建设工程等。

项目采用水源热泵机组将湘江水资源蕴含的能量作为冷热源，满足服务范围内的空调冷、热的需求，是一种具有节能、环保意义的绿色空调系统。区域拟配置水源热泵机组3台，单机制冷量9600kW，制热量9100kW；冷水机组2台，单机制冷量9600kW。

1.1.2　水源热泵工作原理

水源热泵是利用地表水体所储藏的太阳能资源作为冷、热源进行转换的空调技术，是一种具有节能、环保意义的绿色空调系统。其工作原理是：通过输入少量高品位能源（如电能），实现低温位热能向高温位转移。地球表面浅层水源，如河流、湖泊和海洋，吸收了太阳辐射进入地球的大量能量，且其温度十分稳定，那么该水体可以作为冬季热泵供暖的热源和夏季空调供冷的冷源。即在夏季将建筑物中的热量“取”出来，释放到水体中去，以达到夏季给建筑物室内制冷的目的；而冬季，则是通过水源热泵机组从水源中“提取”热能，送到建筑物中采暖（见图1-1）。

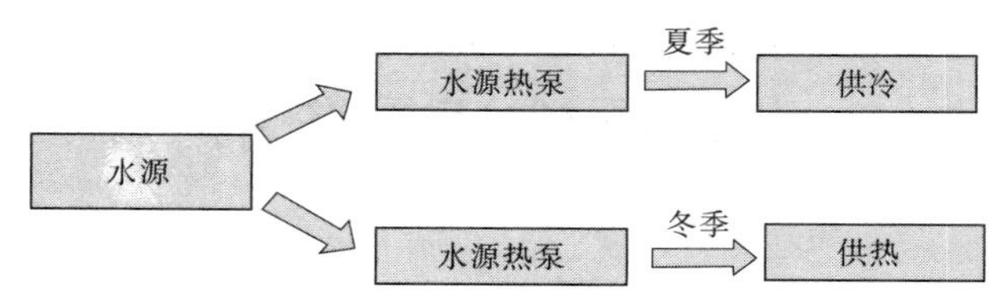

图1-1 水源热泵系统示意图

项目采用湘江水作为水源热泵系统的能量传导介质，为整个总部经济区提供夏季供冷、冬季供热服务。项目从湘江提取的水资源经热泵机组与系统介质实行冷热能量交换后即退回靳江河，整个用水过程全封闭，不消耗水资源，仅损失部分冷、热能。

1.1.3 项目取退水方案

（1）取水方案。项目取水点位于能源站正东侧区域的湘江左岸，长沙市第八水厂取水口对岸的上游约1km处，采用河床式取水，取水头部伸至江心24.10m高程处，经2根直径1200mm的进水管接入能源站。

取退水流程为：将湘江水通过取水头部、自取水管道引至取水泵站吸水井，原水经过格栅栏污处理，再经过水处理单元除砂、过滤处理后进入水源热泵机组和冷水机组，热交换后原水通过退水管网进入靳江河再回流至湘江。

项目可行性研究提出：夏季峰值供冷负荷48MW，取水量为9693m^3/h（2.69m^3/s）；冬季峰值供热负荷27.3MW，取水量为3636m^3/h（1.01m^3/s）。

（2）退水方案。本工程退水管沿潇湘大道西侧绿化带向北敷设约200m，穿越靳江河河堤后排入靳江河。为尽量降低排水冷热污染，在排水主管末端设置了3根排水支管，支管间距15m，退水方向垂直河岸，最近排水支管距河口（靳江河汇入湘江）约200m（即距靳江河大桥桥墩约50m）。

项目退水主要为完成热泵系统能量交换后的高（低）温水，夏季最大退水流量为2.69m^3/s，冬季最大退水流量为1.01m^3/s，年退水量为928万m^3，相较水源水，其水量未发生变化，无新增污染物，不会改变江水的化学成分，仅水温发生变化，夏季退水温升5℃，冬季退水温降5℃。

1.2 水资源论证的重点与难点

项目采用湘江水作为水源热泵系统的能量传导介质，取水口位于湘江长沙暮云—傅家洲饮用水源区，退水口位于靳江河长沙景观、农业用水区，临近湘江长沙暮云—傅家洲一级饮用水源区，水环境敏感。项目退水水量未发生变化，无新增污染物，主要为热污染，夏季温升5℃，冬季温降5℃。因此，拟建项目温排水的影响分析是本案例的工作重点。

根据《地表水环境质量标准》（GB 3838—2002）4.1条“地表水环境质量标准基本项目标准限值——人为造成的环境水温变化应限制在周平均温升不大于1℃，周平均温降不大于2℃”，项目不消耗水资源量，夏季最大取退水流量2.69m^3/s，冬季最大取退水流量

$1.01m^3/s$，年退水量928万m^3，合理核定项目取退水量，确保靳江河汇入湘江河口断面温升/降满足GB 3838—2002为本案例的工作难点。

1.3 工作过程

为了全面掌握项目区湘江和靳江河水质及水生生态环境现状，项目组委托湖南省重点实验室对靳江河进行水质和底泥监测，同时搜集了2011—2014年湘江猴子石监测断面水质及《湘江长沙综合枢纽工程环评报告书》等资料。

项目原设计报告供能面积为150万m^2，逐时最大供冷负荷为74.8MW，逐时最大供热负荷为36.5MW，规模较大，故原设计方案采用水源热泵＋蓄冷水池联合供冷（热），核定项目取退水量3766万m^3，取退水量较大，经水资源论证温排水影响分析计算，靳江河汇入湘江河口断面周平均温升大于1℃，不满足GB 3838—2002第4.1条的要求。经与业主反复沟通协调，最终同意更改原设计报告的供能面积、负荷及取退水量，采取以水环境承载力定需水量的原则确定项目取退水量，据此提出供能面积应控制在100万m^2内，综合考虑建筑物整体性及功能、布局等因素，最后核减供能面积至88.5万m^2，逐时最大供冷（热）负荷分别缩减为48MW和27.3MW。

1.4 案例的主要内容

项目采用湘江水作为水源热泵系统的能量传导介质，为整个总部经济区提供夏季供冷、冬季供热服务，以可再生绿色能源（水资源）替代传统能源，响应了国家推广建筑节能实现可持续发展的需要，达到了节约能源、保护环境的示范效果。

项目供能面积88.5万m^2，逐时最大供冷、热负荷分别为48MW、27.3MW，年取退水量928万m^3，夏季峰值取退水量$9693m^3/h$（$2.69m^3/s$），冬季峰值取退水量$3636m^3/h$（$1.01m^3/s$）。

项目退水影响主要为温（冷）排水，夏季退水温升5℃，冬季退水温降5℃，案例采用ANSYS CFX软件分析温排水的影响，退水对湘江影响程度较小，但靳江河下游一定范围内温升明显，存在水质下降的风险；对靳江河该河段水生生物存在一定的影响；项目冷排水对藻类繁殖有抑制作用，对浮游动、植物及鱼类影响小；退水对第三者取水基本没有影响。

由于项目最终设计方案供能面积大幅减少，考虑到经济效益问题，最终设计方案并没有采用水源热泵＋蓄冷水池联合供冷（热）的方案，故而案例会分别对前后两种方案的用水量核定过程进行论述，而温排水影响分析仅针对最终设计方案。

1.4.1 取用水合理性

项目取湘江地表水蕴含的冷（热）能以满足服务范围内的空调供冷、供热需求，用水过程全封闭，不消耗水资源。

从国家相关法律、产业政策等方面分析，项目利用湘江地表水能量（可再生能源）作为低品位冷热源，采用成熟的水源热泵技术，满足长沙洋湖区片的供暖、供冷需求，故项目取水符合《中华人民共和国可再生能源法》《关于推进可再生能源在建筑中应用的实施意见》等国家相关法律政策；湘江水源无论从水量、水质、水温均可满足项目水源热泵机组要求，水资源条件较好；项目符合《湖南省“十二五”能源发展规划》《长沙市水源热泵综合利用发展专项规划》《长沙市大河西先导区区域能源专项规划及启动区实施方案》等相关规划。

项目采用的水源热泵机组循环性能系数（*COP*）夏季为5.67，冬季为4.45，远高于《水源热泵机组》（GB/T 19409—2003）中当制冷量大于230kW时水环式*COP*夏季大于4.05、冬季大于3.85的要求，用水效率较高，工艺技术先进合理。

项目用水水平主要以单位供能面积用水指标表征。本项目供能建筑面积88.45359万m^2，最大峰值取水量9693m^3/h，单位供能面积最大取水量0.011$m^3/(h \cdot m^2)$，低于同类项目如上海世博园区江水源区域供冷项目0.0133$m^3/(h \cdot m^2)$、重庆市CBD总部经济区集中供冷供热项目0.0118$m^3/(h \cdot m^2)$的用水水平，故项目取用水基本合理。

1.4.2 取水水源可靠性

项目夏季高峰期取水流量2.69m^3/s，仅占取水断面湘江多年平均流量的0.12%，占97%频率年逐日平均流量的1.02%。长沙枢纽蓄水后，项目取水河段将位于长沙综合枢纽库区，水位稳定，取水可靠；项目取水河段水质总体较好，pH值、Cl^-及SO_4^{2-}含量分别为7.8mg/L、17.31mg/L、28.44mg/L，满足《地源热泵系统工程技术规范》（GB 50366—2009）中“直接进入水源热泵机组的水质应满足pH值为6.5～8.5，Cl^-小于100mg/L，SO_4^{2-}小于200mg/L”的要求，水质可靠；除去极个别恶劣气候导致的水温较高较低外（历年极端最高水温34.2℃、最低水温2.8℃），湘江水温全年基本处于8～30℃，满足美国制冷学会ARI320开式系统水源热泵对水温5～38℃的要求，故项目取水可靠。

1.4.3 取退水影响

（1）取水影响。项目取水口湘江多年平均流量为2277m^3/s，97%频率年最枯月平均流量为153m^3/s。项目夏季高峰期取水流量2.69m^3/s，冬季高峰期取水流量1.01m^3/s。即夏季高峰期水源热泵系统取水流量仅占取水断面湘江多年平均流量的0.12%，占97%频率年逐日平均流量的1.02%，故项目取水对区域水资源可利用量及其配置方案几乎没有影响。

项目取水后不消耗水量，湘江水量丰沛，又处于长沙综合枢纽库区，因此不会出现河道脱水等情况，取水口周边无珍稀水生动植物，取水对水生态影响甚微。

项目取水口位于湘江长沙暮云—傅家洲饮用水源区中部，水源区没有排污口，基本不会影响污染物质的降解，取水对水功能区纳污能力影响甚微。

项目取水口下游附近的第三方取水户主要为市第八水厂及第三水厂。第八水厂取水头部位于项目取水口下游1km处的对岸，第三水厂取水口位于第八水厂下游约500m处，均位于项目退水口以下。项目取水量少，且未消耗水，取水最终全部退回湘江，故项目取水基本不会对其他用户取用水条件造成影响。

（2）退水影响。项目退水影响主要为温排水，采用ANSYS CFX软件分析温排水的影响。项目温排水对湘江影响程度较小，但靳江河下游一定范围内温升明显，存在水质下降的风险；对靳江河该河段水生生物存在一定的影响；项目冷排水对藻类繁殖有抑制作用，对浮游动、植物及鱼类影响小；退水对第三者取水基本没有影响。退水影响具体见案例第3章。

1.4.4 水资源保护措施

为了掌握项目实际运行时的情况，需编制水资源监测方案，在项目运行期，对取退水水量、取排水口及一定范围内河道水温、水质、水生生物情况进行监测。另外，要加强用户端的空调节能宣传，减少耗能进而减少取新水量，以此达到节约用水的目的。具体见案例第3章。

2 取用水量合理性分析

2.1 原设计方案（水源热泵+蓄能水池）用水量核定

蓄冷中央空调系统是将冷量以显热或潜热的形式储存在某种介质中，并在需要时能够从储存冷量的介质中释放出冷量的空调系统。水蓄冷是空调蓄冷的重要方式之一，利用水的显热储存冷量。水蓄冷中央空调系统是用水为介质，将夜间电网多余的谷段电力（低电价时）与水的显热相结合来蓄冷，以低温冷冻水形式储存冷量，并在用电高峰时段（高电价时）使用储存的低温冷冻水来作为冷源的空调系统，从而减少高峰用电，又称“移峰填谷”。

水蓄能是以空调冷水机组、热泵机组等作为制冷（热）设备，以保温水池作为蓄能设备。主机在夜间用能负荷较低时段制取空调用冷（热）水，并输送到蓄能设备蓄存起来，待白天用能负荷高峰时，将储蓄的冷（热）水连同机组制冷（热）水一起输送给用户，满足末端用户用能需求。

能源站主要设备为水源热泵机组及蓄能水池。水源热泵机组拟配置9台，单台制冷量7500kW，制热量8164kW。蓄能水池有效蓄水容积为6000m^3。

2.1.1 原设计方案供能面积及负荷

根据项目可行性研究报告，洋湖A区供能建筑分E28、G-28、G-31、G-51、G-32、G-35、G-53、G-55、G-43、G-42、G-36、G-37、G-38、G-39、G-46、G-58和G-75共17个地块，总供能面积1500578m^2。其中，商业面积1142401m^2，住宅面积358177m^2。

按照《采暖通风与空气调节设计规范》（GB 50019—2003）规定，采用分项分时负荷系数法计算洋湖A区供能区域的逐项逐时冷热负荷，将商业建筑细分为写字楼、商场、宾馆、餐饮娱乐四种类型，其中写字楼占比40%，商场占比30%，宾馆和餐饮娱乐各占15%，按建筑物类型确定单位面积供冷、供热负荷指标。逐时冷（热）负荷系数根据建筑功能、主要使用时间和室外气温波动特点确定，接入率商业为0.8、住宅0.2；同时使用系数按住宅0.5、商业类0.7考虑，由此估算湖南洋湖A区逐时冷（热）负荷。

洋湖A区供能负荷主要指标统计见表2-1。

表 2-1　　洋湖 A 区冷热负荷主要指标统计表

区域	供能建筑面积/万 m^2	供能商业面积/万 m^2	供能住宅面积/万 m^2	最大冷负荷/MW	最大热负荷/MW
洋湖 A 站	150.058	114.24	35.818	74.8	36.5

2.1.2 原设计方案取退水量计算

项目原可行性研究报告仅提出小时峰值取水量，本次对项目的合理日取水量及年取水量进行核定。日需水量应根据项目的日逐时冷热负荷和水源热泵机组开启要求确定。年需水量则还需考虑区域的供能时间。

由于逐时负荷分布不均，无法与水源热泵机组额定制冷（热）量相匹配，因此项目考虑采用蓄能水池技术，对水源热泵机组输入能量进行调节。当热泵输入能量大于所需负荷时，水池蓄能；当输入能量小于所需负荷时，水池释能。如此可最大程度上使得机组日输出能量与所需负荷相匹配，减少开机台数，降低能耗与需水量。

《水源热泵机组》（GB/T 19409—2003）规定的机组需水量计算公式如下：

夏季需水量：

$$Q_C = \frac{(1 + COP) \times W_C}{COP \times 1.163 \times \Delta t} \tag{2-1}$$

冬季需水量：

$$Q_H = \frac{(COP - 1) \times W_H}{COP \times 1.163 \times \Delta t} \tag{2-2}$$

式中：Q_C、Q_H 分别为夏季和冬季需水量，m^3/h；W_C、W_H 分别为夏季和冬季最大负荷值，kW；Δt 为取退水温差值，℃。

以下水源热泵机组取水量均依据式（2-1）和式（2-2）求得。

（1）日取水量计算。

1）夏季。水源热泵系统日运行小时数按 20h 计，单台水源热泵机组水源水侧额定流量为 $1720m^3/h$，制冷量 7.5MW，水源水取退水温差 5℃。

表 2-2　　洋湖 A 站夏季逐时取水量计算表

时刻	总冷负荷/MW	机组开启台数/台	产能	水池蓄释能/MW	水池能量/MW	供能/MW	取水量/m^3
1：00	3.1	0	0	−3.1	10.9	3.1	0
2：00	3.1	0	0	−3.1	7.8	3.1	0
3：00	3.9	0	0	−3.9	3.9	3.9	0
4：00	3.9	0	0	−3.9	0	3.9	0
5：00	3.9	1	7.5	3.6	3.6	3.9	1720
6：00	6	2	15	9	12.6	6	3439
7：00	14.7	2	15	0.3	12.9	14.7	3439
8：00	33.9	5	37.5	3.6	16.5	33.9	8598

续表

时刻	总冷负荷/MW	机组开启台数/台	产能	水池蓄释能/MW	水池能量/MW	供能/MW	取水量/m³
9：00	44	6	45	1	17.5	44	10318
10：00	57.9	8	60	2.1	19.6	57.9	13757
11：00	63.6	9	67.5	3.9	23.5	63.6	15477
12：00	67.8	9	67.5	−0.3	23.2	67.8	15477
13：00	71.9	9	67.5	−4.4	18.8	71.9	15477
14：00	73.4	9	67.5	−5.9	12.9	73.4	15477
15：00	74.8	9	67.5	−7.3	5.6	74.8	15477
16：00	70.8	9	67.5	−3.3	2.3	70.8	15477
17：00	64.6	9	67.5	2.9	5.2	64.6	15477
18：00	56.9	8	60	3.1	8.3	56.9	13757
19：00	48.1	7	52.5	4.4	12.7	48.1	12038
20：00	41.6	6	45	3.4	16.1	41.6	10318
21：00	36.4	5	37.5	1.1	17.2	36.4	8598
22：00	23.1	3	22.5	−0.6	16.6	23.1	5159
23：00	15.4	2	15	−0.4	16.2	15.4	3439
24：00	14	2	15	1	17.2	14	3439
合计							206360

注　水池蓄释能考虑了一定的能量损耗。

由表2-2可见，项目取水随着水源热泵机组逐时开启台数的不同而存在一定的变化，最大取水量为开启了全部9台机组时，共15477m³/h。经统计，项目夏季日取水量为206360m³/d。

2）冬季。系统日运行小时数同样按20h计，单台水源热泵机组水源水侧额定流量为1307m³/h，制热量8.164MW，水源水取退水温差5℃。

表2-3　　洋湖A站冬季逐时取水量计算表

时刻	总热负荷/MW	机组开启台数/台	产能	水池蓄释能/MW	水池能量/MW	供能/MW	取水量/m³
1：00	4.2	0	0	−4.2	12.6	4.2	0
2：00	4.2	0	0	−4.2	8.4	4.2	0
3：00	4.2	0	0	−4.2	4.2	4.2	0
4：00	4.2	0	0	−4.2	0	4.2	0
5：00	4.2	1	8.2	4	4	4.2	1307
6：00	5.1	1	8.2	3.1	7	5.1	1307

续表

时刻	总热负荷/MW	机组开启台数/台	产能	水池蓄释能/MW	水池能量/MW	供能/MW	取水量/m^3
7：00	13.4	2	16.3	2.9	10	13.4	2615
8：00	29.4	4	32.7	3.3	13.2	29.4	5229
9：00	36.5	4	32.7	−3.8	9.4	36.5	5229
10：00	31.6	4	32.7	1.1	10.4	31.6	5229
11：00	29	4	32.7	3.7	14.1	29	5229
12：00	27.9	3	24.5	−3.4	10.7	27.9	3922
13：00	23.2	3	24.5	1.3	12	23.2	3922
14：00	22	3	24.5	2.5	14.5	22	3922
15：00	26.5	3	24.5	−2	12.4	26.5	3922
16：00	27.9	4	32.7	4.8	17.2	27.9	5229
17：00	30.4	4	32.7	2.3	19.5	30.4	5229
18：00	31.3	4	32.7	1.4	20.8	31.3	5229
19：00	28.3	4	32.7	4.4	25.2	28.3	5229
20：00	27.1	3	24.5	−2.6	22.6	27.1	3922
21：00	19.8	2	16.3	−3.5	19.1	19.8	2615
22：00	12.7	2	16.3	3.6	22.7	12.7	2615
23：00	8	1	8.2	0.2	22.9	8	1307
24：00	7.5	1	8.2	0.7	23.5	7.5	1307
合计							74513

注　水池蓄释能考虑了一定的能量损耗。

由表2-3可知，项目最大取水量为开启了4台机组时，共5229m^3/h。经统计，项目冬季日取水量为74513m^3/d。

（2）年取水量计算。根据长沙地区的历年气候变化规律，项目拟定夏季供冷时间为5个月共150d，冬季供暖时间为3个月共90d，其余约4个月的时间温度适宜，系统停止运行。

由此计算项目年取水量为=206360×150+74513×90=3766（万m^3/a）。

2.2　最终设计方案（无蓄能水池）用水量核定

2.2.1　最终设计方案供能面积及负荷

项目原设计方案分析温排水影响时，靳江河汇入湘江河口断面周平均温升大于1℃，不满足《地表水环境质量标准》（GB 3838—2002）第4.1条的要求。考虑环境制约、用水总量控制和效益最大化等因素，经与业主反复沟通，采取以水环境承载力来定需水量的原则确定项目取退水量，据此提出供能面积应控制在100万m^2内，综合考虑建筑物整体性及功能、布局等因素，最后核减供能面积至88.5万m^2，核减年可取退水量至928万m^3，逐时最大供冷（热）负荷分别缩减为48MW、27.3MW，真正体现了以水定产、以水定发展的思路。

洋湖A区规模缩减后规划建筑面积1365959m^2，其中商业建筑面积1007782m^2，住宅建筑面积358177m^2。实际供能建筑面积884535.9m^2，其中商业建筑面积705447.4m^2，住宅建筑面积179088.5m^2。

洋湖A区供冷（热）负荷主要指标统计见表2-4。

表2-4　洋湖A区冷（热）负荷主要指标统计表

区域	总建筑面积/万m^2	供能面积/万m^2	供能住宅面积/万m^2	供能商业面积/万m^2	最大冷负荷/MW	最大热负荷/MW
洋湖A站	136.5959	88.45359	17.90885	70.54474	48	27.3

洋湖垸A区能源站区域规划建筑面积1365959m^2，实际供冷（热）面积884535.9m^2。夏季最大冷负荷48MW，冬季最大热负荷27.3MW。拟配置水源热泵机组3台，单机制冷量9600kW，制热量9100kW；冷水机组2台，单机制冷量9600kW。

2.2.2　最终设计方案取退水量计算

（1）逐时取退水量。仍采用上述式（2-1）和式（2-2）计算水源热泵机组取水量。

1）夏季。夏季系统运行的机组有3台离心式水源热泵机组及2台冷水机组。水源热泵机组单机制冷量9600kW，制热量9100kW；冷水机组2台，单机制冷量9600kW。水源水取退水温差5℃。夏季逐时取水量计算见表2-5。

表2-5　洋湖A站夏季逐时取水量计算表

时刻	冷负荷/MW	取水量/(m^3/h)
1：00	1.2	246
2：00	1.2	246
3：00	1.3	267
4：00	1.3	267
5：00	1.3	267
6：00	1.9	374
7：00	3.7	738
8：00	8.3	1669
9：00	10.4	2096
10：00	13.6	2742
11：00	15	3023
12：00	19.1	3858
13：00	21.7	4389
14：00	32.2	6509

续表

时刻	冷负荷/MW	取水量/(m^3/h)
15：00	48	9693
16：00	31.9	6437
17：00	20	4043
18：00	14.9	3007
19：00	13.2	2674
20：00	10.4	2111
21：00	9.1	1832
22：00	5.7	1144
23：00	3.4	689
24：00	3.1	622
合计	291.6	58940

由表 2－5 可见，项目夏季最大小时取水量为 9693m^3/h。经统计，项目夏季日取水量为 58940m^3/d。

2）冬季。冬季系统只运行 3 台离心式水源热泵机组。水源热泵机组单台机组制热量 9100kW，水源水取退水温差 5℃。冬季逐时取水量计算见表 2－6。

表 2－6　　　　洋湖 A 站冬季逐时取水量计算表

时刻	热负荷/MW	取水量/(m^3/h)
1：00	3.5	472
2：00	3.5	472
3：00	3.6	479
4：00	3.7	487
5：00	3.7	495
6：00	6.2	826
7：00	17.1	2278
8：00	27.3	3636
9：00	14.4	1921
10：00	14	1862
11：00	13.4	1787
12：00	13	1729
13：00	12.7	1692
14：00	12.4	1654

续表

时刻	热负荷/MW	取水量/(m^3/h)
15：00	12.4	1654
16：00	12.5	1669
17：00	12.8	1706
18：00	12.9	1722
19：00	13.4	1779
20：00	13.7	1823
21：00	14.1	1874
22：00	14.3	1903
23：00	5.1	679
24：00	5.2	694
合计	264.99	35294

由表2-6可见，项目冬季最大小时取水量为3636m^3/h。经统计，项目冬季日取水量为35294m^3/d。

（2）年取水量计算。因在不同类型的建筑或同一建筑中空调运行时间不同，所以在设计时需要用同时使用系数进行表示。根据《实用供热空调设计手册》（第二版）中所提供的资料，影响同时使用系数的主要因素有建筑类型、供冷站的规划数量及位置、各类建筑的使用特点、气候特点及生活习惯、经济条件等人为因素。

项目所在地属于城市商务办公区，综合考虑到办公楼周末时间不使用等因素，确定同时使用系数为0.7。

故项目夏季周平均小时取退水量＝58940×7×0.7/7/24＝1719（m^3/h），冬季周平均小时取退水量＝35294×7×0.7/7/24＝1029（m^3/h）。

根据长沙地区的历年气候变化规律，项目拟定夏季供冷时间为5个月（5月15日至10月15日）153d，冬季供暖时间为4个月（11月15日至3月15日）120d，其余约4个月的时间温度适宜，系统停止运行。

由此计算项目年取水量＝1719×24×153＋1029×24×120＝928（万m^3/a）。

2.2.3　用水环节分析

项目用水主要包括水源热泵机组用水和空调系统用水两部分。水源热泵机组用水流程：将湘江水通过取水头部、自流取水管道引至水源热泵机房取水泵，再经过水处理单元除砂、过滤处理后进入离心式热泵机组。热交换后原水通过排水管网、排水口流入靳江河再回流至湘江。一般情况下，湘江浊度及含沙量较低，原水处理采用一级旋流除砂器＋机械过滤器处理工艺。湘江汛期及暴雨时期，江水浊度及含沙量较高，原水处理二级旋流除砂器＋机械过滤器处理工艺。采用螺旋式水分离，脱水干砂外运处置，分离水提升排入场外雨水管网，具体见图2-1。案例论证的取用水是指水源热泵机组用水。

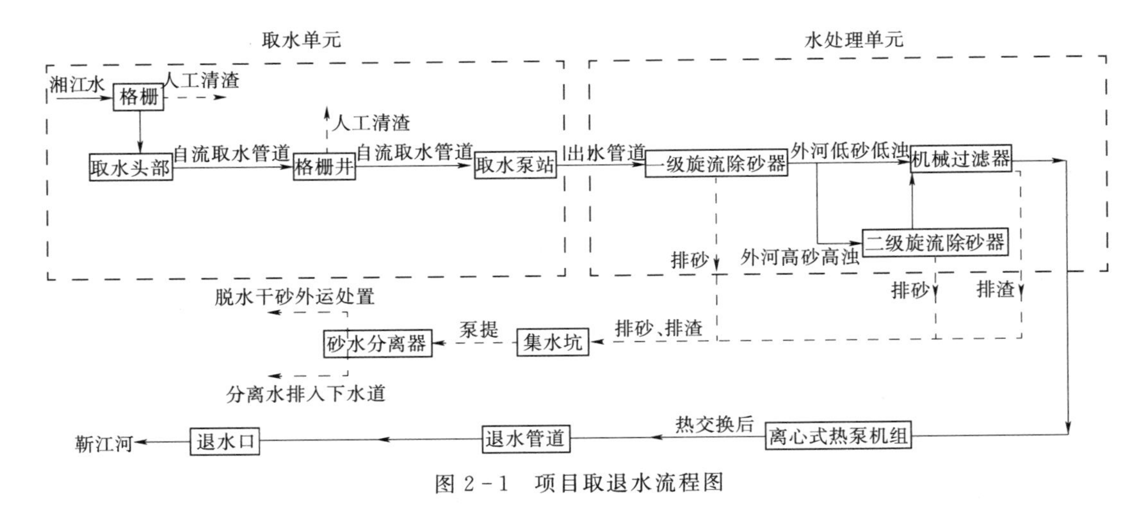

图 2-1 项目取退水流程图

空调用水系统为闭式循环系统。根据实际管网和蓄能水罐容积预测空调用水系统总水容量约为 2080m³，由于空调水系统实际运行温差不大，且项目建设地实际水质硬度不大，系统一次充水考虑自来水直接充水，补水则经过软化水装置补充软化水。机房设备布置采用单元式机组方案，即每台离心式水源热泵机组或冷水机组对应一台空调水循环泵。空调水管路和水源水管路均采用母管制，空调回水经手摇刷式过滤器过滤后进入一次循环水泵，由水泵压入热泵机组后进入空调供水管，水泵出水管上设止回阀。

2.2.4 用水水平指标计算与比较

根据本项目的用水特点，其用水水平主要以单位供能面积用水指标表征。本项目供能建筑面积 88.45359 万 m^2，最大峰值用水量 $9693m^3/h$，单位面积最大用水量 $0.011m^3/(h \cdot m^2)$。

经调查统计同类项目，上海世博园区江水源区域供冷项目供能面积 15 万 m^2，用水量 $2000m^3/h$，单位面积用水量 $0.0133m^3/(h \cdot m^2)$；重庆市 CBD 总部经济区集中供冷供热项目供能面积 80 万 m^2，用水量 $9428m^3/h$，单位面积用水量 $0.0118m^3/(h \cdot m^2)$。本项目用水指标均低于以上 2 个同类已建项目，用水水平较高。

2.2.5 节水措施与管理

项目执行取用水计量监测制度，每个水源水供水管、空调水供水管上都装有水表，对水源热泵及空调用水进行监测。水源热泵机组用水取自湘江，空调系统及生活、冲洗用水接入市政公共管网。室外排水系统采用雨、污分流制，生活污水经化粪池初级处理后排入污水管网，雨水收集后流入雨水支干管，雨、污水最终均排入城市排水系统。

本案例论证中取水指水源热泵机组取用水，该项用水本身基本没有节水的空间，但从项目供能的用户端来看，还存在一定的节能潜力，如果供能负荷能够减少，则相应的机组运行所需与水交换的冷热量也会降低，用水需求亦会缩小。因此，本项目节水措施主要体现在用户端的节能方面，应加强广大居民节能宣传。

（1）空调末端建筑物的保温措施，建筑材料保温性能好，水源热泵系统用水量就会相应减少，所以，应选择保温性能好的建筑材料。

（2）建筑物门窗在适时通风后应及时关闭，减少室内与外界能量的交换，相应减少了取用水。同时注意避免空置房间开启空调。

（3）依据《长沙市节约能源办法》，建筑物夏季室内空调温度设置不得低于26℃，冬季室内空调温度设置不得高于20℃，如此能够降低机组运行负荷，相应节约取水量，符合构建资源节约型社会的方针政策。

3　温排水影响分析

3.1　数学模拟软件介绍

数学模拟软件采用ANSYS-CFX。ANSYS CFX是水利部科技推广中心推荐的成熟的商业流体计算软件。ANSYS CFX采用全隐式耦合算法，拥有功能强大的前处理器、求解器和后处理模块，使ANSYS CFX能满足几乎所有工业流体的计算分析需要。ANSYS CFX的主要应用领域包括大坝、水轮机、河流污染等项目的流体仿真。

ANSYS CFX采用了基于有限元的有限体积法，在保证有限体积法的守恒特性的基础上，吸收了有限元法的数值精确性。算法上的先进性，丰富的物理模型和前后处理的完善性使ANSYS CFX在结果精确性、计算稳定性、计算速度和灵活性上都有优异的表现。

3.2　湍流模型选择

对于通常的河水流动，湍流模型可选择标准的$k-\varepsilon$模型。标准$k-\varepsilon$模型是两个方程的模型，要解两个变量——速度和长度。其中，湍动能输运方程是通过精确的方程推导得到，耗散率方程是通过物理推理，数学上模拟相似原型方程得到的。

k方程：

$$\frac{\partial}{\partial x_i}(\rho u_i k)=\frac{\partial}{\partial x_i}\left(\alpha_k \mu_{eff}\frac{\partial k}{\partial x_i}\right)+G_k+G_b-\rho\varepsilon$$

ε方程：

$$\frac{\partial}{\partial x_i}(\rho u_i \varepsilon)=\frac{\partial}{\partial x_i}\left(\alpha_\varepsilon \mu_{eff}\frac{\partial \varepsilon}{\partial x_i}\right)+C_{1\varepsilon}\frac{\varepsilon}{K}\mu_1 S^2-C_{2\varepsilon}\rho\frac{\varepsilon^2}{K}$$

式中：G_k为由于平均速度梯度引起的湍动能k的产生项，$G_k=\mu_t\left(\frac{\partial u_i}{\partial x_j}+\frac{\partial u_j}{\partial x_i}\right)\frac{\partial u_i}{\partial x_j}$；$G_b$为由于浮力引起的湍动能$k$的产生项，对于不可压流体，$G_b=0$，对于可压流体，$G_b=\beta g_i\frac{\mu_t}{Pr_t}\frac{\partial T}{\partial x_i}$；$Pr_t$为湍动Prandtl数，在该模型中可取0.85；$g_i$为重力加速度在第$i$方向的分量；$\beta$为热膨胀系数，$\beta=-\frac{1}{\rho}\frac{\partial\rho}{\partial T}$；$\mu_{eff}$为有效黏度，$\mu_{eff}=\mu_{mol}+\rho c_\mu k^2/\varepsilon$，此处$\mu_{mol}$为分子黏度；系数$\alpha_k=1.0$，$\alpha_\varepsilon=1.3$，$\alpha_T=1.0$，$C_{1\varepsilon}=1.44$，$C_{2\varepsilon}=1.92$，$C_\mu=0.9$。

在ANSYS CFX中，标准$k-\varepsilon$模型是工程流场计算的主要工具。标准$k-\varepsilon$模型适用范围广，有合理的精度，在工业流场（湍流）和热交换模拟中有广泛的应用。

取退水温度影响数学模拟三维模型如图3-1所示。

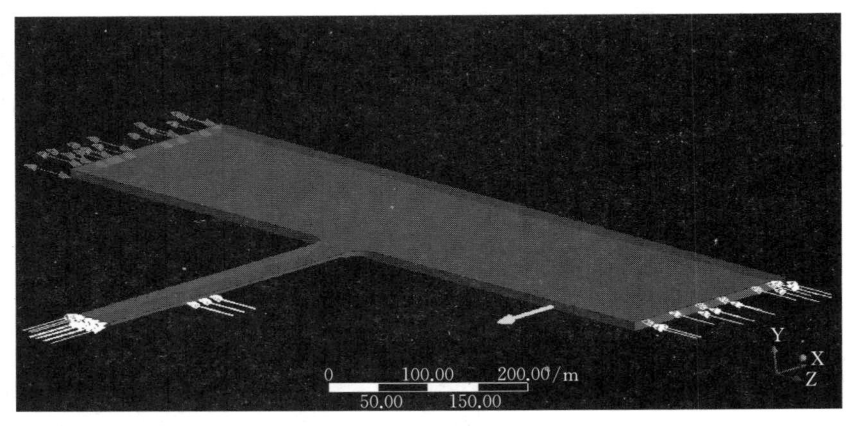

图 3-1　取退水温度影响数学模拟三维模型

3.3　模型结构参数与边界条件的选择

3.3.1　模型结构参数

湘江（局部）宽度：200m。

湘江江底深度：11.4m。

取水口尺寸：宽 5m，高 2m。

取水口中轴线：湘江江面下 5.6m。

靳江河宽度：宽 50m。

靳江河深度：河底深 7m。

退水支管直径：800mm。

退水管中轴线：靳江河河面下 3.0m。

退水支管数量：3 支。

退水支管间距：15m。

最靠近湘江的退水支管到江岸的距离：200m。

3.3.2　模型边界条件

（1）依据的资料。

1）湘江。湘江发源于广西临桂县海洋坪的龙门界，经兴安、全州至下江圩斗牛岭，进入湖南省东安县，再经冷水滩、祁阳、衡阳、衡山、株洲、湘潭、长沙至汀阴的濠河口分两支注入洞庭湖，全长 856km，湖南省境内 670km，占全长的 78.2%，流域面积为 94660km²，湖南境内 85383km²，占总面积的 90.2%，河流平均坡降为 0.134‰，是洞庭湖水系中最大的河流，也是长江七大支流之一。湘江经湘潭后北行至长沙，在长沙境内先后纳入靳江、龙王港、浏阳河、捞刀河、沩水至湘阴濠河口分两支汇入洞庭湖。

湘江河宽约 1300m，由南往北贯穿长沙市，每年 4—6 月为丰水期，多年平均流量 2473m³/s。湘江航电枢纽工程坝址位于望城区的蔡家洲，集蓄水、发电、航运、旅游休闲等功能于一体。库区正常蓄水位 29.7m，干流长度 131km，水库面积 139km²，库容 6.75 亿 m³。工程于 2009 年 10 月开工建设，2013 年 3 月蓄水至 26.0m，2014 年 10 月蓄水至29.7m，最小控制流量570m³/s。

对湘江湘潭站1952—2008年流量采用P-Ⅲ型曲线进行频率分析，该站不同时段设计流量见表3-1。

表3-1　湘潭站设计流量成果表　单位：m³/s

水文站	设计流量	均值	C_v	C_s/C_v	设计流量				
					50%	75%	90%	95%	97%
湘潭	年平均	2090	0.27	1.04	2070	1700	1390	1210	1100
	年最枯月平均	485	0.46	2.5	443	321	240	204	184
	年最枯日平均	334	0.44	2.21	310	226	168	139	123
	逐日平均	—	—	—	1300	688	439	335	283

项目正式投入运行时间预计为2015年5月。根据《湖南省水资源调度方案及系统建设规划》，湘江湘潭站控制断面最小流量为570m³/s，本次模拟取570m³/s为控制流量，取湘潭站97%频率下最枯日平均流量123m³/s为闭闸流量（见表3-2）。

表3-2　湘江设计流量选取表　单位：m³/s

夏　季		冬　季	
控制流量	闭闸流量	控制流量	闭闸流量
570	123	570	123

2）靳江河。项目退水口位于靳江河汇入湘江河口上游约200m（即距靳江河大桥桥墩约50m）处。靳江河为湘江一级支流，发源于湘江罗仙寨万岁塘，由西向东流经宁乡朱石桥、灵官庙、道林桥、湘潭渡佳坝、望城九江庙至白菜湖汇入湘江，流域面积781km²，干流全长85km，平均坡降0.55‰。根据石坝子站（位于沩水一级支流乌江下游的宁乡坝塘镇沩乌村，为国家基本站，控制集雨面积为563km²）1970—2011年实测日流量资料，采用面积比可求得靳江河夏季7—9月、冬季12—2月的最枯周平均径流成果，计算结果见表3-3。

表3-3　靳江河设计流量选取表　单位：m³/s

夏　季				冬　季			
7—9月最枯周平均流量	7月最枯周平均流量	8月最枯周平均流量	9月最枯周平均流量	12—2月最枯周平均流量	12月最枯周平均流量	1月最枯周平均流量	2月最枯周平均流量
1.57	2.35	3.16	3.08	3.1	3.56	4.36	5.03

注　靳江河流量依据石坝子站1970—2011年共42年资料系列推求。

（2）设计工况。根据《地表水环境质量标准》（GB 3838—2002）第4.1条，靳江河周平均设计流量，选取7—9月最枯周平均流量值作为夏季设计周平均流量值，选取12—2月最枯周平均流量值作为冬季设计周平均流量值；夏季设计时及设计日对应的流量选择8月最枯周平均流量，冬季设计时及设计日对应的流量选择1月最枯周平均流量。湘江夏冬季设计流量取湘潭断面最小流量570m³/s为控制流量，取湘潭站97%频率下最枯日平均流量123m³/s为闭闸流量。

夏季工况水面基础温度30℃，江水表面综合散热系数为42.5W/(m²·K)，设计退水温升5℃；冬季工况水面基础温度8℃，江水表面综合散热系数为8.5W/(m²·K)，设计退水温降5℃。模型采用的湘江、靳江河水文数据，包括江面水位、取退水流量、温升（降）参数见表3-4。

表3-4　温排水模拟计算工况统计表

工况	气象条件	湘江流量/(m^3/s)	靳江河流量/(m^3/s)	湘江下游水位/m	退水流量/(m^3/h)	时间步长/s	步数	总周期/h	退水水温/℃	备注
1	夏季	570	1.57	29.7	1719	60	10080	168	35	最小控制流量
2	夏季	123	1.57	29.7	1719	60	10080	168	35	闭闸
3	冬季	570	3.1	29.7	1029	60	10080	168	3	最小控制流量
4	冬季	123	3.1	29.7	1029	60	10080	168	3	闭闸
5	夏季设计时	123	3.16	29.7	9693	60	60	1	35	不利工况
6	冬季设计时	123	4.36	29.7	3636	60	60	1	3	不利工况
7	夏季设计日	123	3.16	29.7	2456	60	1440	24	35	不利工况
8	冬季设计日	123	4.36	29.7	1470	60	1440	24	3	不利工况

3.4　退水温度场影响模拟

根据以上模型结构参数和边界条件，考虑到项目有可能在设定工况条件下长期工作，因此采用稳态分析，分析的重点是靳江河河面、湘江江面的温度场。为节约篇幅，本次仅列出夏季、冬季退水影响最大的两个工况模拟图：夏季设计时工况及冬季设计时工况。

3.4.1　夏季设计时

该工况下，湘江流量123m^3/s，靳江河流量3.16m^3/s，水面基础温度30℃，取退水流量9693m^3/h，退水温度35℃。模型计算时间步长60s，累计60个计算步共1h。

靳江河、湘江温度场及靳江河断面温度场模拟情况如图3-2～图3-5所示。

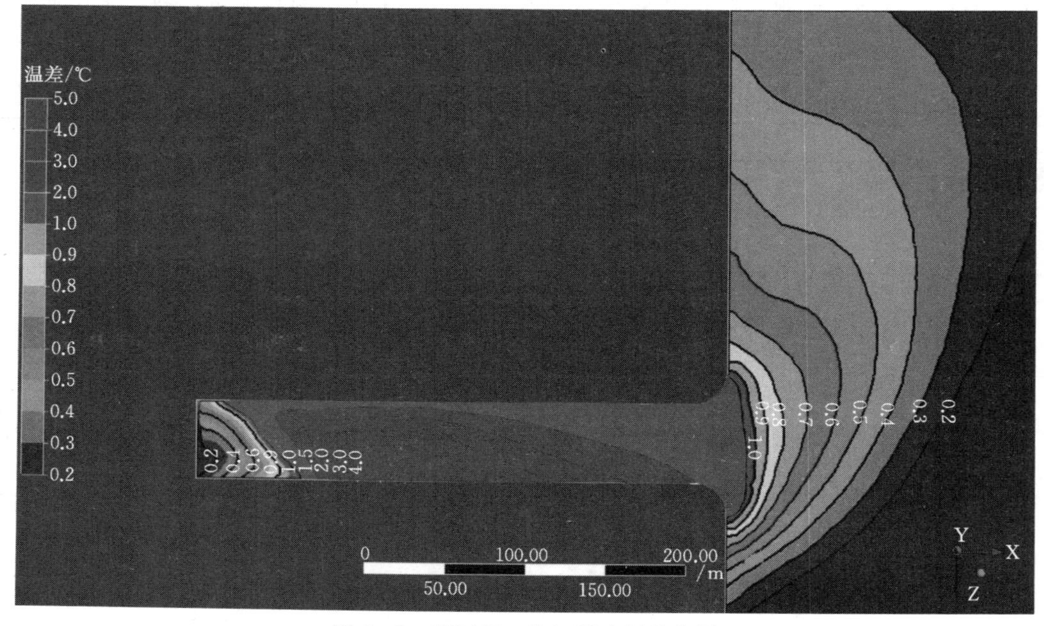

图3-2　靳江河、湘江温度场分布图

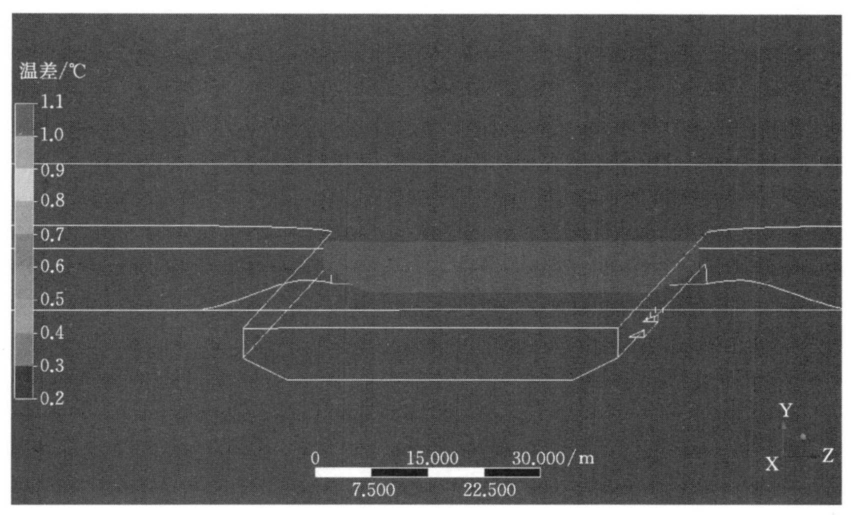

图 3-3　靳江河距汇入湘江河口 50m 处横断面温度场

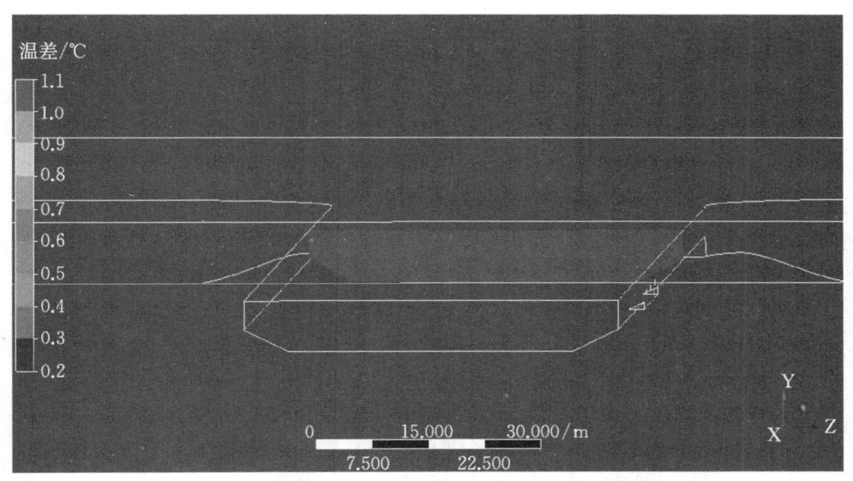

图 3-4　靳江河距汇入湘江河口 100m 处横断面温度场

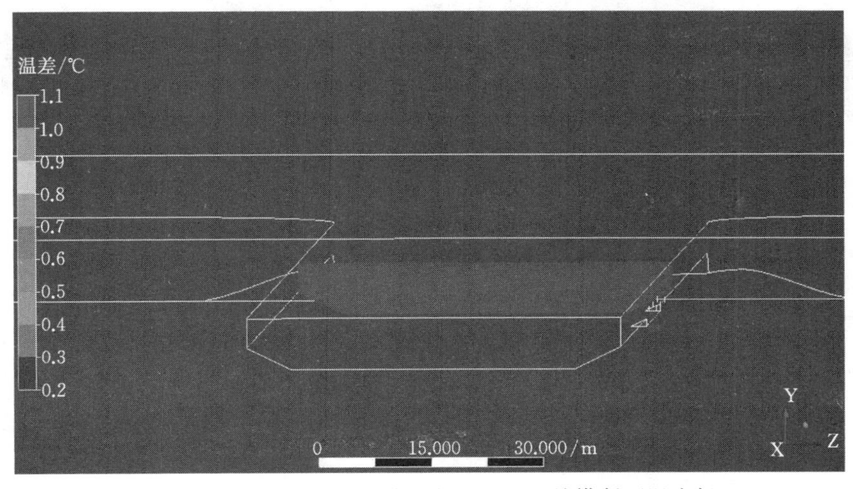

图 3-5　靳江河距汇入湘江河口 150m 处横断面温度场

由图3-2可知，该工况退水对湘江取水口处温度场无影响，但对湘江局部区域有少部分影响；对靳江河河面温度场影响：1℃温差最大影响距离为靳江河河面宽度方向50m，长度方向约300m，总面积15000m²。汇入湘江前河面温度高于1℃，汇合口处1℃温差最大影响距离为靳江河河面宽度方向70m，长度方向约20m，总面积1400m²。

由图3-3可知，靳江河距汇入湘江河口50m处，即即将汇入湘江处，断面的平均水温为32.00℃，整个横断面温升均高于1℃。

由图3-4可知，靳江河距汇入湘江河口100m处，断面的平均水温为32.25℃，整个横断面温升均高于1℃。

由图3-5可知，靳江河距汇入湘江河口150m处，即靠近退水口处，断面的平均水温为32.65℃，整个横断面温升均高于1℃。

3.4.2 冬季设计时

该工况下，湘江流量123m³/s，靳江河流量4.36m³/s，水面基础温度8℃，取退水流量3636m³/h，退水温度3℃。模型计算时间步长60s，累计60个计算步共1h。

靳江河、湘江温度场及靳江河断面温度场模拟情况如图3-6～图3-9所示。

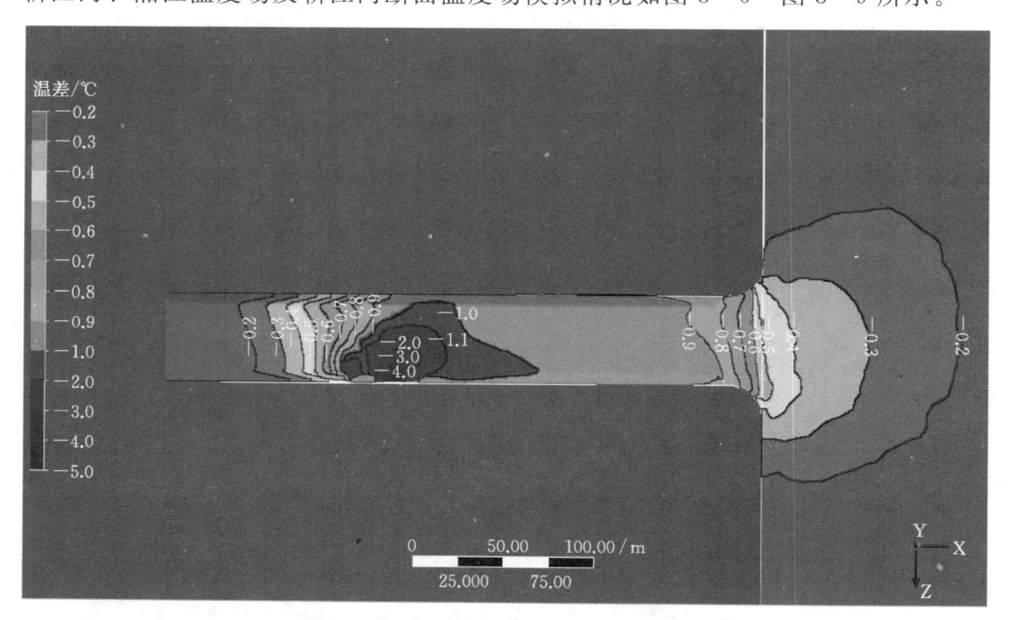

图3-6　靳江河、湘江温度场分布图

由图3-6可知，靳江河河床1℃温降最大距离，长度方向约300m，宽度方向50m，总面积约15000m²。

由图3-7可知，靳江河距汇入湘江河口50m处河道断面的平均水温为7.12℃，整个横断面温降局部高于1℃。

由图3-8可知，靳江河距汇入湘江河口100m处河道断面的平均水温为7.09℃，整个横断面温降约一半高于1℃。

由图3-9可知，靳江河距汇入湘江河口150m处，即靠近退水口处，断面的平均水温为7.0℃，整个横断面温降超一半高于1℃。

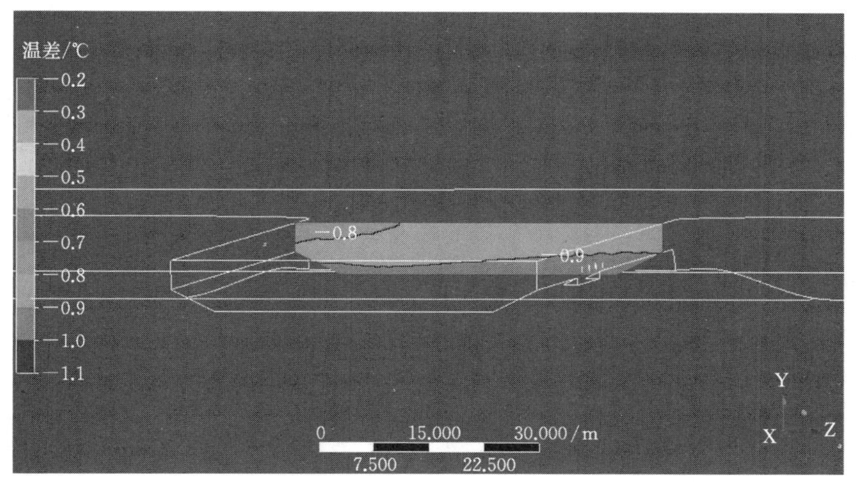

图 3-7　靳江河距汇入湘江河口 50m 处横断面温度场

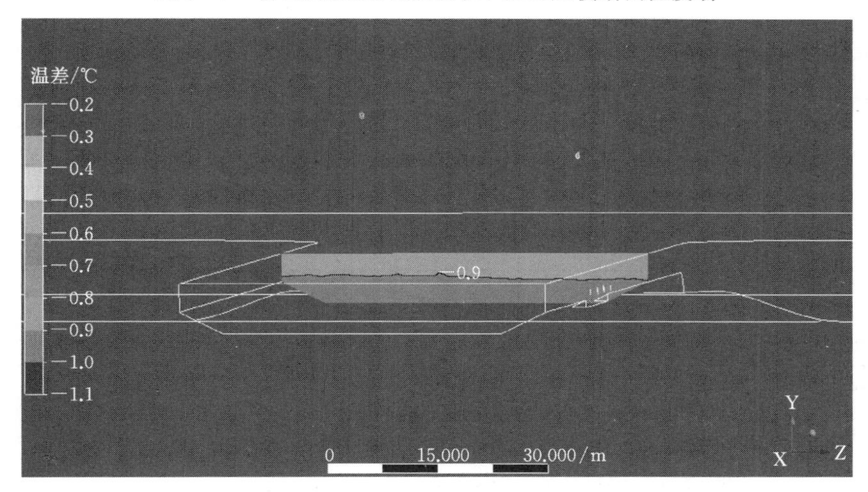

图 3-8　靳江河距汇入湘江河口 100m 处横断面温度场

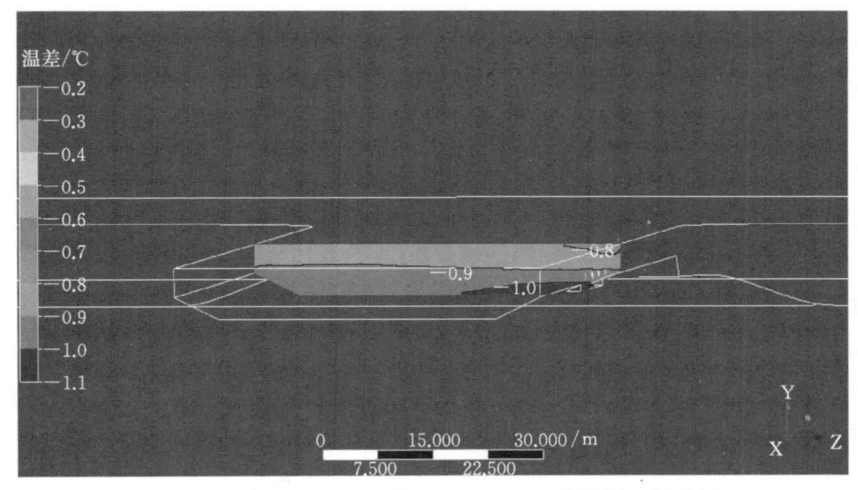

图 3-9　靳江河距汇入湘江河口 150m 处横断面温度场

3.5 退水温度场模拟结果及分析

由各工况排水模拟温度场分布可知，排水影响范围随环境水体稀释能力的增强而减小。对于同样的排水流量、温升或者温降，上游来流量越大，对排水的稀释掺混能力越强，温升或者温降影响范围越小。

根据各工况下对靳江河、湘江河面温度场及靳江河断面温度场的模拟结果，统计各工况下温排水的影响范围及温升（降）见表3-5。

表3-5 各工况下温排水影响范围及温升（降）统计表

工况	1℃温差最大影响距离/m		包络面积/m^2	入湘江水温/℃	温升（降）/℃	时间步长/s	步数	总周期/h
	靳江河河面宽度方向	靳江河河面长度方向						
夏季最小控制流量	50	175	8750	30.8	+0.8	60	10080	168
夏季闭闸流量	50	175	8750	30.85	+0.85	60	10080	168
冬季最小控制流量	0	0	0	7.65	−0.35	60	10080	168
冬季闭闸流量	0	0	0	7.62	−0.38	60	10080	168
夏季设计小时流量	50	300	15000	32	+2	60	60	1
冬季设计小时流量	0	0	0	7.12	−0.88	60	60	1
夏季日平均流量	25	75	1875	30.74	+0.74	60	1440	24
冬季日平均流量	0	0	0	7.6	−0.4	60	1440	24

注 表中+表示温升，−表示温降。

由表3-5可知，各工况下温排水模拟结果基本能满足《地表水环境质量标准》（GB 3838—2002）4.1条的要求，只在最大小时排放流量工况下，以1℃以上江水温升汇入湘江。

综合考虑到项目取水环节的实际情况，能源站从湘江江面5.6m以下处取水，夏季工况下取水点的实际水温略低于湘江江面的基础水温，之间会有0.5℃以上的差值，退水的实际温度相对于靳江河基础水温的温差已不足5℃，因此夏季工况下退水对靳江河温度场的实际影响比模拟分析的结果要更小一些。

3.6 温排水影响分析

3.6.1 对水功能区的影响

项目退水口位于靳江河长沙景观娱乐用水区，现状水质为Ⅲ类，2015年、2020年水质管理目标均为Ⅲ类。湖南省重点实验室2014年3月12日对该河段进行底泥监测，监测项目主要有pH值、Pb、Cd、As、Ni、Cr等8项指标因子，监测结果见表3-6。由表3-6可知，该河段底泥中各项重金属监测因子基本能满足《土壤环境质量标准》（GB 15618—1995）中二级标准，只有As含量略高于该标准。

表3-6 **靳江河底泥现状监测成果统计表** 单位：mg/kg

监测点位	监测项目					
	pH值	Pb	Cd	As	Mn	Cr
监测值	7.07	66	0.27	25.14	806	103
超标情况	—	未超标	未超标	超标	—	未超标
超标倍数	—	0	0	0.0056	—	0
GB 15618—1995标准值	6.5～7.5	300	0.3	25	—	300

项目退水未新增污染物质，也基本没有改变水功能区的如流量、水深等相关水文特征，但仍然可能改变退水水域水质状况。相关研究发现：溶解氧与水温呈负相关关系，水温升高6～10℃，溶解氧含量降低1.0～3.0mg/L。随着水层的加深，溶解氧也不断降低。水温上升，水生生物代谢增强，呼吸加快，耗氧量增高。温度升高和低溶解氧条件都利于底泥中氮、磷的释放，容易引起水体富营养化，使水质变差。

根据项目温排水数模分析，湘江受影响的程度较小，但靳江河下游一定范围的河段存在一定的温升（降），有水质下降的风险。

3.6.2 退水对水生生物的影响

（1）对鱼类的影响。

1）对鱼类热影响分析。由于鱼类是水生动物中对水温的反应最为敏感和迅速的种类，所以国外在制定河流的排放标准时，一般以鱼类的温度指标值来确定排放标准。

水源热泵系统排水口出水多为点式冲击射流，如果夏季排水温度过高，就会对排水口附近水域的鱼类形成热冲击，尤其影响喜欢栖于岸边或浅水处的鲫鱼以及喜欢生活在静水中上层的鲢鱼和鳙鱼，因此排水温度要保证鱼类能够穿越“热障”不致发生死亡，排水温度应该小于鱼类“短期暴露最高安全温度”。项目水域主要鱼类有青鱼、草鱼、鲍鱼、鳍鱼、鲤鱼、鲫鱼及鳊鱼等，其短期暴露最高安全温度分别为37.9℃、39.0℃、37.3℃、36.9℃、37.8℃、36.1℃和37.0℃，鲫鱼最低，为36.1℃。项目夏季退水最高温度为35℃。在此建议水源热泵系统排水口处设置保护格栅，防止鱼类穿越造成危害。

冬季，生活在湖泊中的家鱼大多选择半休眠停食状态，选择深水处越冬，一般只要水温超过0℃就可满足鱼类的生存要求，而且根据热泵机组电脑控制器的设定，当蒸发器出口温度降低到4℃时，机组会报警并自动停机，江水侧进水温度一般要求不小于7℃，所以对于夏热冬冷地区，热泵冷排水不会对鱼类造成伤害。

项目温排水基本能满足《地表水环境质量标准》(GB 3838—2002）第4.1条的要求。只在最大小时排放流量工况下，以1℃以上温升水汇入湘江，虽然对湘江大水体无影响，但可能会影响靳江河部分河段鱼类的生长。

2）对水产水资源保护区及产卵场的影响。湘江流域有国家级水产种质资源保护区5个，分别为：湘江衡阳段“四大家鱼”国家级水产种质资源保护区（主要保护对象为“四大家鱼”等)、浏阳河特有鱼类国家级水产种质资源保护区（主要保护对象为细鳞斜颌鲴等)、湘江湘潭段野鲤国家级水产种质资源保护区（主要保护对象为湘江野鲤、鳊等)、湘江刺鲃厚唇鱼华鳊国家级水产种质资源保护区（主要保护对象为刺鲃、厚唇鱼、长薄鳅等）、耒水斑鳢国家级水产种质资源保护区（主要保护对象为斑鳢、中华鳖等），但均不在本项目退水影响范围内。因此，能源站排水对国家级水产种质资源保护区无影响。

根据鱼类的生殖习性，在湘江繁殖的鱼类主要分为4类：产漂流性卵种类、产浮性卵鱼类、产沉性卵鱼类、产黏性卵鱼类。其中以产黏性卵鱼类为主。产黏性卵鱼类产卵场主要分布在近尾洲坝下、大源渡坝下、舂陵水河口、耒水河口、洣水河口、沩水河口等，产漂流性卵鱼类产卵场主要分布在大堡、柏坊、松江、渔市、烟洲。位于本项目退水口以下的产卵场只有沩水河口产卵场，距离退水口约35.6km，最不利工况下靳江河汇入湘江（距离湘江江岸50m处）温升2℃，而湘江水量充沛，加快温排水冷（热）量的散发。湘江流域5个国家级水产种质资源保护区以及鱼类产卵场均不在项目退水影响范围内（最近的产卵场位于沩水河口），因此，能源站排水对国家级水产种质资源保护区及鱼类产卵场没有影响。

（2）对浮游植物的影响。浮游植物是指在水中浮游生活的微小植物，通常就指浮游藻类。根据《湘江长沙综合枢纽工程环境影响报告书》，湘江长沙综合枢纽库区河段共检出浮游植物7门49属，其中硅藻门和绿藻门为优势种群，各检出17个属和19个属；繁殖期和越冬期的数量变化幅度为$13.3\times10^4\sim43.4\times10^4$ind/L。各类浮游植物的年均数量以硅藻占绝对优势，其次是绿藻、蓝藻。

蓝藻对环境的适应能力强，是富营养化水体的优势种类，通常在夏末高温季节大量繁殖，形成肉眼可见的“水华”；绿藻种类形态丰富，广泛分布在湖泊、池塘、小的积水处及流动的河川中，在夏初富营养化的环境下生长最旺盛。绿藻和蓝藻沉降系数小，对流速较为敏感，适应流速不大于0.20m/s的水域。硅藻完全依靠水流的作用保持悬浮状态，其动态常受到水体硅酸盐含量的调节，沉降系数较大，适应2.5m/s流速的水体。浮游植物的生长对环境温度的依赖性高，水温在20～35℃之间，藻类生物量随着温度升高而增加，35℃时增长最快，但是到40℃时生物量就会大为降低。

根据项目运行规律，项目夏季供冷时间153d（5月15日至10月15日），冬季供暖时间120d（11月15日至3月15日），其余时间温度适宜，系统停止运行。供热期间，气候属于冬季，湘江属枯水季节，水温低，藻类数量属于一年中最少阶段，项目冷排水对藻类繁殖有抑制作用，故冬季供热期间不会发生藻类“水华”现象。

项目供冷期间，5月、6月属于湘江丰水期、7月、8月、9月、10月基本属于平水期。平水期平均流速0.26m/s，而易发生“水华”现象的蓝藻、绿藻沉降系数小，适应流速不大于0.20m/s的水域。根据报告第3章，各工况下靳江河汇入湘江平均温升（降）基本小于1℃，只在最大小时排放流量工况下，以1℃以上江水温升汇入湘江，且湘江水量大，水面宽，热分散快，故项目温排水基本不会使湘江水域发生“水华”现象。但退水使靳江河局部温升明显，最不利工况下1℃温升最大纵向影响距离为300m，包络面积为15000m^2，项目排水有可能造成靳江河局部范围蓝藻大量繁殖现象。在此极端不利条件下，建议在不污染靳江河水体的情况下，采用灭藻制剂，局部用药除藻，控制蓝藻水华。

（3）对浮游动物的影响。淡水中，主要的浮游动物包括原生动物、轮虫、枝角类和桡足类，其适温范围原生动物为20～30℃，轮虫为23.8～35.6℃，枝角类为23.8～25.8℃，桡足类为13～16℃，原生动物群落的种类和数量在30℃左右最多。温度超过

40℃时，原生动物种类数才明显下降。

研究表明，在夏季的强增温区（$\Delta T>4$℃），亦即水温超过35℃的区域，浮游动物种类和数量则减少，多样性指数下降。研究还指出，原生动物和桡足类的高峰出现在春季，轮虫和枝角类的高峰出现在夏季，水体增温后，各类浮游动物数量高峰的季节变化规律与自然水体相同，这说明温排水对浮游动物的种类、数量虽有明显影响，但并没有引起高峰季节的改变。

项目退水最高温度为35℃，不会超过最高承受水温，对浮游动物影响较小。

3.6.3　退水对水质的影响

湖南省重点实验室2014年3月12—14日对靳江河进行了连续3d，每天一次的地表水环境质量监测，监测地点位于靳江河汇入湘江口50m断面的左、右，监测结果见表3-7、表3-8。由靳江河断面监测结果可知，该河段水质基本能满足《地表水环境质量标准》（GB 3838—2002）Ⅲ类水质标准，只有生化需氧量、氨氮、总氮超出Ⅲ类水质标准，但超标倍数极小。

表3-7　　靳江河汇入湘江河口上游50m（左）水质监测值

项目	3月12日值	3月13日值	3月14日值	三日均值	标准值	超标率/%	最大超标倍数
pH值	7.56	7.63	7.6	7.6	6～9		
COD_{Cr}	17.18	17.18	16.49	16.95	20	0	0
COD_{Mn}	5.01	5.01	4.57	4.86	6	0	0
BOD	4.3	4.2	3.5	4	4	66	0.075
溶解氧	6.62	6.84	6.99	6.82	5	0	0
石油类	0.045	0.043	0.038	0.040	0.05	0	0
氯化物	15.18	13.99	13.9	14.36	250	0	0
硝酸盐	2.42	2.73	2.55	2.57	10	0	0
硫酸盐	37.3	37.25	36.85	37.13	250	0	0
氨氮	1.01	0.98	0.95	0.98	1	33	0.01
砷	0.001	0.001	0.001	0.001	0.05	0	0
总磷	0.07	0.09	0.06	0.07	0.2	0	0
总氮	1.37	1.21	1.15	1.24	1	100	0.37
悬浮物	21.4	28.3	30.4	26.7			
铁	0.152	0.144	0.005	0.075	0.3	0	0
锰	0.011	0.015	0.005	0.008	0.1	0	0
铅	0.005	0.005	0.005	0.005	0.05	0	0
镉	0.001	0.001	0.001	0.001	0.005	0	0

表 3-8　　　　靳江河汇入湘江河口上游 50m（右）水质监测值

项目	3月12日值	3月13日值	3月14日值	三日均值	标准值	超标率/%	最大超标倍数
pH 值	7.54	7.65	7.58	7.59	6～9		
COD_{Cr}	17.52	16.84	16.84	17.07	20	0	0
COD_{Mn}	5.3	4.71	4.57	4.86	6	0	0
BOD	4.4	3.9	3.6	3.97	4	33	0.1
溶解氧	6.55	6.7	6.84	6.7	5	0	0
石油类	0.048	0.041	0.04	0.043	0.05	0	0
氯化物	16.01	14.22	13.57	14.6	250	0	0
硝酸盐	2.5	2.69	2.48	2.56	10	0	0
硫酸盐	38.5	36.27	34.9	36.56	250	0	0
氨氮	1.05	0.96	1.01	1.01	1	66	0.05
砷	0.001	0.002	0.001	0.001	0.05	0	0
总磷	0.11	0.1	0.09	0.1	0.2	0	0
总氮	1.42	1.17	1.31	1.3	1	100	0.42
悬浮物	37.2	32.6	34.7	34.83			
铁	0.14	0.01	0.01	0.05	0.3	0	0
锰	0.01	0.01	0.01	0.01	0.1	0	0
铅	0.005	0.005	0.005	0.005	0.05	0	0
镉	0.001	0.001	0.001	0.001	0.005	0	0

经调查，靳江河上游区域的城镇生活生产退水均进入坪塘污水处理厂达标处理后补充洋湖湿地公园，在现阶段，污水处理厂规模较小，湿地公园一般无退水，仅在降雨充沛时有少量退水进入东边哑河再退入靳江河，退水水质能够达到Ⅲ类。因此，靳江河上游污染源主要为农业面源污染，未来应着重予以控制。

项目利用江水只进行换热后排入靳江河，对江水中悬浮物有削减作用，其过程除水温发生变化外，不产生其他污染源。项目区域水域属混合型水库，主体特征仍属河流，水体更新周期极短，且项目退水排水口位于的湘江支流靳江河河段河流平直，流速较慢，汇入湘江后河流平直，流速较大，不属于死水、库汊的水体，因此可以推断项目退水水域虽然可能在靳江河局部区域出现富营养化，但在湘江河段不会出现富营养化。目前，长沙市环境保护局正在编制《湘江长沙综合枢纽工程库区蓝藻污染水环境风险预警处置方案》，其重心是统一协调区域各部门、重大污染源排放单位（如污水处理厂、生产企业等），针对区域水环境防治水体富营养化。项目可根据实施后的方案要求完善防范水体富营养化的措施，并服从统一管理。

3.6.4　退水对第三者的影响

项目退水口下游靳江河段无重要其他用水户，无排污口，不会造成温排水与排污口污水混合的现象。退水口下游湘江河段第三者取用水户主要分布在湘江两岸，与取水口同岸且距离最近的取用水户为市第四水厂，距离项目退水口约7.5km；与取水口对岸距离最近的取用水户为市第八、第三水厂，分别距离项目退水口约1.0km、1.5km。

根据温排水分析报告，各工况下项目退水在靳江河入湘江河口断面（距离湘江江岸50m处）温升（降）基本在1℃以内，只有最大小时排放流量工况下，该断面温升高于1℃。且受益于湘江大水量的混合交换以及宽阔的江面扩散，湘江水域的温度变幅更加小，加之自来水厂对水源水温要求不敏感，温排水对第三者取水基本没有影响。

3.6.5　入河排污口设置方案论证

由于项目所在河段为湘江一级饮用水源保护区（湘江长沙暮云—傅家洲饮用水源区），《湖南省湘江保护条例》第二十四条规定："禁止在湘江流域饮用水水源一级保护区内设置排污口（渠），禁止新建、改建、扩建与供水设施和保护水源无关的建设项目。"项目将退水口设置在靳江河上，该河段属于靳江长沙景观娱乐用水区，从法律层面上看是可行的。

退水口中心标高28.0m，尽可能靠近湘江水面，有利于温排水迅速上浮于水体表面，利用江面散热，且避免退水余热回流至取水口。退水管另设3个退水分管，将退水处最高水温区面积由一块平均分散成三小块，降低对水体的热污染程度，有利于鱼类规避最高水温区，减少退水对水环境、水生态的不利影响。

项目排水未新增污染物质，主要为温（冷）排水的影响。根据分析，温（冷）排水对第三者取用水户及自身取水基本没有影响，影响主要表现在对靳江河的水生态上，由于靳江河流域面积较小，在枯水时期上游来水少，下游受湘江顶托，流速更加缓慢，致使温排水对该水域的鱼类、藻类、浮游生物等水生生物将产生一定影响。

综上所述，论证报告认为项目入河排污口设置基本合理，但应进一步研究缩小取退水温差的可行性，减少对靳江河下游河段水域的影响。

3.7　水资源保护措施

项目温排水对靳江河下游河段水域水温存在一定的影响，项目实际运行后，应加强水资源监测，监测受影响河段的水生生物、水域水质情况。另外，为贯彻落实最严格的水资源管理制度，还需实施监控项目取退水量情况。

水量监测：在项目取水口和退水口处安装电磁流量计获得实时的取、排水量数据，接入水行政主管部门数据库。

水温监测：主要监测项目取排水口的水温及温升影响范围。

项目取水口处和退水口下游5m设水温自动监测设备，对水温进行实时监控，接入水行政主管部门数据库，控制水源热泵系统排水口处水域（距离排水管出水口5m范围以内区域）最高水温不得超过35℃，100m维持在33℃以下。设定运行期间监测取水口进水温度超过28℃，或退水口监测点温度超过33℃时，水温自动监测系统发出预警警告，根据警告开始采取控制退水水温措施，如提高循环水泵扬程、加快循环水流速等；若运行期间监测取水口进水温度超过30℃，或退水口监测点温度继续接近35℃时，项目在采取控制退水水温措施的基础上，需立即依次关停热能泵机组，降低制冷量，通过减少运行负荷控制退水口处最高水温区不超过设定值，若无法达到目的时，需全部停止运行。

定时监测范围为靳江河排水口上游500m至河口以下湘江干流1000m，其中在能源站排水口附近监测点加密布置，包括排水口断面、排水口上游100m、200m、500m，下游5m、100m、200m、河口、湘江干流500m、1km处布设监测断面。湘江上监测断面布设3～5条垂线，每条垂线在水面、0.2H、0.4H、0.6H、0.8H、水底布设监测点，靳江河河道较窄处，垂线可减少为1～2条。项目运行期每月一次，配备专用监测船，通过仪器进行定位监测，积累监测数据，并产生监测报告，建立监测日志，及时上报水行政主管部门。

水质监测：湘江上猴子石大桥处有一省控断面，因此本次建议业主方进行靳江河下游河道水质定时监测即可。鉴于现状水质监测中生化需氧量、氨氮、总氮超出Ⅲ类水质标准，在监测中应特别注意夏季水体中该指标的变化，预防水体富营养化，建议监测频率为半月一次，监测报告应及时上报水行政主管部门。同时建议相关部门敦促靳江河上游污染治理，尽可能减少相关富营养化污染指标的排放。

水生生物监测：加强河道水环境监测，在排水口下游500m处湘江断面，每年7月、8月各监测一次，监测内容为蓝藻等藻类，随时掌握水生物发展动态，对某些确实是因温排水热污染造成减少，而又有可能因品种减少会造成破坏水生物的生物链，导致水生态不平衡发展的鱼类，业主方应在当地环保部门及当地水产部门的指导下，向河道适时投放相应品种的恰当数量，弥补可能造成的损失。

为应对突发状况，如项目取水设施损坏、供水管网爆裂等，应制订应急预案紧急处理，由于项目运行与大量居民的日常生活息息相关，因此项目运行期基本不能停机，可考虑接入市公共供水管网，紧急情况下由自来水厂供一部分水来解决。

专◆家◆点◆评

长沙洋湖A区区域供冷（热）能源站为地表水水源热泵类建设项目，以可再生绿色能源替代传统能源，用水过程全封闭，不消耗水资源，仅利用水资源中所携带的冷热量，对推广建筑节能具有示范作用，符合建设部、财政部《关于推进可再生能源在建筑中应用的实施意见》等政策要求。

本案例依据《长沙洋湖A区区域供冷（热）能源站水资源论证报告书》提炼修编，主要有以下三个特点：

（1）利用湘江水作为冷（热）源，采用水源热泵技术实现供冷、供热，为整个总部经济区提供夏季供冷、冬季供热服务。用水量大而不消耗水，在能源和水资源利用上具有创新性。

（2）案例在温排水数学模拟分析的基础上，定量分析了项目温排水对区域水环境的影响范围和程度，并针对不利影响提出水生态保护措施及建议，突出了地源热泵类水资源论证的重点。

（3）通过水资源论证，促使业主对原设计报告取水方案进行了大幅调整。项目供能面积由150万m^2缩减至88.5万m^2，逐时最大供冷负荷由74.8MW缩减为48MW，逐时最大供热负荷由36.5MW缩减为27.3MW，年取退水量由3766万m^3核减至928万m^3，体现了以水定产、以水定发展的可持续发展思路，较好地实现了水资源论证的目的。

李世举　储德义

案例四　陕西国华锦界能源有限责任公司电厂三期工程 2×660MW 机组水资源论证报告书

1　概　　述

神华陕西国华锦界煤电工程是陕北“西电东送”大型煤电一体化项目，一、二期 4×600MW 机组及配套煤矿已建成，陕西国华锦界能源有限责任公司电厂三期工程（以下简称锦界电厂三期工程）建设规模为 2×660MW 空冷机组。

1.1　项目概况

锦界电厂三期工程 2×660MW 机组是由陕西国华锦界能源有限责任公司投资建设的空冷机组，为锦界煤电一体化工程的扩建工程。厂址位于神府经济开发区锦界工业园区内。机组采用干式除灰、湿除渣方式，灰渣全部综合利用，同步建设脱硫、脱硝装置。机组实现零排放，无废污水进入地表水系统。

锦界电厂三期工程生产、生活用水水源与锦界电厂一、二期工程相同，生产用水水源为锦界煤矿矿坑涌水，取水口位于锦界煤矿矿井水处理站；可研阶段考虑生产，备用水源为瑶镇水库地表水；生活水源为瑶镇水库地表水，取水口位于锦界电厂一、二期生活水净水厂。锦界煤矿位于电厂东北侧，距电厂约 0.5km；瑶镇水库位于电厂西北侧，距电厂约 8.5km。

1.2　水资源论证的重点与难点

锦界电厂三期工程 2×660MW 机组工程项目是锦界煤电一体化工程的一部分，电厂一、二期工程及锦界煤矿已经建成投运。

锦界电厂三期工程水资源论证的特点是项目性质为扩建工程，其生产、生活用水与锦界电厂一、二期工程采用相同水源，生产用水水源为锦界煤矿矿坑涌水，锦界煤矿已经建成且拥有比较详实的矿坑涌水资料。

报告书严格按照《建设项目水资源论证导则》（SL 322—2013）编制，论证分为 8 个章节，本次水资源论证的编制重点突出了项目用水合理性分析、矿井水水源论证及水资源保护措施这 3 个部分的论证。

报告书论证的难点是对锦界电厂一、二期工程的用水评估，挖掘已有工程的节水潜力及已有工程的节水措施。锦界电厂一、二期虽然已经建成，但长期以来并未做全面系统的水平衡测试报告，对电厂一、二期工程的取水、用水、耗水、排水资料获取较为困难，论证过程中通过现场测量、与专业人员座谈、对现有资料进行排查分析等渠道力争获取更多真实用水资料。

锦界电厂三期工程取用锦界煤矿矿坑涌水作为生产用水水源，本次虽然已经掌握了比较详实的矿坑涌水资料和煤炭产量资料，但是采用什么样的方法对矿坑涌水量进行稳定性分析及未来锦界煤矿矿坑涌水量的变化趋势预测是报告书编制的又一难点。本次论证搜集整理矿坑涌水的逐日长序列资料，对矿坑涌水的变化规律、组成因子及主要影响因素进行分析，利用已有数据建立适用于锦界煤矿的地下水数值模型，对未来30年锦界煤矿矿坑涌水量进行预测，进而分析锦界煤矿矿坑涌水作为锦界电厂三期工程生产用水的可靠性及可行性。

1.3 工作过程

为了加强水资源统一管理，促进水资源的优化配置和可持续利用，保障建设项目的合理用水要求，根据各级水行政主管部门对建设项目取水许可审批程序的要求和有关法律、法规、规范性文件的规定，2014年7月，受陕西国华锦界能源有限责任公司委托，黄河水利委员会黄河水利科学研究院承担锦界电厂三期工程2×660MW机组项目水资源论证的编制工作。

工作过程主要包括以下几个方面：

（1）现场调研与勘查。受托后，编制单位组织承担本期工程水资源论证工作的有关技术人员对项目所在地及取水地点进行了实地查勘，锦界电厂三期工程2×660MW机组项目是煤电一体化的重要组成部分，锦界煤矿及锦界电厂一、二期工程均已建成，且电厂三期工程和电厂一、二期采用同一水源。现场调研过程中认真勘查电厂一、二期工程的运行及用水情况，咨询电厂的水务管理人员，尽量详实地掌握电厂现状实际运行及用水情况。

（2）资料的收集与整理。结合现场调研的实际情况，结合本期工程的可研报告，分析本项目水资源论证要求和工作等级，根据工作等级整理本期工程水资源论证所需的资料清单，收集相关资料，主要包括以下方面：

1）项目资料。项目可研报告、国家发改委的准许本期工程开展前期工作的批复、与项目水资源论证相关的文件及协议。主要了解项目基本情况及取水、用水、退水方案等。

鉴于本项目是扩建工程，重点搜集电厂一、二期水资源论证报告书，电厂一、二期的用水批复，近年来电厂一、二期的用水记录及主要用水环节的实际用水量，以及在实际运行中采取的节水措施，锦界煤矿矿坑涌水量以及现状水质检测报告等有关资料。

2）区域基本资料。榆林市自然地理、社会经济、水文气象、河流水系、现状水资源开发利用情况、水资源开发利用规划、最严格水资源管理制度的执行情况以及黄河“87”分水方案的执行情况等资料。同时还收集了榆林市主要水利工程、水功能区水质情况等资料。

（3）工作大纲的编制。在现场查勘和资料收集的基础上，依据导则要求，编制本期工程水资源论证工作大纲，明确论证技术路线，以及论证的方法、组织形式。

（4）水资源论证报告书的编制。根据《建设项目水资源论证导则》（SL 322—2013）要求，以工作大纲制定的技术路线为基础，编制本期工程水资源论证报告，主要论证项目取用水的合理性和取水水源的可靠性。

对本期工程用水合理性分析时，采用对比分析的方法，计算本期工程主要用水环节用水量，将其与搜集到的国内同类规模电厂的用水标准、定额、规范等资料进行对比，同时结合电厂一、二期工程实际用水水平及节水措施核定本期工程的合理用水量。

对矿坑涌水量的分析论证则充分利用已有的工作基础和掌握的资料。锦界煤矿2014年委托我单位开展锦界煤矿水资源论证工作，2015年又委托我单位编制《锦界煤矿开采对区域水资源影响论证》专题报告。通过以上两次论证，我单位在锦界煤矿开展了为期一年的地下水监测工作，掌握了较为详实的锦界煤矿长系列矿坑涌水资料和煤炭产量资料。本次论证将已有资料作有效的补充和完善，对矿坑涌水的组成和变化规律作进一步探讨，同时根据项目自身特点，采用极值法对矿坑涌水的可靠性和可行性作出论证，并利用地下水模型结合现有资料对未来锦界煤矿矿坑涌水量进行预测，探讨未来矿坑涌水作为锦界电厂三期工程生产用水的可靠性。

结合可研设计的退水方案分析本项目的退水情况，提出切实可行的水资源保护措施，在保障本期工程用水安全的同时，提高水资源开发利用效率。

最后编制完成《陕西国华锦界能源有限责任公司电厂三期工程 2×660MW 机组水资源论证报告书》。

1.4　案例的主要内容

《陕西国华锦界能源有限责任公司电厂三期工程 2×660MW 机组水资源论证报告书》严格按照国家有关法律、法规、规范性文件编写，各个章节都紧紧围绕最严格水资源管理的“三条红线”进行。

本案例的主要内容包括用水合理性分析、生产用水水源论证和水资源保护措施等方面内容。

（1）在用水合理性分析论证环节，突出本期工程为扩建项目的特点，报告书在编写的过程中注重对电厂已有的一、二期工程取水、用水、耗水、排水四个环节合理性的评估，分析已有工程的节水潜力、节水措施。根据电厂一、二期工程主要用水环节的实际用水定额结合该类项目主要用水环节的规章、规范对电厂三期工程水量进行核定。

（2）电厂三期工程是锦界煤电一体化工程的一部分，和电厂一、二期工程采用同一水源。生产用水取用锦界煤矿的矿坑涌水，报告书对锦界煤矿矿坑涌水的供水保证程度进行逐年、逐月、逐日的分析，根据实测矿坑涌水资料，分析锦界煤矿矿坑涌水在满足已有用水户用水的基础上作为本期工程生产用水水源的可行性、可靠性。

（3）利用现有比较详实的矿坑涌水长系列资料，对廊道法预测矿坑涌水量的适用条件进行分析，探寻矿坑涌水的组成及变化规律；同时利用长系列资料建立数学模型，对未来30年锦界煤矿矿坑涌水的变化作出预测。

（4）结合本期工程的具体情况，提出科学合理的水资源保护措施，不仅包括了锦界电厂三期工程的计量设施布控方案，同时也对电厂一、二期工程及锦界煤矿在计量方面存在的问题提出合理化建议。

2　取用水合理性分析

2.1　锦界电厂一、二期工程基本情况

陕西国华锦界能源有限责任公司一、二期工程建设 4 台 600MW 空冷凝汽式燃煤发电

机组，总装机容量为2400MW。2008年5月4台机组全部投产发电。

2.1.1 锦界电厂一、二期工程取水方案分析

2.1.1.1 批准的取用水方案

根据陕西省水利厅《关于陕西神木电厂——锦界煤矿煤电一体化项目一期工程及配套锦界煤矿取水申请的批复》（陕水资批〔2005〕1号）文件，锦界煤矿煤电一体化项目一期工程2×600MW机组以及项目配套锦界煤矿以瑶镇水库作为供水水源，年总取水量550万m^3，其中一期工程年取水量462万m^3，锦界煤矿年取水88万m^3。

根据陕西省水利厅《关于陕西神木电厂——锦界煤矿煤电一体化项目二期工程取水申请的批复》（陕水资批〔2005〕7号）文件，锦界煤矿煤电一体化项目二期工程2×600MW机组以瑶镇水库作为供水水源，年总取水量400万m^3。

2.1.1.2 现状实际取用水方案

2014年电厂一、二期工程生活用水以瑶镇水库作为供水水源，年总取水量8.7万m^3。生产用水则以瑶镇水库的地表水和锦界煤矿的矿坑涌水为供水水源，年总取水量464.6万m^3，其中年取瑶镇水库水量为211万m^3，年取煤矿矿坑涌水水量为253.6万m^3（见表2-1）。

表2-1　锦界电厂一、二期批复用水量与实际用水量对比表　单位：万m^3

项　目	批复用水量	实际用水量	
取水水源	瑶镇水库	瑶镇水库	矿坑涌水
小计	862	219.7	253.6
合计	862	473.3	

2.1.1.3 批复水量与取用水量差异原因分析

锦界电厂一、二期工程批复水量为862万m^3/a，现状实际取用水量为473.3万m^3/a，锦界电厂一、二期工程现状用水与批复水量差异较大的主要原因是，电厂投运以来建设项目业主单位为提高用水效率、节约水资源采取了诸多的节水措施，主要措施有以下几个方面：

（1）及时调整煤矿矿坑涌水运行工况及流量，提高矿坑涌水使用量，从而达到节约原水的目的。

（2）将燃油泵的冷却水调整至合适开度，防止浪费工业水。

（3）脱硫工艺水箱全部采用工业水补水（矿坑涌水治理好后全部使用）。

（4）机组启、停管路冲洗时利用最合理的冲洗方式，避免水资源浪费。

（5）采暖系统疏水水质合格后回收控制冷却塔水位防止冷却塔高水位溢流。

（6）灰库搅拌机用水全部回收化学灰水调节池（脱硫废水也排至此）用水，降低辅机冷却用工业水。

2.1.2 锦界电厂一、二期工程退水情况

2.1.2.1 批复的退水方案

根据陕西省水利厅关于锦界电厂一、二期工程取水申请的相关批复文件以及其他相关

资料，锦界电厂一、二期工程废污水全部回用，达到废污水零排放。

2.1.2.2　现状实际退水情况

根据现场调查及电厂提供的现状用水资料，现状电厂一、二期工程实现了废污水全部回用，生活废污水处理之后用于脱硫和绿化和道路喷洒，在采暖季节不能用于绿化和道路喷洒的那部分废污水用于灰场喷洒，从而实现废污水零排放的可能。

2.1.2.3　电厂一、二期废污水处理规模及处理工艺

（1）生活污水处理。电厂一、二期工程已建有 $2\times50m^3/h$ 生活污水处理设备，目前实际处理量已达到满负荷运行（$100m^3/h$）。本期工程 2×660MW 机组新建 $2\times25m^3/h$ 生活污水处理设备。

生活污水处理工艺为二阶段生物接触氧化法。该工艺过程是在池内设置填料，经过充氧的污水以一定的流速流过填料，使填料上长满生物膜，污水和生物膜相接触，在生物的作用下污水得到净化。

（2）工业废水处理。电厂的工业废水分为两类，一类是低含盐的工业废水，主要是指主厂房及其他车间的地面冲洗水。另一类是高含盐的废水，主要指化水处理间的排污水以及脱硫废水，高含盐的工业废水全部用于脱硫系统、输煤系统及灰渣系统，脱硫废水全部用于灰场喷洒，使高含盐废水全部被使用消耗，避免对环境造成污染。

本期工程设有独立的厂区工业废水下水道系统，所有低含盐的工业废水收集到工业废水调节池，经泵升压后，排入工业废水处理设备进行处理。

电厂一、二期工程已建的工业废水处理设备处理能力为 $2\times150m^3/h$，目前实际处理量为 $60m^3/h$，剩余处理能力可以满足本期工程工业废水量处理需求，所以本期工程不新建工业废水处理设备，利用电厂一、二期工程已建的工业废水处理设备。

工业废水处理系统主要设计水质指标如下：进水浊度不大于 5000mg/L，出水浊度小于 20mg/L。出水水质：满足《污水再生利用工程设计规范》（GB 50335—2002）的要求及含油不大于 5ppm 的要求。

（3）煤水处理。本期工程电厂的煤水主要是指输煤系统的冲洗排水，平均排水量为 $3m^3/h$。电厂一、二期工程平均排水量为 $13m^3/h$，电厂一、二期工程已建 $2\times15m^3/h$ 煤水处理设备。

电厂一、二期工程已建的 $2\times15m^3/h$ 煤水处理设备能满足 4×600MW＋2×660MW 机组煤水处理的要求，本期工程不需新建煤水处理设备。

输煤系统的冲洗排水经各冲洗段收集后，汇集到煤水处理间调节池内，然后经煤水提升泵升压后送到煤水处理设备处理。煤水经过澄清、过滤处理后，进入清水池内。清水池内的清水经升压后再作为输煤系统的冲洗用水和煤场的喷洒用水等。

2.1.3　锦界电厂一、二期工程现状用水指标分析

根据相关统计结果，在全厂 4×600MW 机组发电负荷率大于 80%时，对全厂 4×600MW 机机组生产、生活用水的取水量、各系统用水量、机组发电量进行测量统计，得出全厂 4×600MW 机组发电水耗率试验数据和计算结果（表 2-2）。

电厂一、二期工程装机容量为 4×600MW 空冷机组，主要用水系统采用湿法脱硫、辅机冷却水空冷的用水工艺，其百万千瓦设计耗水指标为 $0.084m^3/(s\cdot GW)$，满足《大

中型火力发电厂设计规范》（GB 50660—2011）要求的不大于 0.10m³/(s·GW）的标准。

电厂一、二期工程人均综合生活用水指标为 339L/(人·d)，与周围电厂的实际用水指标大致相同。

表 2-2　　全厂一、二期 4×600MW 机组发电水耗率试验数据和计算结果

项目		数据
规模/MW		4×600MW
冷却方式		空冷
厂区面积		41.02hm²
用水量	生产	464.4 万 m³/a
	生活	8.7 万 m³/a
	合计	473.3 万 m³/a
厂区人数		700 人
人均综合生活用水指标		339L/(人·d)
机组发电水耗率		0.084m³/(s·GW)

2.1.4 锦界电厂一、二期工程节水潜力分析

电厂一、二期工程百万千瓦设计耗水指标为 0.084m³/(s·GW)，人均综合生活用水指标为 339L/(人·d)，基本满足国家的相关规范和标准。依据项目所在区域的基本情况，参照国家的相关政策和标准，结合同等规模电厂的实际运行情况，建议业主单位积极采取各种有效的节水措施，在保障电厂用水安全的情况下提高水资源利用率。

2.2 与《陕北煤电基地科学开发规划水资源论证报告书》相符性分析

锦界电厂三期工程属于陕北煤电基地科学发展规划的项目，目前《陕北煤电基地科学开发规划水资源论证报告书》已经通过相关部门的审查。

根据《陕北煤电基地科学发展规划》《陕北煤电基地科学开发规划水资源论证报告书》要求，“煤电基地规划项目全部为燃煤电厂，为实现水资源可持续利用，提高利用效率，按照节能减排、发展循环经济的有关要求，火电机组均采用超超临界燃煤空冷机组，电厂运行过程中产生的各类废污水按照清污分流、分质处理、集中回用的方法回收和重复利用，各电厂新水利用率 100%”。在正常、非正常及事故工况下，项目生产、生活等各环节污水经回收处理回用等措施实现废污水不外排。本期工程采用超超临界空冷机组，所有废污水经过处理后回用达到“零排放”，满足煤电基地规划要求。

生产和生活供水水源的选取符合当地实际情况，而且在保障生态、协调经济发展用水的情况下，使矿坑涌水与地下水水资源得到有效的利用，不会对区域水资源开发利用产生不利影响。本期工程的建设基本符合《陕北煤电基地科学发展规划》。

2.3 用水合理性分析

根据可研报告，本期工程主机采用高效超超临界、一次中间再热、三缸两排汽（暂

定）、单轴、直接空冷凝汽式汽轮机，汽轮机额定转速为 3000r/min；辅机冷却水系统采用带机械通风间冷塔的间接空冷系统；锅炉采用高效超超临界参数、一次中间再热、单炉膛、平衡通风、固态排渣、切圆燃烧或前后墙对冲燃烧、全钢架悬吊结构、紧身封闭布置、变压运行直流炉；发电机采用水氢氢型三相交流同步发电机，额定功率 660MW，三大主机采用常规机组，发电机励磁暂采用静态自并励励磁系统；采用石灰石—石膏湿法脱硫工艺和选择性催化还原法（SCR）烟气脱除氮氧化物装置。本期工程主要用水系统特征统计见表 2-3。

表 2-3　　本期工程主要用水系统特征统计表

序号	系统	特　征
1	主机	2×660MW 超超临界表凝式直接空冷系统
2	辅机	间接空冷系统
3	锅炉	2 台超超超临界直流炉，单台锅炉的最大连续蒸发量 2000t/h
4	脱硫	石灰石—石膏湿法脱硫，不设 GGH
5	脱硝	选择性催化剂还原法烟气脱硝
6	除灰	正压气力除灰
7	除渣	水冷式机械除渣

2.3.1　建设项目用水环节分析

2.3.1.1　可研报告用水情况

可研设计本期工程 2×660MW 机组用水量为 371m³/h，其中生产用水 362m³/h，厂区生活用水 9m³/h。生产水源为锦界煤矿矿坑涌水，年取水量为 281.4 万 m³/a；生活水源为瑶镇水库地表水，取水量为 8.76 万 m³/a；备用水源采用瑶镇水库地表水，年取水量为 70.35 万 m³/a。

电厂一、二期工程从补给水升压泵房（瑶镇水库附近）至电厂厂区已敷设了 1 根直径 600mm 的补给水管，另从锦界开发区水厂引了 1 根直径 600mm 的钢管作为电厂的备用补给水管，能满足 4×660MW+2×660MW 机组的用水量要求，本期工程不需要增设水库补给水管。煤矿矿坑涌水由供给方供至围墙外 1m，由锦界煤矿设计铺设。

2.3.1.2　可研报告设计主要用水系统

可研设计主要用水系统有辅机循环冷却水系统、锅炉补给水系统、脱硫系统用水、脱硝系统、除渣除灰系统、煤水系统、厂区生活用水、其他用水。

本期工程全厂用水、耗水、排水情况见表 2-4，全厂水量平衡图见图 2-1。

表 2-4　　本期工程全厂水量平衡表　　单位：m³/h

序号	用水项目	用水量	复用水量	耗水量
1	锅炉补给水处理系统	127	47	80
2	冲洗地面及汽车用水	8	6	2
3	厂区绿化用水	10	0	10

续表

序号	用水项目	用水量	复用水量	耗水量
4	厂区生活用水	9	7	2
5	脱硫系统工业用水	40	40	0
6	脱硫系统工艺用水	180	15	165
7	输煤系统除尘用水	6	0	6
8	输煤系统冲洗用水	4	3	1
9	煤水处理系统	5	4	1
10	干灰加湿用水	26	0	26
11	除渣用水	23	0	23
12	灰场喷洒	15	0	15
13	工业废水处理系统	31	28	3
14	未预见用水	35	0	35
15	暖通蒸发冷却机组	2	0	2
合计		521	150	371

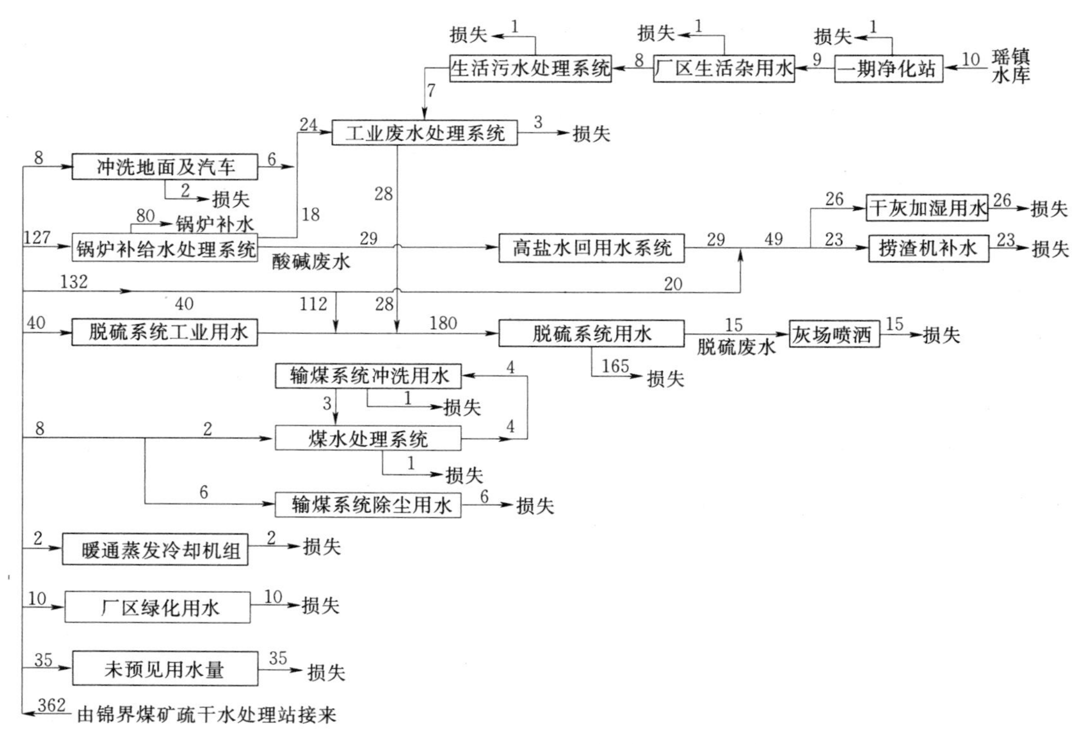

图 2-1 本期工程全厂水量平衡图（单位：m^3/h）

2.3.2　机组取用水指标计算与比较

根据《节水型企业评价导则》(GB/T 7119—2006)、《火力发电厂节水导则》(DL/T 783—2001)、《节水型企业评价导则》(GB/T 7119—2006)、《工业用水考核指标及计算方法》(CJ 42—1999)、《大中型火力发电厂设计规范》(GB 50660—2011) 等相关规定，结合本期工程主机、辅机全部选用空冷系统的特点，论证主要选取了百万千瓦设计耗水率、外排水率、企业内职工人均日用新水量等 3 项指标来计算本期工程可研设计的用水指标。

(1) 机组设计发电水耗率。本期工程夏季频率 10%气象条件下新鲜水损耗量为 $371m^3/h$，设计额定总发电装机容量为 1.32GW。设计发电水耗率为

$$b_s=\frac{Q_{1x,\ s}}{N}=\frac{371}{1.32\times3600}=0.078[m^3/(s\cdot GW)]$$

(2) 机组（全厂）重复利用率。

$$\Phi_{s1}=\frac{Q_{f,\ s1}}{Q_{z,\ s1}}\times100\%=\frac{5350}{5721}\times100\%=93.5\%$$

(3) 机组循环冷却水复用率。2×660MW 级机组设计主机采用直接空冷，不使用循环冷却水，辅机采用间接空冷系统，循环冷却水不存在损耗问题，因此本次论证对机组的循环水复用率不再论证与计算。

(4) 外排水率。2×660MW 级机组工程系统设计全厂无废水排放，外排水率为 0。

(5) 企业内职工人均生活日用新水量。本期工程可研设计生活用水 $9m^3/h$，职工 247 人，生活用水按每年 365d、每天 24h 计，则企业内职工人均生活日用新水量为

$$Q_{生}=\frac{企业日生活取水量}{职工人数}=\frac{9\times1000\times24}{247}=847[L/(人\cdot d)]$$

2.3.3　可研设计用水水平分析

(1) 机组设计发电水耗率。本期工程装机容量为 2×660MW，空冷机组，主要用水系统采用湿法脱硫、干式除灰、水力除渣、汽动给水泵排汽空冷、辅机冷却水空冷的用水工艺，在夏季频率 10%气象条件下其百万千瓦设计耗水指标为 $0.078m^3/(s\cdot GW)$，满足 GB 50660—2011 要求的不大于 $0.10m^3/(s\cdot GW)$ 的标准。

(2) 机组复用水率。经计算，全厂复用水率为 93.5%。根据《火力发电厂节水导则》(DL/T 783—2001)，对于单机容量为 300MW 及以上扩建凝汽式电厂复用水率不宜低于 98%，但对于采用空冷机组的电厂复用水率没有要求。

(3) 机组循环冷却水复用率。本工程 2×660MW 级机组设计，主机采用直接空冷，不使用循环冷却水，辅机采用间接空冷系统，循环冷却水不存在损耗问题，循环水复用率为 100%。

(4) 外排水率。本工程 2×660MW 级机组工程系统设计全厂无废水排放，本期工程机组新水利用率为 100%，新水完全利用，没有排污水，外排水率为 0，优于《国家电力公司火电厂节约用水管理办法（试行)》中新水利用率要大于 80%的要求。

(5) 生活用水指标。本期工程人均用水量为 874.5L/(人·d)，远远高于《室外给水设计规范》(GB 50013—2006) 要求的陕西省人均综合生活用水定额 190～280L/(人·d) 的标准。考虑电厂运行试行“三班制”，淋浴用水量较大，并参考其他电厂的人均用水量，

此指标可适当调整。

可研设计本期扩建工程主要用水指标与相关标准相符性分析见表 2－5。

表 2－5　本期扩建工程主要用水指标与相关标准相符性分析表

序号	指标	原设计	标准	备注
1	机组发电耗水率/[m^3/(s·GW)]	0.078	≤0.10	符合标准
2	机组复用水率/%	93.5	—	
3	机组外排水率/%	0	<20	优于标准
4	人均生活日用水量/[L/(人·d)]	874.5	190～280	不符合标准

2.3.4　合理取用水量核定

2.3.4.1　设计参数的合理性识别

对可研提供的耗水量超过总取用水量 10% 的用水系统逐一进行分析，重点分析以下用水系统（表 2－6）。

（1）冷却水系统用水分析。本期工程辅机冷却水系统为带机械通风干冷塔的间接空冷系统。干式冷却塔中的循环冷却水不与大气直接接触，而是传热给干冷塔的空冷散热器，通过散热器与大气接触进行热交换，从而达到介质冷却。闭式冷却水系统的冷却介质和干冷塔散热器的夏季喷淋水均为除盐水。

空冷机组辅机冷却水系统采用空冷技术，在伊朗、土耳其等缺水国家得到了成功应用，如伊朗的 Sahand 电站和 Arak 电站，土耳其的 Gebze/Adapazari 电站等。国内严重缺水地区为达到节水效果，对辅机冷却水采用间接空冷系统，条件合适时可以选用。

由于辅机循环冷却水不与大气直接接触，受季节的影响变化很小，因此可研报告提供的水量平衡图中不需要考虑辅机冷却水的蒸发和风吹损失量，也不需要考虑季节变化对水量的影响。

（2）锅炉补水耗水参数设计分析。电厂一、二期工程锅炉补给水处理系统采用过滤＋一级除盐加混床工艺，工艺流程如下：生水（经加热）→生水箱→生水泵→活性炭过滤器→逆流再生强酸阳离子交换器→除碳器→中间水箱→中间水泵→逆流再生强碱阴离子交换器→混合离子交换器→除盐水箱→除盐水泵→主厂房。

电厂一、二期工程为亚临界机组，水源为水库水，预处理系统采用活性炭过滤器，除盐系统采用二级离子交换除盐，系统出水已经能够满足亚临界机组对汽水品质的要求。为保证本期工程机组汽水品质能够满足要求，综合考虑节水、环保等因素，本期工程锅炉补给水处理系统另建，与电厂一、二期工程完全脱开，推荐采用技术先进、出水水质高且有利于环境保护的 UF＋RO＋EDI 全膜法处理系统。

本期工程建设除盐水箱两台，预留四期工程再建一台的位置。四期工程两台机组投运时，锅炉补给水处理系统出力再增加 1×80t/h，本期工程 2×660MW 机组和四期工程 2×1000MW 机组锅炉补给水处理系统总出力为 240t/h。锅炉最大蒸发量为 2×2000t/h＝4000t/h，锅炉汽水损耗量为 60t/h。

本期工程锅炉蒸发量为 2×2000t/h＝4000t/h，锅炉汽水损失量以 1.5% 计，为

60m³/h，满足《火力发电厂节水导则》（DL/T 783—2001）供热式电厂不超过 1.5%的要求。

考虑凝结水再生用水 10t/h，闭式水正常补水 10t/h，锅炉损耗水量为 80t/h，锅炉补水量为 127t/h（127m³/h），符合《火力发电厂水务管理设计导则》（Q/DG1 - S002—2009）要求的 2×600MW 级锅炉补给水处理系统耗水量为 90～170m³/h，论证认为锅炉补给水系统参数设计合理。

（3）脱硫系统耗水分析。本期工程脱硫系统耗水量为 180m³/h，脱硫系统排水量为 15m³/h，经处理后作为干灰场喷洒用水。脱硫系统耗水与脱硫工艺、用煤量及煤质有关，按照 Q/DG1 - S002—2009 的规定，未加设烟气再热器（GGH）的 2×600MW 级机组脱硫系统耗水量为 190～230m³/h，本期工程的脱硫系统不设 GGH，设计耗水量为 180m³/h，脱硫用水量设计偏小，但将本期工程脱硫系统耗水量与电厂现状一、二期工程脱硫系统耗水量比较，该系统设计耗水量与电厂一、二期脱硫系统耗水量基本持平，论证认为脱硫系统耗水量基本合理。

（4）脱硝系统用水分析。可研报告设计有脱硝系统，采用选择性催化还原法烟气脱硝工艺，是以液氨作为还原剂，将锅炉烟气中的氮氧化物还原成氮气和水，以达到脱除烟气中氮氧化物的目的。

还原剂贮存制备系统氨气蒸发用加热蒸汽由辅汽系统供应，蒸汽的参数为：压力 0.8～1.0MPa、温度 200～300℃。另外，液氨贮存、制备、供应系统四周安装有工业水喷淋管线及喷嘴，当贮罐罐体温度过高时自动淋水装置启动，对罐体自动喷淋降温；当有微量氨气泄漏时，也可启动自动淋水装置对氨气进行吸收，控制氨气污染。

另外，在核定脱硝系统用水过程中，经与设计单位沟通后得知脱硝系统要消耗掉一部分水，主要是在脱硝过程中需要在尿素上喷淋水使之反应生成氨气，该部分用水属于化水系统，由锅炉除盐水统一配给，设计时该部分水量予考虑，脱硝用水所消耗的水量一般由脱硝系统的厂家提供，本次论证用水参考电厂一、二期工程脱硝用水核定，该部分水量约为 5m³/h，

（5）除灰渣系统耗水分析。本期工程小时产灰渣量为 65.28t/h，灰渣比为 9∶1，其中灰量为 58.74t/h。按照《火力发电厂除灰设计规程》（DL/T 5142—2002）第 4.7.8 条规定："干灰需调湿后装车外运时，在灰库底部应设加水搅拌装置，加水量宜为灰重量的 15%～30%。"同时参照 Q/DG1 - S002—2009"调湿水量占灰量的 20%左右"的要求，论证认为干灰调湿用水量仍有一定的节水空间，参考电厂一、二期干灰调试用水，建议核定为 12m³/h，核定后调湿水量占灰量的 20%。

根据 Q/DG1 - S002—2009 的要求，2×600MW 级机组采用湿除渣方式，除渣系统补水量为 20～40t/h，论证认为可研设计耗水量 23t/h 基本合理。

（6）灰场喷洒耗水分析。在风的作用下，当灰场内灰渣含水量较低时，极易引起飞灰，此时应进行洒水降尘，以保持灰渣表层具有一定含水量，防止飞灰污染。洒水机具采用洒水汽车。对于局部无法喷洒又暂时无法覆盖的地段，可向灰渣表面喷洒固结剂，防止飞灰。为防止灰尘污染运灰道路，在灰场出口设置冲洗车辆设备，及时冲洗运灰车量。运灰道路应定时洒水，定期清扫，保证路面清洁。灰场喷洒用水 15m³/h，使用脱硫系统排

放的废水，用水指标满足 Q/DG1 - S002—2009 要求的 2×600MW 级机组干灰场喷洒用水量在 10～25m^3/h 之间，论证认为该部分用水参数设计合理。

（7）厂区生活用水。根据可研报告，本期工程定员 247 人，可研设计生活用水量为 9m^3/h，使用瑶镇水库地表水，人均生活用水量为 874L/(人・d)。参考该区域同类电厂的生活用水情况及 Q/DG1 - S002—2009 要求的 2×600MW 级机组生活用水 5～10m^3/h，设计参数基本合理，但是比电厂一、二期人均生活用水量［约为 339L/(人・d)］高，对比区域内同类型的其他电厂用水，论证认为本期工程仍具有一定核定空间，核定后的生活用水量为 3m^3/h，生活用水定额为 291.5L/(人・d)。

（8）厂区绿化用水。根据可研报告，本工程绿地面积按 16%考虑，绿地面积为 30720m^2，按照《室外给水设计规范》(GB 50013—2006)，绿化用水定额为 1～3L/(m^2・d)，则绿化用水量应为 1.3～3.8m^3/h，可研报告中夏季绿化用水量为 10m^3/h，约为 7.8L/(m^2・d)，论证认为设计用水参数偏大，建议进行核减，核定后绿化用水量为 3m^3/h，核定后绿化用水定额为 2.3L/(m^2・d)。因本期工程机组未设计供热锅炉，所以系统用水冬、夏两季差异不是很明显，且绿化用水量不大，对全年的取水量核算影响很小，因为本次论证对冬季绿化用水将不再单独核算。

（9）输煤系统用水。输煤系统用水包括输煤除尘用水、输煤冲洗用水。按照 Q/DG1 - S002—2009 “2×600MW 级机组的输煤除尘用水的标准为 10～20m^3/h，输煤冲洗用水的标准为 15～25m^3/h” 的要求，可研设计输煤系统除尘用水量为 6m^3/h，输煤系统冲洗用水为 4m^3/h。论证认为该设计值偏小，参考电厂一、二期输煤系统用水，建议输煤系统除尘用水按 10m^3/h，输煤系统冲洗用水按 15m^3/h 核定。

（10）未预见用水。根据可研报告，本期工程的未预见用水为 35m^3/h，占总用水量的 10%，根据 Q/DG1 - S002—2009 要求空冷机组未预计水量控制范围为全厂耗水量的 5%～10%。目前，火电行业的未预见水量一般为总耗水量的 5%左右，论证认为本期工程未预见水水量偏大，目前，火电行业的未预见水量一般为总耗水量的 5%左右，这与电厂实际运行一、二期未预见用水相当，核定后本期工程的未预见水量为 17m^3/h。

表 2 - 6　　本期工程用水系统设计参数合理性分析汇总表

序号	项目	用水量	设计用水指标	标　准	备　注
1	锅炉补给水处理系统	127m^3/h	127m^3/h	90～170m^3/h	合理
2	脱硫系统工艺用水	180m^3/h	180m^3/h	190～230m^3/h	偏小
3	脱硝系统工艺耗水	未体现	未体现	厂家提供	应考虑
4	干灰加湿用水	26%	44.3%	20%	偏大
5	除渣用水	23m^3/h	23m^3/h	20～40m^3/h	合理
6	灰场喷洒	15m^3/h	15m^3/h	10～25m^3/h	合理
7	绿化用水	10L/(m^2・d)	7.8L/(m^2・d)	1～3L/(m^2・d)	偏大
8	生活用水	9m^3/h	9m^3/h	5～10m^3/h	基本合理
9	输煤除尘用水	6m^3/h	6m^3/h	10～20m^3/h	偏小
10	输煤冲洗用水	4m^3/h	4m^3/h	15～25m^3/h	偏小
11	未预见水量	35%	10%	5%～10%	比实际偏大

根据对各项用水环节的分析和节水潜力节水措施的分析，核定后本期工程净补充水量为 $363m^3/h$，其中生产用水为 $360m^3/h$，生活用水为 $3m^3/h$。

核定后本期工程各用水单元用水情况见表 2－7，核定后全厂水量平衡情况见图 2－2。

表 2－7　　核定后本期工程各用水单元用水情况表　　单位：m^3/h

序号	用水项目	用水量	复用水量	耗水量
1	锅炉补给水处理系统	127	47	80
2	冲洗地面及汽车用水	8	6	2
3	厂区绿化用水	3	0	3
4	厂区生活用水	3	2	1
5	脱硫系统工业用水	40	40	0
6	脱硫系统工艺用水	180	15	165
7	输煤系统除尘用水	10	0	10
8	输煤系统冲洗用水	15	12	3
9	煤水处理系统	18	15	3
10	干灰加湿用水	12	0	12
11	除渣用水	23	0	23
12	灰场喷洒	15	0	15
13	工业废水处理系统	26	23	3
14	暖通蒸发冷却机组	2	0	2
15	脱硝系统用水	5	0	5
16	未预见用水	17	0	17
合计		504	165	344

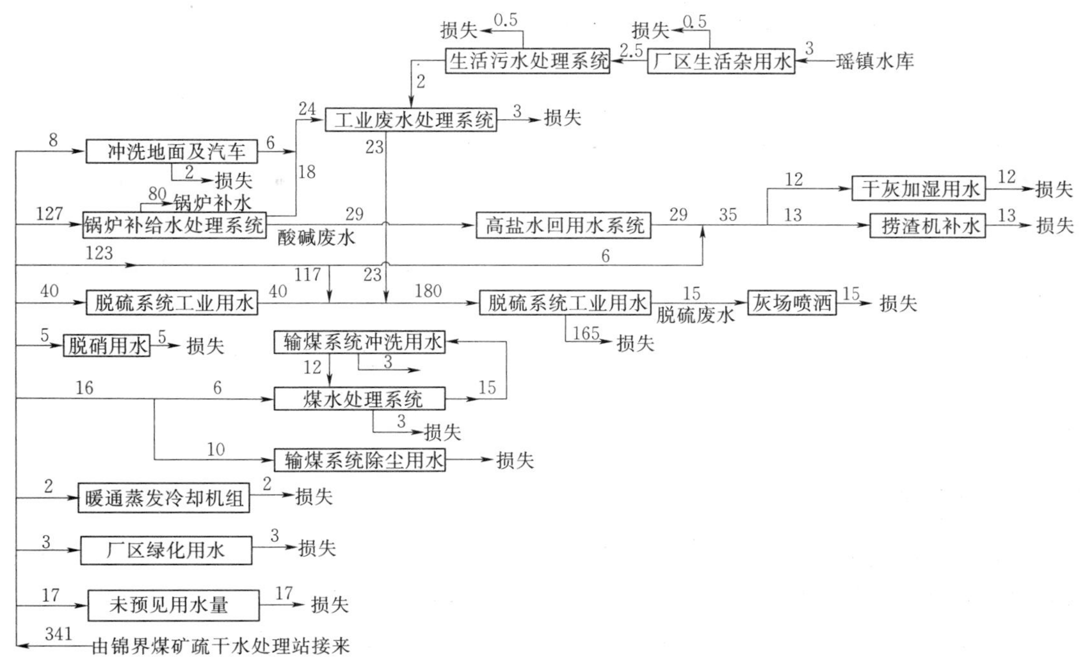

图 2－2　核定后本期工程全厂水量平衡图（单位：m^3/h）

2.3.4.2 核定后的主要用水指标

核定后本期工程主要用水指标及与原设计指标对比分析见表2-8。

表2-8 核定前后本期工程主要用水指标对比分析表

序号	用水指标	原设计	校核后	标准	电厂一、二期	备注
1	机组发电耗水率/[m^3/(s·GW)]	0.078	0.072	≤0.1	0.084	符合标准
2	生活用水定额/[L/(人·d)]	874.5	291	180～280	339	有所提高

从表2-8可以看出：

（1）核定后的所有指标均符合国家标准。

（2）核定后本期工程夏季10%频率下的发电耗水率为0.072m^3/(s·GW)，满足《大中型火力发电厂设计规范》（GB 50660—2011）要求的不大于0.10m^3/(s·GW）的标准，并高于电厂一、二期的用水水平。本期工程用水指标优于电厂一、二期工程用水指标的主要原因是本期工程的辅机也采用空冷系统，同时在生活用水方面采用了更加先进的节水设施。本期工程投运后，可以为锦界电厂一、二期工程节约用水提供一定的技术指导。

2.3.4.3 核定后本期工程的合理取水量

（1）核定后本期工程取水量的参数确定。

1）年取水时间。本期工程的年发电利用小时数为5500h，根据《发电厂节水设计规程》（DL/T 5513—2016）空冷机组的年取水小时数宜采用年运行小时数6500～7500h计算，论证认为可研设计中运行时间为6500h是合理的，生活用水的年取水时间按365d计（8760h）。

2）取水损失率。本期工程与锦界电厂一、二期工程用同一水源，以锦界煤矿矿坑涌水作为生产用水水源，瑶镇水库地表水作为生活用水水源。

锦界煤矿现已投运，且其出水已经应用于锦界电厂一、二期工程，出水水质可达到《城市污水再生利用 工业用水水质》（GB/T 19923—2005）的要求，再处理损失率及输水损失按10%计。瑶镇水库地表水生活用水水源，输水损失暂按10%考虑。

（2）核定后取、耗水量。

1）耗水量。核定后本期工程耗水量为344m^3/h，年耗水量224.3万m^3。其中生产耗水量为341m^3/h，年生产耗水量221.7万m^3；生活耗水量为3m^3/h，年生活耗水量为2.6万m^3。

2）取水量。核定后本期工程取水量为382.3m^3/h，年取水量249.3万m^3/a。其中生产取水量为379m^3/h，年取水量246.4万m^3/a；生活取水量为3.3m^3/h，年取水量为2.9万m^3。

2.4 节水措施与管理

为最大限度地节约用水，降低电厂耗水量，本期工程设计主要是从用水工艺、用水设备和水务管理制度等方面提出相应的节水措施。具体节水措施如下：

（1）采用主机+小机间冷，降低水耗。空冷电站的最大优点就是节水效果显著，一座空冷电站较常规湿冷电站节约用水75%，可以大幅度降低电厂用水量。

（2）辅机冷却系统采用空冷系统。

（3）采用气力除灰、水浸式刮板捞渣机机械除渣系统。

（4）根据各用水点对水质要求的不同提高水的重复利用率，采用梯级供水方式，即当上一级排水水质能满足要求时，经简单处理后，作为下一级的供水水源，全厂主要设三级供水系统。

（5）全厂设两套中水管道系统，分别为工业废水（淡水）中水道和中高浓度工业废水中水管道。工业废水（淡水）中水管道指排水含盐量较少、与原水含盐量变化不大的工业废水的收集、处理、回用管道系统；中高浓度工业废水中水道指排水含盐量较高的辅机冷却水系统排污水、各类中和后的化学处理系统废水、脱硫废水的收集、回用管道系统。

（6）设置连续排污扩容器，回收二次蒸汽至除氧器。

（7）设置机械真空泵，以减少水损失。加强汽水系统阀门管理及维护，减少汽水损失。

（8）在电厂进水干管上安装水量计量装置，严格控制用水指标。

（9）将水务管理作为电厂运行管理中对各车间考核管理的重要内容，用水指标应作为一项重要的考核指标，加强运行中的管理与监视。

（10）将电厂一、二期工程中已经采用的行之有效的节水措施纳入本期工程。

（11）电厂一、二期工程的人均生活用水定额为 339L/(人·d)，略高于本期工程人均生活用水水平，主要原因为电厂一、二期工程建成时间较早，节水器具的配备用使用方面存在一定缺陷，建议电厂在今后运行过程中可以逐步用新型节水器具替代已有的用水设备。

3 建设项目取水水源论证

3.1 水源选择方案

根据我国当前的水资源开发利用政策，新建项目应坚持传统与非传统水源开发相结合的原则，合理开发地表水，严格控制地下水，鼓励使用再生水。该项目可供选择的水源为工业园区中水、锦界煤矿矿井涌水、瑶镇水库地表水。经过论证分析，最终选择锦界煤矿矿井涌水作为生产用水，瑶镇水库地表水作为生活用水。

本次水源论证将在分析电厂一、二期现状水量使用基础上分析有没有余量可供电厂三期工程用水。

3.2 矿坑排水水源论证

本次水资源论证水文地质情况依据《陕西省陕北侏罗纪煤田榆神矿区锦界井田勘探地质报告》和《陕西省陕北侏罗纪煤田榆神矿区锦界井田Ⅰ期勘查区勘探地质报告》的相关内容。

3.2.1 井田概况

锦界井田位于榆神矿区东北部，二期规划区西部，地处陕西省榆林市神木县瑶镇乡和麻家塔乡境内，行政区划隶属陕西省榆林市神木县瑶镇乡管辖。地理坐标位于东经110°06′00″～110°14′30″和北纬38°46′30″～38°53′15″之间。按照确定的井田范围，井田东西宽12km，南北长12.5km，面积约141km²。全井田可采储量为1294.99Mt，矿井扩建后按10.0Mt/a生产能力，服务年限92.5年左右。

3.2.2 井田水文地质条件

3.2.2.1 地质条件

锦界井田地层由老至新依次为：三叠系上统永坪组，侏罗系中统延安组、直罗组，第三系上新统保德组，第四系中更新统离石组，上更新统萨拉乌苏组、全新统风积沙及冲积层。锦界井田构造简单，地层平坦，总体趋势为一个倾角小于1°，缓缓向西北倾斜的单斜构造。

3.2.2.2 井田水文地质条件

（1）第四系河谷冲积层潜水。主要分布于青草界沟谷阶地及漫滩区，岩性以黄褐、灰褐色细砂、粉砂为主，局部夹粗砂及砂砾层。含水层水位埋深0.90～3.00m，厚度8.56～26.40m，渗透性不均匀。

（2）第四系上更新统萨拉乌苏组潜水。主要分布于青草界沟以北，青草界沟以南呈条带状和零星片状分布，多被风积沙掩盖。风积沙与萨拉乌苏组累计厚度青草界沟以北一般10～30m，最大厚度76.10m，青草界沟之南一般10m左右。

（3）第四系中更新统离石黄土与第三系红土隔水层。区内黄、红土层大范围连片分布，但古冲沟发育，有多条土层古冲沟和多处条形洼地，以J606～J607孔、J1107向西至河则沟、J905～39孔、J605～S4孔一带的古冲沟发育较深远，其余地段的古冲沟发育规模较小。

（4）中侏罗统直罗组孔隙裂隙承压含水层。因受后期剥蚀仅保留下部地层，除青草界沟外基本全区分布，厚度最大为103.85m，大部地段一般20～30m，西北部厚度大于50m。

（5）中侏罗统延安组孔隙裂隙承压含水层。含水层岩性主要为中粒、细粒砂岩，局部粗粒砂岩，泥质胶结或钙质胶结，结构致密，裂隙主要为水平或波状层理面及稀少的岩体节理。裂隙密闭或被方解石充填。

（6）烧变岩裂隙孔洞潜水。仅分布于井田西南部，呈不规则条带状沿沟谷展布，冒泡泉流量11.81L/s，富水性强，水质良好，属HCO_3-Ca型水。

3.2.2.3 地下水的补径排条件

（1）第四系松散层孔隙潜水补径排条件。沙层潜水以接受大气降水直接补给为主（入渗系数0.10～0.60），区域侧向补给和凝结水补给微弱。井田地下水自然排泄出露点大多分布于青草界沟各支沟，地形为陡坡宽谷，地下水主要由沟谷北侧、西侧坡脚线状渗出，渗出明显段各支沟不一。

（2）中生界碎屑岩类孔隙裂隙承压水补径排条件。主要接受区域侧向补给和上部地下水的渗透补给。在地势较高的沟谷裸露区，则直接接受降水及地表水沿裂隙向岩层内微弱渗透补给。

（3）烧变岩裂隙孔洞潜水的补径排条件。分布范围小，主要是长期接受第四系松散层潜水和基岩风化带潜水侧向补给。在地形低凹、烧变岩露头处以泉排泄于沟谷中，如小格沟烧变岩泉。

3.2.3　井田开拓与开采方式

鉴于锦界煤矿煤层埋藏较深，冲积层薄，且不具备平硐开采条件。井田的开采方式采用主斜井、副立井和回风立井的斜-立混合开拓方式，井下布置胶带机运输大巷、辅助运输大巷和回风大巷。结合矿井煤层赋存情况，井下采煤方法采用一次采全高综采，加大工作面推进长度，减少三角煤；加大工作面长度，减少工作面间条带煤柱，进一步减少煤柱损失；加大采区尺寸，减少大巷及采区边界煤柱。

3.2.4　地下水模型的构建

3.2.4.1　水文地质概念模型的分层

（1）水文地质分层概化。为建立锦界井田三维地质模型，根据上述各章节研究区概述，对研究区的水文气象、水文地质条件进行分析和总结，并参照含水层渗透性、地下水水力性质、地下水动态特征，对含水层、隔水层结构进行概化。井田水文地质模型共概化为 6 层，概念模型见图 3－1。

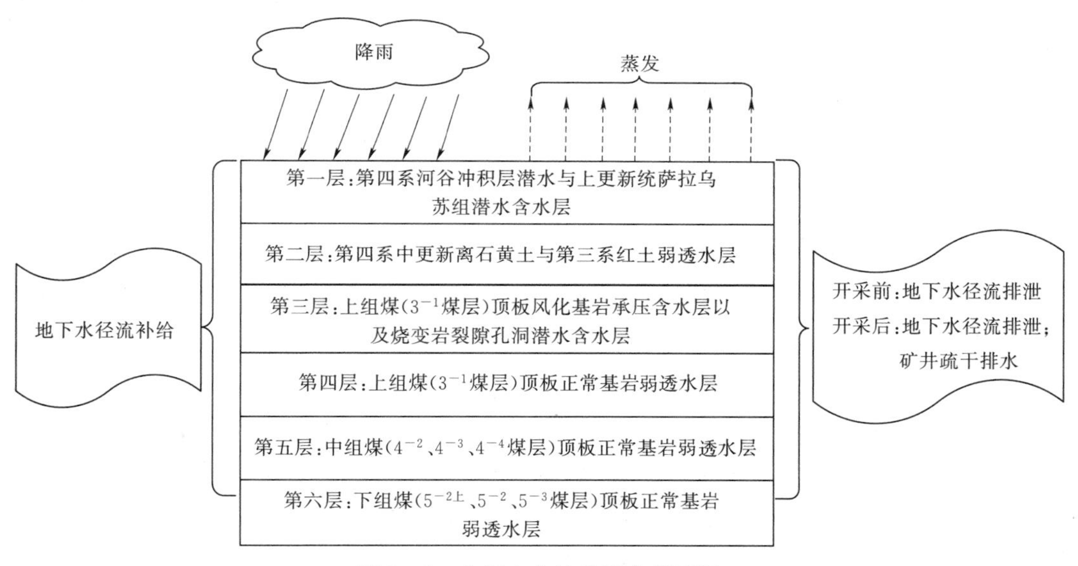

图 3－1　井田水文地质概念模型图

1）第一层：第四系河谷冲积层潜水与上更新统萨拉乌苏组潜水含水层。第四系河谷冲积层潜水主要分布于青草界沟谷阶地及漫滩区，岩性以黄褐、灰褐色细砂、粉砂为主，局部夹粗砂及砂砾层。第四系上更新统萨拉乌苏组潜水主要分布于青草界沟流域及河则沟流域，以片状、朵状分布为主，多被风积沙掩盖，与冲积层组成统一的潜水含水层。

2）第二层：第四系中更新离石黄土与第三系红土弱透水层。井田主要的隔水层由第四系离石组黄土与新近系三趾马红土组成。离石黄土的岩性为浅棕黄、褐色亚砂土及亚黏土，局部柱状节理发育，夹多层薄层古土壤层及结核层。三趾马红土岩性为棕红色黏土和亚黏土，结构较致密，局部含钙质结核，富水性极差。因此，将其概化为弱透水层。

3）第三层：上组煤（3^{-1}煤层）顶板风化基岩承压含水层以及烧变岩裂隙孔洞潜水含水层。该含水层为一套黄绿、灰黄色中粗粒砂岩、细砂岩，局部为粉砂岩，砂岩成分以石英、长石为主，含有少量云母及暗色矿物，分选中等，泥质胶结为主，局部钙质胶结，厚—中厚层状，块状构造。岩石严重风化至中等风化，岩芯疏软碎裂，风化裂隙发育，具有较好的渗透性及储水条件。

4）第四层：上组煤（3^{-1}煤层）顶板正常基岩弱透水层。本层岩性以灰白色—深灰色泥岩、粉砂岩、砂质泥岩为主，见有灰白色细粒砂岩、中粒砂岩和粗粒砂岩，具微波状，小型交错层理、水平层理。

5）第五层：中组煤（4^{-2}、4^{-3}、4^{-4}煤层）顶板正常基岩弱透水层。岩性以灰色、深灰色粉砂岩、砂质泥岩为主，灰白色中粒长石砂岩、细粒砂岩次之。发育有微波状小型交错层理、斜层理、水平层理、均匀层理。

6）第六层：下组煤（$5^{-2上}$、5^{-2}、5^{-3}煤层）顶板正常基岩弱透水层。本层以灰色、深灰色粉砂岩、泥岩为主，下部为巨厚层状的中—粗粒砂岩。发育微波状小型交错层理，见有斜层理、均匀层理。

（2）分层高程确定。根据井田内各时期勘探工作钻孔柱状图统计资料，采用 Kriging 空间插值方法进行插值，得到井田范围内地表及各分层底板高程数据。井田外扩部分地表高程根据研究区域 1：10000 地形图识别获得，其他各层底板高程根据查找相关研究区文献，通过各地层等值线图叠加获得。

3.2.4.2 模型边界条件的概化

边界是模拟区与外部环境区分开来的界线，模拟区与外部环境通过该界线发生物质与能量的交换。根据边界条件，边界可分为三类：①已知边界处水位变化的边界；②已知边界处流量变化的边界；③已知边界处水位与流量线性组合变化的边界。本模型将模拟区概化为具有第一类定水头边界及第二类定流量边界。

（1）潜水层边界条件。研究区范围应尽量为一个完整的具有天然边界的地下水系统，非天然边界处需要人为给定，模拟区潜水层分水岭边界补给量几乎为 0，概化为零流量边界；模拟范围西南角秃尾河段概化为定水头边界；模拟范围东北角潜水流向窟野河流域概化为排泄边界，排泄量较小；井田东侧边界潜水流向模拟范围内概化为补给边界，补给量较小。

（2）承压水层边界条件。根据实测水位流场可知，风化基岩承压水地下水流向为东北—西南方向，因此，矿区承压水含水层边界为人为划定边界。模拟区东部与北部为流量补给边界，模拟区西部与南部为流量排泄边界。

3.2.4.3 数学模型的建立

由水文地质概念模型，将模拟区地下水流概化成平面非均质各向同性、空间六层结构、非稳定地下水流系统，可用微分方程的定解问题来描述。根据研究区水文地质条件，锦界井田地下水系统水文地质概念模型相对应的三维非稳定流数学模型如下：

$$
\left.\begin{aligned}
S\frac{\partial h}{\partial t}=\frac{\partial}{\partial x}\left(K\frac{\partial h}{\partial x}\right)+\frac{\partial}{\partial y}\left(K\frac{\partial h}{\partial y}\right)+\frac{\partial}{\partial z}\left(K_s\frac{\partial h}{\partial z}\right)+\varepsilon\\
\mu\frac{\partial h}{\partial t}=K_x\left(\frac{\partial h}{\partial x}\right)^2+K_y\left(\frac{\partial h}{\partial y}\right)^2+K_z\left(\frac{\partial h}{\partial z}\right)-\frac{\partial h}{\partial z}(K_s+p)+p\\
h(x,y,z,t)_{t=0}=h_0\\
h(x,y,z,t)_{\Gamma_1}=h_1\\
\left(K_n\frac{\partial h}{\partial n}\right)_{\Gamma_2}=q
\end{aligned}\right\}
$$

式中：K_x、K_y、K_z 分别为 x、y、z 方向的渗透系数；h 为含水层隔水底板至自由水面的距离，即含水层厚度，m；ε 为源汇项，即单位时间、单位面积上垂向流入或流出含水层的水量，流入为正，表示汇，流出为负，表示源，$m^3/(d\cdot m^2)$；μ 为潜水含水层的重力给水度；h_0 为水头初始值，m；Γ_1 为渗流区域的第一类边界；Γ_2 为渗流区域的第二类边界；K_n 为边界面法向方向的渗透系数，m/d；p 为潜水面上的降水入渗和蒸发，m/d；S 为自由面以下含水层储水系数，1/m。

3.2.4.4　建立开采后地下水模型

锦界煤矿自 2006 年投产之后，数值模拟主要依据《锦界煤矿水文地质补充勘探报告》（2012 年）和煤矿开采后水文观测资料等。

（1）参数赋值。

1）初始条件。本次模拟采用 2011 年 3 月统测的第四系含水层以及风化基岩承压含水层水位数据，采用克里金插值法分别获得第四系含水层及风化基岩含水层初始水位等值线。由于煤层上覆基岩缺少分层水位观测数据，故基岩弱透水层采用风化基岩含水层水位作为模型的初始流场。

2）渗透系数分区赋值。水文地质参数的选取，对于模型计算至关重要，其合理与否直接影响到模型的计算精度和结果的可靠性。

a. 第一层潜水渗透系数。第四系河谷冲积层潜水主要分布于青草界沟谷阶地及漫滩区，渗透性不均匀，与下伏第四系上更新统萨拉乌苏组组成统一的潜水含水层。据地质勘探期间 J605 钻孔，建井期间浅 1 号、浅 2 号钻孔抽水试验，渗透系数 0.6321～1.0282m/d，抽水试验成果见表 3-2。第四系上更新统萨拉乌苏组潜水含水层厚度变化较大，钻孔抽水试验见表 3-3，平均渗透系数 0.813～4.760m/d，富水性以中等为主。

b. 第二层相对隔水层渗透系数。第二层隔水层根据相关文献研究成果及土层性质初步赋予经验值，在土层缺失地区赋予相对较大的渗透系数，基本与自然条件相一致。

c. 第三层侏罗系直罗组风化基岩含水层渗透系数。直罗组含水层除青草界沟外，基本全区分布。据钻孔抽水试验数据，钻孔平均涌水量 8.34m^3/h，平均渗透系数 0.5010m/d，单位涌水量介于 0.0173～0.6504L/(s·m)。

局部上覆土层缺失地段，因缺少隔水层顶板，该风化基岩含水层常与上覆萨拉乌苏组沙层组成统一的含水层，具潜水水力特征。据钻孔抽水试验资料，钻孔平均渗透系数 0.8430m/d，平均单位涌水量 0.58392L/(s·m)。在该区域，地表潜水完全与承压水连通，共同构成矿井的充水水源。因此，本层渗透系数主要参考抽水试验成果及风化基岩渗透系数等值线图。

d. 各煤层上覆基岩渗透系数选用主要参照矿区煤层上覆基岩岩性结构，初步赋予经验值，基本与自然条件相同。

为便于比较煤矿开采前后各层渗透系数变化的情况，渗透系数分区与开采前保持一致。

（2）源汇项。矿区开采后地下水系统的补给项主要以大气降水为主，还有微弱的侧向径流和凝结水补给，其排泄项有地下水溢出、径流排泄、蒸发和矿井涌水。

侧向补给排泄与开采前情况一致。

煤矿开采的涌水量以煤矿开采期间实测的各个工作面实际涌水量为基础，以抽水井的形式输入模型中。

（3）识别与验证。

1）流场拟合。通过以上步骤建立起来的地下水流数值模型需进一步调整模型参数，使建立的数值模型更准确反映研究区实际水文地质条件和地下水系统特征，本次研究采用的方法为试估—校正法。将待求参数，如渗透系数、贮水率、入渗补给系数、边界值等，输入地下水模型程序中，运行程序计算相应水位，然后对比模型计算水位值和研究区实际观测水位值，根据两者的拟合情况不断修正输入的参数值以使两者拟合得更好，重复这一过程直至拟合满意为止。

通过反复调整参数和均衡量，识别水文地质条件，确定模型结构和参数，使模拟期潜水含水层、风化基岩含水层的模拟流场与实际流场相近。

2）水文观测孔验证。根据井田内水文观测点的分布情况，选择 10 个观测点，对上述识别后的地下水模型进行验证，见图 3-2。计算各拟合点的计算水位与观测水位的绝对误差和相对误差，并对它进行综合分析。经分析，大部分拟合点的平均绝对误差小于 0.5m。从分析结果看，拟合效果较为理想，可为煤矿开采地下水的水位预测提供依据。

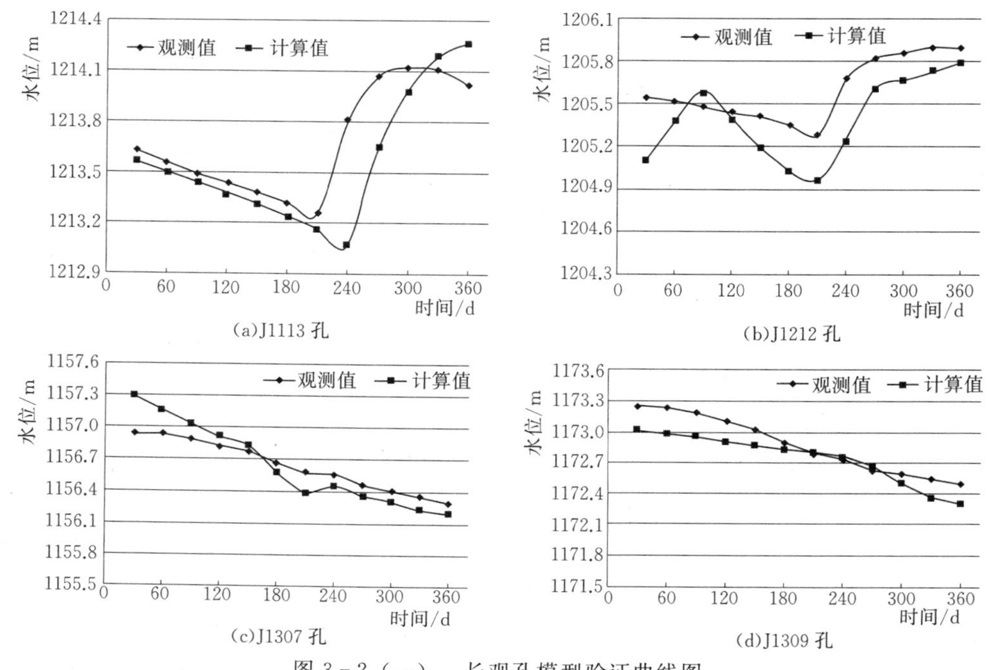

图 3-2（一） 长观孔模型验证曲线图

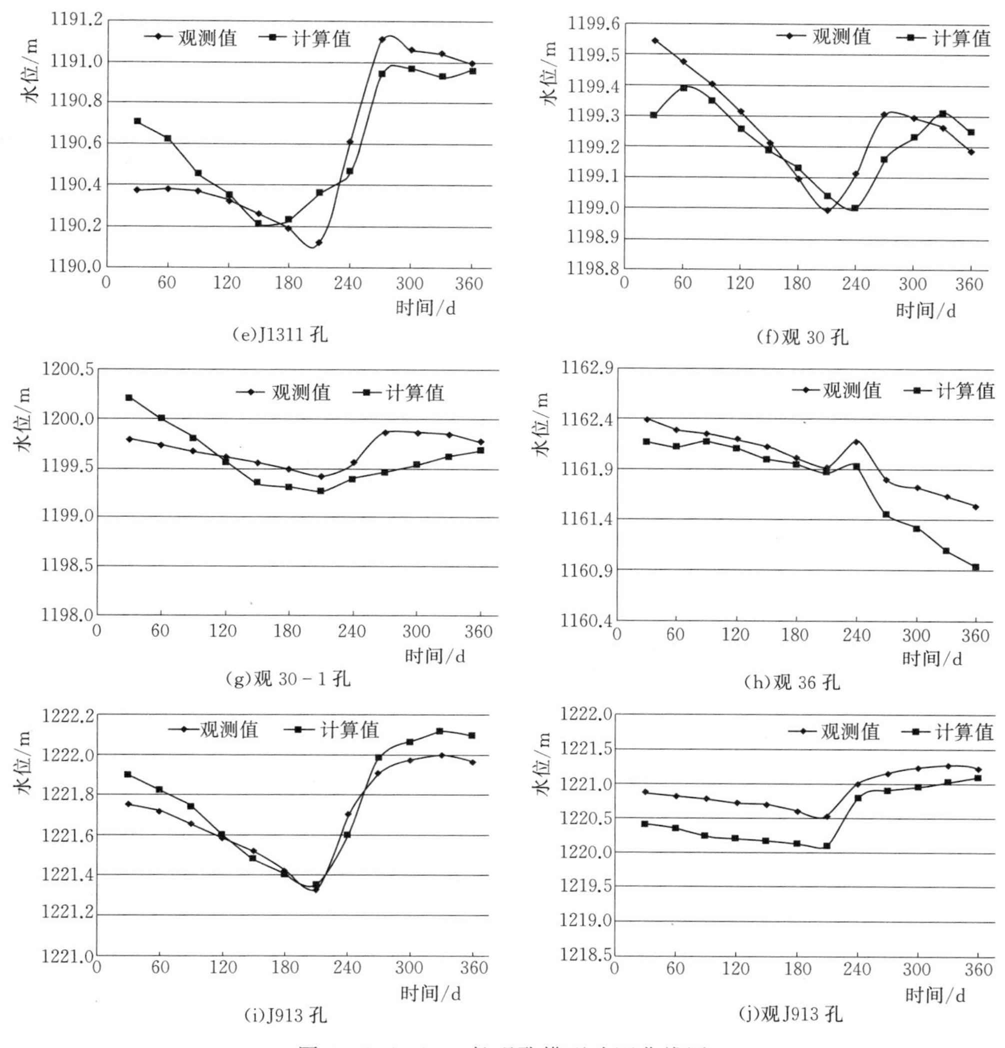

图 3－2（二）　长观孔模型验证曲线图

3）识别后水文地质参数值。模型检验过程中，通过拟合水位动态曲线和分析地下水均衡，调节边界流量和水文地质参数初值，近似得出真实反映模型区域水文地质参数的最终值。参数分布总体符合水文地质条件，潜水含水层和承压含水层的渗透系数在 0.005～3.8m/d，具体见表 3－1。识别的含水层参数与前人抽水试验等所提交的数值接近。

3.2.4.5　涌水量预测

根据建立的地下水数值模拟模型预测锦界煤矿开采 40 年矿坑涌水量，根据预测结果，锦界煤矿开采前几年矿坑涌水量逐年上升，至第 7 年涌水量达到最大值，为 130280m^3/d，随后逐渐减少，最终稳定在 90274m^3/d。

3.2.5　矿坑涌水量预测

矿坑涌水量预测依据《陕西省陕北侏罗纪煤田榆神矿区锦界井田勘探地质报告》（陕西电力银河集团有限公司 2002 年 11 月）成果内容。锦界井田现状已开采，由于导水裂隙带发育至潜水含水层，潜水及地表水体进入矿井使得锦界煤矿实际涌水量远大于预测值，因此本次矿井涌水预测成果仅作为参考。

表 3-1　　模拟区各层识别水文地质参数表　　单位：m/d

层位	参数分区	识别前			识别后		
		K_x	K_y	K_z	K_x	K_y	K_z
第一层沙层及萨拉乌苏组含水层	1	0.4	0.4	0.04	0.4	0.4	0.04
	2	0.6	0.6	0.08	0.6	0.7	0.08
	3	0.8	0.8	0.08	0.8	0.8	0.08
	4	1.2	1.2	0.12	1.2	1.2	0.12
	5	1.6	1.6	0.16	1.6	1.6	0.16
	6	2	2	0.2	2	2	0.2
	7	2.5	2.5	0.25	2.5	2.5	0.25
	8	3	3	0.3	3.1	3.1	0.3
第二层相对隔水层	9	0.05	0.05	0.005	0.1	0.2	0.1
	10	0.0001	0.0001	0.00001	0.0001	0.0001	0.00001
第三层承压含水层	1	0.4	0.4	0.04	0.4	0.4	0.04
	2	0.6	0.6	0.08	0.6	0.7	0.08
	11	0.3	0.3	0.03	0.3	0.3	0.1
	12	0.2	0.2	0.02	0.3	0.4	0.2
	13	0.45	0.45	0.045	0.45	0.45	0.15
	14	0.5	0.5	0.05	0.5	0.5	0.09
	15	0.55	0.55	0.055	0.6	0.6	0.1
	16	0.7	0.7	0.07	0.7	0.7	0.07
第四、五、六层各煤层上覆基岩含水层	3	0.8	0.8	0.08	0.8	0.8	0.08
	8	3	3	0.3	3.1	3.1	0.3
	11	0.3	0.3	0.03	0.3	0.3	0.1
	14	0.5	0.5	0.05	0.5	0.5	0.09

（1）J302～J702 线综采面涌水量。该区水文地质条件简单，直接充水层为直罗组风化岩裂隙潜水含水层，其上覆土层及零星分布的沙层不含水或弱含水。综采面初步设计长度 4000m，宽度 250m，充水含水层平均厚度 32m。依 J602 孔抽水成果，渗透系数为 0.142m/d，根据等水位线图分析，涌水条件为单侧进水，适用水平廊道法计算，计算公式：

$$Q=BK(2H-S)S/2R$$

式中：Q 为矿坑涌水量，m^3/d；B 为采区巷道走向长度，m；K 为渗透系数，m/d；H 为含水层厚度，m；S 为水位降深，m，$S=H$；R 为影响半径，m，$R=2S\sqrt{HK}$。

$$Q_{正}=4000\times0.142\times32^2/(2\times138)=2108(m^3/d)$$

上述计算为正常涌水量，最大涌水量以丰水年水位最高抬升 3.00m 计，则 $H=35.00m$，相关参数 $R=156.00m$，$Q_{max}=2230m^3/d$。

（2）J606～J306 地段 3^{-1}煤综采面涌水量。该区水文地质条件比较复杂，导水裂隙将沟通直罗组风化岩裂隙水，西部沟通松散层水。前者富水性相对均匀，但厚度变化大，后者富水性及厚度均有一定变化，为此分层分块计算。根据地下水流向和水力坡度分析，初期各充水层均为双侧进水，后期沙层水变为单侧进水。

1）直罗组含水层涌水量。采用双侧进水廊道公式：$Q=BK(2H-S)S/R$。直罗组产生的总涌水量为 $2860m^3/d$。

2）松散沙层含水层涌水量。计算公式同上。沙层水总涌水量为 $6318m^3/d$。

由上计算，J606～J306 孔地段采煤工作面直罗组风化岩和沙层含水层形成的正常涌水量合计为 $9178m^3/d$。根据本区丰水期水位抬升 1.5m 的动态特征，最大涌水量计算为 $9394m^3/d$。

（3）310102 综采面涌水量。该工作面位于大巷以西 429800 纬线北 150m，长 6000m，宽 250m，由西向东回采经过第四系沙层含水层的富水性不稳定区，富水性弱区和富水性中等区，含水层厚度 6～20m。直罗组风化岩含水层厚度为 10～20m，微承压高度约 10m（即 $H=30m$）。土层厚度 0～10m，上覆基岩厚度 15～70m，计算区导水裂隙带均导通直罗组含水层，东部导通沙层水，且东部有冒落带沟通通沙层水。根据地下水流场条件，为单侧进水模式，故采用单侧涌水廊道计算公式。

1）直罗组含水层涌水量。计算公式：$Q=BK(2H-S)S/2R$。

2）第四系沙层含水层涌水量。计算公式：$Q=BK(2H-S)S/2R$。

通过上述计算，两个含水层产生的正常涌水量合计为 $4282m^3/d$，丰水期涌水量为 $4402m^3/d$。

（4）5^{-2}煤层矿坑涌水量预算。该煤层充水含水层主要为顶板砂岩裂隙承压水，在不考虑上部煤层采空区积水和地下水渗流场改变的条件下，以现有水文地质条件和参数进行计算。5^{-2}煤层采面回采形成的疏降漏斗水力特征为承压转无压渗流场，所以采用承压—无压双侧进水计算公式。计算公式：$Q=BK(2H-S)S/R$。涌水量为 $1783m^3/d$。

（5）计算结果评述。锦界井田是一个水文地质条件比较复杂的井田，矿井充水与采面初设位置、上覆岩层组合特征、导水裂隙发育规模及强度等诸多因素密切相关。先期地段南、北部水文地质条件差异显著，因此在南、北部各选择一个代表性工作面，根据其水文地质特征和地下水流场的不同，采用不同的参数和计算公式进行分层分段计算预测。

南区以直罗组含水层充水为主，单侧进水，所以涌水量较小。北区 J606～J306 地段，因土层不连续，沙层水与直罗组风化岩水大片连通，构成统一涌水层，进水断面增大并为双侧进水，所以计算的涌水量也较大。本次采用的水文地质参数均为计算区内水文钻孔抽水试验成果，厚度采用多点平均值，并根据潜水等水位线图确定地下水流场条件，所以，涌水量计算结果比较可靠，体现在同一井田不同开采区域水文地质条件差异将导致矿坑涌水量的预计值存在较大差异。

锦界井田现状已开采 10 年，开采过程中由于导水裂隙带发育至潜水含水层，潜水及地表水体进入矿井使得锦界煤矿实际涌水量远大于预测值，因此本次矿井涌水预测成果不能代表实际涌水量情况，本次论证矿坑涌水量预测仅作为参考方法，正常矿坑涌水量的选用以实际矿坑涌水量进行分析。

3.2.6 矿坑排水实际监测资料分析

（1）锦界煤矿全矿井工作面（准备工作面）涌水量变化趋势分析。锦界煤矿于2006年9月底开始试生产，11月后投入正常运行状态。从2006年9月底开始，神东地测公司锦界地测站即开展矿坑涌水量监测。2006年9月监测1次，2006年10月监测3次。2006年11—12月每日均进行了监测。从2007年1月至2015年7月，每月的上、中、下旬均进行了2次监测，有时还进行了加密监测。本次分析计算采用的资料是2006年9月至2015年7月的实测资料。

锦界煤矿不同工作面月平均涌水量关系见图3-3。

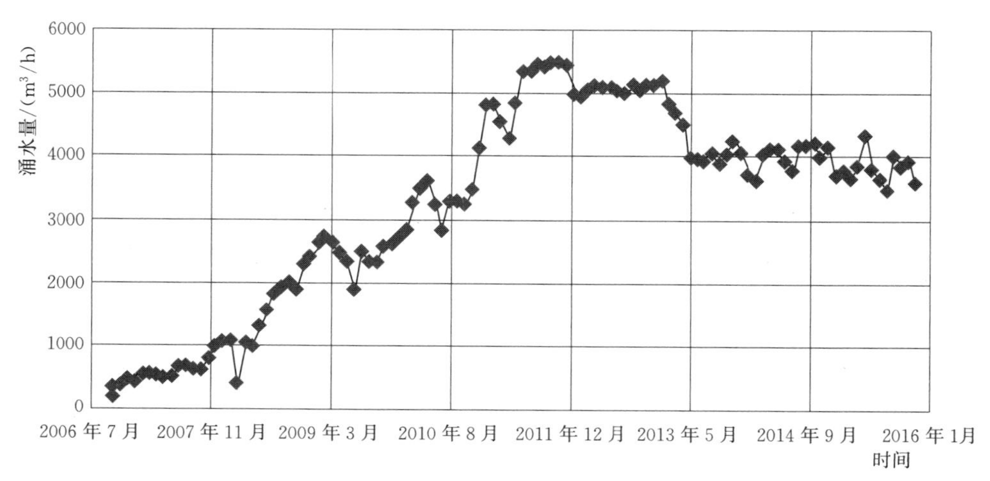

图3-3 锦界煤矿不同工作面月平均涌水量关系图

由以上矿坑涌水量实测资料可知，随着工作面的不断推进，其采空区面积逐渐增加，导致整个矿坑涌水量不断加大，这种关系在以后的开采过程中表现得非常明显，说明在前期开采过程中随着采空区面积的增加，矿坑涌水量将会一直增加。此外，从图中还可以分析出，每增加一个准备工作面，由于疏放顶板水的缘故，矿坑涌水量都会出现较大的增长。如：2008年12月由“一工一备”增至“一工两备”，月均矿坑涌水量从1912m^3/h增加到2296m^3/h；2009年1月由“一工两备”变为“三工”时，月均矿坑涌水量由2296m^3/h增至2424m^3/h，并持续增长至2646m^3/h，至5月减为“二工”时，月均矿坑涌水量开始下降。2010年也是如此，2011年6月至2013年1月矿坑涌水量出现最大值5476m^3/h，平均值保持在5182m^3/h，2013年2月，随工作面变更，矿坑涌水量开始出现下降。2013年5月至2015年12月，矿坑涌水量基本稳定在3925m^3/h。

因此，从上述分析可知，涌水量变化经历3个过程：①随着开采工作面、准备工作面和采空区面积的增加，在该段时期内矿坑涌水量曲线中有降低，但总体增加趋势将非常明显，并在该段时段内增大至最大值，这一趋势和每周的检测资料也表现出较好的一致性；

②涌水量增大至最大值 5476m^3/h，并在一定的时间内保持稳定，此阶段是锦界煤矿开采形成的倒水裂隙带与第四系潜水层全部联通，导致矿井水水量较大，并在一定的时间内保持稳定；③导水裂隙带发育到一定程度后会随着煤矿开采而慢慢趋向稳定和闭合阶段，从而导致矿井涌水在出现最大值后慢慢回落并趋于一定的稳定，图 3-3 中 2013 年 5 月以后矿坑涌水量基本稳定在 3925m^3/h。

（2）矿井涌水点及水量构成。根据矿井实测历年涌水量资料分析，开采初期，涌水量主要由回采面涌水及掘进面涌水组成，其中掘进面涌水量较大，主要是由于掘进过程中探放水所导致。2010 年至 2015 年 12 月，随着采空区的增大，涌水量主要由回采面及采空区涌水量组成。涌水量组成变化见图 3-4。根据涌水量组成图可以看出，矿井涌水的主要来源是采空区和回采工作面。

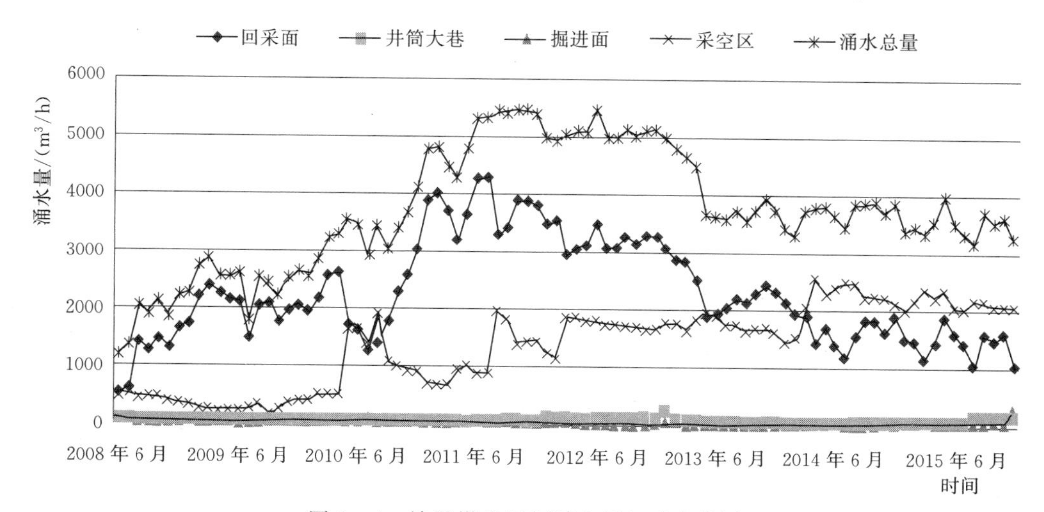

图 3-4　锦界煤矿历年涌水量组成变化图

从图 3-4 分析，锦界煤矿矿坑涌水量 60%来自于回采面，36%来自于采空区，井筒大巷及掘进面所占比例较小。从矿井涌水组成变化图来看，在煤矿开采的早期，矿井涌水主要随着工作面的变动发生细微的变动，涌水量主要由回采面涌水组成，但是随着采空区面积的加大，采空区的矿坑涌水量也出现逐渐增加的趋势；在煤矿开采中后期，采空区的涌水将替代回采区涌水，而逐渐成为矿坑涌水量构成的主体。

（3）采面涌水规律。以 31101 工作面为例，31101 工作面是锦界煤矿投产后生产的第一个综采工作面，首采工作面回采推进长度为 36m 时，涌水量达 130m^3/h，工作面大面积来压时，涌水量增至 300m^3/h，大大超出精查报告计算的最大涌水量（92.9m^3/h）。随着工作面回采的推进和疏放水工程的运行，工作面涌水量及排水孔涌水量呈现逐渐减小的趋势，工作面推进过半时，涌水量已减小一大半，回采结束后仅为采空区涌水量，水量为 100m^3/h 左右。从涌水量统计资料可知，31104、31105 及 31208 等工作面具有与 31101 工作面一致的规律，即采面涌水量总体呈现先大后小的变化规律，工作面推进一定距离以后（大约一半以后），涌水量明显下降。说明疏放含水层的体积储存量减少，反映了侧向径流弱。

按照以往的工程经验，首采面采过后，其他后续工作面涌水量将逐渐减小。但后续开采的 31102 工作面涌水量为 $210m^3/h$，31103 工作面最大涌水量为 $501m^3/h$。一方面说明 3^{-1} 煤层顶板含水层富水性较强，静储量较大。另一方面说明随着相邻工作面的采动，采空区扩大，不同工作面的冒裂带存在连通的可能性。

此外，从 31401 工作面涌水量可以看出，2010 年 4 月至今工作面涌水量增加、疏放水量减小，说明随着工作面的推进开采区扩大，冒裂带逐渐沟通上部潜水（图 3-5）。

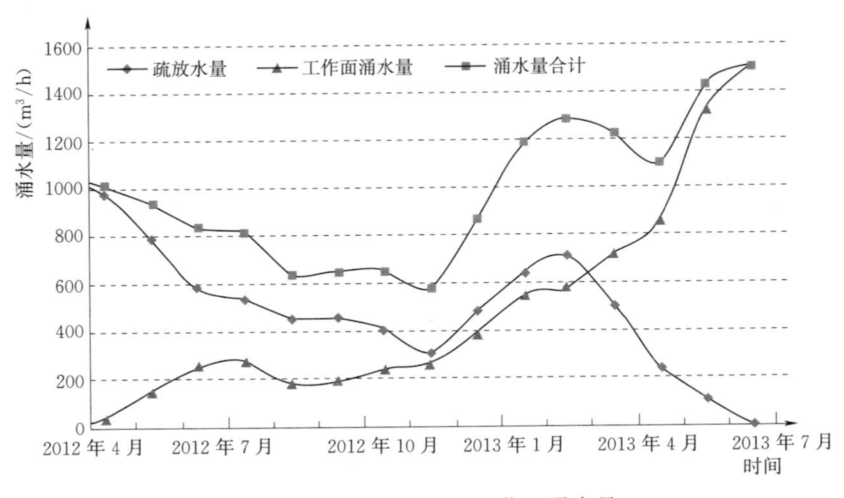

图 3-5　四盘区 31401 工作面涌水量

（4）煤炭产量与矿坑涌水量关系分析。为更准确的反映锦界矿井的涌水量情况，本案例统计了 2007—2014 年锦界煤矿逐月、逐年煤炭产量与逐月、逐年涌水量。锦界煤矿逐月煤炭产量与逐月矿坑涌水量的关系图，如图 3-6 所示。

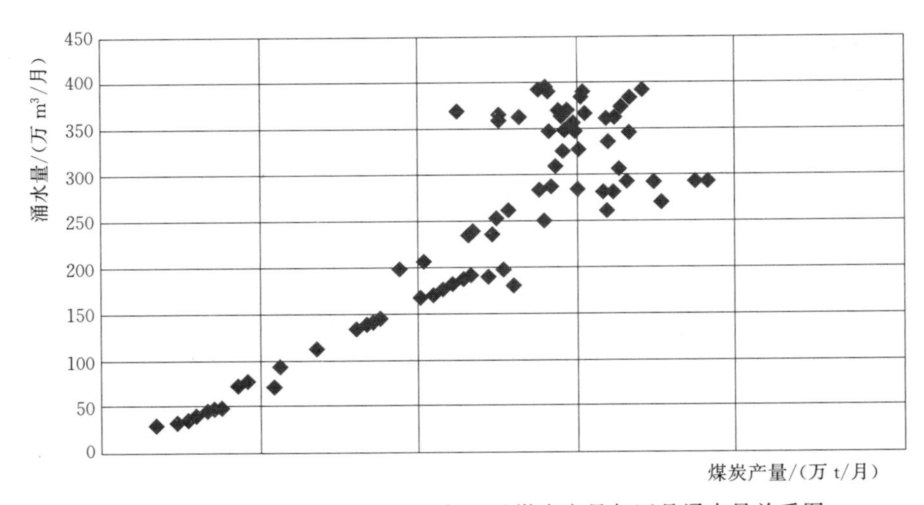

图 3-6　锦界煤矿 2007—2014 年逐月煤炭产量与逐月涌水量关系图

分析可知：随着煤炭产量的增加，矿坑涌水量也随之增加，截至 2012 年 12 月矿井累计原煤产量已达 7278 万 m^3，累计矿坑涌水量达 10875.42 万 m^3。2007 年、2008 年、2009 年、

2010 年、2011 年、2012 年、2013 年、2014 年锦界煤矿吨煤涌水系数分别为 1.29m³/t、1.64m³/t、1.58m³/t、1.98m³/t、2.41m³/t、2.64m³/t、1.93m³/t、1.56m³/t。从图 3-7 也可以看出，锦界煤矿的矿坑涌水量在煤炭开采初始阶段即 2007—2010 年吨煤涌水系数保持相对平稳，矿井涌水与煤炭产量呈现一定的比例关系，从 2011 年之后，该稳定关系开始混乱，矿坑涌水量增大，但是涌水量与煤炭产量之间已经没有明显的相关关系，尤其是近几年来，矿井涌水量基本上维持在相对稳定的阶段，虽然煤矿的开采量在增加，但是矿坑涌水量基本上没有特别大的变化，也就是说在该阶段，矿坑涌水量基本不受煤矿开采量的影响。因此，在计算矿坑涌水量时，现状涌水情况可以作为分析计算煤矿涌水的主要依据。

在进行矿坑涌水量计算时，采用比拟法计算，虽然可以取得较好的效果，但是在采用比拟法进行计算时，一定要分析比拟对象的现状运行情况，对比拟对象的开采方式、开采煤层、开采年限、开采过程中导水裂隙带的发育情况有足够的了解，才能确定两个煤矿之间是否有可比性。另外尽量采用比拟对象早期运行数据进行比拟分析，在煤矿开采的中后期阶段，矿坑涌水量和煤矿产能之间的相关性并不是非常明显。

(5) 近几年来矿坑涌水量数据分析。统计 2011 年 1 月至 2014 年 5 月底这段时间的矿坑涌水量发现，这段时间的矿坑涌水量基本趋于稳定。2013 年 1 月至 2014 年 5 月，基本稳定在 3925m³/h (94200m³/d)，吨煤涌水系数为 1.56m³/t，煤炭年均产量为 1921 万 t，但是因该阶段煤炭产量与矿坑涌水量已经没有很好的相关关系，且矿井涌水保持相对平稳，因此不能采用现状的吨煤涌水系数对未来矿坑涌水量进行预测。

(6) 本论证采用的矿坑涌水量。为保障锦界电厂三期工程的生产用水安全，本次选取了 2011 年 1 月至 2015 年 7 月矿坑涌水量相对稳定的实测逐日资料作为现状条件下锦界电厂三期工程可用水量。通过分析，该时段矿坑最小涌水量为 3664m³/h (87936m³/d)，在此基础上论证锦界煤矿矿坑涌水的可靠性。

3.2.7 矿井正常涌水量值的选用

矿坑涌水量的计算方法有作图法、数理统计法、数值法、比拟法、解析法、水均衡法、地下水径流模数法等，在水资源论证中常用解析法和比拟法来对涌水量的数值进行估算，水资源论证报告所需的勘探报告中提交的技术成果常规多采用大井法来对涌水量进行估算，常用的大井法、集水廊道法等解析法计算矿坑涌水量，只考虑了含水层的导水性，没有考虑地下水的补给量，矿井水涌水量的精度只能达到 D 级。本次论证用集水廊道法对矿井用水量进行验算，采用不同的开采工作面数据，矿井涌水的计算结果差异比较大，且南北方向的矿坑涌水量计算结果都和实际涌水量结果存在较大误差，主要原因为锦界煤矿在中后期开采过程中，导水裂隙带的发育贯穿第四系含水层。因此，在采大井法或廊道法进行矿坑涌水量验算时，务必要考虑导水裂隙带的发育对矿井直接充水层的影响。

在煤矿开采的初期，煤炭产量和矿坑涌水量之间具有较好的线性关系，此时用富水系数法对矿坑涌水量进行比拟预测可以取得较为理想的结果，但是在采用富水系数法对矿井水预测时应可能搜集临近已开采煤矿的水文地质情况，井田的开采开拓情况以及导水裂隙带的发育情况来进行多方位、多角度的分析，慎重选择比拟对象，矿坑涌水量的计算精度才能达到C级。

从锦界煤矿矿井涌水总量组成看，在煤矿开采的中后期阶段，来自采空区的涌水量所占比例逐渐增加，而回采区的矿坑涌水量比例逐渐减少，建议在采用单位涌水量比拟法对矿坑涌水量预测时可根据煤矿开采的不同阶段，采用不同的计算公式对涌水量进行复核。

对于本期工程而言，锦界煤矿已经建成数年，现阶段矿坑涌水量比较稳定，论证采用锦界煤矿矿坑涌水实测资料作为分析对象，为保障锦界电厂三期工程用水安全，最终采用矿坑涌水量最小值3664m^3/h（87936m^3/d）作为证矿坑涌水可靠性的依据。矿坑涌水在作为锦界电厂生产用水使用之前，需进入锦界井下水处理厂进行处理，井下污水经处理后全部由复用水泵加压供出，处理过程中约有10%的损耗。考虑污水处理损失（10%），矿井水可利用量为79142m^3/d。

为进一步论证锦界煤矿矿坑涌水作为锦界电厂三期工程生产用水的可靠性，本次论证利用modflow模型结合锦界煤矿实测水文地质资料及矿坑涌水量资料对未来矿坑涌水量的数值进行预测。经预测，未来30年锦界煤矿矿坑涌水量基本稳定在90274m^3/d，该水量可以满足电厂未来的用水需求。

3.2.8 本期工程可供水量分析

目前锦界煤矿矿井涌水用水户主要包括西沟焦化生产用水、神木化工生产用水、锦界煤矿自身生产用水、锦界电厂一、二期生产用水，经过矿井自建的污水处理设施处理后，有1351.39m^3/d用于煤矿生产所需，另外12000m^3/d经管道输送至锦界电厂一、二期工程，用于电厂的生产用水，另外14400m^3/d分别输送至西沟焦化和神木化工厂作为生产用水，本期工程取用锦界煤矿矿坑涌水量8184m^3/d，剩余的矿井排水全部由管道输送至和瑞再生水处理厂。锦界煤矿矿坑涌水量平衡见图3－7。

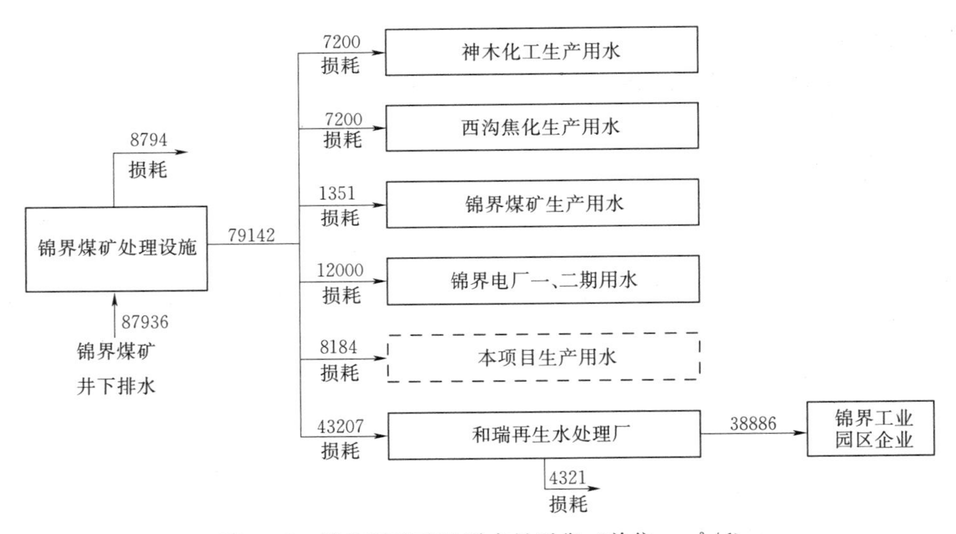

图3－7 锦界煤矿矿坑涌水量平衡（单位：m^3/d）

3.2.9 矿坑涌水水质分析

2013年6月21日，陕西国华锦界能源有限责任公司委托电力工业热力发电设备及材料质量检验测试中心对锦界矿井涌水取样测试。从各矿井排水已检测水质指标看，均符合《污水再生利用工程设计规范》（GB 50335—2002）中再生水用作冷却用水的水质控制指标。同时参考《城市污水再生利用 工业用水水质》（GB/T 19923—2005）中再生水用做冷却用水、锅炉补给水时的水质要求，对上述矿井的排水水质进行分析，从已检测水质指标看，矿井的排水水质基本符合 GB/T 19923—2005 中再生水用做冷却用水、锅炉补给水时的水质要求。

从上述不同时间的监测结果看，锦界煤矿矿井水经预沉、过滤后水质情况较好，可以达到本期电厂生产用水的要求。

3.2.10 矿坑涌水的可靠性分析

锦界煤矿现状日最小涌水量为 87936m³/d，除去西沟焦化生产用水、神木化工生产用水、锦界煤矿自身生产用水、锦界电厂一二期工程等生产用水后，仍可满足本期工程 8184m³/d 用水量，剩余的矿井排水全部由管道输送至和瑞再生水处理厂，矿坑涌水量可以满足本期工程的生产用水需要。利用 modflow 模型对未来矿坑涌水量的数值进行预测，经预测，未来 30 年锦界煤矿矿坑涌水量基本稳定在 90274m³/d，该水量可以满足电厂未来的用水需求。

根据矿井水水质评价结果，分析认为处理后的矿坑涌水作为本期工程生产用水是完全可行的，且利用矿井水作为生产水源符合国家的水资源管理政策，因此论证认为本期工程利用矿井水作为生产用水水源可行。

3.2.11 备用水源合理性分析

可研报告按照规范要求锦界电厂三期工程取用 76 万 m³/a 的备用水量，水源采用瑶镇水库地表水。本次论证通过对锦界煤矿矿井水水量的逐年、逐月、逐日分析后认为锦界电厂三期工程在实际取用水过程中可不考虑备用水源，论证理由有以下三点：

（1）锦界煤矿矿坑涌水量较大，正常情况下，锦界煤矿矿井最小涌水量为 3664m³/h（87936m³/d），扣除现有用户用水量后，仍有充足的水量可供电厂三期工程使用，不存在日涌水量无法满足电厂日用水所需的情况。

（2）锦界煤矿的年生产时间为 330d，但是矿坑涌水年排水时间却为 365d，从排水时间看，涌水排水时间为 8760h，可以满足电厂年运行 6500h。

（3）锦界煤矿矿井涌水的排放按照规范要求，抽水泵均配备有备用，不存在因抽水泵故障无法给电厂供水的现象，电厂用水有保障。

（4）锦界煤矿建有地下水库，同时富裕的矿井水通过管道输送至锦界煤矿 0.5km 的和瑞污水处理厂，和瑞处理厂处理后的矿井水亦可以通过管道输送至锦界电厂，地下水库和和瑞污水处理厂对电厂的用水起到调蓄作用，进而规避了电厂三期工程采用锦界煤矿矿井涌水作为生产用水水源的潜在风险。

（5）和建设项目业主单位沟通后，建设项目业主单位结合电厂一、二期现状用水情况，同意本期工程取消备用水源。

综上，论证认为锦界电厂三期工程采用锦界煤矿矿井涌水作为生产用水水源时不需再考虑备用水源。

4 水资源保护措施

4.1 工程措施

4.1.1 开展清洁生产，减少用水量和实现污水“零”排放

根据本期工程的实际情况，按照生产工艺对用水量及水质的要求，结合水源条件，从节约用水、保护环境、确保电厂长期、经济、安全运行的目标出发，工程设计应落实节水减污方案，运行技术先进的节水减污设备，接受水行政主管部门的设计评审和竣工验收，主要用水工艺、环节应安装用水计量装置，严格按照批准的用水计划用水。同时强化内部管理，积极开展清洁生产，不断研究新的节水减污清洁生产技术，最大限度减少用水量和废污水的排放量。

4.1.2 完善灰场水资源保护，实施灰渣资源化利用

本期工程为超超临界空冷发电机组工程，灰渣全部综合利用，干灰场仅用于灰渣的临时存放，灰场设管理站，由专人进行管理。灰场平时无排水，仅在灰场运行初期雨季有少量场内雨水下渗或外排。灰场设有防洪和排水导流设施，场外雨水不会进入灰场，本期工程灰场底部拟按《一般工业固体废物贮存、处置场污染控制标准》（GB 18599—2001）要求设防渗层，按照可研报告初步分析，灰场对地下水基本无影响。此外，在灰场和运灰道路周围进行绿化，种植防风林带，防止大风及干燥天气条件下扬尘对周围环境的影响。

4.1.3 其他事故状况处理

除正常工况下退水外，电厂其他重要环节突发水污染事故情况也时有发生。例如2006年11月15日泸州电厂发生柴油泄漏事故，泄漏柴油16.9t，致使泸州市两个取水点取水中断，造成重大环境污染事件。因此，对电厂重要的原辅料、成品半成品等在运输、生产、贮存环节中容易引发水污染突发事件的各个节点，包括油库、化学药品库、硫酸库、消防水等，都应与事故废污水缓冲池建立连接、厂外建设围堰或采取其他相应措施，在发生泄漏事故时，保证污染物不排出厂外，把污染事故的影响降至最小。并在各环节均制订相应的应急处理预案，一旦发生泄漏事故，能及时准确的进行处理。

4.2 节水与管理措施

4.2.1 加强节水措施

（1）采用干除灰系统（电除尘气力输灰系统），减少了除灰用水量。

（2）化学除盐水系统活性炭过滤器反洗排水和超滤装置排水回收至预处理机加池，减少了新鲜水取水量。

（3）捞渣机溢流水收集至渣水池经自然冷却后循环使用，减少了除渣系统补水量。

（4）输煤栈桥地面冲洗水回收处理后重复利用，减少了新鲜水补水量。

（5）脱硫废水经处理达标后回用于灰场地面喷洒，避免了灰场使用新鲜水喷洒。机侧

和炉侧辅机冷却用水基本采用闭式循环水系统。

（6）各路水源地来水装设流量计，加强全厂总取水量的监控。

4.2.2　加强厂区用水监控，加强厂区水量、水质监测

根据《取水计量技术导则》（GB/T 28714—2012）要求，加强各个系统取水口水量的监控，同时对排放口水量进行监控，布置合理的监控点，确定严格实用的监控内容和监控规程，及时掌握工程用、退水量水质动态数据，合理地进行供用水调度，达到合理利用水资源。加强取水口、排放口的水质监控，同时对灰场四周特别是下游地下水水质实施监测，发现问题，及时查找原因，采取防止措施。

根据《水利部水资源监测数据传输规约》，为了加强取水口和生产污水口、废水口的水量和水质监控，建议业主建设水资源实时监控系统，布置合理的监控点，确定严格实用的监控内容和监控规程，及时掌握监测区域内地表水、工业废水、地下水的水量和水质变化动态，根据相关的水量和水质监测数据预测水质发展演变趋势，确定不同水质级别水资源时空分布，合理进行供用水调度，并作为对水资源进行分析评价和保护的依据。

水资源实时监控系统适用于监控自备井取水、监测水厂进出水流量、监测明渠流量、监测地下水水位、监测水源地水质以及进行水资源远程售水管理等，为有效保护水资源、合理利用水资源、加强社会节水意识发挥了重要作用。

（1）系统组成。

1）监控中心：主要硬件有服务器、数据专线、路由器等；主要软件有操作系统软件、数据库软件、水资源实时监控与管理系统软件、防火墙软件等。

2）通信网络：中国移动公司 GPRS 无线网络。

3）终端设备：水资源测控终端、微功耗测控终端（电池供电型）。

4）测量设备：水表、流量计、水位计、雨量计、水质仪等。

（2）系统功能。

1）水资源实时监控系统（水利部水资源监测数据传输规约检测产品）由多个子系统组成，可分别并入水资源信息化管理系统。

2）用户可在网络上查询水量、水质、设备状态、供电状态等数据。

3）系统支持远程控制（禁止/允许）用水户取水。

4）系统支持主动问询和主动上报方式，上报时间间隔可设置。

5）系统支持省、市、区（县）三级管理模式。

6）系统支持监测数据、报警数据、操作数据的记录、统计、分析、对比、输出、打印。

7）测控终端具备现场数据采集、数据存储、数据显示、远程告警等功能。

8）测控终端具备自动控制/远程控制用水单位禁止/允许取水功能。

（3）终端选用。

1）远程监控自备井、取水泵站时，根据所监测内容选配水资源测控终端；新建取水点推荐使用智能水泵启动柜。

2）只监测水位、水质，现场有供电条件，选用水资源测控终端；无供电条件，加装太阳能电池板和蓄电池，或采用电池供电型微功耗测控终端。

3）只读取流量信息，数据上报频率高时选用水资源测控终端；上报频率不高时选用微功耗测控终端。

（4）计量测量设备选用。依据厂区现场调查情况及水平衡测试报告中提出的方案，建议本期工程应在水资源实时监控系统下布置三级计量设备，以便进行实时水量监控，见图4-1。

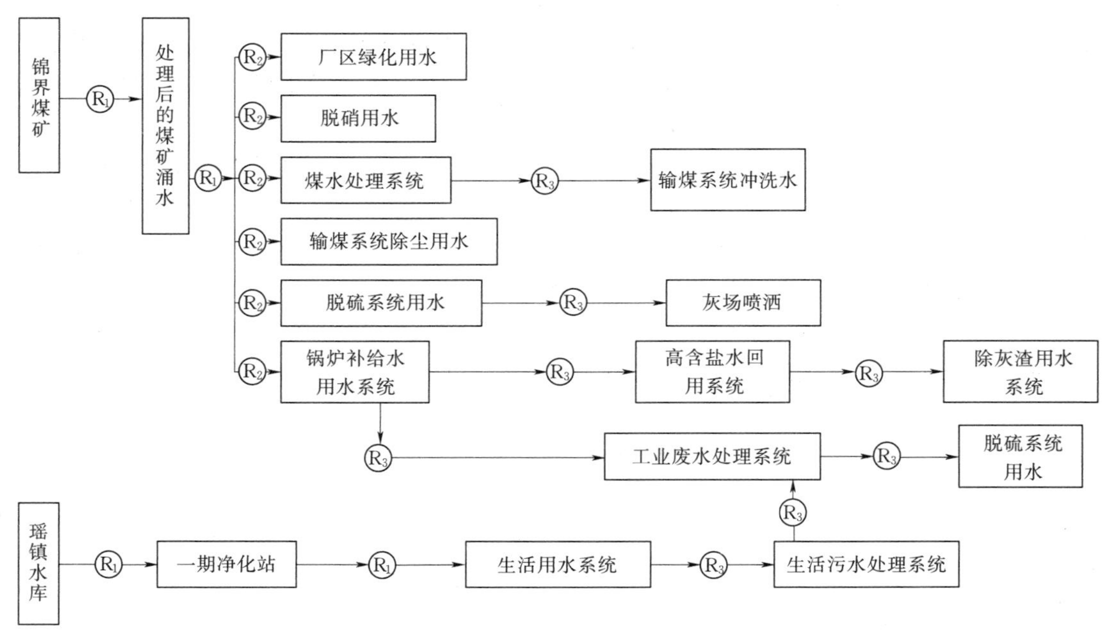

图4-1　本期工程计量设备配备示意图

Ⓡ1——一级计量；Ⓡ2——二级计量；Ⓡ3——三级计量

4.2.3　加强对矿井涌水及地下水动态的监测

煤矿开采过程中，随着煤矿开采深度的增加、巷道的不断延伸、采空范围的不断扩大，矿井的水文地质条件势必发生渐变。因此，在矿井的生产过程中，应寻找符合生产实际的与涌水量有关的影响因素，建立相关关系，预测涌水量，为生产服务。因此，建议业主应加强矿坑涌水量的监测，建立地下水监测系统。

地下水监测系统是掌握地下水变化规律、了解地下水开采状况、指导地下水资源保护的重要手段。地下水监测系统可对地下水的水位、水温、水质等参数进行长期监测并自动存储监测数据，可对地下水的变化规律进行动态分析。目前世界上最先进的地下水监测系统来自瑞典。

地下水监测系统由四部分组成：监测中心、通信网络、微功耗测控终端、水位监测记录仪（水位计）。

地下水监测管理系统是利用现代通信技术、网络技术、检测技术和计算机技术，通过对地下水数据采集、地下水情的分析、地下水设备的自动检测，将数据及时传输到监测中心站进行综合分析与研究，实现地下水监测信息自动测报。该系统目前已被广泛应用于国内地下水水位、水温等数据的自动监测领域。

根据《地下水监测规范》（SL/T 183—2005）的有关规定，拟在矿井范围内设立 17 口监测井，纳入地下水检测系统，分别监测松散岩类、碎屑岩类各含水岩组的水质、水位的变化情况。对本区含水层、地表水进行实时动态跟踪监测，发现水位变化异常时应立即停止开采，查找原因并采取有效的保水采煤措施。对基岩裂隙水威胁井下生产，建议严格执行《煤矿防治水工作条例》，以及采取超前预报等方法提前预测预报，提前做好防护措施，确保矿井生产安全。

（1）监测内容。含水层监测，针对各含水层受影响的严重程度布设监测点，定期测量地下水位、水质、水量，对采集水样进行分析；矿井水监测主要内容为矿坑涌水量、水温、水质。

（2）监测点布设。根据 SL/T 183—2005 的有关规定，拟选在矿井范围内建立 17 口（具体检测数量可根据矿井的水文地质条件确定）监测井，分别监测潜水含水层、非煤系含水层水质、水位的变化情况。

4.2.4　建立健全水务管理体制，加强水务管理

全厂应设立专门的水务管理机构，主要技术人员应经过专门的技术业务素质培训，完善全厂水务管理办法，负责具体办法的执行和监督；应制定各系统用水考核指标，层层分解到各机组，建立和完善现代企业用水管理制度。建议在生产过程中从以下几个方面加强水务管理：

（1）制订行之有效的管理办法和标准，按设计要求的补充水量进行控制，达到耗水指标，提高电厂运行水平。

（2）根据夏季和冬季两个主要季节变化和相应的机组发电出力及机组运行和停待时间分配，及时调整循环冷却水量和工业冷却水量的补充量，以节约用水量。

（3）加强生产用水和非生产用水的计量和管理，合理控制用水范围和供水区域，采用有效的技术措施与管理措施，确保一水多用，重复利用，减少新鲜水的补充量，提高水的重复利用率，降低耗水指标。

（4）生产运行中经常监测和控制排水水量和水质，以正确判定是否可以保证正常取水水量，所取水量和退水量是否达到设计标准和相关文件要求。

4.3　非工程措施

（1）严格执行取水许可管理，积极接受监督管理。本期工程应向有关部门申请取水许可证，严格按照核定取水量取水，按计划用水，加强取退水水量、水质管理，同时应按照取水许可管理要求，建立齐全的有关资料档案，并接受水行政主管部门的取水许可监督和管理，按期年审。

电厂用水过程要纳入当地政府水行政主管部门和环保部门的管理范围，随时接受有关管理和监察、监测部门的检查考核，并建立旬报、月报制度。

（2）加强职工教育培训。本期工程及配套工程在日常运行管理中应积极宣传水法、环境保护法等法律法规，对职工进行教育和培训，提高职工的环境保护、清洁生产、节约用水意识和技能。同时进行广泛宣传报道，提高人民群众的环境保护意识。

（3）建立健全水务管理体制，加强水务管理。全厂应设立专门的水务管理机构，主要

技术人员应经过专门的技术业务素质培训，完善全厂水务管理办法，负责具体办法的执行和监督。应制订各系统用水考核指标，层层分解到各机组，建立和完善现代企业用水管理制度。对工程在施工期、调试期和运行期的水务管理，设专人负责，明确管理人员的相应职责和权限，水务管理纳入到正常生活和生产管理过程之中。

各机组设置专人负责水务管理，做好相应的水务记录，制订本部门水务管理的实施细则，使全厂水务管理系统化、规范化。

建议在施工、调试、维修从以下几个方面加强水务管理：

1）加强施工、调试和试运行过程中节约用水，对生产过程产生的废水尽量回收和综合利用。

2）调试阶段应对循环水处理系统、废水处理回收利用等相关指标，与有关用水系统一并进行调试，并使其达到相应的设计要求。

3）在新机组试用生产期间，应做专门的耗水指标测试，把耗水指标达到设计要求作为新机组达标投产的一个考核条件。

4）在机组维修和锅炉清洗期间，同样要注意节约用水，在维修和清洗过程中排放的废水，要根据水质合理加以利用。

建议在生产过程中制订行之有效的管理办法和标准，按设计要求的补充水量进行控制，达到耗水指标，提高电厂运行水平。

（4）项目退水污染事故及控制预案建议。本项目退水全部进入污水回收利用系统，经本厂污水处理站处理后再利用，所以正常情况下不存在退水污染问题。事故情况下，锅炉酸洗废水贮存在事故缓冲贮存池内，待事故处理完成后回收利用，不进行外排，因此事故情况下也不存在退水污染问题。只有在突发事件情况下，例如污水管道爆裂等意外事故，将可能发生地下水的水源污染。根据这一情况，提出退水事故防治措施及控制预案建议。

1）排污设施保护措施。必须有专人负责经常对退水设施进行可靠性检查，防止管道渗漏、爆裂、接头脱落等意外情况发生。

2）建立健全污水排放监测体系，禁止超标、超量排放。必须针对生产工艺涉嫌水污染物浓度较高、生产环节存在污染风险，水处理设施污染物风险高的情况，制订相应措施，建立健全污水排放监测体系，在排污口设置污水排放计量点，污水水质监测点，严加控制，绝对不允许超标排放、超量排放，及时消除一切隐患。

3）应急处理建议。针对事故可能发生的薄弱环节，储备抢修物质，成立事故应急处理领导小组，培训抢修队伍，储备防堵沙袋，加强防范意识。一旦出现事故应及时抢修，防止扩大污染范围。出现污水管道破裂，及时停止污水处理站运行，抢修队伍立即在下游用沙袋防堵，力争将污水量控制到最小，并及时通报市政府相关部门，严密监视水质。

专◆家◆点◆评

神华陕西国华锦界煤电工程是陕北“西电东送”大型煤电一体化项目，电厂一、二期 4×600MW 机组及配套煤矿已建成。电厂三期工程建设规模为 2×660MW 空冷机组，建设性质为火电行业、扩建工程，位于陕西省榆林市神木县锦界工业园区。报告书严格按照《建设项目水资源论证导则》（SL 322—2013）编制，论证分为八个章节，报告书在论证时结合本项目为扩建工程和取水水源为矿坑涌水的特点，抓住重点开展论证。

（1）项目为扩建工程，充分掌握已建成运行的一、二期工程的取水、用水、耗水、排水资料，评价已有工程的用水指标，分析节水潜力，为电厂三期工程的取水、用水、耗水、排水提供了较好的参考价值。

（2）对电厂三期工程的用水主要环节按照相关规范和标准进行核定，在核定过程中，对于用水不合理的环节，结合电厂一、二期工程的实际运行参数对本期用水参数进行核算，使核定后的用水既满足节约用水、提高用水效率的要求，又能保证项目正常运行。

（3）本工程生产用水采用自有煤矿的矿井涌水。锦界煤矿自 2006 年建成投产，拥有较长序列矿坑涌水量数据。在进行电厂三期工程水资源论证时，除了对矿井涌水的水量进行逐年、逐月、逐日保证程度分析外，还结合矿井现状实际涌水资料，分析锦界煤矿矿井水预测与实测之间的差异，评价常用矿井水预测方法计算水量和实测矿坑涌水量之间的差异。

（4）根据《水利部水资源监测数据传输规约》和 SL 322—2013 的要求，为了加强取水口和生产污水口、废水口的水量和水质监控，建议业主建设水资源实时监控系统，布置合理的监控点。

本次报告书的编制，结合项目特点，重点突出项目取用水合理性分析、矿井水水源论证及水资源保护措施这三个部分的论证，其论证方法和经验可为同类项目提供有益借鉴。

刘振胜　徐志峡

案例五　山东能源临矿集团临沂会宝岭铁矿有限公司凤凰山铁矿采选工程水资源论证报告书

1　概　　述

1.1　项目概况

山东省铁矿分为接触交代型和沉积变质型两种类型。凤凰山铁矿位于山东省临沂市兰陵县，属苍峄矿区，为沉积变质型铁矿，矿区占地面积44.33hm^2，开采面积约12.5hm^2，设计生产规模400万t/a，矿山总服务年限42年，选矿厂年生产铁精矿99.4万t。因矿体埋藏深且不具备露采条件，采用地下开采方式，－900m以上为前期开采范围，－900m以下为后期开采范围。采矿方法为分段空场嗣后充填采矿法、大直径深孔空场嗣后充填采矿法和浅孔留矿嗣后充填采矿法。项目总投资23.9亿元，包括采选工程、辅助设施、行政福利设施等建设工程，建设期3.5年，达产期3年。

1.2　水资源论证的重点与难点

本项目论证的重点与难点是用水合理性分析、取水水源论证以及取水影响和退水影响论证等方面。由于铁矿采选用水定额标准尚不完善，项目用水合理性论证需广泛收集资料并与邻近同类型矿区进行用水指标对比分析。项目生产用水水源为矿坑涌水和区域地表水，矿坑涌水量预测的影响因素多，矿区地质与水文地质条件复杂，准确预测矿坑涌水量难度大，需选用科学合理的方法预测矿坑用水量并论证预测结果的可靠性。项目取水影响论证的难点在于运行期取水对区域水资源及其他用户的影响分析，退水影响论证的难点在于项目废污水“近零排放”的可行性分析以及非正常工况下退水的风险和安全隐患分析。

1.3　工作过程

报告书编制单位山东省水利科学研究院接受项目委托后，成立了由水文学及水资源、地下水科学与工程、地理信息系统以及应用数学等专业技术人员组成的项目组，按照《建设项目水资源论证导则》(SL 322—2013) 要求，采用优势互补、各取所长的原则进行分工合作，整体上由项目负责人统筹管理，督促报告书编制进度，监督报告书各章节编写质量，有效地组织研究队伍，合理安排进度，切实保证了报告书顺利、有序、及时完成。报告书编制过程中，编写人员多次与建设单位、项目可研报告完成单位以及环评报告编制单位进行技术交流，在搜集大量基础数据和成果报告资料的基础上，结合现场调查和勘探，走访供水单位及取水影响的单位与个人，多次征求建设单位、部分专家及省市县水行政主管部门意见，按照导则要求分别编写完成报告书征求意见稿、送审稿，经评审并按专家意见修改完善后形成报批稿。

1.4 案例的主要内容

1.4.1 用水合理性对比分析

本案例根据项目运行期主要用水环节的工艺设计、设备选型、与用水相关的工艺、取水、用水、耗水及排水方案，分析评价了主要用水环节用水量和耗水量的合理性；根据项目产生污废水的主要环节和各环节污废水的产生量，分析了污废水中主要污染物种类、浓度和总量以及回用情况；将项目用水指标与区域用水效率控制指标、国内同行业用水指标、有关部门制定的节水标准和用水定额进行比较，对照行业先进水平评价了本项目用水指标，结合区域水资源管理和节水型社会建设要求，明确了可节水的用水环节并核算了节水潜力，重新核定了项目合理的取用水量并绘制了水量平衡图（表）；分析论证了项目取用水与最严格水资源管理制度的符合性。

（1）与采选业用水定额指标相比。目前，山东省尚无铁矿采选用水定额，我国其他省份铁矿采矿定额在0.15～0.8m^3/t之间（一般为露天开采），选矿定额在1.98～7.00m^3/t之间；铁矿采选业综合用水定额在1.5～20m^3/t之间。本项目采矿用水定额为0.25m^3/t，选矿用水定额为0.71m^3/t，铁矿采选综合用水定额为1.20m^3/t，用水水平处于全国先进水平。

（2）与采选业用水标准相比。本项目复用水率为85.8%，其中采矿复用水率为16.43%、选矿复用水率为82.66%，优于《矿山生态环境保护与污染物防治技术政策》中关于2010年新、扩、改建有色金属系统选矿的水重复利用率应达到75%以上的要求。

（3）与同行业用水水平相比。本次论证选取临沂矿业集团公司会宝岭铁矿采选工程、山东省单县丰源实业有限公司张集矿井及选煤厂项目、山东矿业有限公司兰陵铁矿等3个项目与本项目进行用水水平比较。本项目用水定额、复用水率、循环水重复利用率、新水利用率处于同行业先进水平。

1.4.2 取水水源论证

本项目矿体及其顶、底板围岩裂隙含水层以自身充水为主，－900m以上为一期开采范围，－900m以下为二期开采范围。经计算，－900m标高矿床西部正常涌水量为6412m^3/d，最大涌水量为19236m^3/d。本项目生产用水量446.39万m^3/a，优先使用凤凰山铁矿矿坑涌水207.37万m^3/a（6284m^3/d），其余用水由会宝岭水库供给。矿坑涌水经处理后可以满足项目生产用水水质要求。

通过分析会宝岭水库长系列来水量和用水量，采用长系列变动用水时历法对会宝岭水库进行了供水调节计算，并选取最枯的连续枯水年组进行了时历法调算。结果表明，在95%保证率情况下，可满足本项目249.37万m^3/a的用水要求。

本案例详述了解析法预测矿坑涌水量的应用条件与计算过程，在分析凤凰山铁矿矿区地质、水文地质条件以及矿床充水因素和边界条件的基础上，考虑矿床开采方式，选用承压—无压完整式巷道双边进水水平坑道计算公式，对坑道各水平涌水量进行预测。将预测结果与水文地质条件相似的相邻开采矿山实际涌水量进行对比，分析了矿坑涌水量预测结果的可靠性，矿坑涌水可利用量评价成果符合《供水水文地质勘察规范》（GB 50027—2001）所规定的C级精度要求。

1.4.3　取水影响论证

本案例根据矿区及周边地下水系统循环条件、矿床开采方式，应用项目环境影响评价工作中构建的地下水流数值模拟模型，预测了地下水位下降的幅度与范围，重点评价了矿坑涌水对充水地层中地下水位和水量的影响范围、程度及发展过程，分析了对含水岩（层）组地下水位的影响，评估了项目取水对区域水资源利用条件、水功能区纳污能力、河流生态系统和生态水量以及其他利益相关方取用水条件和用水权益的影响。

经分析，正常工况下，项目本身取用矿坑涌水和会宝岭水库地表水对区域水资源状况影响较小，对区域水生态和水功能区纳污能力影响较小，对十里泉电厂、石门铁矿、中钢集团山东矿业、会宝岭铁矿、宏鑫矿业、正东矿业、宝华矿业、东钢矿业和鹏辉矿业等现有用水户不会产生影响。但铁矿的运营将会改变地下水流场形态和水均衡项的比例构架，改变地下水流场形态，产生降落漏斗，会对周围第四系含水层水位产生一定影响，矿井开采过程中应采取水资源保护措施，减少不利影响；由于会宝岭水库现向会宝岭灌区供水，占用了部分农业灌溉用水资源，须按国家有关规定给予补偿。

1.4.4　退水影响论证

本案例从选矿工艺环节回水的储存与回用角度，深入分析了废污水"近零排放"的可行性与可靠性，以及非正常工况下退水风险和安全隐患，提出了减少非正常工况下退水影响的对策措施；针对项目取水可能产生的不利影响，提出了切实可行的取水影响补偿方案建议和水资源保护措施。

凤凰山铁矿针对矿坑涌水水质较好的特点，通过矿坑涌水、生产废水和生活污水的处理及回用等途径实现矿区污废水"近零排放"，不会对区域水功能区水质目标及第三者产生大的影响。正常情况下，本项目回水系统、循环水系统、生活污水处理系统能够实现生产与生活废污水的全部回用，项目生产、生活废污水"近零排放"是可行的。本项目总回水调节池、回水输送等设备及设施、尾砂池可在事故工况下作为项目废污水的临时应急调蓄池，能够满足事故工况下废污水的临时储存，保证项目废污水不外排。从项目废污水的临时应急存储和调蓄能力来看，本项目生产生活废污水的"近零排放"是可靠的。

凤凰山铁矿非正常工况下，矿坑涌水出现大于稳定涌水量情况，被采、选生产利用后，需外排剩余部分水量；在采、选生产需水量临时减少期间，需外排水量；在发生矿坑突水条件下也形成矿坑涌水外排水。如果项目在生产运行中出现前两种外排水，将贮存在总回水调节池、尾砂池内，通过回水系统将贮存的矿坑涌水陆续打回厂区回用。对于矿井突水，可能会对西泇河苍山农业用水区和邳苍分洪道苍山农业用水区的水质和第三者产生一定的影响。为尽量减少项目非正常工况下矿坑排水对区域水资源造成的影响，论证中提出了相应的对策措施。

2　用水合理性分析

2.1　建设项目用水环节分析

本项目的主要用水环节包括采矿用水系统、选矿用水系统、热工用水系统、回水系统、循环水系统及生活用水系统等。

2.1.1 采矿用水系统

采矿用水系统主要供给采矿作业用水、搅拌站常压冲洗用水、搅拌站设备冲洗用水等。

本项目采矿方法采用分段空场嗣后充填采矿法、大直径深孔空场嗣后充填采矿法、浅孔留矿嗣后充填采矿法；开拓方案和开拓运输系统采用主、副井开拓方案；充填坑内采用全尾砂作充填材料，全尾砂经过深锥浓密机沉降、浓缩后，可由其底流泵直接泵送到充填钻孔，也可泵送到高浓度搅拌槽内搅拌后再进入充填钻孔，井下充填耗水量为 $8365m^3/d$；排水、排泥，井下正常排水量 $6912m^3/d$，最大排水量 $15312m^3/d$，水仓总容积约 $4800m^3$，可以容纳矿山 16h 的正常涌水量；井下生产用压缩空气全部采用移动式空气压缩机供给；地表设空压机站，站内设 SA160A 型螺杆式空压机 3 台。

本项目设计在凿岩、爆破、铲装、运输、提升、通风等方面达到了《清洁生产标准 铁矿采选业》（HJ/T 294—2006）地下开采类二级国内清洁生产先进水平，选取的工艺装备较为合理。

2.1.2 选矿用水系统

本项目选矿系统主要包括破碎、筛分及预选系统，磨矿、选别系统，铁精矿浓缩、过滤系统和铁尾矿浓缩、过滤、干堆系统。选矿用水系统主要供选矿补加、工艺设备冷却、渣浆泵水封、冲洗、除尘等用水。

破碎、筛分及预选系统采用中碎闭路＋干式大粒级预先抛废＋细碎高压辊磨闭路工艺流程，磨矿、选别系统采用阶段磨矿、阶段选别的磨矿选别流程，铁精矿浓缩、过滤系统采用浓缩＋过滤两段脱水流程，铁尾矿浓缩、过滤、干堆系统采用铁矿尾矿由渣浆泵送至充填搅拌站 2 台直径为 18m 的深锥浓密机中，最终尾矿浓度约为 85％。

本项目在工艺设备选择方面达到了 HJ/T 294—2006 选矿类二级国内清洁生产先进水平。选矿厂生产尽可能使用回水，减少新水用量，达到项目整体降低能耗目标。

2.1.3 热工用水系统

锅炉给水系统补水量按 1％损失考虑，锅炉耗水量为 $324m^3/d$，热水循环系统热水锅炉供回水采用强制循环系统，锅水循环采用自然循环方式。烟气脱硫采用石灰石/石膏湿法脱硫工艺，回水由精矿车间浓缩回水和充填搅拌站深锥浓密机溢流回水构成，充填工况下总回水量 $36859m^3/d$。精矿浓缩回水的精矿浓缩机溢流水量为 $2677m^3/d$，自流至精矿回水调节池，再由精矿回水泵送至总回水调节池。充填搅拌站回水：投产初期不充填，充填搅拌站深锥浓密机回水量为 $36823m^3/d$，充填工况时，深锥浓密机回水量为 $34182m^3/d$，可自流回至总回水调节池，与精矿浓缩回水一并由回水泵加压，供选矿工艺、充填搅拌站冲洗和除尘造浆用水，最大供水量 $2100m^3/h$。

本项目回水主要供选矿工艺使用，提高了项目用水的重复利用率，用水工艺合理。

2.1.4 循环水系统

循环水系统供给选矿液压站、锅炉给水泵、引风机和氧化风机冷却用水。总用水量为 $2012m^3/d$，补充新水量 $56m^3/d$。设备出水利用余压回至冷却塔，冷却后水自流至冷水池，经循环泵加压供设备冷却用水。

表 2-1　　本项目水量平衡表　　单位：m^3/d

序号	用水单元	总用水量	新水量	重复利用水量			耗水量	串联排水量	排水量	备注
				循环冷却水量	串联回用水量	小计				
1	采矿									
1.1	采矿作业用水	3000	3000				3000			会宝岭水库水
1.2	搅拌站常压冲洗水	500			500	500		500		
1.3	搅拌站设备管道冲洗水	90			90	90		90		
	小计	3590	3000	0	590	590	3000	590	0	
2	选矿									
2.1	工艺用水	44635	6298		38337	38337		44635		矿坑涌水、会宝岭水库水
2.2	设备冷却用水	1300	40	1260		1260	27	13		矿坑涌水、会宝岭水库水
2.3	渣浆泵水封用水	1300	1300					1300		矿坑涌水、会宝岭水库水
2.4	冲洗等其他用水	150	150				30	120		矿坑涌水、会宝岭水库水
2.5	除尘系统用水	1200			1200	1200		1200		
2.6	喷水抑尘用水	720	720					720		矿坑涌水、会宝岭水库水
2.7	粉矿仓降尘用水	24	24					24		矿坑涌水、会宝岭水库水
2.8	主厂房降尘用水	24	24					24		矿坑涌水、会宝岭水库水
	小计	49353	8556	1260	39537	40797	57	48036	0	
3	热工									
3.1	锅炉房用水	360	360				324	36		矿坑涌水、会宝岭水库水

续表

序号	用水单元	总用水量	新水量	重复利用水量			耗水量	串联排水量	排水量	备注
				循环冷却水量	串联回用水量	小计				
3.2	设备冷却水	384	11	373		373	7	4		矿坑涌水、会宝岭水库水
3.3	制浆槽配浆用水	24	24				24			矿坑涌水、会宝岭水库水
3.4	工艺水箱补水	24	24				24			矿坑涌水、会宝岭水库水
3.5	锅炉引风机	360	5	355		355	4	1		矿坑涌水、会宝岭水库水
3.6	氧化风机冷却水	24		24		24				
	小计	1176	424	752		752	383	41	0	
4	回水									
4.1	精矿浓密机	3012			3012	3012	335	2677		
4.2	充填搅拌站深锥浓密机	42547			42547	42547	8365	34182		
	小计	45559	0	0	45559	45559	8700	36859	0	
5	生活用水	203	203				43	160		会宝岭水库水
6	绿化及道路洒水	100	100				100			矿坑涌水、会宝岭水库水
	合计	99981	12283	2012	85686	87698	12283	85686	0	
	管网漏损	1230	1230				1230			矿坑涌水、会宝岭水库水
	未预见水量	999	999				999			矿坑涌水、会宝岭水库水
总计		102210	14512	2012	85686	87698	14512	85686	0	

2.1.5 生活用水系统

本项目生活用水系统包括食堂、办公楼、倒班宿舍、矿山机汽修间生活、车间冲洗厕所等用水，生活污水排入污水处理站处理后回用于生产。生活用水量 203m^3/d，由会宝岭水库供给。

综上，本项目 6 个主要用水环节在工艺和设备的选择上尽可能地做到了节约用水和循环使用，工艺设计和设备选型是合理的。

2.2 设计参数的合理性识别

根据可研报告，充填工况下凤凰山铁矿采选工程总用水量 102210m^3/d，其中总用新水量 14512m^3/d，重复利用水量 87698m^3/d，耗水量 14512m^3/d，排水量为 0。建设项目水量平衡见图 2-1。根据建设项目水量平衡图对其进行水平衡分析，分析结果见表 2-1。

根据项目生产工艺，分别计算本项目采矿系统回采率、贫化率、采矿强度、电耗等资源能源利用指标，见表 2-2。

表 2-2　　采矿系统资源能源利用指标计算表

指标		本项目	铁矿采选行业清洁生产标准（地下开采类）			与标准相符性
			一级	二级	三级	
资源能源利用指标	回采率/%	80	≥90	≥80	≥70	二级
	贫化率/%	10	≤8	≤12	≤15	二级
	采矿强度/[t/(m^2·a)]	32	≥50	≥30	≥20	二级
	电耗/[(kW·h)/t]	13.60	≤10	≤18	≤25	二级

从表 2-2 可以看出，本项目采矿系统资源能源利用指标达到了 HJ/T 294—2006 地下开采类二级国内清洁生产先进水平，设计参数是合理的。

分别计算本项目选矿系统资源能源利用指标、污染物产生指标、废物回收利用指标和工业用水重复利用率指标，见表 2-3。

表 2-3　　选矿系统资源能源利用、污染物产生、废物回收利用指标计算表

指标		本项目情况	铁矿采选行业清洁生产标准（选矿类）			与标准相符性
			一级	二级	三级	
资源能源利用指标	金属回收率/%	81	≥90	≥80	≥70	二级
	电耗/[(kW·h)/t]	26.51	≤16	≤28	≤35	二级
	水耗/(m^3/t)	0.78	≤2	≤7	≤10	一级
污染物产生指标	废水产生量/(m^3/t)	0	≤0.1	≤0.7	≤1.5	一级
废物回收利用指标	工业用水重复利用率/%	85.80	≥95	≥90	≥85	三级

由表 2-3 可以看出，本项目选矿系统金属回收率、电耗等资源能源利用指标达到了 HJ/T 294—2006 选矿类二级国内清洁生产先进水平，水耗和废水产生量等指标达到了一级国际清洁生产先进水平，工业用水重复利用率达到了三级国际清洁生产先进水平，设计参数合理。

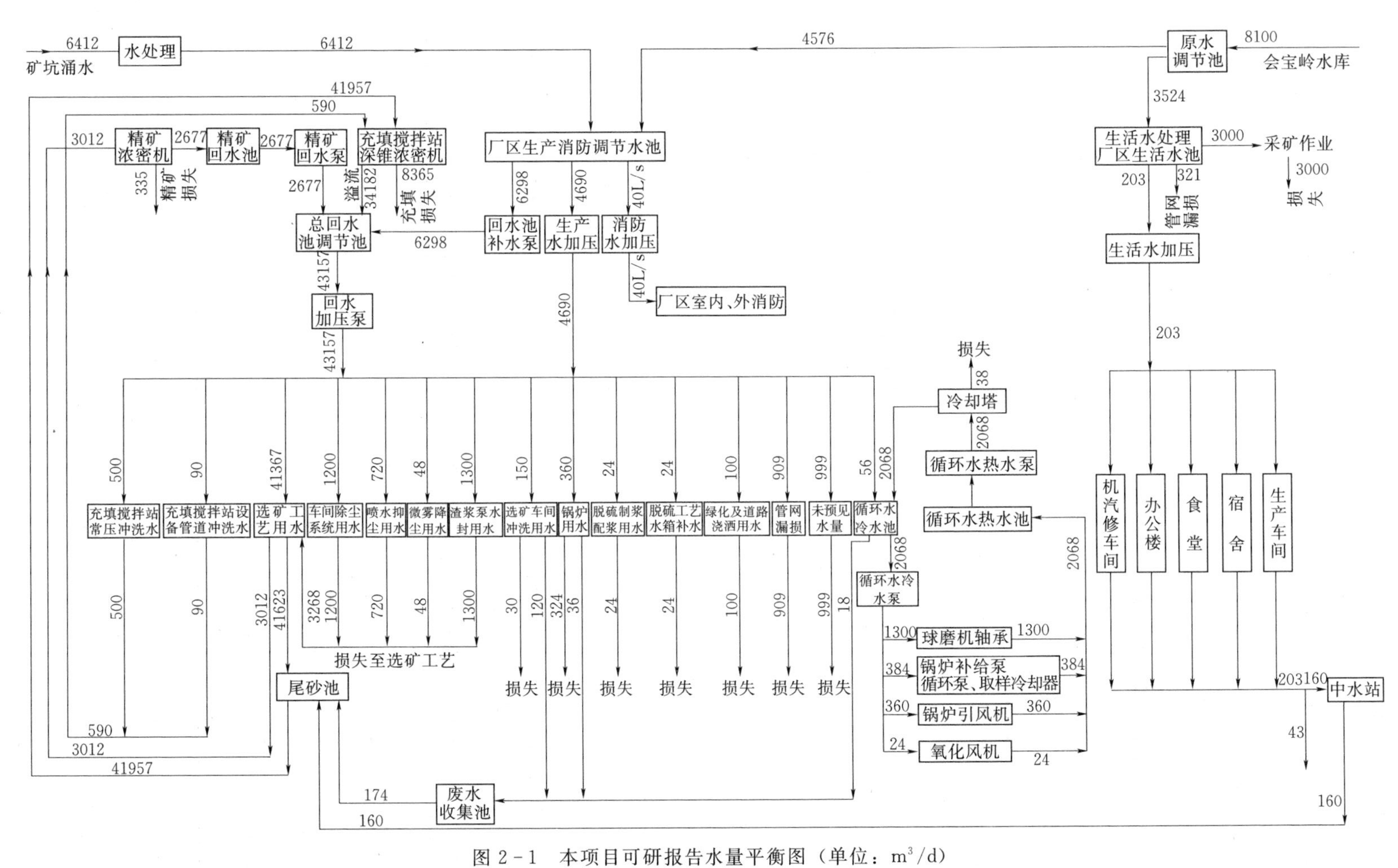

图 2-1　本项目可研报告水量平衡图（单位：m^3/d）

2.3 污废水处理及回用

本项目产生的污废水主要包括生产废水和生活污水。项目排水系统采用分流制，设独立的生产排水系统、生活排水系统和雨水排水系统。本项目将按照“清污分流”“一水多用”的原则对各类废水进行处理，经各处理系统处理后的废水正常情况下最大化地重复利用。

2.3.1 生活污水

本项目生活污水产生量为160m^3/d，经厂区生活污水处理站处理后用于生产。生活污水处理站设计规模10m^3/h，参考类似水质：SS≤220mg/L，BOD_5≤400mg/L，COD_{Cr}≤600mg/L，LAS≤50mg/L，氨氮≤50mg/L，总氮≤60mg/L，总磷≤4mg/L。设计出水水质达到《城市污水再生利用　工业用水水质》(GB/T 19923—2005) 工艺与产品用水标准，去除率：SS≥90%，BOD_5≥85%。COD_{Cr}≥85%，氨氮≥50%。生活污水处理流程见图2-2。

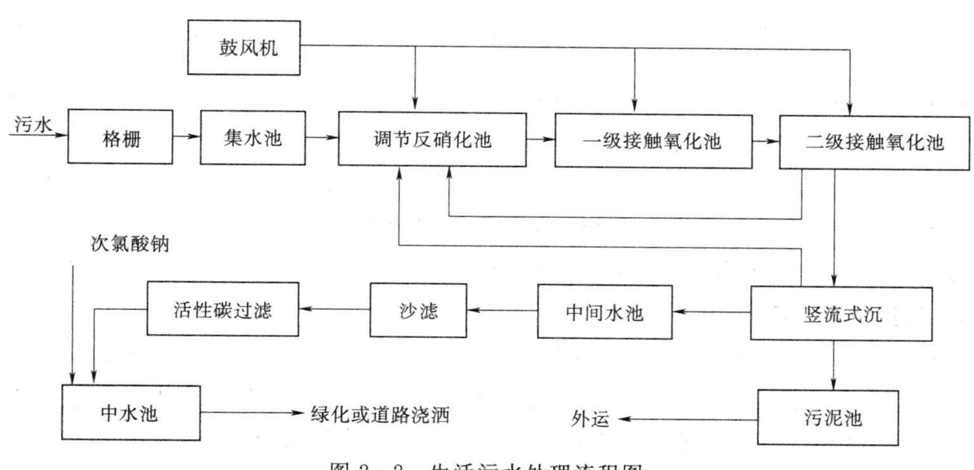

图2-2　生活污水处理流程图

2.3.2 生产废水

本项目生产废水产生量为174m^3/d，主要为机械加速澄清池排泥、地面冲洗水和循环水排污，经厂区生产排水管道收集至废水收集池，再由污水提升泵经尾砂泵池排至充填深锥浓密机后排入总回水池回用于生产。厂区设废水收集池1座，容积696m^3。设无密封自控自吸泵2台，一用一备，流量100m^3/h。

2.4 用水水平指标计算与比较

根据国家标准及其他规范中有关条款，项目节约用水的整体水平一般采用产品取水定额、机组（项目）复用水率、循环水复用水率和新水利用率等相关指标进行分析论证。

2.4.1 产品取水定额

本项目年取新水量为479.61万m^3，设计额定生产总量为400万t/a，项目采矿用水为99万m^3，项目选矿用水为257万m^3，则产品取水总定额、采矿定额、选矿定额分别为：

$$b_{s总}=\frac{Q_{x,s}}{N}=\frac{479.61}{400}=1.20(m^3/t)$$

$$b_{s采}=\frac{Q_{x,s}}{N}=\frac{99}{400}=0.25(m^3/t)$$

$$b_{s选}=\frac{Q_{x,s}}{N}=\frac{282.35}{400}=0.71(m^3/t)$$

目前，山东省尚无铁矿采选用水定额，我国其他省份目前铁矿采矿用水定额见表2-4。

表2-4　　其他省份铁矿采选用水定额情况表　　单位：m^3/t

省份	用水定额		备注
	采矿	选矿	
广东	0.3～0.8	1.98～7.00	采矿为露天开采
辽宁	0.15	2.0～4.0	采矿为露天开采
云南	3.0		
青海	20		
吉林	3.0		
福建	1.5～2		

由表2-4可知，目前我国其他省份铁矿采矿定额在0.15～0.8m^3/t之间（一般为露天开采），选矿定额在1.98～7.00m^3/t之间；铁矿采选业综合用水定额在1.5～20m^3/t之间。本项目采矿用水定额为0.25m^3/t，选矿用水定额为0.71m^3/t，铁矿采选综合用水定额为1.20m^3/t，用水水平较高，用水定额较低。

2.4.2　项目复用水率

本项目总用水量102210m^3/d，重复利用水量87698m^3/d。其中，采矿系统总用水量3590m^3/d，重复利用水量590m^3/d；选矿系统总用水量49353m^3/d，重复利用水量40797m^3/d。则复用水率、采矿复用水率、选矿复用水率分别为

$$F_{s总}=\frac{Q_{f,s}}{Q_{z,s}}\times100\%=\frac{87698}{102210}\times100\%=85.80\%$$

$$\Phi_{s采}=\frac{Q_{f,s}}{Q_{z,s}}\times100\%=\frac{590}{3590}\times100\%=16.43\%$$

$$\Phi_{s选}=\frac{Q_{f,s}}{Q_{z,s}}\times100\%=\frac{40797}{49353}\times100\%=82.66\%$$

可见，本项目复用水率、选矿复用水率优于《矿山生态环境保护与污染物防治技术政策》中关于2010年新、扩、改建有色金属系统选矿的水重复利用率应达到75%以上的要求。

2.4.3　循环水复利用率

本项目冷却循环系统循环水量2012m^3/d，循环冷却系统总用水量2068m^3/d，则循环水重复利用率为

$$P_r=\frac{Q_{x,x}}{Q_x}\times100\%=\frac{2012}{2068}\times100\%=97.29\%$$

循环水重复利用率优于我国一类城市冷却水循环利用率达到95%～97%的指标要求。

2.4.4 新水利用率

本项目取用实际耗水量和新鲜水量分别为14512m³/d和14512m³/d，则新水利用率为：

$$K_f=\frac{Q_{x,s}}{Q_{x,z}}\times100\%=\frac{14512}{14512}\times100\%=100\%$$

新水利用率符合《中国城市节水2010年技术进步发展规划》中新水利用达到80%～100%的指标要求。

2.4.5 企业内职工人均生活日用新水量

本项目生活用水203m³/d，职工1221人，则企业内职工人均生活日用新水量为：

$$Q_{生}=\frac{企业日生活取水量}{职工人数}=\frac{203\times1000}{1221}=166[L/(人\cdot d)]$$

人均用水量为166L/(人·d)，超出《山东省节水型社会建设技术指标》规定的山东省地区城镇居民生活用水定额50～130L/(人·d)的标准。

2.4.6 绿化用水指标

本项目绿化用水量100m³/d，厂区绿化用地面积5.2hm²，则绿化用水量为7019m³/(hm²·a)，参照《山东省水资源综合规划》(2006)，山东省城市绿化用水定额为2800m³/(hm²·a)，本次论证认为绿化用水偏大。

2.4.7 其他用水指标

本项目漏损水量为1230m³/d，占项目生产生活所用新水量的10%，未预见水量999m³/d，占项目生产生活及漏失所用新水量的7.4%，符合《室外给水设计规范》(GB 50013—2006)的规定。但该规范是针对城镇及工业区永久性给水工程设计的，鉴于本项目是单个工业项目，取水设施、供水管线相比城镇供水较简单，本次论证认为漏损和未预见水量偏大。

本项目主要用水指标与相关标准相符性分析见表2-5。

表2-5　本项目主要用水指标与相关标准相符性分析表

序号	指标	原可研	标准	备注
1	采矿定额/(m³/t)	0.25	0.15～0.8	符合标准
	选矿定额/(m³/t)	0.71	1.98～7.0	优于标准
	采选综合用水定额/(m³/t)	1.20	1.5～20	优于标准
2	选矿系统复用水率/%	82.66	>75	优于标准
3	循环水重复利用率/%	97.29	95～97	符合标准
4	新水利用率/%	100	80～100	符合标准
5	企业内职工人均生活日用新水量/[L/(人·d)]	166	50～130	偏高
6	绿化用水量/[m³/(hm²·a)]	7019	2800	偏大
7	管网漏失水量占项目生产生活所用新水量的比例、未预见水量占项目生产生活及漏失所用新水量的比例/%	10、7.4	漏失水量宜按新水量之和的10%～12%计算；未预见水量根据水量预测时，难以预见因素的程度确定宜按新水量之和的8%～12%	鉴于本项目是单个工业项目，漏失+未预见水量偏大

2.4.8 与同行业用水水平比较

本次论证选取临沂矿业集团公司会宝岭铁矿采选工程、山东省单县丰源实业有限公司张集矿井及选煤厂项目、中钢集团山东矿业有限公司兰陵铁矿等3个先进用水水平项目与本项目进行用水水平比较，见表2-6。

表2-6　本项目主要用水指标与同行业用水水平比较表

序号	指标	本项目	会宝岭铁矿	兰陵铁矿	张集矿井
1	采矿定额/(m^3/t)	0.25	0.37	0.29	—
	选矿定额/(m^3/t)	0.71	1.30	0.73	—
	采选综合用水定额/(m^3/t)	1.20	2.07	1.15	0.55
2	采矿系统复用水率/%	16.43	48.58	48.57	—
3	选矿系统复用水率/%	82.66	70.65	94.04	—
4	项目复用水率/%	85.80	62.72	91.85	49.55
5	循环水重复利用率/%	97.29	97	70.59	97
6	排水率/%	0	1.97	0	0
7	新水利用率/%	100	95.34	100	100

从表2-6可以看出，本项目用水定额、复用水率、循环水重复利用率、新水利用率处于同行业先进水平。

2.5 节水潜力分析

通过对项目用水设备与用水工艺先进性、用水参数选取的合理性以及各流程水源配置与退水去向的合理性进行分析，本项目在生活用水、绿化用水、漏失等几个用水环节有一定节水潜力。

根据《山东省节水型社会建设技术指标》中山东省地区城镇居民生活用水定额50～130L/(人·d)的标准，将用水定额定为120L/(人·d)。本项目劳动定员为1221人，则生活用水量核定为147m^3/d。

本着节约用水的原则，本项目绿化用水采用厂内生活污水处理站处理后的再生水，并将用水量核定为40m^3/d。

考虑本项目是单个工业项目，取水设施、供水管线相比城镇供水较简单，将管网漏失水量及未预见水量按最高日用水量的12%合并计算。

用水合理性分析前、后水量对比见表2-7。

表2-7　用水合理性分析前、后水量对比表　单位：m^3/d

序号	项目	核定前	核定后	增减量	备注
1	生活用水量	203	147	−56	以新鲜水为水源
2	绿化用水量	100	40	−100	核定前以新鲜水为水源，核定后以回用水为水源（回用水增加40m^3/d）
3	漏失量、未预见水量	2229	1465	−764	以新鲜水为水源
4	取用水量	14512	13674	−1598	

2.6　合理取用水量的确定

根据前述对建设项目的各生产工艺和用水环节的分析与节水潜力分析，生产用水按有效生产时间330d计算，生活用水按厂内1221名职工日常生活用水365d计算，确定本项目新水用水总量为451.76万m^3/a（13674m^3/d），其中生产用水量446.39万m^3/a（13527m^3/d）、生活用水量5.37万m^3/a（147m^3/d）。

项目用水加上取水管道输水损失即为合理取水量。考虑矿坑涌水处理前2%的输水损失和会宝岭水库沿途2%的输水损失，矿坑涌水的合理取水量为211.60万m^3/a（6412m^3/d），会宝岭水库的合理取水量为249.37万m^3/a（7541m^3/d），本项目合理取水总量为460.97万m^3/a（13953m^3/d）。合理取用水量分析见表2-8。

表2-8　　合理取用水量分析表　　单位：万m^3/a

项目	项目用水量			项目取水量		
	矿坑涌水	会宝岭水库	小计	矿坑涌水	会宝岭水库	小计
生产	207.37	239.02	446.39	211.60	243.90	455.50
生活		5.37	5.37		5.47	5.47
合计	207.37	244.39	451.76	211.60	249.37	460.97

经计算，本项目的产品取水总定额为1.15m^3/t、采矿定额0.25m^3/t、选矿定额0.71m^3/t；复用水率、采矿复用水率、选矿复用水率分别为86.51%、16.43%、82.50%；循环水复利用率为97.29%；新水利用率为100%；企业内职工人均生活日用新水量为120L/(人·d)，各项用水指标均符合标准要求。

核定后本项目主要用水指标与相关标准相符性分析见表2-9。

表2-9　　核定后本项目主要用水指标与相关标准相符性分析表

序号	指标	本项目	标准	备注
1	采矿定额/(m^3/t)	0.25	0.15～0.8	优于标准
	选矿定额/(m^3/t)	0.71	1.98～7.0	优于标准
	采选综合用水定额/(m^3/t)	1.15	1.5～20	优于标准
2	选矿系统复用水率/%	82.50	>75	优于标准
3	循环水重复利用率/%	97.29	95～97	符合标准
4	新水利用率/%	100	80～100	符合标准
5	企业内职工人均生活日用新水量/[L/(人·d)]	120	85～140	符合标准

核定后本项目水量平衡表见表2-10，水量平衡图见图2-3。

2.7　项目取用水与实行最严格水资源管理制度符合性分析

(1) 兰陵县2013年的地表水用水指标有0.21亿m^3的余量。本项目年取用新水量460.97万m^3，其中取矿坑涌水211.60万m^3/a，取会宝岭水库地表水249.37万m^3/a，在不超过用水总量指标前提下，每年占用兰陵县地表水249.37万m^3的用水指标。

表 2-10　核定后本项目水量平衡表　单位：m^3/d

序号	用水单元	总用水量	新水量	重复利用水量			耗水量	串联排水量	排水量	备注
				循环冷却水量	串联回用水量	小计				
1	采矿									
1.1	采矿作业用水	3000	3000				3000			会宝岭水库水
1.2	搅拌站常压冲洗水	500			500	500		500		矿坑涌水、会宝岭水库水
1.3	搅拌站设备管道冲洗水	90			90	90		90		矿坑涌水、会宝岭水库水
	小计	3590	3000	0	590	590	3000	590	0	
2	选矿									
2.1	工艺用水	44635	6380		38255	38255		44635		矿坑涌水、会宝岭水库水
2.2	设备冷却用水	1300	40	1260		1260	27	13		矿坑涌水、会宝岭水库水
2.3	渣浆泵水封用水	1300	1300					1300		矿坑涌水、会宝岭水库水
2.4	冲洗等其他用水	150	150				30	120		矿坑涌水、会宝岭水库水
2.5	除尘系统用水	1200			1200	1200		1200		
2.6	喷水抑尘用水	720	720					720		矿坑涌水、会宝岭水库水
2.7	粉矿仓降尘用水	24	24					24		矿坑涌水、会宝岭水库水
2.8	主厂房降尘用水	24	24					24		矿坑涌水、会宝岭水库水
	小计	49353	8638	1260	39455	40715	57	48036	0	
3	热工									

续表

序号	用水单元	总用水量	新水量	重复利用水量			耗水量	串联排水量	排水量	备注
				循环冷却水量	串联回用水量	小计				
3.1	锅炉房用水	360	360				324	36		矿坑涌水、会宝岭水库水
3.2	设备冷却水	384	11	373		373	7	4		矿坑涌水、会宝岭水库水
3.3	制浆槽配浆用水	24	24				24			矿坑涌水、会宝岭水库水
3.4	工艺水箱补水	24	24				24			矿坑涌水、会宝岭水库水
3.5	锅炉引风机	360	5	355		355	4	1		矿坑涌水、会宝岭水库水
3.6	氧化风机冷却水	24		24		24				
	小计	1176	424	752	0	752	383	41	0	
4	回水									
4.1	精矿浓密机用水	3012			3012	3012	335	2677		
4.2	充填搅拌站深锥浓密机用水	42547			42547	42547	8365	34182		
	小计	45559	0	0	45559	45559	8700	36859	0	
5	生活用水	147	147				29	118		会宝岭水库水
6	绿化及道路洒水	40			40	40	40			
	合计	99865	12209	2012	85644	87656	12209	85644	0	
	未预见水量（含管网漏损）	1465	1465				1465			矿坑涌水、会宝岭水库水
总计		101330	13674	2012	85644	87656	13674	85644		

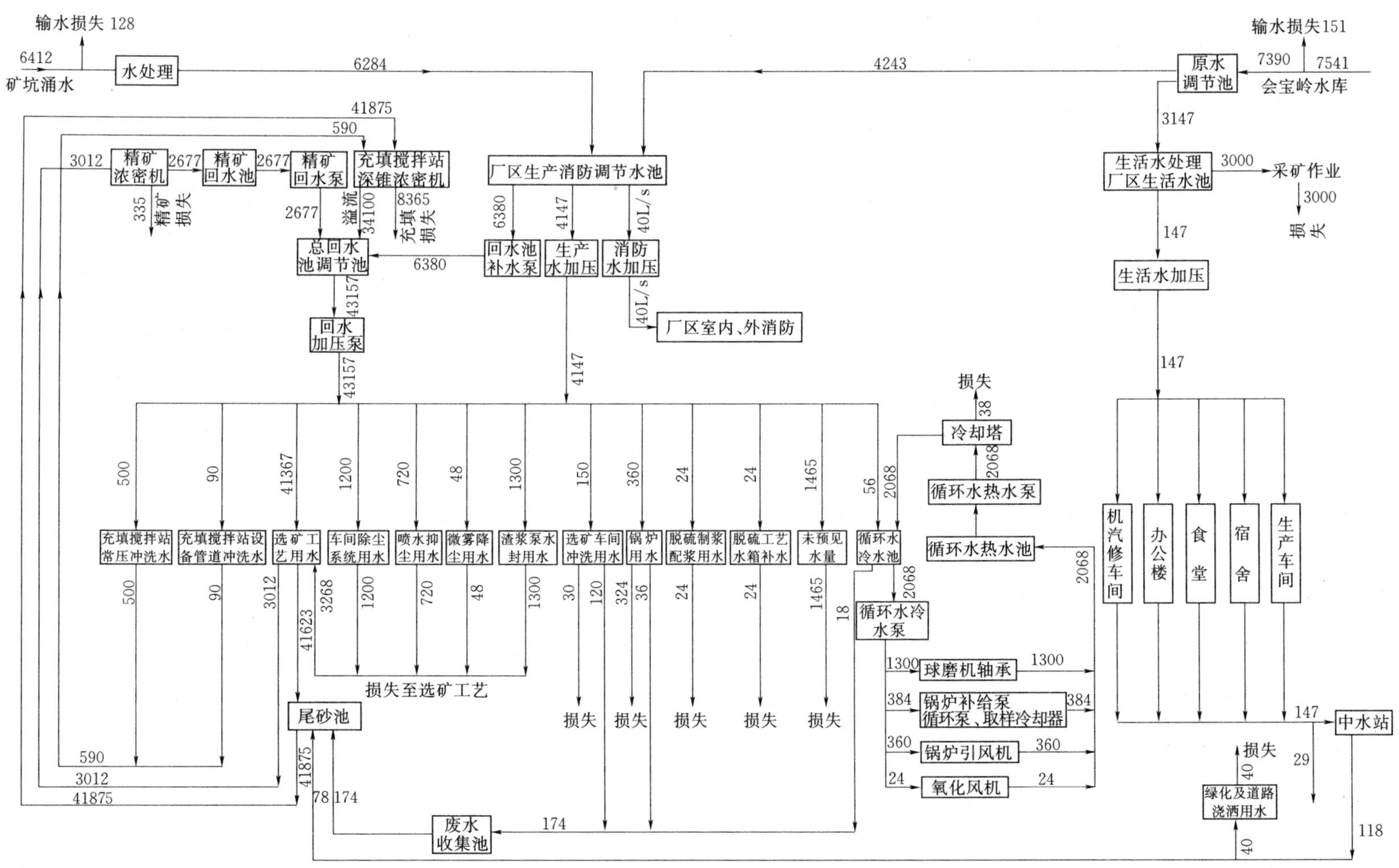

图2-3　核定后本项目水量平衡图（单位：m^3/d）

（2）按照核定后的取用水方案，本项目用水工艺合理，产品取水总定额、采矿定额、选矿定额、项目复用水率、采矿复用水率、选矿复用水率、循环水复利用率、新水利用率、企业内职工人均生活日用新水量等主要节水考核指标符合相关规范要求，优于国家及山东省的用水定额要求，达到或基本接近同行业先进平均水平，用水水平较高，符合用水效率管理要求。

（3）本项目正常工况下，生活污水和生产废水全部回收利用，不会对水功能区影响产生大的影响。

综上分析，从用水总量、用水效率、水功能区限制纳污3个方面，本项目的取用水均符合山东省实行最严格水资源管理制度的要求。

3　取水水源论证

3.1　解析法预测矿坑涌水量

3.1.1　解析法的应用条件与计算过程

矿床疏干时的地下水运动，严格地讲都属于非稳定运动，这是因开采条件不断变化所致。但是，在一些矿区长期开采疏干中，仍可以有相对稳定的阶段。对于某些煤矿，坑涌水量随巷道走向的延展而增加，延展暂停，涌水量即出现相对的稳定，总涌水量不变。对于凤凰山铁矿而言，矿井涌水量随采深而增加，当某水平进入回采期，其涌水量亦逐渐稳定，保持到开拓下水平或突水为止。因此，在矿床开拓及采准阶段，涌水量预测应使用非稳定流方法；而对回采水平涌水量预测时，稳定流方法有实用价值。

根据地下水动力学原理，结合矿床疏干实际需要，可针对不同条件下流向各类井、巷及巷道系统的地下水流建立相应的偏微分方程，运用解析方法计算矿坑涌水量。

稳定井流解析法的应用：在矿床疏干过程中，当某水平地下水位降落漏斗呈相对稳定状态时，可认为形成的辐射流场基本满足稳定井流条件，可以近似的应用裘布依方程进行涌水量计算（图3-1）。可用于：①在已知某开采水平最大水位降深条件下，预测矿坑总涌水量；②在给定某疏干水平排水能力前提下，计算区域地下水位降深（或压力降低）值。

非稳定井流解析法的应用：在矿床长期疏干过程中，地下水位不断降低，疏干漏斗不断扩展，总的看，地下水辐射流场是非稳定的。在已知初始条件和边界条件的情况下，当参数一定时，则可：①已知采深水位降低（S）、疏干时间（t），求涌水量（Q）；②已知Q、S求疏干某水平或漏斗扩展到某处的时间（t）；③已知Q、t，求S，以确定漏斗的发展和计算各点水头随时间的变化规律，用于规划各项开采措施。

解析法预测矿井涌水量计算过程主要遵循以下步骤。

第一步：分析疏干流场的水力特征。

矿床疏干流场是在采前天然地下水流场基础上，叠加开采因素演变而成的。因此应主要分析疏干条件下流场的水力特征，以选择相应的计算方法。

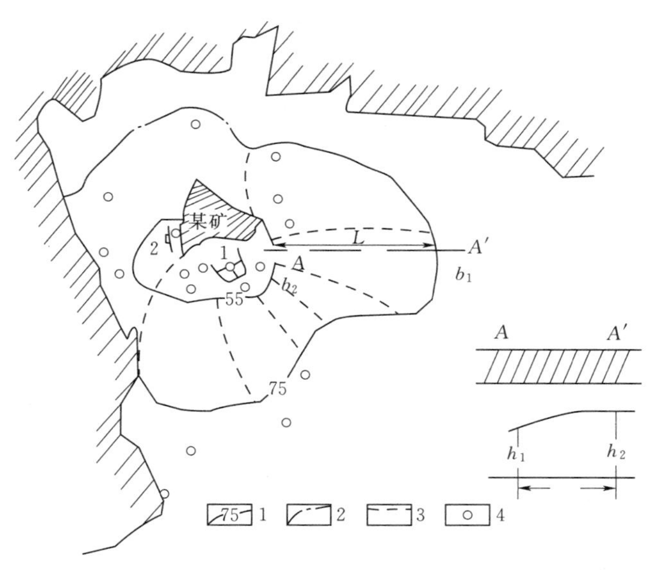

图 3-1　某矿区辐射流计算示意图

1、2—1号、2号汇水点等水位范围；3—块段分界流线；4—观测孔

（1）区分稳定流与非稳定流。矿山基建期，随开拓井巷发展，疏干漏斗不断扩大，以消耗含水层的储存量为主，疏干流场属非稳定流；回采期，井巷轮廓已定，当以消耗补给量为主时，疏干流场符合稳定流；当仍以消耗储存量为主时，矿坑涌水量渐减，疏干流场仍为非稳定流。

（2）区分层流与紊流。当矿区进行大降深疏干时，在疏干工程附近常出现非达西流。据研究，这种复杂水流状态出现的范围不大，而大面积内仍符合达西流规律，故直线渗透定律仍然是建立渗流型确定性模型的理论基础。

（3）区分平面流或空间流。矿床疏干流场受控于开采井巷的类型与分布状态，呈复杂的流态，在宏观上可概化为两种。

1）流向完整井巷的平面流：又分为竖井排水产生的平面辐射流和水平巷道排水产生的剖面平面流，其两端仍出现辐射流。巷道系统则复杂得多，排水初期，在统一降落漏斗形成之前，巷道系统各边缘部分都呈单方向的剖面平面流；当继续排水，形成统一降水漏斗后，流向巷道系统的地下水才过渡为近似的平面辐射流。

2）流向非完整井巷的空间流：据研究，在流向非完整井巷地下水辐射流范围内，存在有空间流带与平面流带两种运动形式。但前者往往仅限于非完整井巷的附近，范围约为含水层厚度的1.5～2.0倍。空间流计算，常采用平面分段法、剖面分段法或用经验公式近似计算。

（4）区分潜水与承压水。据勘探资料，区分潜水与承压水是容易的。但是与供水不同的是，在疏干中常常出现由承压水转为承压—无压水或无压水。在某些条件下，还可出现一侧保持承压状态，而另一侧则由承压水转为无压水或承压—无压水状态，计算时应区别对待。

（5）倾斜巷道的处理。据阿勃拉莫夫证明，巷道的倾斜对涌水量影响不大。若巷道倾斜度大于45°时，可视为与竖井类似，用辐射井流公式计算；若巷道倾斜小于45°时，则可视为与水平巷道相似，用剖面流的单宽流量公式计算。

第二步：确定边界类型。

（1）侧向边界类型的概化。

1）边界进水类型的划分：应将边界概化为隔水和供水两类。开采后隔水边界可能被破坏，转化为补给边界，或原排泄边界转化成补给边界。

2）边界形态的简化：解析法计算模型，要求将不规则形状的边界简化为一些理想的几何图式边界，如半无限直线边界、直交边界、斜交边界和平行边界等。

3）各种类型边界条件下的计算方法：常采用映射法或分区法（卡明斯基辐射法），即根据疏干时地下水流场状态，沿流面或等水压面分割为若干扇形分流区，各分流区常用卡明斯基平面辐射流公式算其涌水量总和即为全矿区涌水量。

（2）垂向越流补给边界类型的确定。越流补给边界分定水头和变水头两类，用解析法主要解决定水头越流补给边界，其计算方法与供水相同。

第三步：选择相应条件下的解析法矿坑涌水量预测方程。

可根据具体矿区的前述各种条件，主要依据疏干流场的水力特征、地下水类型、边界条件及疏干工程类型、疏干时间等条件，选定具体的计算方程。

第四步：确定各项参数。

解析法预测矿坑涌水量的精度，取决于前述各项条件之外，最主要的就是采用各项参数的精确程度及其代表性，以及是否正确地预估了开采后条件的变化。结合矿坑涌水的特点，对某些参数的确定方法予以介绍：

（1）渗透系数（K）值。渗透系数值是解析计算中极为重要的参数，但由于自然和开采条件的复杂性与测试计算方法上的缺陷，不易精确测得。这是涌水量预测产生误差的主因之一。首先，应区分含水层是均质的或是非均质的。解析法主要适用于均质含水层。我国矿床多产于非均质的裂隙和岩溶含水层充水地区，一般当非均质程度尚不太大时，可用求平均渗透系数（K_{cp}）的方法（相差程度较大者，则应分区计算），常用的有以下方法。

1）加权平均值法：又可分为厚度平均法、面积平均法、方向平均法等。如系厚度平均法，则公式为

$$K_{cp}=\frac{\sum_{i=1}^{n}M_i(H_i)K_i}{\sum_{i=1}^{n}M_i(H_i)}$$

式中：$M_i(H_i)$ 为承压（潜水）含水层各垂向分段厚度；K_i 为相应分段的渗透参数。

2）流场分析法：有等位水线图时，可采用闭合等值线法。

$$K_{cp}=\frac{-2Q\Delta r}{M_{cp}(L_1+L_2)\Delta h}$$

或据流场特征，采用分区法。

$$K_{cp}=\frac{Q}{\sum_{i=1}^{n}\left[\frac{b_1-b_2}{\ln b_1-\ln b_2}\cdot\frac{h_1^2-h_2^2}{2L}\right]}$$

式中：L_1、L_2 为任意两条（上、下游）闭合等水位线的长度；Δr 为两条闭合等水位线的

平均距离；Δh 为两条闭合等水位线间水位差；M_{cp} 为含水层平均厚度；Q 为矿坑涌水量；b_1、b_2 为辐射状水流上、下游断面上的宽度；h_1、h_2 为 b_1 和 b_2 断面隔水底板以上的水头高度；L 为 b_1 和 b_2 断面之间的距离。

（2）疏干"大井"的半径（r_0）值。井巷系统的形状较供水井复杂得多，且分布极不规则，范围广泛，又处于经常变化之中，构成了复杂的内边界。解析法要求将它理想化，故意将此形状复杂的井巷系统看成是"大井"，把井巷系统圈定的或者以降落漏斗距井巷最近的封闭等水线圈定的面积（F）看成相当该"大井"的面积。此时，整个井巷系统的涌水量，就相当于"大井"的涌水量，可使用各种井流公式计算矿井涌水量，称"大井法"。近圆形"大井"的引用半径（r_0）为

$$r_0=\sqrt{\frac{F}{\pi}}=0.565\sqrt{F}$$

（3）疏干井巷（系统）排水时的影响半径（R）或影响宽度（L）值。用大井法预测矿坑涌水量时，其降落漏斗的影响范围半径（R_0）应从大井中心算起，等于"大井"的引用半径（r_0）加排水影响半径（R）。

由于疏干漏斗形状不规则，在解析法中以 R_{cp} 值代表 R_0 较为合理。计算狭长水平巷道涌水量时，也常用引用宽度（L_{cp}）。其确定方法有：

1）经验、半经验公式：如库萨金公式、奚哈脱公式等。实践证明，这类公式计算结果一般精度不高。

2）塞罗瓦特科公式：复杂井巷系统的影响半径可据井巷边缘轮廓线与天然水文地质边界线之间距离的加权平均值求得。即：

$$R_{cp}=r_0+\frac{\sum b_{cp}L}{\sum L}$$

式中：r_0 为"大井"的引用半径；b_{cp} 为井巷轮廓线与各不同类型水文地质边界间的平均距离；L 为各类型水文地质边界线的宽度。

由于矿井疏干水位降深（S）较大，影响范围常达含水层的补给或隔水边界，因而计算时多取井巷系统中心至边界距离为影响范围。

当井巷系统处在近圆形补给边界时［见图 3-2（a）］，R 可取平均值 b_{cp}；当其处在直线补给边界［见图 3-2（b）］时，$R=\sum b_{cp}L/\sum L$。

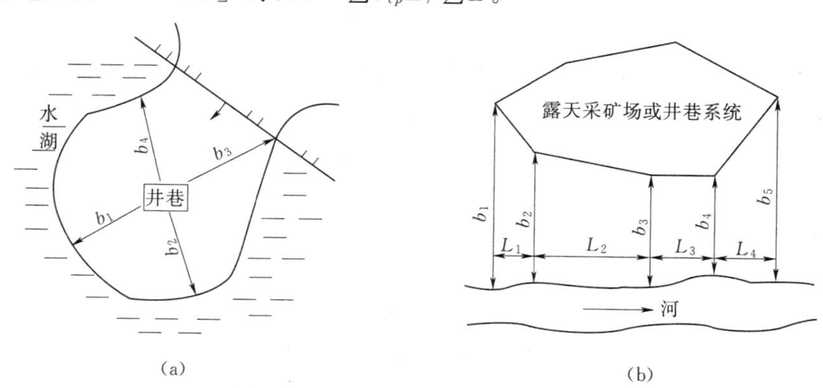

图 3-2　井巷系统补给边界示意图

(4) 最大疏干水位降深(S_{max})值。在矿坑涌水量预测中,通常不考虑供水对 S_{max} 的要求,而以地下水位降至巷道底板为目的。对直接冲水层来说,有两种情况,如图 3-3 (a)、(b) 所示。

据观测,在长期疏干条件下,大面积井巷系统外援,从坑道底板起的 h 值一般不超过 1~2m,约相当图 3-3 (a) 的 Δh,图 3-3 (b) 的 $h=\Delta h$。因此,矿坑涌水量预测时取 $S_{max}=H$[见图 3-3 (b)]或降低至巷道底板[见图 3-3 (a)],则会使涌水量计算值偏大 0.5%~1%。

第五步:具体运算求解方程,提出预测涌水量值,并对其可靠性进行论证。

解析法各种方程(公式)的解法,可参考地下水动力学书籍以及《水文地质手册》(地质出版社)、《供水水文地质手册 第二册 水文地质》(地质出版社)等文献。

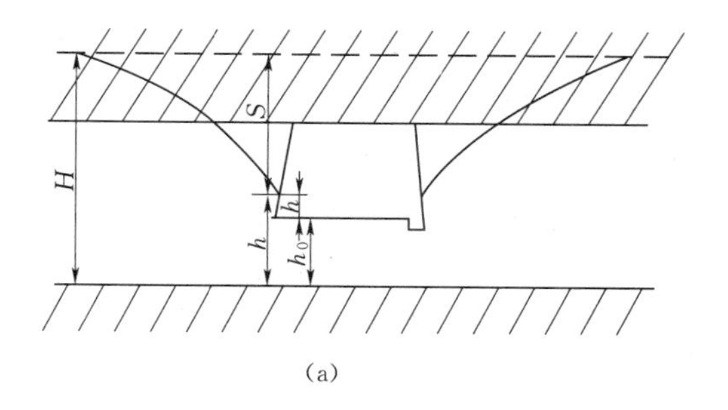

(a)

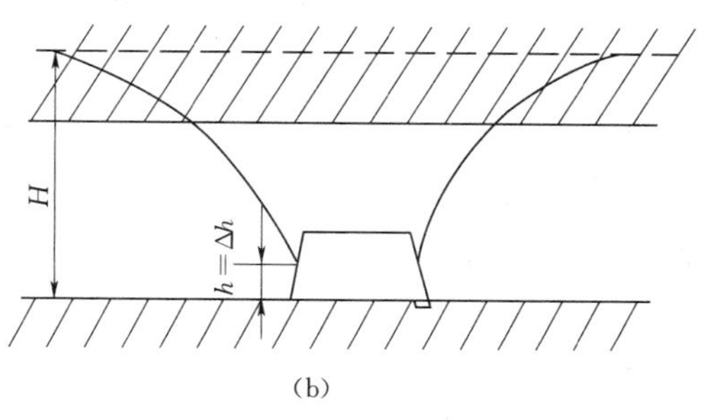

(b)

图 3-3 巷道排水水位图

3.1.2 矿区地质背景与水文地质条件

(1) 矿区地质背景。凤凰山铁矿采选工程开采矿区为沟西—西官庄铁矿区,赋存有隐伏的鞍山式低品位铁矿,矿床规模大、矿体产出稳定、矿石质量较好。地质勘探共施工 51 个地质钻孔,9 个水文地质钻孔,圈定了 2 条主矿带 4 个矿体(N①,N②,S①,S②),矿带延伸长度 2200m,矿床平均品位 TFe 30.85%、mFe 18.97%,铁矿石资源量约为 16444.9 万 t。山东省鲁南地质工程勘察院对勘探施工的 51 个地质钻孔全部进行了简易水文地质编录,9 个水文地质孔进行分层抽水试验。

矿区地层由老到新主要为新太古代泰山岩群山草峪组,新元古代土门群青白口纪黑山官组和二青山组、震旦纪佟家庄组,古生代寒武纪长清群李官组、朱砂洞组、馒头组。新太古代泰山岩群山草峪组是(鞍山式)铁矿的赋存层位。第四系分布于山前平地及沟谷两侧。

(2) 水文地质条件。

1) 含水层。矿区范围内主要发育地层依次为寒武系下统页岩、灰岩、石英砂岩,土门群页岩、粉砂岩,长青群石英砂岩、页岩、灰岩等。矿体赋存于盖层之下泰山群山草峪组变质岩地层中,为向斜侧隐伏形矿床,矿体位于当地最低侵蚀基准面(标高+47.50m)之下。除寒武系下统石英砂岩及灰岩含水丰富外,其余均为含水微弱地层。根据岩性、地质时代及富水程度不同和钻孔抽水试验,分为盖层裂隙岩溶含水层和基岩水裂隙含水层。

2) 隔水层。主要有长清群朱砂洞组余粮村页岩隔水层,佟家庄组、二青山组粉砂岩、页岩隔水层和黑山官组页岩隔水层。

3) 断层构造。区内断裂构造较发育,主要为枣庄断裂(F8)及其次级派生构造(F1、F2、F3、F4、F5、F6 和 F7 断层),断裂构造对地下水有较强的控制作用。

（3）地表水体与含水层之间水力联系。矿区内无大型地表水体，会宝岭水库为矿区附近最大的地表水体，位于矿床北西部，距离矿区沟西矿段4.5km，水库与矿床之间有一近北北东走向的丘陵山脉，标高88.9～100.20m，高于水库防洪水位标高（78.25m），由于丘陵的阻隔，水库水不会溢入矿床内。矿区西侧白水牛石断层由水库东部穿过，断层破碎带内夹有约4m厚的断层泥，在低凹处滴水润湿现象，极微弱透水，阻隔了会宝岭水库水与矿床各含水层的直接水力联系。

（4）大气降水的影响。大气降水是本区地下水主要补给来源，降水一般集中在每年的7—9月。根据地下水动态观测资料分析，最高水位标高47.84m，最低水位标高43.15m，平均水位标高44.55m。矿区内地形起伏较大，地形坡降大于6‰，地表径流快，不利于大气降水的入渗，因页岩泥灰岩裂隙不发育，隔水性较好，大气降水间接性补给矿坑地下水比较慢也比较弱，不会直接对矿坑产生充水危害。

3.1.3 矿坑涌水量预测

（1）矿床充水因素分析。该矿床产于变质岩系岩层中，为隐伏矿体，矿体呈陡倾斜的层状，沟西矿段矿体走向北西280°～315°，北翼矿体N①、N②矿体倾向南西，倾角61°～87°，局部较直立；南翼矿体S①、S②矿体倾向北东，倾角65°～87°，局部较直立甚至倒转。矿体均为向东侧向倾伏，并隐伏于盖层之下，由于上部矿体与盖层石英砂岩含水层呈不整合接触，盖层含水层的水易对采矿坑道产生充水危害，将产生一定影响；矿床内分布有2条断层，断层本身含水而透水，围岩含水性与断层含水性相一致，断层延伸规模较大，位于构造破碎带裂隙发育，其富水性较强，构造对矿床开采会直接造成较大威胁和影响。

（2）边界条件的确定。本矿床矿体沿走向呈舒缓波状展布，为弱—中等含水的承压含水层。按区域水文地质条件评价，北起文峰山断裂，南至枣庄断裂，西邻白水牛石断裂，东至龙辉大断裂，形成一个完整的水文地质单元边界条件的模型，作为本次涌水量预测范围边界条件。

由于矿体均被第四系及盖层所覆盖，地下水为承压性质，沟西矿段均视为相对隔水底板的双边进水无限边界承压水完整井水文地质模型。

（3）矿床开采方式及计算公式选择。矿山开采方式为巷道开采，矿体赋存于泰山岩群山草峪组黑云变粒岩中，根据水文地质编录情况，上部沉积盖层较厚，由于页岩隔水层的阻隔，盖层地下水与矿体顶底板含水层联系微弱，本次只预测矿体及矿体顶底板涌水量。沟西矿段（以SZK307孔地面标高为基础）地下水水位标高+50.51m，下部确定最低控制开采水平标高−1496m，选用承压—无压完整式巷道双边进水水平坑道计算公式预测矿坑涌水量。

依照矿体的走向和分布，涌水量预测范围大致为近东西向展布的长条形，采用坑道法自沉积盖层底部预测至矿体作为估算底界，即对−562.69m以下标高水平的矿床坑道涌水量进行整体预测。

1）承压—无压完整式巷道双边进水水平坑道计算公式：

$$Q = BK\frac{(2S-m)m}{R_0} \tag{3-1}$$

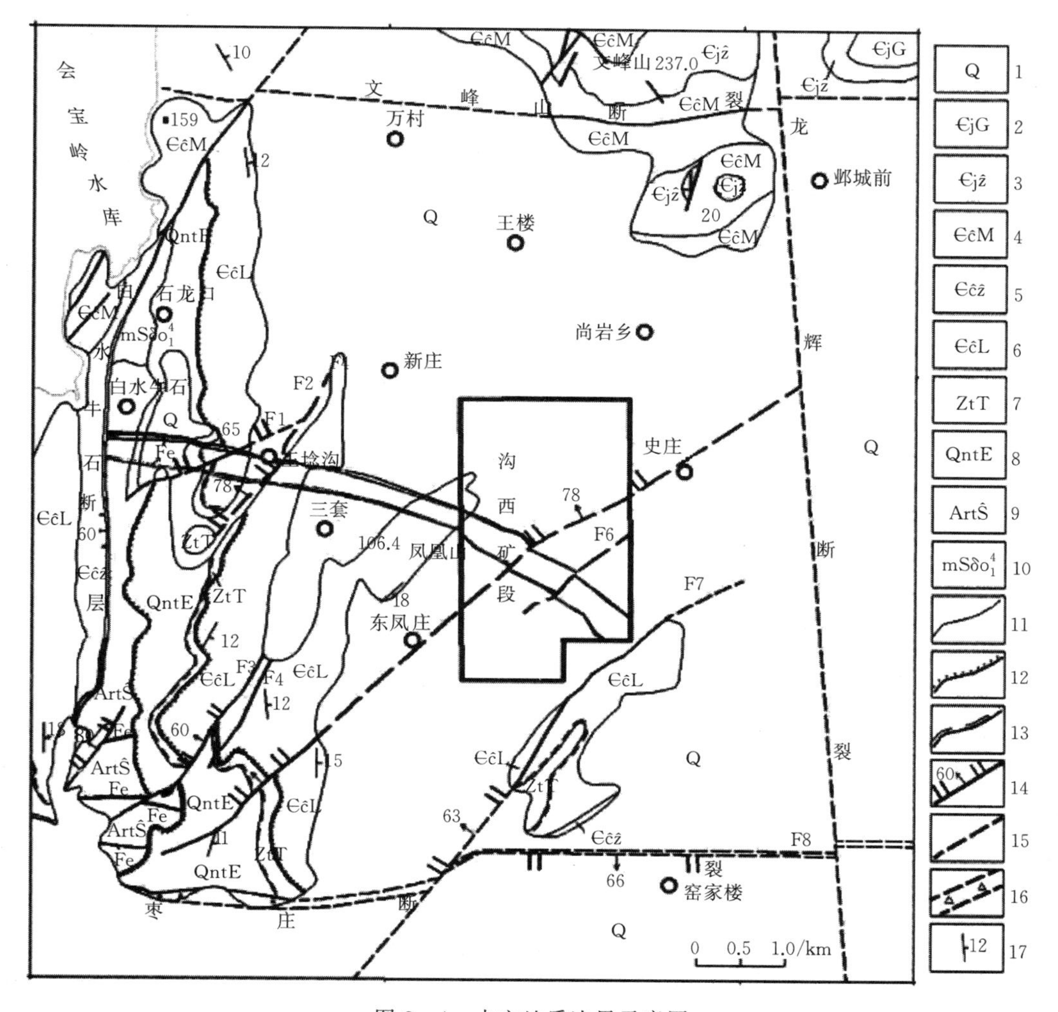

图 3-4　水文地质边界示意图

1—第四系；2—崮山组；3—张夏组；4—馒头组；5—朱砂洞组；6—李官组；7—佟家庄组；8—二青山组；9—山草峪组；10—片麻状细粒黑云英闪长岩；11—地质界线；12—角度不整合界线；13—平行不整合界线；14—断层及编号；15—推测断层；16—破碎带；17—地层产状

$$Q_{max}=3BK\frac{(2S-m)m}{R_0} \tag{3-2}$$

式中：Q 为坑道正常涌水量，m^3/d；Q_{max} 为坑道最大涌水量，m^3/d；B 为坑道长度，m；K 为渗透系数，m/d；S 为水位降深，m；m 为含水层厚度，m；R_0 为引用影响半径，m。

2）计算参数的选取。B：开采坑道沿矿体走向开挖的长度 2200m。K：坑道渗透系数采用 SZK307、SZK403 钻孔矿层及矿层顶底板混合抽水试验平均值确定，$K=0.105$m/d。S：根据 SZK307 钻孔稳定水位及孔口高程确定静水位高程 50.51m。R_0：选用库萨金公式 $R_0=2S\sqrt{KH}+r_0$ 进行计算，考虑到疏干水平不同，令 $S=H$。r_0：选用矿体平均宽度 19.60m 的一半，即为 9.80m。m：揭露的黑云变粒岩厚度。

3）预测结果评述。通过对坑道的充水因素分析，矿体及其顶、底板围岩裂隙含水层以自身充水为主。预测坑道各水平涌水量结果见表3-1。

表3-1　矿床西部（F3断层以西）坑道涌水量预测结果表

预测位置	预测标高/m	坑道长度 B/m	坑道宽度 L/m	渗透系数 K/(m/d)	坑道引用半径 r_0/m	水位降深 S/m	水柱高度 H/m	含水层厚度 m/m	坑道影响半径 R/m	坑道引用影响半径 R_0/m	正常涌水量 Q/(m³/d)	最大涌水量 Q_{max}/(m³/d)
坑道	-600	2200	19.60	0.105	9.80	650.51	650.51	37.31	10752.4	10762.2	1013	1520
	-700					750.51	750.51	137.31	13324.8	13334.6	3244	4866
	-800					850.51	850.51	237.31	16074.7	16084.5	4989	7484
	-900					950.51	950.51	337.31	18991.5	19001.3	6412	9618
	-1000					1050.51	1050.51	437.31	22066.1	22075.9	7613	11420
	-1100					1150.51	1150.51	537.31	25290.7	25300.5	8652	12978
	-1200					1250.51	1250.51	637.31	28658.6	28668.4	9571	14357

计算公式：$Q = BK\frac{(2S-m)m}{R_0}$；$Q_{max} = 3BK\frac{(2S-m)m}{R_0}$；$R = 2S\sqrt{KH}$；$R_0 = R + r_0$

（4）相邻矿床开采涌水量分析对比。区内会宝岭铁矿水文地质条件与本勘探区水文地质条件相似，根据2012年度提供的相邻正常生产的会宝岭铁矿矿坑涌水量资料：开采至－601m标高，其含水层厚度约为650m，巷道长度约2400m，矿井最大涌水量为18465.6m³/d（1月23日），最小涌水量为13029.6m³/d（4月13日），日平均涌水量为14687m³/d（表3-2）。

表3-2　会宝岭铁矿2012年矿坑涌水量统计表　　单位：m³/d

月份	日最大涌水量	日最小涌水量	日平均涌水量	备注
1	18465.6	15144.0	17138.4	会宝岭铁矿与本勘探区相邻，水文地质条件相似。巷道总长度约2400m，开采标高－601m，含水层厚度约650m
2	18115.2	17299.2	17594.4	
3	16545.6	14001.6	15028.8	
4	13130.4	12940.8	13029.6	
5	13396.8	13185.6	13298.4	
6	14028.0	13884.0	13958.4	
7	13886.4	13749.6	13812.0	
8	14172.0	14028.0	14100.0	
9	14450.4	14316.0	14385.6	
10	14673.6	14462.4	14584.8	
11	14877.6	14462.4	14623.2	
日平均涌水量			14686.7	

本矿区在－1200m标高处含水层厚度为637.31m，与会宝岭铁矿含水层厚度（约为650m）相近，计算其正常涌水量为9571m^3/d。分析本矿区计算的涌水量与会宝岭铁矿涌水量数值差异原因如下：①会宝岭铁矿区西侧紧临变质岩裸露区，侧向补给条件较好；本矿区离西部变质岩裸露区距离较远，侧向补给条件差。②本矿区处于地下水径流区下游，会宝岭铁矿处于地下水径流区上游，由于会宝岭铁矿生产疏干排水，已对地下水径流量（本矿区地下水接收的补给量）进行部分截流，导致本矿区地下水补给量减少。③会宝岭矿区盖层较薄，易接受大气降水补给；本矿区盖层相对较厚，有多层页岩阻隔，不易接受大气降水补给。④会宝岭矿区巷道长度长于本矿区。⑤凤凰山与会宝岭铁矿是两个不同矿山，两者相距1km，两矿主要含水层相同且位于浅部盖层中。会宝岭铁矿的排水量是在区域内单独排水的情况下形成的，铁矿投产时间较短，排水中还包括一定比例的静储量。凤凰山铁矿建成后，设计排水量是在会宝岭铁矿持续生产并排水的条件下新增的排水量。由于两矿疏干范围相互影响，本报告提出的水量相对比较保守。

本次计算结果与相邻矿区实际情况相近，参数的确定及公式的选择是合理的，矿坑涌水量预测结果较为可靠。

根据项目可研报告，－900m以上为一期开采范围，－900m以下为二期开采范围。本次论证，通过对矿坑涌水量预测，－900m标高矿坑正常涌水量6412m^3/d，最大涌水量19236m^3/d。随着开采深度的增加，凤凰山铁矿的矿坑涌水量逐渐增加并趋于稳定，扣除矿坑涌水处理前2%的输水损失，凤凰山铁矿可供项目的稳定涌水量为6284m^3/d。

3.2　会宝岭水库水源论证

3.2.1　依据的资料与方法

（1）依据的资料包括：①山东省临沂市苍山县会宝岭灌区续建配套与节水改造规划报告（山东省临沂市水利勘测设计院，1999年）；②山东省水利工程三查三定资料汇编（山东省水利厅，1985年）；③山东省水库资料汇编（山东省水利厅，2003年）；④会宝岭水库水文站及流域内雨量站历年实测水文资料。

（2）采用水量平衡原理对会宝岭水库现状来水量进行历年逐月计算。水库调节计算采用“计入水量损失的长系列变动用水时历法”，以月为调算时段；水环境质量依据《地表水环境质量标准》（GB 3838—2002），采用单参数法评价。

3.2.2　来水量分析

（1）会宝岭水库流域概况。会宝岭水库位于淮河水系中运河支流西泇河上游，坝址坐落在兰陵县城西北部25km尚岩、下村、鲁城三乡镇交界处的会宝岭村附近。该库是由中间有连通沟连接的南北两库构成的连环库，水库流域面积420km^2，总库容2.09亿m^3、兴利库容1.21亿m^3、死库容930万m^3，是一座以防洪为主，兼有灌溉、养殖、发电等综合利用的大（2）型水库。北库控制流域面积177km^2，南库控制流域面积243km^2。水库枢纽工程由南北两坝、溢洪道、放水洞、电站等工程组成。会宝岭水库基本情况见表3-3，会宝岭水库工程布置情况见图3-5，水库水位—库容—面积关系见表3-4和图3-6，会宝岭水库1964—2011年降水量频率分析计算成果见表3-5和图3-7。

表 3-3　　会宝岭水库基本情况

项　目		数值	备注
流域面积/km²		420	
水位	死水位/m	65.5	
	兴利水位/m	75.4	
	校核水位/m	77.85	$P=0.01\%$
库容	死库容/万 m³	930	
	兴利库容/万 m³	12100	
	总库容/万 m³	20940	
大坝	坝顶高程/m	81/81.6	南坝/北坝
	最大坝高/m	26/19.6	南坝/北坝
	坝长/m	1460/1250	南坝/北坝
放水洞	内径/m	2.8/1.1	南坝/北坝
	进口高程/m	62.4/61.0	南坝/北坝
	最大泄量/(m³/s)	17.71/16.6	南坝/北坝
溢洪道	总净宽/m	70	
	闸底高程/m	70	
	正常挡水位/m	75.4	
	最大泄量/(m³/s)	3813	
电站	装机容量/kW	2300	

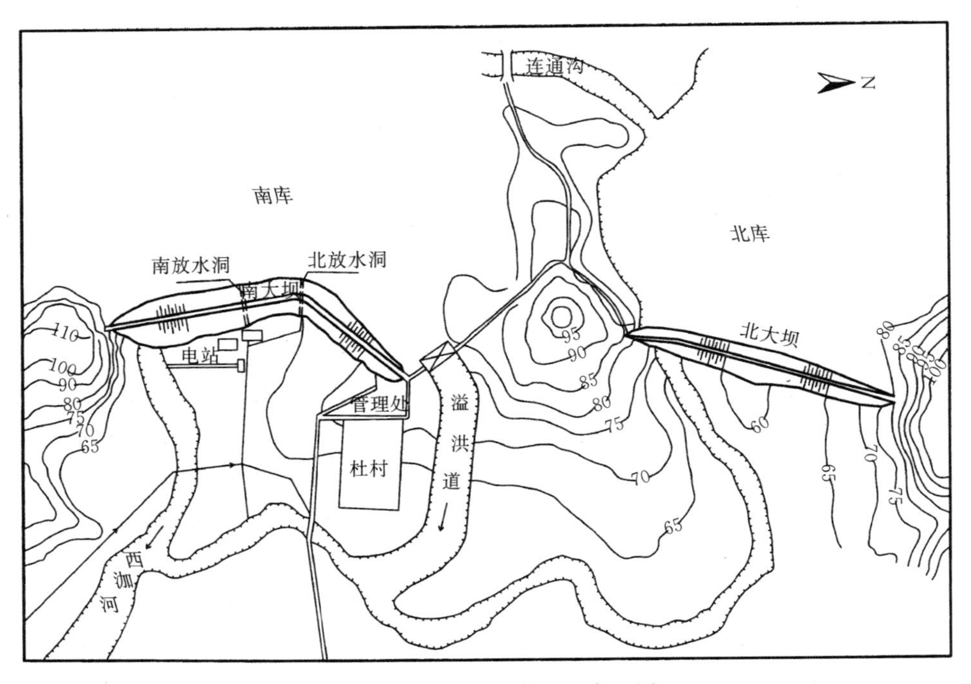

图 3-5　会宝岭水库工程布置图

表 3-4　　会宝岭水库水位—库容—面积关系表

水位/m	库容/$10^6 m^3$	水面面积/km^2	水位/m	库容/$10^6 m^3$	水面面积/km^2
57.24	0	0	75	122.2	20.27
58	0.02	0.08	75.4	130.3	20.95
60	0.5	0.42	76	143.2	21.92
62	1.7	0.88	76.68	159	23.1
64	4.6	2.12	77.88	187.5	25.4
65.5	9.30	4.95	78.25	197	26.11
66	11.6	5	79	217.25	27.48
68	24.55	8.2	80	245.85	29.6
70	43.7	11.15	81	276.3	31.37
71	55.7	12.85	82	308.2	33.13
72	69.5	14.72	83	342.3	35.02
73	85.2	16.53	84	378.65	37.09
74	102.75	18.52			

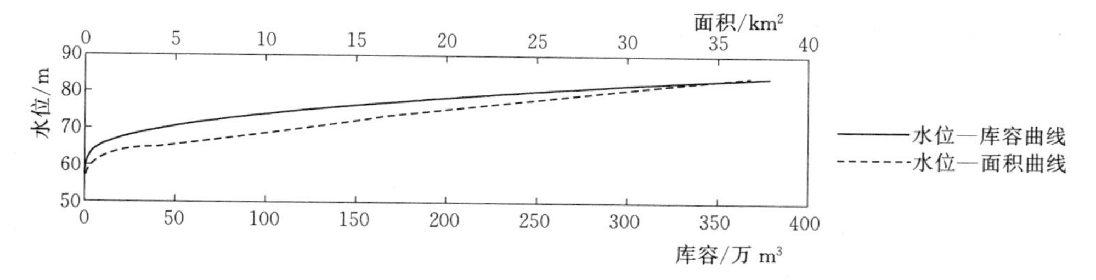

图 3-6　会宝岭水库水位—库容—面积关系曲线

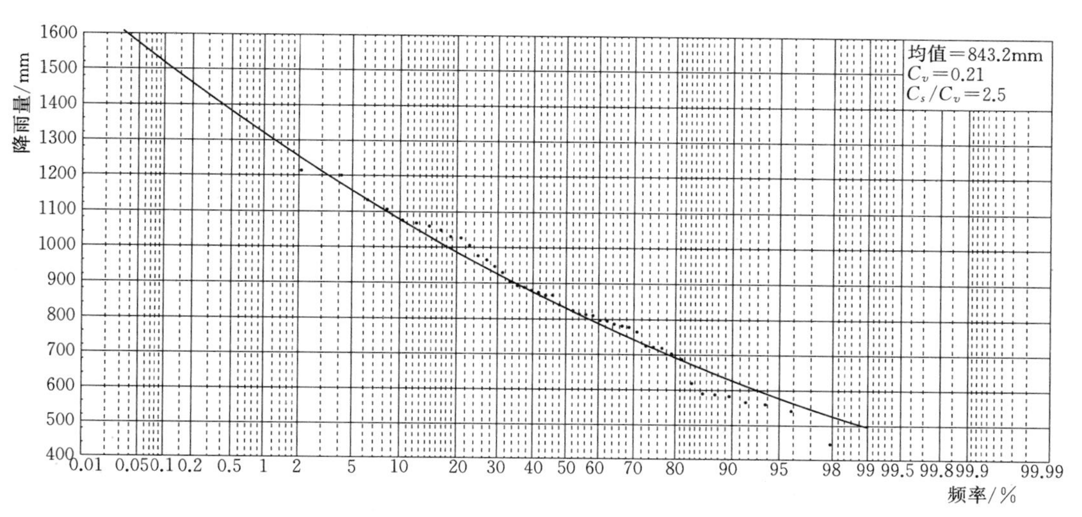

图 3-7　会宝岭水库 1964—2011 年降水量频率分析曲线

表 3-5　　会宝岭水库 1964—2011 年降水量频率分析计算成果表

多年平均降水量/mm	C_v	C_s/C_v	不同频率降水量/mm			
			20%	50%	75%	95%
843.2	0.21	2.5	986.6	829	717.5	579.4

（2）分析方法。会宝岭水库上游有两座中型水库，水库来水量为周村、双河水库至会宝岭水库区间来水量与两座中型水库下泄水量之和，由于周村和双河水库历年用水量的水平与现状年不一致，需要换算为现状年水平下的水库用水量和下泄水量，因此需要分别计算会宝岭水库区间现状来水量和两座中型水库现状下泄水量，然后相加求得会宝岭水库现状来水量。

水库来水量分析包括现状水平年来水量和规划水平年来水量。经调查，会宝岭水库以上流域在 2012—2020 期间尚无规划的地表拦蓄工程，区域来水量系列在可预见期内不会发生变化；周村和双河水库现状供水户受全市用水总量控制也不会再增加，各用水户用水量增长只能通过内部生产结构调整或提高节水水平来解决，水库下泄水量系列在可预见期内也不会发生变化。因此，本次论证中规划水平年来水量与现状水平年来水量一致，两者一并计算分析。

（3）会宝岭水库天然径流量。根据会宝岭水库水文站自 1964—2011 年的实测水文观测资料，采用分项调查分析法进行还原计算，分析求得会宝岭水库水文站以上天然径流系列，详见表 3-6。

表 3-6　　会宝岭水库天然径流量计算成果表　　单位：万 m^3

年份	天然径流量	年份	天然径流量	年份	天然径流量	年份	天然径流量
1964—1965	30174.9	1976—1977	13310.7	1988—1989	6860.2	2000—2001	23011.1
1965—1966	23923.5	1977—1978	14008.8	1989—1990	8147.4	2001—2002	18605.3
1966—1967	13000.2	1978—1979	14726.6	1990—1991	15876.9	2002—2003	7654.5
1967—1968	7260.9	1979—1980	18624	1991—1992	22363.6	2003—2004	26616.6
1968—1969	16138.2	1980—1981	16929.4	1992—1993	7492.6	2004—2005	19499.6
1969—1970	15957.4	1981—1982	7776.8	1993—1994	19910.2	2005—2006	26758.7
1970—1971	32112.9	1982—1983	13459.6	1994—1995	15537.3	2006—2007	24758.7
1971—1972	31094.3	1983—1984	13286.2	1995—1996	14459.3	2007—2008	25166.4
1972—1973	22776.4	1984—1985	15771.5	1996—1997	14452.4	2008—2009	30627.2
1973—1974	18452.3	1985—1986	20213.3	1997—1998	14622	2009—2010	14692.5
1974—1975	31668.5	1986—1987	16602.1	1998—1999	23385.4	2010—2011	9426.9
1975—1976	19315.4	1987—1988	13310.7	1999—2000	16385.4	平均	18004.4

通过对会宝岭水库天然径流量与同期流域平均降水量 47 年系列点绘过程线（图 3-8），可以看出：一是来水量的年际变化大，丰、枯水年明显，最丰的年份来水量为 32112.9 万 m^3，最枯的年份来水量为 6860.2 万 m^3，极值比为 4.7；二是丰水年出现次数

少，但来水量偏大，在47年的系列中丰水年有19年，来水量占总来水量的53%；三是丰枯水年连续出现，在47年的来水系列中，有5个丰水周期，每个周期2～6年，如1964—1966年、1970—1975年、1993—1995年、2000—2002年、2003—2009年，有2个枯水周期，每个周期2～3年，如1966—1968、1976—1978年、1981—1984年。

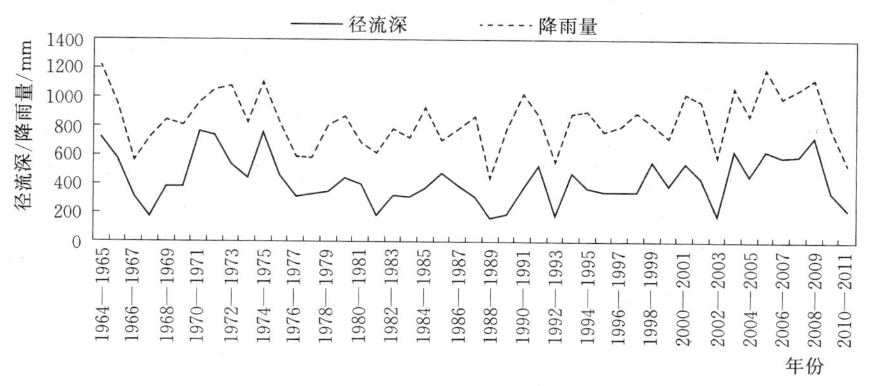

图3-8　会宝岭水库年平均降雨量、天然径流深过程线

(4) 会宝岭水库天然径流量的代表性分析。由于会宝岭水库实测径流资料系列较短，附近也无长系列径流资料，考虑到降水和径流关系较密切，因此选用附近雨量站的长系列降水资料进行代表性分析。从会宝岭水库与青岛站1964—2011年降水量的年际变化规律来看，丰枯变化规律基本一致，均值、C_v值相近，两处的降水量资料具有一致性，故选用青岛站长系列雨量资料作为代表性分析的依据。经分析，青岛站短系列均值比长系列均值偏小0.79%，短系列的离差系数C_v值偏小3.2%，短系列$P=97\%$的年降水量偏大7.5%。两个系列均值、C_v相近，因此短系列（1964—2011年）降水资料在长系列中具有较好的代表性。会宝岭水库、青岛站同期年降水量过程线见图3-9。

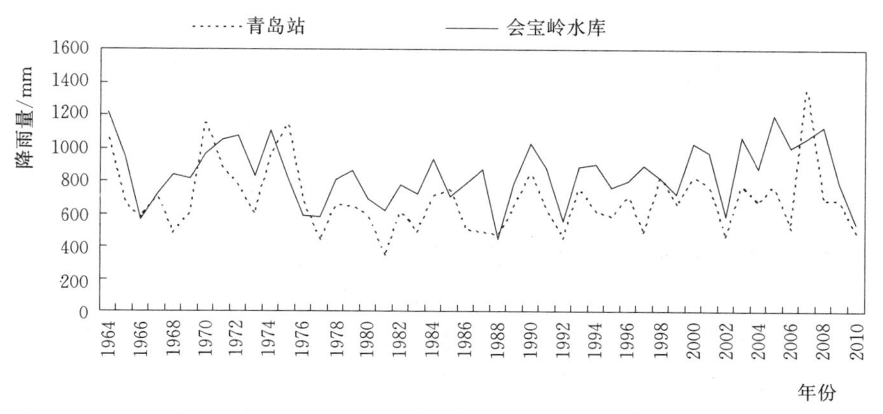

图3-9　会宝岭水库、青岛站同期年降水量过程线

(5) 会宝岭水库区间现状来水量。根据会宝岭水库实测来水量资料，在系列中加入水库蒸发、渗漏损失水量，并扣除上游中小型水库未建成年份应拦蓄水量，得其现状来水量。

计算公式为：

$$W_{区间}=W_{出}\pm\Delta W+W_{蒸}+W_{渗}+W_{扬}-W_{区间拦}-W_{中泄}+W_{灌回} \quad (3-3)$$

式中：$W_{区间}$ 为水库区间现状来水量，万 m^3；$W_{出}$ 为实测出库水量，万 m^3；ΔW 为水库蓄变量，增加为正，减少为负，万 m^3；$W_{扬}$ 为水库库区扬水站提取水量，万 m^3；$W_{蒸}$ 为水库水面蒸发损失量，万 m^3；$W_{渗}$ 为水库渗漏损失量，万 m^3；$W_{区间拦}$ 为水库上游小型水库拦用水量，万 m^3；$W_{中泄}$ 为周村、双河水库下泄水量，万 m^3；$W_{灌回}$ 为上游水库未建年份应扣除拦蓄水量的灌溉回归水量，万 m^3。

上式中，$W_{出}$、ΔW 由会宝岭水库实测资料计算而得，其余项目计算方法如下：

1）水库水面蒸发损失水量 $W_{蒸}$。水库水面蒸发损失水量是指由于水库的建设使得库区由陆面变成水面所增加的蒸发损失量，即水库水面蒸发水量与陆面蒸发量的差值。会宝岭水库1964—1968年有实测蒸发量资料，附近许家崖水库有1964—2011年水面蒸发量资料，利用该站实测陆上蒸发器水面蒸发量资料，统一换算为会宝岭水库水面蒸发量。会宝岭水库1964—2011年水面蒸发量见表3-7。

表3-7　会宝岭水库1964—2011年水面蒸发量统计表　单位：mm

年份	蒸发量	年份	蒸发量	年份	蒸发量	年份	蒸发量
1964—1965	1587.1	1976—1977	1440.7	1988—1989	1239.5	2000—2001	955.16
1965—1966	1584.1	1977—1978	1651.8	1989—1990	1099.9	2001—2002	980.18
1966—1967	1714.5	1978—1979	1707.1	1990—1991	1074.7	2002—2003	1017.52
1967—1968	1556.8	1979—1980	1551.6	1991—1992	1215.0	2003—2004	1029.88
1968—1969	1568.1	1980—1981	1538.5	1992—1993	1282.4	2004—2005	926.17
1969—1970	1819.6	1981—1982	1631.7	1993—1994	1096.8	2005—2006	1178.09
1970—1971	1618.5	1982—1983	1190.4	1994—1995	1072.6	2006—2007	1033.61
1971—1972	1392.3	1983—1984	1212.3	1995—1996	1050.2	2007—2008	1014.86
1972—1973	1335.7	1984—1985	989.0	1996—1997	970.5	2008—2009	1105.28
1973—1974	1578.5	1985—1986	1065.1	1997—1998	934.5	2009—2010	869.76
1974—1975	1405.3	1986—1987	1134.6	1998—1999	997.4	2010—2011	1028.37
1975—1976	1401.3	1987—1988	1106.0	1999—2000	962.4	平均	1253.52

在获得水面蒸发量基础上，再按以下公式计算水面蒸发损失量：

$$W_{蒸}=f[e-(P-R)] \quad (3-4)$$

式中：$W_{蒸}$ 为水库蒸发损失水量，万 m^3；f 为水库平均水面面积，km^2；e 为水库水面蒸发量，mm；P 为水库降水量，mm；R 为径流深，mm。

2）水库渗漏损失水量 $W_{渗}$。根据会宝岭水库的实际情况，水库渗漏损失水量采用月平均库容的1.0%，月渗漏损失水量随月库容变化而变化。

3）库区扬水站提取水量 $W_{扬}$。会宝岭库区扬水站共有7处，主要是农业灌溉用水，采用历年农业灌溉用水调查资料计算。

4）上游水库拦蓄利用水量 $W_{区间拦}$。本流域内在周村、双河水库以下、本库以上有小型水库15座，总流域面积31.17km²，总库容816万m³，总兴利库容476.62万m³。

由于会宝岭水库上游小型水库均无实测水文资料，而这些小型水库拦蓄利用水量与上游水库的年来水量和兴利库容有关。因此，采用拦蓄利用系数法确定上游小型水库年最大拦蓄利用水量。在平水年和丰水年一般小型水库年拦蓄利用系数为1.0～1.5，本次拦蓄利用系数取1.3。根据会宝岭水库年来水量采用面积比拟法计算各小型水库来水量，当算得的小型年来水量大于年最大可能拦蓄利用水量时，取最大可能拦蓄利用水量作为年拦蓄利用水量；当算得的年来水量小于年最大可能拦蓄利用水量时，取年来水量作为年拦蓄利用水量。

小型水库年来水量采用面积比拟法计算，公式如下：

$$W_{小}=\frac{F_{小}}{F_{会}}W_{会}$$

式中：$F_{小}$、$W_{小}$分别为小型水库流域面积和年来水量，km²、万m³；$F_{会}$、$W_{会}$为会宝岭水库流域面积和年来水量，km²、万m³。

5）周村、双河水库下泄水量$W_{中泄}$。周村水库自1960—1985年设有水文站，有实测下泄水量资料。1986年以后水文站撤销，水库管理局有辅助观测资料，根据辅助观测资料计算下泄水量。

双河水库无实测下泄水量资料，采用水库来水量扣除灌溉用水量作为水库下泄水量。水库来水量采用水文比拟法计算，灌溉用水量根据灌溉面积和灌溉定额计算。

6）上游水库灌溉回归水量$W_{灌回}$。上游水库灌溉用水量较少，灌溉回归水量忽略不计。

按照上述公式计算出1964—2011年会宝岭水库区间现状来水量系列，见表3-8。

表3-8　　会宝岭水库1964—2011年区间现状来水量分析计算成果表　　单位：万m³

年份	区间现状来水量	年份	区间现状来水量	年份	区间现状来水量	年份	区间现状来水量
1964—1965	16992.2	1976—1977	5266.9	1988—1989	2254.3	2000—2001	12929.8
1965—1966	13070.7	1977—1978	5786.1	1989—1990	4355.3	2001—2002	8675.4
1966—1967	5686.3	1978—1979	6320.0	1990—1991	9256.0	2002—2003	1692.9
1967—1968	1924.6	1979—1980	9077.1	1991—1992	11661.9	2003—2004	16013.8
1968—1969	6992.8	1980—1981	7836.0	1992—1993	2945.3	2004—2005	9247.7
1969—1970	9176.7	1981—1982	2764.0	1993—1994	11031.3	2005—2006	13421.6
1970—1971	18910.8	1982—1983	5212.1	1994—1995	6816.7	2006—2007	13670.8
1971—1972	18010.9	1983—1984	5106.4	1995—1996	6116.0	2007—2008	14775.1
1972—1973	11928.9	1984—1985	6861.8	1996—1997	5527.2	2008—2009	17727.8
1973—1974	8951.4	1985—1986	10853.4	1997—1998	7944.9	2009—2010	6171.2
1974—1975	18339.5	1986—1987	6118.1	1998—1999	12612.8	2010—2011	2842.6
1975—1976	9583.5	1987—1988	6607.0	1999—2000	5044.0	平均	8938.5

（6）周村、双河水库现状下泄水量。

1）周村水库现状下泄水量。周村水库位于枣庄市市中区周村镇，西泇河上游，控制流域面积 121km²，总库容 8429.3 万 m³，兴利库容 4442 万 m³，死库容 658 万 m³，是一座以灌溉为主结合防洪、养鱼等综合利用的中型水库。自 1958 年起在周村水库流域内先后建起小（1）、小（2）型水库 6 座，控制流域面积 15.3km²，总库容 277.3 万 m³，兴利库容 178.5 万 m³，设计农业灌溉面积 10.3 万亩，有效灌溉面积 5.2 万亩，最大实灌面积 5.0 万亩。

周村水库自 1960—1985 年有实测出库水量资料，1986 年以后有调查的来水量资料，根据以上资料推求周村水库天然径流量，计算公式为：

$$W_{天} = W_{实测} + W_{农耗} + W_{工业} \pm W_{生活} + W_{蒸发} + W_{渗漏} \pm W_{蓄} \quad (3-5)$$

式中：$W_{天}$为天然径流量，万 m³；$W_{实测}$ 为实测径流量，万 m³；$W_{农耗}$ 为农业灌溉耗水量，万 m³；$W_{工业}$ 为工业耗水量，万 m³；$W_{生活}$ 为居民生活耗水量，万 m³；$W_{蒸发}$ 为水库库面蒸发量，万 m³；$W_{渗漏}$ 为水库渗漏水量，万 m³；$W_{蓄}$为水库蓄水变量，万 m³。

$W_{实测}$、$W_{蓄}$由周村水库实测资料计算和调查资料而得，其余各项水量计算方法同会宝岭水库天然径流量计算方法。经计算，得出周村水库 1964—2011 年天然径流量系列，然后扣除水库上游现状条件下小型水库拦蓄利用水量，得周村水库 1964—2011 年现状来水量系列。

根据周村水库 1964—2011 年现状来水量资料和水库供水计划，城市供水为 3.8 万 m³/d，年供水量 1400 万 m³，供水保证率为 95%；剩余水量按水库可灌溉面积进行调算，灌溉水利用系数取 0.50，用水保证率为 50%。采用计入损失的长系列时历法进行调节计算，可灌面积为 3.85 万亩，求得周村水库 1964—2011 年现状条件下的水库下泄水量，见表 3-9。

表 3-9　周村水库 1964—2011 年现状条件下的水库下泄水量计算成果表　单位：万 m³

年份	下泄水量	年份	下泄水量	年份	下泄水量	年份	下泄水量
1964—1965	8496.1	1976—1977	2552.4	1988—1989	1085.5	2000—2001	6141.6
1965—1966	6224.1	1977—1978	2777.3	1989—1990	2090.5	2001—2002	4134.4
1966—1967	2799.4	1978—1979	3023.9	1990—1991	4338.7	2002—2003	820.4
1967—1968	947.5	1979—1980	4425.1	1991—1992	5430.1	2003—2004	7574.8
1968—1969	3441.8	1980—1981	3832.3	1992—1993	1392.3	2004—2005	4320.4
1969—1970	4531.0	1981—1982	1386.4	1993—1994	5308.8	2005—2006	6530.6
1970—1971	8962.5	1982—1983	2573.0	1994—1995	3261.5	2006—2007	6726.9
1971—1972	8536.0	1983—1984	2528.9	1995—1996	2935.7	2007—2008	7212.5
1972—1973	5680.4	1984—1985	3355.8	1996—1997	2610.5	2008—2009	8653.9
1973—1974	4196.0	1985—1986	4918.0	1997—1998	3798.7	2009—2010	3018.1
1974—1975	9024.2	1986—1987	2823.7	1998—1999	6077.3	2010—2011	1360.1
1975—1976	4492.3	1987—1988	3049.4	1999—2000	2428.9	平均	4294.2

2）双河水库现状条件下泄水量计算。双河水库位于临沂市兰陵县下村乡西泇河支流上，控制流域面积42.6km^2，总库容1001万m^3，兴利库容367万m^3，死库容51万m^3，是一座以灌溉为主结合防洪、养鱼等综合利用的中型水库。自1967年起在双河水库流域内先后建起小（2）型水库3座，控制流域面积2.80km^2，总库容31.3万m^3，兴利库容18.8万m^3，设计农业灌溉面积1.49万亩，有效灌溉面积0.4万亩，最大实灌面积0.4万亩。

双河水库无实测出库水量资料，因此，利用周村水库作为参证站，采用水文比拟法求得双河水库1964—2011年天然径流量系列，然后扣除水库上游现状条件下小型水库拦蓄利用水量，得双河水库1964—2011年现状来水量系列。

根据双河水库1964—2011年现状来水量资料和水库供水计划，该水库无城市供水计划，以农田灌溉用水为主。该水库农业灌溉面积按0.4万亩考虑，灌溉水利用系数取0.50，用水保证率为50%。采用计入损失的长系列时历法进行调节计算，求得双河水库1964—2011年现状条件下的水库下泄水量，见表3－10。

表3－10　双河水库1964—2011年现状条件下的水库下泄水量计算成果表　单位：万m^3

年份	下泄水量	年份	下泄水量	年份	下泄水量	年份	下泄水量
1964—1965	1918.5	1976—1977	283.6	1988—1989	128.3	2000—2001	1131.4
1965—1966	1452.3	1977—1978	338.3	1989—1990	254.6	2001—2002	745.5
1966—1967	262.4	1978—1979	379.2	1990—1991	867.7	2002—2003	91.2
1967—1968	88.8	1979—1980	680.8	1991—1992	1129.7	2003—2004	1830.1
1968—1969	491.7	1980—1981	575.5	1992—1993	125.0	2004—2005	881.4
1969—1970	630.9	1981—1982	236.9	1993—1994	896.3	2005—2006	1251.0
1970—1971	2001.6	1982—1983	488.1	1994—1995	409.0	2006—2007	1302.0
1971—1972	1906.4	1983—1984	470.1	1995—1996	357.6	2007—2008	1353.8
1972—1973	1325.4	1984—1985	503.9	1996—1997	365.6	2008—2009	1624.3
1973—1974	839.2	1985—1986	1187.1	1997—1998	670.4	2009—2010	453.2
1974—1975	1746.6	1986—1987	470.6	1998—1999	1235.4	2010—2011	170.6
1975—1976	898.5	1987—1988	508.2	1999—2000	287.1	平均	792.5

（7）会宝岭水库现状来水量。将会宝岭水库区间现状来水量与周村、双河两座中型水库的现状下泄水量相加，即可求得会宝岭水库1964—2011年现状来水量系列。根据临沂市流域规划，会宝岭水库上游无新建拦水工程的规划，故规划年来水量等于现状年来水量。会宝岭水库现状年和规划年来水量见表3－11。

采用P－Ⅲ曲线对会宝岭水库现状水平来水量系列进行频率计算，求得多年平均现状来水量为14025.3万m^3。经适线法分析，求得会宝岭水库不同频率现状来水量，频率分析曲线如图3－10所示，不同频率现状来水量见表3－12。

表 3-11　会宝岭水库 1964—2011 年现状年和规划年来水量分析计算成果表

年份	现状来水量	年份	现状来水量	年份	现状来水量	年份	现状来水量
1964—1965	27406.7	1976—1977	8102.9	1988—1989	3468.1	2000—2001	20202.7
1965—1966	20747.1	1977—1978	8901.7	1989—1990	6700.4	2001—2002	13555.3
1966—1967	8748.2	1978—1979	9723.1	1990—1991	14462.4	2002—2003	2604.5
1967—1968	2960.9	1979—1980	14183.0	1991—1992	18221.7	2003—2004	25418.7
1968—1969	10926.3	1980—1981	12243.8	1992—1993	4462.6	2004—2005	14449.6
1969—1970	14338.5	1981—1982	4387.3	1993—1994	17236.5	2005—2006	21203.2
1970—1971	29875.0	1982—1983	8273.3	1994—1995	10487.3	2006—2007	21699.7
1971—1972	28453.2	1983—1984	8105.5	1995—1996	9409.3	2007—2008	23341.4
1972—1973	18934.8	1984—1985	10721.5	1996—1997	8503.4	2008—2009	28006.0
1973—1974	13986.6	1985—1986	16958.5	1997—1998	12413.9	2009—2010	9642.5
1974—1975	29110.3	1986—1987	9412.4	1998—1999	19925.4	2010—2011	4373.2
1975—1976	14974.2	1987—1988	10164.7	1999—2000	7760.0	平均	14025.3

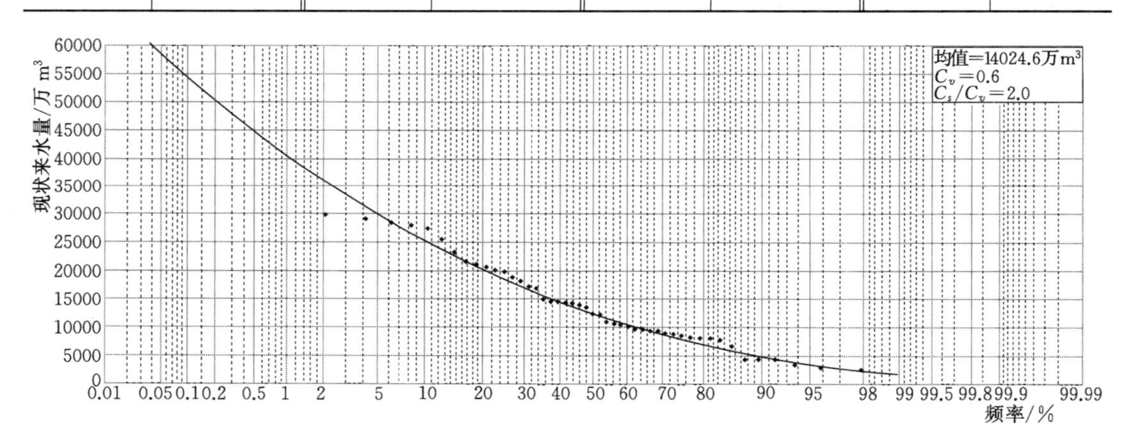

图 3-10　会宝岭水库 1964—2011 年现状来水量频率分析曲线

表 3-12　会宝岭水库现状来水量不同频率分析计算成果表

多年平均现状来水量/万 m³	C_v	C_s/C_v	不同频率现状来水量/万 m³			
			20%	50%	75%	95%
14025.3	0.60	2.0	20167.4	12425.8	7797.7	3590.3

3.2.3 用水量分析

（1）会宝岭水库灌区。会宝岭水库灌区位于兰陵县境内西南部，东临汶河，南至苏鲁边界，西与枣庄市接壤，是该县唯一的大型灌区。本灌区涉及兰陵县尚岩、向城、新兴、兰陵等 6 个乡镇 391 个村庄。灌区代表性土壤为黄土。

目前，会宝岭灌区设计灌溉面积 30.1 万亩，其中会宝岭水库灌区 13.86 万亩、陈桥闸引河灌区 10.84 万亩、大桥闸引河灌区 5.4 万亩。灌区设计保证率为 50%。据调查，由于会宝岭水库灌区干渠损毁严重，现状年会宝岭水库灌区实灌面积5.0万亩左右。

灌区内主要作物为冬小麦、花生、玉米、水稻等。作物复种指数为1.75，其中冬小麦0.75、春玉米0.13、夏玉米0.60、花生0.12、水稻0.15。土壤湿润层深度，冬小麦、夏玉米、春玉米均为0.7m；水稻泡田定额为150mm，泡田时间为10d。根据以上资料将会宝岭水库灌区的灌溉制度计算到现状年。会宝岭水库灌溉制度成果见表3-13。

表3-13　会宝岭水库灌溉制度成果表　单位：m^3/亩

水文年	6月	7月	8月	9月	10月	11月	12月	1月	2月	3月	4月	5月	全年
1964—1965	0.00	0.00	0.00	0.00	0.00	17.60	36.54	0.00	0.00	25.20	36.40	39.62	155.36
1965—1966	13.20	0.00	0.00	33.55	7.60	10.87	35.20	0.00	0.00	0.00	38.87	59.70	198.99
1966—1967	18.20	0.00	45.73	35.75	12.27	18.53	35.34	0.00	0.00	10.80	64.00	109.47	350.09
1967—1968	0.00	11.30	16.37	0.00	8.73	3.60	40.47	0.00	0.00	17.53	32.33	109.14	239.47
1968—1969	35.62	0.00	0.00	0.00	0.00	10.20	24.67	0.00	0.00	18.33	26.87	26.00	141.69
1969—1970	0.00	0.00	41.00	0.00	24.80	20.87	38.67	0.00	0.00	28.93	31.20	6.63	192.10
1970—1971	0.00	0.00	4.52	0.00	0.00	18.73	34.20	0.00	0.00	6.53	66.07	52.00	182.05
1971—1972	0.00	32.84	0.00	17.41	20.33	21.07	32.07	0.00	0.00	2.00	74.20	36.40	236.32
1972—1973	16.64	0.00	32.26	0.00	0.00	0.00	40.07	0.00	0.00	22.67	9.87	81.14	202.65
1973—1974	33.55	0.00	61.86	0.00	0.53	21.80	40.47	0.00	0.00	0.00	38.67	40.68	237.56
1974—1975	14.75	0.00	0.00	0.95	0.93	13.93	0.00	0.00	0.00	14.60	9.02	113.27	167.45
1975—1976	8.15	0.00	36.46	0.00	3.27	0.00	35.67	0.00	0.00	27.00	66.60	55.00	232.15
1976—1977	7.80	0.72	13.59	0.00	21.60	7.73	37.80	0.00	0.00	17.73	22.20	65.00	194.17
1977—1978	32.55	0.00	34.46	11.61	0.00	16.20	26.93	0.00	0.00	6.20	87.34	96.20	311.49
1978—1979	0.00	0.00	0.00	21.68	9.00	7.87	37.27	0.00	0.00	0.00	39.14	92.27	207.23
1979—1980	0.00	0.00	65.60	0.00	25.20	19.33	14.00	0.00	0.00	13.00	44.20	9.62	190.95
1980—1981	0.00	0.00	16.89	15.21	0.00	19.20	40.47	0.00	0.00	16.87	86.07	97.27	291.98
1981—1982	0.00	0.00	42.53	27.95	0.00	9.20	38.87	0.00	0.00	21.13	78.27	88.40	306.35
1982—1983	0.00	0.00	0.00	0.00	0.27	0.00	36.14	0.00	0.00	7.93	81.54	107.47	233.35
1983—1984	15.35	0.00	0.00	0.00	0.00	19.13	40.47	0.00	0.00	25.87	59.47	52.00	212.29
1984—1985	0.00	0.00	18.23	0.00	22.20	0.00	32.40	0.00	0.00	20.73	4.50	14.74	112.80
1985—1986	28.95	0.00	22.53	0.00	0.00	11.80	23.87	0.00	0.00	23.67	77.34	49.40	237.56
1986—1987	0.00	0.00	8.02	7.21	14.13	19.53	24.87	0.00	0.00	9.93	66.40	10.00	160.09
1987—1988	0.00	0.00	14.96	0.00	0.00	1.60	40.47	0.00	0.00	17.00	82.54	60.20	216.77
1988—1989	40.75	0.00	42.26	24.68	4.47	21.80	33.94	0.00	0.00	8.47	82.07	101.67	360.11
1989—1990	0.00	18.37	71.60	6.75	24.13	14.47	37.40	0.00	0.00	18.67	51.40	34.11	276.90
1990—1991	0.00	0.00	0.00	16.88	25.20	3.60	35.27	0.00	0.00	0.00	71.87	8.84	161.66

续表

水文年	6月	7月	8月	9月	10月	11月	12月	1月	2月	3月	4月	5月	全年
1991—1992	0.00	0.00	39.93	5.21	22.53	14.53	26.80	0.00	0.00	14.80	69.54	83.27	276.61
1992—1993	45.68	0.00	6.50	14.55	15.60	13.53	30.13	0.00	0.00	28.67	80.27	71.20	306.13
1993—1994	0.00	0.00	0.00	29.88	0.87	0.00	40.34	0.00	0.00	20.07	63.07	55.89	210.12
1994—1995	0.00	0.00	0.00	2.41	0.00	0.00	19.60	0.00	0.00	17.73	66.74	41.24	147.72
1995—1996	2.20	0.00	0.00	20.15	0.00	21.53	40.47	0.00	0.00	5.60	56.40	0.00	146.35
1996—1997	0.00	0.00	67.60	9.35	0.00	7.80	40.20	0.00	0.00	0.00	70.20	38.20	233.35
1997—1998	0.00	17.71	0.00	36.28	23.20	0.00	9.75	0.00	0.00	0.00	22.53	44.10	153.57
1998—1999	15.21	0.00	0.00	40.22	11.53	21.80	34.87	0.00	0.00	7.47	68.47	32.47	232.04
1999—2000	0.00	0.00	62.00	0.00	0.00	19.87	40.47	0.00	0.00	29.87	83.54	69.60	305.35
2000—2001	0.00	0.00	0.00	14.28	0.00	0.00	34.07	0.00	0.00	28.47	75.94	51.87	204.63
2001—2002	0.00	0.00	12.91	36.28	16.87	20.33	21.00	0.00	0.00	18.80	12.47	33.61	172.27
2002—2003	3.21	7.35	16.46	23.15	23.00	20.67	28.67	0.00	0.00	9.20	31.27	60.34	223.32
2003—2004	0.00	0.00	0.00	0.00	0.00	10.33	21.20	0.00	0.00	24.27	80.94	39.00	175.74
2004—2005	0.00	0.00	43.40	0.00	23.00	3.60	29.40	0.00	0.00	20.33	74.27	20.27	214.27
2005—2006	0.00	0.00	0.00	0.00	12.33	21.71	21.11	0.00	0.00	25.74	34.75	38.62	154.26
2006—2007	0.00	0.00	0.00	11.34	24.55	18.25	20.53	0.00	0.00	2.00	76.98	25.06	178.71
2007—2008	0.00	0.00	0.00	9.35	16.52	20.57	17.78	0.00	0.00	20.32	48.95	42.21	175.70
2008—2009	0.00	0.00	0.00	15.51	22.35	24.63	27.78	0.00	0.00	20.19	58.89	0.00	169.35
2009—2010	10.22	0.00	0.00	7.50	35.20	30.25	35.10	0.00	0.00	23.58	43.52	50.23	235.60
2010—2011	5.30	7.15	15.31	16.36	25.12	22.20	30.33	0.00	0.00	29.50	70.10	20.13	241.50
平均	7.39	2.03	18.15	10.88	10.58	13.20	31.13	0.00	0.00	15.48	55.69	51.78	216.30

会宝岭水库灌区现状年农田灌溉水有效利用系数为 0.55；考虑会宝岭水库灌区节水水平的提高，2020 年达到 0.60。农田灌溉用水量采用灌溉面积乘以净灌溉定额再除以灌溉水有效利用系水算得，灌溉用水保证率采用 75%，旱田采用 50%，水稻灌溉面积占总灌溉面积的 15%，旱田灌溉面积占总灌溉面积的 85%，对旱作物和水稻灌溉面积及保证率进行加权平均，取综合灌溉保证率为 54%。

(2) 工业用水户。据调查，目前会宝岭水库工业用水户主要为华电国际十里泉发电厂、中钢集团山东矿业有限公司、临矿集团会宝岭铁矿、济钢集团石门铁矿、兰陵县宏鑫矿业有限公司、兰陵县正东矿业有限公司、兰陵县宝华矿业有限公司、兰陵县东钢矿业有限公司、兰陵鹏辉矿业有限公司。其中，十里泉电厂年取水 3000 万 m^3 [取水许可证取水(鲁)〔2012〕第 004 号]；中钢集团山东矿业有限公司年取水 284 万 m^3 [取水（鲁）字〔2014〕第 001 号]；会宝岭铁矿年取水量 621 万 m^3（已通过验收，正在办理取水许可）；石门铁矿年取水量 141.33 万 m^3（鲁临沂字〔2014〕第 07001 号）；宏鑫矿业年取水量 10 万 m^3 [取水（鲁苍山）〔2013〕第 00010 号]；正东矿业年取水量 10 万 m^3 [取水（鲁苍山）〔2013〕第00012号〕、兰陵县宝华矿业有限公司（鲁临沂字〔2014〕第07002号）、兰陵县东钢矿业有限公司（鲁临沂字〔2014〕第07003号）、兰陵鹏辉矿业有限公司（鲁临沂字〔2014〕第07004号）。本项目拟从会宝岭水库年取水249.37万m^3（7541m^3/d），月平均需水量20.78万m^3。会宝岭水库无向其他城镇或工矿企业供水的规划。本次论证，各水平年用水量不变，工业用水户用水量月分配情况见表3-14。

表3-14　会宝岭水库工业用水户用水量情况表　单位：万m^3

月份＼用水户	十里泉电厂	石门铁矿	会宝岭铁矿	中钢山东矿业	宏鑫矿业	正东矿业	宝华矿业	东钢矿业	鹏辉矿业	本项目用水	合计
1	254.79	11.78	51.75	23.67	0.83	0.83	17.49	4.50	2.54	21.18	389.37
2	230.14	11.78	51.75	23.67	0.83	0.83	17.49	4.50	2.54	19.13	362.66
3	254.79	11.78	51.75	23.67	0.83	0.83	17.49	4.50	2.54	21.18	389.37
4	246.58	11.78	51.75	23.67	0.83	0.83	17.49	4.50	2.54	20.50	380.46
5	254.79	11.78	51.75	23.67	0.83	0.83	17.49	4.50	2.54	21.18	389.37
6	246.58	11.78	51.75	23.67	0.83	0.83	17.49	4.50	2.54	20.50	380.46
7	254.79	11.78	51.75	23.67	0.83	0.83	17.49	4.50	2.54	21.18	389.37
8	254.79	11.78	51.75	23.67	0.83	0.83	17.49	4.50	2.54	21.18	389.37
9	246.58	11.78	51.75	23.67	0.83	0.83	17.49	4.50	2.54	20.50	380.46
10	254.79	11.78	51.75	23.67	0.83	0.83	17.49	4.50	2.54	21.18	389.37
11	246.58	11.78	51.75	23.67	0.83	0.83	17.49	4.50	2.54	20.50	380.46
12	254.79	11.78	51.75	23.67	0.83	0.83	17.49	4.50	2.54	21.18	389.37
全年	3000.00	141.33	621.00	284.00	10.00	10.00	209.88	54.00	30.49	249.37	4610.07

（3）生态用水量。根据2006年1月国家环境保护总局司函环评函〔2006〕4号文关于印发《水电水利建设项目河道生态用水、低温水和过鱼设施环境影响评价技术指南（试行）》的函。选择水文学法计算维持水生生态系统稳定所需水量。水文学法是以历史流量为基础，根据简单的水文指标确定河道生态环境需水，本次采用国内常用的Tennant法进行分析。

Tennant法将全年分为两个计算时段，根据水文资料以年平均径流量的百分数来描述河道内流量状态。计算标准见表3-15。

表3-15　Tennant法中计算河道内生态环境流量状况标准表

流量状况描述	推荐的基流（平均流量的分数）/%	
	10—3月	4—9月
泛滥或最大	200	200（48～72h）
最佳范围	60～100	60～100
很好	40	60
好	30	50

续表

流量状况描述	推荐的基流（平均流量的分数）/%	
	10—3月	4—9月
良好	20	40
一般或较差	10	30
差或最小	10	10
极差	0～10	0～10

经综合分析确定本次生态需水量以天然径流量的10%计算。

3.2.4 可供水量计算

（1）会宝岭水库泥沙淤积分析。1978年对会宝岭水库进行了淤积测量，但由于水库高程基面与原用高程基面不一致，无法计算泥沙淤积量。会宝岭水库附近的许家崖水库和周村水库1986年有泥沙淤积测量资料，马河水库、岩马水库1986年前后均有泥沙淤积测量资料，本次泥沙淤积分析采用1979—1986年、1986年以后进行分析。

采用全省总输沙模数分区图和许家崖水库、周村水库泥沙淤积成果，分析确定会宝岭水库1979—1986年年平均淤积速率为34万m^3/a；依据马河和岩马水库1986年前后两次泥沙淤积测量成果，计算1986年后水库泥沙淤积量折算系数为0.383，由此推算会宝岭水库1986年年平均淤积速率为13万m^3/a。

会宝岭水库各特征库容的淤积量占总淤积量的百分比参照《山东省水库泥沙淤积规律分析》中周村水库的百分比确定，死库容占8.83%，兴利库容占82.48%，设计防洪库容占8.69%。由此，可知不同水平年会宝岭水库各特征库容值，见表3-16。

表3-16 会宝岭水库各时期特征库容表

设计标准	水位/m	库容/万m^3		
		三查三定	2013年	2020年
兴利水位	75.4	13030.00	12533.47	12458.41
汛限水位	74.5	11223.60	11171.29	11163.38
死水位	65.5	930.00	876.84	868.81

由表3-16可知，现状水平年：水库正常蓄水位75.4m，相应库容12533.47万m^3；汛限水位74.5m，相应库容11171.29万m^3；允许最低水位为死水位65.5m，相应库容876.84万m^3。2020水平年：水库正常蓄水位75.4m，相应库容12458.41万m^3；汛限水位74.5m，相应库容11163.38万m^3；允许最低水位为死水位65.5m，相应库容868.81万m^3。

（2）会宝岭水库调度运用方案。在保证水库安全运行的同时，为充分发挥水库兴利效益，满足用户用水需要，需制定水库调度运用方案。

会宝岭水库目前用水户中，枣庄十里泉电厂取水量为3000万m^3/a；石门铁矿取水规模141.33万m^3/a；中钢集团山东矿业取水量为284万m^3/a；会宝岭铁矿取水量为621万m^3/a；宏鑫矿业年取水量10万m^3；正东矿业年取水量10万m^3；宝华矿业209.88万

m^3；东钢矿业 54 万 m^3；鹏辉矿业 30.49 万 m^3；本项目投产后取水量为 249.37 万 m^3/a；目前会宝岭水库灌区农业灌溉面积 13.86 万亩。十里泉电厂、石门铁矿、中钢集团山东矿业、会宝岭铁矿、宏鑫矿业、正东矿业、宝华矿业、东钢矿业、鹏辉矿业和本项目供水保障率要求较高，农业灌溉供水保证率要求较低，为保证十里泉电厂等工业用水户的用水要求，需制定农业供水限制水位，结合会宝岭水库的各特征水位，制定水库调度运行方案。

1）调度曲线。

a. 校核防洪库容上限线：为水库校核洪水位。

b. 设计防洪库容上限线：为水库设计洪水位。

c. 防洪限制线、正常蓄水线：分别为汛限水位和正常蓄水位。

d. 保证农业供水线：为保证十里泉电厂、石门铁矿、中钢集团山东矿业、会宝岭铁矿、宏鑫矿业、正东矿业、宝华矿业、东钢矿业、鹏辉矿业、本项目和农业供水的相应水位。其供水线确定采用全系列倒演算方法，选取水库历年逐月最大蓄水量，根据水库水位—库容曲线求得相应水位。当水库蓄水位超过此线时，可加大农业供水；当水库蓄水位低于此线时，可满足十里泉电厂、石门铁矿、中钢集团山东矿业、会宝岭铁矿、宏鑫矿业、正东矿业、宝华矿业、东钢矿业、鹏辉矿业、本项目和农业供水要求。

e. 农业供水限制线：为保证十里泉电厂、石门铁矿、中钢集团山东矿业、会宝岭铁矿、宏鑫矿业、正东矿业、宝华矿业、东钢矿业、鹏辉矿业和本项目供水相应水位。其供水线确定采用全系列倒演算方法，选取水库历年逐月最大蓄水量，根据水库水位—库容曲线求得相应水位。当水库蓄水位超过此线时，可向十里泉电厂、石门铁矿、中钢集团山东矿业、会宝岭铁矿、宏鑫矿业、正东矿业、宝华矿业、东钢矿业、鹏辉矿业、本项目和农业供水；当水库蓄水位低于此线时，停止向农业供水。

f. 兴利库容下限线：为死水位，兴利调节最低起调水位。当水库蓄水位低于此线时，停止一切项目供水。

2）调度分区。

a. 调洪区：设计洪水位线至校核洪水位线之间区域（Ⅰ区），为校核洪水调洪区，汛限水位至设计洪水位之间区域（Ⅱ区）为设计洪水调洪区。

b. 加大供水区：保证农业供水线至兴利水位线之间区域（Ⅲ区）。在此区域可加大向农业供水量。

c. 正常供水区：农业供水限制线至保证农业供水线之间区域（Ⅳ区）为十里泉电厂、石门铁矿、中钢集团山东矿业、会宝岭铁矿、宏鑫矿业、正东矿业、宝华矿业、东钢矿业、鹏辉矿业、本项目及农业正常供水区。

d. 十里泉电厂、石门铁矿、中钢集团山东矿业、会宝岭铁矿、宏鑫矿业、正东矿业、宝华矿业、东钢矿业、鹏辉矿业、本项目正常供水区：农业供水限制线至死水位之间区域（Ⅴ区）为十里泉电厂、石门铁矿、中钢集团山东矿业、会宝岭铁矿、宏鑫矿业、正东矿业、宝华矿业、东钢矿业、鹏辉矿业、本项目正常供水区，在该区农业供水遭到破坏。

e. 停止供水区：死水位以下区域（Ⅵ区）为停止供水区，本区不再向任何项目供水。

不同水平年会宝岭水库调度运行方案详见表 3－17 及图 3－11、图 3－12。

表 3-17　　会宝岭水库调度运用方案表　　单位：m

水平年	月份	6	7	8	9	10	11	12	1	2	3	4	5
现状年	死水位线	65.50	65.50	65.50	65.50	65.50	65.50	65.50	65.50	65.50	65.50	65.50	65.50
	农业供水限制线	66.10	65.62	69.96	69.63	69.35	69.07	68.63	68.19	67.82	67.43	67.06	66.66
	农业供水保证线	67.35	73.82	74.46	74.46	74.05	73.69	73.38	72.67	72.53	72.33	72.00	70.46
	兴利水位线	74.50	74.50	74.50	74.50	75.40	75.40	75.40	75.40	75.40	75.40	75.40	75.40
	设计洪水位线	76.60	76.60	76.60	76.60	76.60	76.60	76.60	76.60	76.60	76.60	76.60	76.60
	校核洪水位线	77.85	77.85	77.85	77.85	77.85	77.85	77.85	77.85	77.85	77.85	77.85	77.85
2020年	死水位线	65.50	65.50	65.50	65.50	65.50	65.50	65.50	65.50	65.50	65.50	65.50	65.50
	农业供水限制线	66.08	65.61	69.95	69.63	69.34	69.06	68.63	68.18	67.81	67.42	67.05	66.64
	农业供水保证线	67.51	74.27	74.45	74.45	74.43	74.06	73.78	73.06	72.93	72.74	72.41	70.84
	汛限水位、兴利水位线	74.50	74.50	74.50	74.50	75.40	75.40	75.40	75.40	75.40	75.40	75.40	75.40
	设计洪水位线	76.60	76.60	76.60	76.60	76.60	76.60	76.60	76.60	76.60	76.60	76.60	76.60
	校核洪水位线	77.85	77.85	77.85	77.85	77.85	77.85	77.85	77.85	77.85	77.85	77.85	77.85

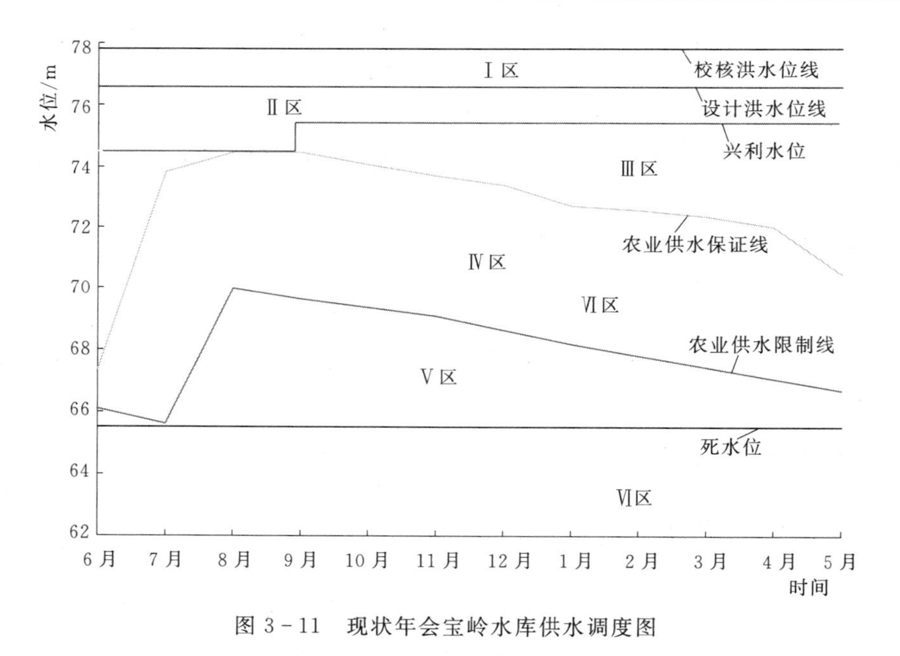

图 3-11　现状年会宝岭水库供水调度图

（3）会宝岭水库长系列时历法调节计算。会宝岭水库为大型水库，具有多年调节功能，因此本次调节采用长系列时历法进行调节计算。根据水量平衡原理，采用会宝岭水库现状情况下来水量、用水量系列资料，损失量考虑蒸发量和渗漏损失量，对会宝岭水库进行长系列逐月调节计算。在调节计算过程中按照已制定的水库调度运行方案对各用水户进

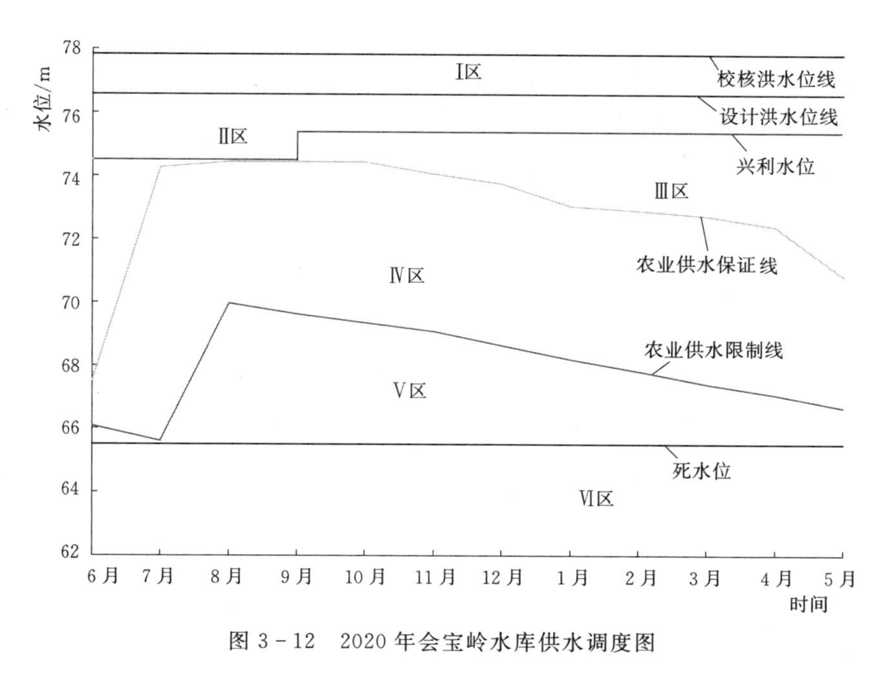

图 3-12　2020 年会宝岭水库供水调度图

行限制，根据各月各用水户限制水位对其供水量进行限制。按现状年、2020 年两个水平年进行调节计算。

1）现状情况下会宝岭水库调节计算。经调节计算，现状水平年水库多年平均来水量为 14025.26 万 m^3，在保证生态用水的情况下，年供本项目水量 249.37 万 m^3，十里泉电厂、石门铁矿、中钢集团山东矿业、会宝岭铁矿、宏鑫矿业、正东矿业、宝华矿业、东钢矿业、鹏辉矿业 4610.07 万 m^3，农业供水量 3634.95 万 m^3，生态供水量 1800.44 万 m^3。根据频率计算公式计算水库对各用水户的供水保证率，可得本项目、十里泉电厂、石门铁矿、中钢集团山东矿业、会宝岭铁矿、宏鑫矿业、正东矿业、宝华矿业、东钢矿业、鹏辉矿业保证率为 97%；可保证的农业灌溉面积为 15.59 万亩，农业供水保证率为 54%。调节计算过程见表 3-18。

2）2020 水平年会宝岭水库调节计算。经调节计算，2020 水平年水库多年平均来水量为 14025.26 万 m^3，在保证生态用水的情况下，年供本项目水量 249.37 万 m^3，十里泉电厂、石门铁矿、中钢集团山东矿业、会宝岭铁矿、宏鑫矿业、正东矿业、宝华矿业、东钢矿业、鹏辉矿业 4610.07 万 m^3，农业供水量 3632.10 万 m^3，生态供水量 1800.44 万 m^3。根据频率计算公式计算水库对各用水户的供水保证率，可得本项目、十里泉电厂、石门铁矿、中钢集团山东矿业、会宝岭铁矿、宏鑫矿业、正东矿业、宝华矿业、东钢矿业、鹏辉矿业保证率为 97%；可保证的农业灌溉面积为 17.01 万亩，农业供水保证率为 54%。调节计算过程见表 3-19。

（4）会宝岭水库连续枯水年调节计算。从 1964—2011 水文年系列中选取最枯的连续枯水年组进行时历法调算。会宝岭水库现状来水量系列中对供水最不利的情况为 1981—1984 年，3 年平均年现状来水量 6922 万 m^3，为系列中连续枯水年最长、来水量最少的枯水年组。经调算，各水平年均能保证本项目的供水要求（见表 3-20～表 3-22）。

表 3-18　　现状年会宝岭水库调节计算成果表　　单位：万 m^3

水文年	来水量	损失量		农业			本项目、十里泉电厂、石门铁矿、中钢矿业、会宝岭铁矿、宏鑫矿业、正东矿业、宝华矿业、东钢矿业、鹏辉矿业			生态			弃水	年末库容
		蒸发	渗漏	需水量	供水量	缺水量	需水量	供水量	缺水量	需水量	供水量	缺水量		
1964—1965	27406.70	491.44	938.18	4403.75	4403.75	0.00	4610.07	4610.07	0.00	3017.49	3017.49	0.00	9942.67	4880.11
1965—1966	20747.20	858.56	883.17	5640.46	5325.24	−315.22	4610.07	4610.07	0.00	2392.35	2392.35	0.00	7823.92	3734.00
1966—1967	8748.20	1606.83	757.26	9923.46	0.00	−9923.46	4610.07	4610.07	0.00	1300.02	1300.02	0.00	0.00	4208.01
1967—1968	2961.00	614.94	340.84	6787.89	0.00	−6787.89	4610.07	4610.07	0.00	726.09	726.09	0.00	0.00	877.07
1968—1969	10926.50	533.09	394.38	4016.27	2809.94	−1206.33	4610.07	4610.07	0.00	1613.82	1613.82	0.00	0.00	1842.27
1969—1970	14338.60	1169.08	635.43	5445.16	5445.16	0.00	4610.07	4610.07	0.00	1595.74	1595.74	0.00	0.00	2725.39
1970—1971	29874.70	938.70	975.05	5160.29	5160.29	0.00	4610.07	4610.07	0.00	3211.29	3211.29	0.00	13380.88	4323.82
1971—1972	28453.20	496.10	956.71	6698.60	6698.60	0.00	4610.07	4610.07	0.00	3109.43	3109.43	0.00	13153.40	3752.70
1972—1973	18934.90	361.03	967.97	5744.21	5744.21	0.00	4610.07	4610.07	0.00	2277.64	2277.64	0.00	1562.10	7164.58
1973—1974	13986.60	1075.37	864.09	6733.75	6733.75	0.00	4610.07	4610.07	0.00	1845.23	1845.23	0.00	2466.85	3555.81
1974—1975	29110.20	502.85	1065.72	4746.45	4746.45	0.00	4610.07	4610.07	0.00	3166.85	3166.85	0.00	11592.06	6982.01
1975—1976	14974.30	839.71	1021.79	6580.40	6580.40	0.00	4610.07	4610.07	0.00	1931.54	1931.54	0.00	3139.46	3833.34
1976—1977	8102.80	851.96	474.76	5503.84	3101.18	−2402.66	4610.07	4610.07	0.00	1331.07	1331.07	0.00	0.00	1567.10
1977—1978	8901.70	809.43	342.59	8829.33	1797.87	−7031.46	4610.07	4610.07	0.00	1400.88	1400.88	0.00	0.00	1507.96
1978—1979	9723.10	741.88	403.91	5874.03	2455.86	−3418.16	4610.07	4610.07	0.00	1472.66	1472.66	0.00	0.00	1546.68
1979—1980	14182.90	823.83	609.97	5412.56	5412.56	0.00	4610.07	4610.07	0.00	1862.40	1862.40	0.00	0.00	2410.75

续表

水文年	来水量	损失量		农业			本项目、十里泉电厂、石门铁矿、中钢矿业、会宝岭铁矿、宏鑫矿业、正东矿业、宝华矿业、东钢矿业、鹏辉矿业			生态			弃水	年末库容
		蒸发	渗漏	需水量	供水量	缺水量	需水量	供水量	缺水量	需水量	供水量	缺水量		
1980—1981	12243.70	1020.24	638.33	8276.31	3155.90	−5120.41	4610.07	4610.07	0.00	1692.94	1692.94	0.00	0.00	3536.97
1981—1982	4387.30	868.81	383.28	8683.63	0.00	−8683.63	4610.07	4610.07	0.00	777.68	777.68	0.00	0.00	1284.43
1982—1983	8273.20	304.82	366.11	6614.41	1341.51	−5272.90	4610.07	4610.07	0.00	1345.96	1345.96	0.00	0.00	1589.17
1983—1984	8105.40	401.54	348.80	6017.46	573.82	−5443.63	4610.07	4610.07	0.00	1328.62	1328.62	0.00	0.00	2431.72
1984—1985	10721.30	30.94	488.46	3197.37	3197.37	0.00	4610.07	4610.07	0.00	1577.15	1577.15	0.00	0.00	3249.03
1985—1986	16958.40	536.41	991.27	6733.75	6733.75	0.00	4610.07	4610.07	0.00	2021.33	2021.33	0.00	129.45	5185.16
1986—1987	9412.40	408.15	811.20	4537.82	4537.82	0.00	4610.07	4610.07	0.00	1660.21	1660.21	0.00	0.00	2570.11
1987—1988	10164.60	275.73	601.93	6144.44	2270.91	−3873.53	4610.07	4610.07	0.00	1331.07	1331.07	0.00	0.00	3645.00
1988—1989	3468.10	614.87	324.96	10207.48	0.00	−10207.48	4610.07	4610.07	0.00	686.02	686.02	0.00	0.00	877.17
1989—1990	6700.50	293.41	292.81	7848.86	161.00	−7687.86	4610.07	4610.07	0.00	814.74	814.74	0.00	0.00	1405.64
1990—1991	14462.40	159.52	709.20	4582.33	4582.33	0.00	4610.07	4610.07	0.00	1587.69	1587.69	0.00	1477.71	2741.53
1991—1992	18221.80	419.30	763.98	7840.64	3880.67	−3959.97	4610.07	4610.07	0.00	2236.36	2236.36	0.00	5820.19	3232.76
1992—1993	4462.70	655.76	407.19	8677.39	0.00	−8677.39	4610.07	4610.07	0.00	749.26	749.26	0.00	0.00	1273.18
1993—1994	17236.50	296.45	895.13	5955.95	5955.95	0.00	4610.07	4610.07	0.00	1991.02	1991.02	0.00	350.22	4410.85
1994—1995	10487.30	243.75	905.82	4187.19	4187.19	0.00	4610.07	4610.07	0.00	1553.73	1553.73	0.00	0.00	3397.59
1995—1996	9409.20	266.26	613.62	4148.36	4148.36	0.00	4610.07	4610.07	0.00	1445.93	1445.93	0.00	0.00	1722.54

续表

水文年	来水量	损失量		农业			本项目、十里泉电厂、石门铁矿、中钢矿业、会宝岭铁矿、宏鑫矿业、正东矿业、宝华矿业、东钢矿业、鹏辉矿业			生态			弃水	年末库容
		蒸发	渗漏	需水量	供水量	缺水量	需水量	供水量	缺水量	需水量	供水量	缺水量		
1996—1997	8503.30	203.24	433.93	6614.41	0.00	−6614.41	4610.07	4610.07	0.00	1445.24	1445.24	0.00	0.00	3533.36
1997—1998	12414.10	67.21	450.84	4353.01	4353.01	0.00	4610.07	4610.07	0.00	1462.20	1462.20	0.00	0.00	5004.12
1998—1999	19925.60	176.42	845.94	6577.28	6577.28	0.00	4610.07	4610.07	0.00	2338.54	2338.54	0.00	8397.09	1984.38
1999—2000	7760.00	135.93	386.69	8655.28	1755.34	−6899.94	4610.07	4610.07	0.00	1638.54	1638.54	0.00	0.00	1217.81
2000—2001	20202.90	22.77	1063.86	5800.33	5800.33	0.00	4610.07	4610.07	0.00	2301.11	2301.11	0.00	2230.12	5392.45
2001—2002	13555.30	29.80	822.75	4883.07	4883.07	0.00	4610.07	4610.07	0.00	1860.53	1860.53	0.00	2380.05	4361.48
2002—2003	2604.50	387.36	316.38	6330.11	0.00	−6330.11	4610.07	4610.07	0.00	765.45	765.45	0.00	0.00	886.72
2003—2004	25418.60	19.39	989.51	4981.43	4981.43	0.00	4610.07	4610.07	0.00	2661.66	2661.66	0.00	8679.00	4364.26
2004—2005	14449.60	42.65	905.69	6073.58	6073.58	0.00	4610.07	4610.07	0.00	1949.96	1949.96	0.00	1786.05	3445.86
2005—2006	21203.20	15.19	1018.67	4372.57	4372.57	0.00	4610.07	4610.07	0.00	2675.87	2675.87	0.00	7315.20	4641.49
2006—2007	21699.66	24.48	1018.58	5065.62	5065.62	0.00	4610.07	4610.07	0.00	2475.87	2475.87	0.00	8712.81	4433.72
2007—2008	23341.40	16.20	1064.49	4980.30	4980.30	0.00	4610.07	4610.07	0.00	2516.64	2516.64	0.00	9404.30	5183.12
2008—2009	28006.03	6.17	1075.03	4800.30	4800.30	0.00	4610.07	4610.07	0.00	3062.72	3062.72	0.00	13612.59	6022.27
2009—2010	9642.44	60.45	782.28	6678.19	6057.90	−620.29	4610.07	4610.07	0.00	1469.25	1469.25	0.00	0.00	2684.77
2010—2011	4373.20	315.37	312.84	6845.43	0.00	−6845.43	4610.07	4610.07	0.00	942.69	942.69	0.00	0.00	877.00
均值	14025.26	447.52	694.92	6131.16	3634.95	−2496.22	4610.07	4610.07	0.00	1800.44	1800.44	0.00	2837.36	3223.35

表 3-19　**2020 年会宝岭水库调节计算成果表**　单位：万 m^3

水文年	来水量	损失量		农业			本项目、十里泉电厂、石门铁矿、中钢矿业、会宝岭铁矿、宏鑫矿业、正东矿业、宝华矿业、东钢矿业、鹏辉矿业			生态			弃水	年末库容
		蒸发	渗漏	需水量	供水量	缺水量	需水量	供水量	缺水量	需水量	供水量	缺水量		
1964—1965	27406.70	491.43	938.40	4404.46	4404.46	0.00	4610.07	4610.07	0.00	3017.49	3017.49	0.00	9952.53	4879.45
1965—1966	20747.20	858.98	883.28	5641.37	5296.47	—344.90	4610.07	4610.07	0.00	2392.35	2392.35	0.00	7823.22	3762.28
1966—1967	8748.20	1610.42	760.25	9925.05	0.00	—9925.05	4610.07	4610.07	0.00	1300.02	1300.02	0.00	0.00	4229.72
1967—1968	2961.00	618.69	343.15	6788.97	0.00	—6788.97	4610.07	4610.07	0.00	726.09	726.09	0.00	0.00	892.72
1968—1969	10926.50	534.73	395.67	4016.91	2830.49	—1186.43	4610.07	4610.07	0.00	1613.82	1613.82	0.00	0.00	1834.45
1969—1970	14338.60	1167.87	634.56	5446.04	5446.04	0.00	4610.07	4610.07	0.00	1595.74	1595.74	0.00	0.00	2718.77
1970—1971	29874.70	938.63	974.93	5161.12	5161.12	0.00	4610.07	4610.07	0.00	3211.29	3211.29	0.00	13374.37	4323.07
1971—1972	28453.20	496.09	956.67	6699.67	6699.67	0.00	4610.07	4610.07	0.00	3109.43	3109.43	0.00	13152.43	3751.91
1972—1973	18934.90	361.03	967.93	5745.13	5745.13	0.00	4610.07	4610.07	0.00	2277.64	2277.64	0.00	1561.12	7163.90
1973—1974	13986.60	1075.32	864.04	6734.83	6734.83	0.00	4610.07	4610.07	0.00	1845.23	1845.23	0.00	2466.04	3554.97
1974—1975	29110.20	502.85	1065.69	4747.21	4747.21	0.00	4610.07	4610.07	0.00	3166.85	3166.85	0.00	11591.16	6981.34
1975—1976	14974.30	839.68	1021.77	6581.45	6581.45	0.00	4610.07	4610.07	0.00	1931.54	1931.54	0.00	3138.60	3832.53
1976—1977	8102.80	851.55	474.54	5504.72	3108.72	—2396.00	4610.07	4610.07	0.00	1331.07	1331.07	0.00	0.00	1559.38
1977—1978	8901.70	807.39	341.64	8830.74	1800.59	—7030.15	4610.07	4610.07	0.00	1400.88	1400.88	0.00	0.00	1500.51
1978—1979	9723.10	740.40	403.07	5874.97	2458.16	—3416.81	4610.07	4610.07	0.00	1472.66	1472.66	0.00	0.00	1539.24
1979—1980	14182.90	823.06	609.11	5413.43	5413.43	0.00	4610.07	4610.07	0.00	1862.40	1862.40	0.00	0.00	2404.07

续表

水文年	来水量	损失量		农业			本项目、十里泉电厂、石门铁矿、中钢矿业、会宝岭铁矿、宏鑫矿业、正东矿业、宝华矿业、东钢矿业、鹏辉矿业			生态			弃水	年末库容
		蒸发	渗漏	需水量	供水量	缺水量	需水量	供水量	缺水量	需水量	供水量	缺水量		
1980—1981	12243.70	1024.11	638.62	8277.63	3081.68	−5195.95	4610.07	4610.07	0.00	1692.94	1692.94	0.00	0.00	3600.35
1981—1982	4387.30	880.46	389.98	8685.02	0.00	−8685.02	4610.07	4610.07	0.00	777.68	777.68	0.00	0.00	1329.46
1982—1983	8273.20	304.58	370.01	6615.47	1390.90	−5224.57	4610.07	4610.07	0.00	1345.96	1345.96	0.00	0.00	1581.13
1983—1984	8105.40	400.67	347.87	6018.42	574.71	−5443.71	4610.07	4610.07	0.00	1328.62	1328.62	0.00	0.00	2424.59
1984—1985	10721.30	30.83	487.63	3197.88	3197.88	0.00	4610.07	4610.07	0.00	1577.15	1577.15	0.00	0.00	3242.34
1985—1986	16958.40	536.35	990.95	6734.83	6734.83	0.00	4610.07	4610.07	0.00	2021.33	2021.33	0.00	122.86	5184.35
1986—1987	9412.40	408.07	811.08	4538.55	4538.55	0.00	4610.07	4610.07	0.00	1660.21	1660.21	0.00	0.00	2568.76
1987—1988	10164.60	278.25	603.24	6145.43	2170.35	−3975.08	4610.07	4610.07	0.00	1331.07	1331.07	0.00	0.00	3740.39
1988—1989	3468.10	630.03	335.04	10209.12	0.00	−10209.12	4610.07	4610.07	0.00	686.02	686.02	0.00	0.00	947.32
1989—1990	6700.50	297.50	300.63	7850.12	161.00	−7689.12	4610.07	4610.07	0.00	814.74	814.74	0.00	0.00	1463.89
1990—1991	14462.40	157.54	710.63	4583.06	4583.06	0.00	4610.07	4610.07	0.00	1587.69	1587.69	0.00	1536.47	2740.83
1991—1992	18221.80	420.27	764.37	7841.89	3851.33	−3990.56	4610.07	4610.07	0.00	2236.36	2236.36	0.00	5819.49	3260.75
1992—1993	4462.70	659.43	410.17	8678.79	0.00	−8678.79	4610.07	4610.07	0.00	749.26	749.26	0.00	0.00	1294.52
1993—1994	17236.50	296.37	895.62	5956.90	5956.90	0.00	4610.07	4610.07	0.00	1991.02	1991.02	0.00	371.09	4409.95
1994—1995	10487.30	243.72	905.71	4187.86	4187.86	0.00	4610.07	4610.07	0.00	1553.73	1553.73	0.00	0.00	3396.16
1995—1996	9409.20	266.15	613.43	4149.02	4149.02	0.00	4610.07	4610.07	0.00	1445.93	1445.93	0.00	0.00	1720.76

续表

水文年	来水量	损失量		农业			本项目、十里泉电厂、石门铁矿、中钢矿业、会宝岭铁矿、宏鑫矿业、正东矿业、宝华矿业、东钢矿业、鹏辉矿业			生态			弃水	年末库容
		蒸发	渗漏	需水量	供水量	缺水量	需水量	供水量	缺水量	需水量	供水量	缺水量		
1996—1997	8503.30	203.20	433.73	6615.47	0.00	−6615.47	4610.07	4610.07	0.00	1445.24	1445.24	0.00	0.00	3531.81
1997—1998	12414.10	67.21	450.64	4353.71	4353.71	0.00	4610.07	4610.07	0.00	1462.20	1462.20	0.00	0.00	5002.09
1998—1999	19925.60	176.39	845.87	6578.33	6578.33	0.00	4610.07	4610.07	0.00	2338.54	2338.54	0.00	8395.02	1983.46
1999—2000	7760.00	135.29	385.93	8656.67	1762.88	−6893.79	4610.07	4610.07	0.00	1638.54	1638.54	0.00	0.00	1210.76
2000—2001	20202.90	23.12	1063.67	5801.26	5801.26	0.00	4610.07	4610.07	0.00	2301.11	2301.11	0.00	2222.81	5391.62
2001—2002	13555.30	29.82	822.70	4883.85	4883.85	0.00	4610.07	4610.07	0.00	1860.53	1860.53	0.00	2379.15	4360.79
2002—2003	2604.50	387.30	316.31	6331.12	0.00	−6331.12	4610.07	4610.07	0.00	765.45	765.45	0.00	0.00	886.16
2003—2004	25418.60	19.40	989.48	4982.23	4982.23	0.00	4610.07	4610.07	0.00	2661.66	2661.66	0.00	8678.44	4363.49
2004—2005	14449.60	42.65	905.64	6074.55	6074.55	0.00	4610.07	4610.07	0.00	1949.96	1949.96	0.00	1785.09	3445.12
2005—2006	21203.20	15.19	1018.64	4373.27	4373.27	0.00	4610.07	4610.07	0.00	2675.87	2675.87	0.00	7314.46	4640.82
2006—2007	21699.66	24.47	1018.55	5066.43	5066.43	0.00	4610.07	4610.07	0.00	2475.87	2475.87	0.00	8712.09	4432.99
2007—2008	23341.40	16.21	1064.46	4981.10	4981.10	0.00	4610.07	4610.07	0.00	2516.64	2516.64	0.00	9403.52	5182.40
2008—2009	28006.03	6.17	1074.99	4801.07	4801.07	0.00	4610.07	4610.07	0.00	3062.72	3062.72	0.00	13611.79	6021.61
2009—2010	9642.44	60.50	782.24	6679.26	6044.24	−635.02	4610.07	4610.07	0.00	1469.25	1469.25	0.00	0.00	2697.76
2010—2011	4373.20	316.81	314.26	6846.53	0.00	−6846.53	4610.07	4610.07	0.00	942.69	942.69	0.00	0.00	887.12
均值	14025.26	448.43	695.68	6132.15	3632.10	−2500.05	4610.07	4610.07	0.00	1800.44	1800.44	0.00	2838.55	3231.32

表 3-20　会宝岭水库连续枯水年时历法调算成果表

单位：万 m³

水平年	水文年	来水量	农业灌溉		农业			工业			生态			弃水	年末库容
			供水保证率	面积/万亩	需水量	供水量	缺水量	需水量	供水量	缺水量	需水量	供水量	缺水量		
现状年	1981—1982	4387.30	0.55	15.59	8683.63	0.00	−8683.63	4610.07	4610.07	0.00	777.68	0.00	−777.68	0.00	1280.03
	1982—1983	8273.20	0.55	15.59	6614.41	2552.66	−4061.76	4610.07	4610.07	0.00	1345.96	0.00	−1345.96	0.00	1589.17
	1983—1984	8105.40	0.55	15.59	6017.46	1581.75	−4435.71	4610.07	4610.07	0.00	1328.62	0.00	−1328.62	0.00	1834.41
规划年	1981—1982	4387.30	0.60	17.01	8685.02	0.00	−8685.02	4610.07	4610.07	0.00	777.68	0.00	−777.68	0.00	1271.61
	1982—1983	8273.20	0.60	17.01	6615.47	2553.97	−4061.50	4610.07	4610.07	0.00	1345.96	0.00	−1345.96	0.00	1581.13
	1983—1984	8105.40	0.60	17.01	6018.42	1590.70	−4427.72	4610.07	4610.07	0.00	1328.62	0.00	−1328.62	0.00	1794.57

表 3-21　会宝岭水库 1981—1984 年逐月调算成果表（现状年）

单位：万 m³

水文年	月份	来水量	蒸发渗漏			农业灌溉			工业用水			生态需水			弃水	月末库容
			蒸发	渗漏	合计	需水量	供水量	缺水量	需水量	供水量	缺水量	需水量	供水量	缺水量		
1981—1982	6	505.40	72.94	27.07	100.00	0.00	0.00	0.00	380.46	380.46	0.00	89.59	0.00	−89.59	0.00	2719.24
	7	1466.40	−34.96	32.59	−2.37	0.00	0.00	0.00	389.37	389.37	0.00	259.93	0.00	−259.93	0.00	3798.64
	8	904.00	113.29	39.79	153.08	1205.53	0.00	−1205.53	389.37	389.37	0.00	160.24	0.00	−160.24	0.00	4160.19
	9	330.50	180.43	40.25	220.67	792.26	0.00	−792.26	380.46	380.46	0.00	58.58	0.00	−58.58	0.00	3889.55
	10	247.40	64.14	37.68	101.82	0.00	0.00	0.00	389.37	389.37	0.00	43.85	0.00	−43.85	0.00	3645.77
	11	111.80	34.01	34.77	68.78	260.78	0.00	−260.78	380.46	380.46	0.00	19.82	0.00	−19.82	0.00	3308.32
	12	149.00	31.45	31.57	63.02	1101.79	0.00	−1101.79	389.37	389.37	0.00	26.41	0.00	−26.41	0.00	3004.94
	1	81.70	30.88	28.22	59.10	0.00	0.00	0.00	389.37	389.37	0.00	14.48	0.00	−14.48	0.00	2638.18
	2	98.00	19.09	24.84	43.93	0.00	0.00	0.00	362.66	362.66	0.00	17.37	0.00	−17.37	0.00	2329.59
	3	321.40	68.29	22.50	90.79	598.94	0.00	−598.94	389.37	389.37	0.00	56.97	0.00	−56.97	0.00	2170.83
	4	130.20	115.70	19.78	135.48	2218.60	0.00	−2218.60	380.46	380.46	0.00	23.08	0.00	−23.08	0.00	1785.09
	5	41.50	141.87	15.33	157.19	2505.74	0.00	−2505.74	389.37	389.37	0.00	7.36	0.00	−7.36	0.00	1280.03

续表

水文年	月份	来水量	蒸发渗漏			农业灌溉			工业用水			生态需水			弃水	月末库容
			蒸发	渗漏	合计	需水量	供水量	缺水量	需水量	供水量	缺水量	需水量	供水量	缺水量		
1982—1983	6	27.90	39.61	10.79	50.40	0.00	0.00	0.00	380.46	380.46	0.00	4.54	0.00	−4.54	0.00	877.07
	7	1918.40	−80.54	16.73	−63.80	0.00	0.00	0.00	389.37	389.37	0.00	312.10	0.00	−312.10	0.00	2469.91
	8	3615.80	−108.68	41.17	−67.51	0.00	0.00	0.00	389.37	389.37	0.00	588.25	0.00	−588.25	0.00	5763.85
	9	683.60	48.76	58.62	107.38	0.00	0.00	0.00	380.46	380.46	0.00	111.21	0.00	−111.21	0.00	5959.61
	10	455.30	54.19	59.32	113.51	7.65	7.65	0.00	389.37	389.37	0.00	74.07	0.00	−74.07	0.00	5904.38
	11	216.80	−25.09	58.06	32.97	0.00	0.00	0.00	380.46	380.46	0.00	35.27	0.00	−35.27	0.00	5707.75
	12	227.30	54.76	50.62	105.38	1024.40	1024.40	0.00	389.37	389.37	0.00	36.98	0.00	−36.98	0.00	4415.89
	1	166.40	37.45	42.64	80.10	0.00	0.00	0.00	389.37	389.37	0.00	27.07	0.00	−27.07	0.00	4112.83
	2	49.90	61.00	39.06	100.06	0.00	0.00	0.00	362.66	362.66	0.00	8.12	0.00	−8.12	0.00	3700.01
	3	112.50	46.99	34.09	81.07	224.78	224.78	0.00	389.37	389.37	0.00	18.30	0.00	−18.30	0.00	3117.29
	4	327.20	109.58	24.90	134.48	2311.29	1067.04	−1244.25	380.46	380.46	0.00	53.23	0.00	−53.23	0.00	1862.51
	5	472.10	110.04	17.26	127.30	3046.29	228.78	−2817.51	389.37	389.37	0.00	76.81	0.00	−76.81	0.00	1589.17
1983—1984	6	144.50	72.82	14.28	87.10	435.10	0.00	−435.10	380.46	380.46	0.00	23.69	0.00	−23.69	0.00	1266.10
	7	970.90	−2.28	15.50	13.23	0.00	0.00	0.00	389.37	389.37	0.00	159.15	0.00	−159.15	0.00	1834.41
	8	2025.50	−9.94	26.44	16.51	0.00	0.00	0.00	389.37	389.37	0.00	332.02	0.00	−332.02	0.00	3454.04
	9	1895.40	−3.69	41.92	38.24	0.00	0.00	0.00	380.46	380.46	0.00	310.69	0.00	−310.69	0.00	4930.74
	10	954.20	−39.81	52.07	12.26	0.00	0.00	0.00	389.37	389.37	0.00	156.41	0.00	−156.41	0.00	5483.31
	11	330.50	74.78	51.24	126.02	542.25	542.25	0.00	380.46	380.46	0.00	54.17	0.00	−54.17	0.00	4765.08
	12	173.10	60.54	40.86	101.40	1147.14	1039.50	−107.64	389.37	389.37	0.00	28.37	0.00	−28.37	0.00	3407.91
	1	117.50	43.33	32.34	75.67	0.00	0.00	0.00	389.37	389.37	0.00	19.26	0.00	−19.26	0.00	3060.38
	2	95.80	52.49	28.86	81.35	0.00	0.00	0.00	362.66	362.66	0.00	15.70	0.00	−15.70	0.00	2712.17
	3	910.70	81.32	29.18	110.49	733.30	0.00	−733.30	389.37	389.37	0.00	149.28	0.00	−149.28	0.00	3123.01
	4	234.90	55.07	30.08	85.15	1685.70	0.00	−1685.70	380.46	380.46	0.00	38.50	0.00	−38.50	0.00	2892.30
	5	252.40	33.09	27.93	61.03	1473.96	0.00	−1473.96	389.37	389.37	0.00	41.37	0.00	−41.37	0.00	2694.30

表 3-22　　会宝岭水库 1981—1984 年逐月调算成果表（规划年）　　单位：万 m^3

水文年	月份	来水量	蒸发渗漏			农业灌溉			工业用水			生态需水			弃水	月末库容
			蒸发	渗漏	合计	需水量	供水量	缺水量	需水量	供水量	缺水量	需水量	供水量	缺水量		
1981—1982	6	505.40	72.72	26.95	99.67	0.00	0.00	0.00	380.46	380.46	0.00	89.59	0.00	−89.59	0.00	2707.62
	7	1466.40	−34.87	32.47	−2.40	0.00	0.00	0.00	389.37	389.37	0.00	259.93	0.00	−259.93	0.00	3787.06
	8	904.00	113.09	39.68	152.77	1205.73	0.00	−1205.73	389.37	389.37	0.00	160.24	0.00	−160.24	0.00	4148.92
	9	330.50	180.13	40.14	220.26	792.38	0.00	−792.38	380.46	380.46	0.00	58.58	0.00	−58.58	0.00	3878.70
	10	247.40	64.03	37.57	101.60	0.00	0.00	0.00	389.37	389.37	0.00	43.85	0.00	−43.85	0.00	3635.13
	11	111.80	33.94	34.66	68.61	260.82	0.00	−260.82	380.46	380.46	0.00	19.82	0.00	−19.82	0.00	3297.86
	12	149.00	31.38	31.46	62.85	1101.96	0.00	−1101.96	389.37	389.37	0.00	26.41	0.00	−26.41	0.00	2994.65
	1	81.70	30.81	28.11	58.92	0.00	0.00	0.00	389.37	389.37	0.00	14.48	0.00	−14.48	0.00	2628.06
	2	98.00	19.04	24.74	43.78	0.00	0.00	0.00	362.66	362.66	0.00	17.37	0.00	−17.37	0.00	2319.63
	3	321.40	68.07	22.40	90.47	599.04	0.00	−599.04	389.37	389.37	0.00	56.97	0.00	−56.97	0.00	2161.19
	4	130.20	115.29	19.69	134.98	2218.95	0.00	−2218.95	380.46	380.46	0.00	23.08	0.00	−23.08	0.00	1775.95
	5	41.50	141.24	15.24	156.47	2506.14	0.00	−2506.14	389.37	389.37	0.00	7.36	0.00	−7.36	0.00	1271.61
1982—1983	6	27.90	39.37	10.70	50.08	0.00	0.00	0.00	380.46	380.46	0.00	4.54	0.00	−4.54	0.00	868.97
	7	1918.40	−80.24	16.65	−63.58	0.00	0.00	0.00	389.37	389.37	0.00	312.10	0.00	−312.10	0.00	2461.59
	8	3615.80	−108.55	41.09	−67.46	0.00	0.00	0.00	389.37	389.37	0.00	588.25	0.00	−588.25	0.00	5755.48
	9	683.60	48.73	58.53	107.26	0.00	0.00	0.00	380.46	380.46	0.00	111.21	0.00	−111.21	0.00	5951.36
	10	455.30	54.15	59.24	113.39	7.65	7.65	0.00	389.37	389.37	0.00	74.07	0.00	−74.07	0.00	5896.25
	11	216.80	−25.07	57.98	32.91	0.00	0.00	0.00	380.46	380.46	0.00	35.27	0.00	−35.27	0.00	5699.68

续表

水文年	月份	来水量	蒸发渗漏			农业灌溉			工业用水			生态需水			弃水	月末库容
			蒸发	渗漏	合计	需水量	供水量	缺水量	需水量	供水量	缺水量	需水量	供水量	缺水量		
1982—1983	12	227.30	54.72	50.54	105.25	1024.57	1024.57	0.00	389.37	389.37	0.00	36.98	0.00	−36.98	0.00	4407.79
	1	166.40	37.41	42.56	79.97	0.00	0.00	0.00	389.37	389.37	0.00	27.07	0.00	−27.07	0.00	4104.85
	2	49.90	60.92	38.99	99.91	0.00	0.00	0.00	362.66	362.66	0.00	8.12	0.00	−8.12	0.00	3692.19
	3	112.50	46.92	34.01	80.93	224.82	224.82	0.00	389.37	389.37	0.00	18.30	0.00	−18.30	0.00	3109.58
	4	327.20	109.33	24.82	134.15	2311.66	1067.69	−1243.97	380.46	380.46	0.00	53.23	0.00	−53.23	0.00	1854.47
	5	472.10	109.65	17.18	126.83	3046.77	229.25	−2817.53	389.37	389.37	0.00	76.81	0.00	−76.81	0.00	1581.13
1983—1984	6	144.50	71.86	14.04	85.90	435.17	33.36	−401.81	380.46	380.46	0.00	23.69	0.00	−23.69	0.00	1225.91
	7	970.90	−2.23	15.10	12.87	0.00	0.00	0.00	389.37	389.37	0.00	159.15	0.00	−159.15	0.00	1794.57
	8	2025.50	−9.83	26.05	16.21	0.00	0.00	0.00	389.37	389.37	0.00	332.02	0.00	−332.02	0.00	3414.49
	9	1895.40	−3.67	41.53	37.86	0.00	0.00	0.00	380.46	380.46	0.00	310.69	0.00	−310.69	0.00	4891.57
	10	954.20	−39.64	51.68	12.04	0.00	0.00	0.00	389.37	389.37	0.00	156.41	0.00	−156.41	0.00	5444.36
	11	330.50	74.47	50.86	125.32	542.34	542.34	0.00	380.46	380.46	0.00	54.17	0.00	−54.17	0.00	4726.74
	12	173.10	60.31	40.61	100.91	1147.32	1015.00	−132.32	389.37	389.37	0.00	28.37	0.00	−28.37	0.00	3394.57
	1	117.50	43.21	32.21	75.42	0.00	0.00	0.00	389.37	389.37	0.00	19.26	0.00	−19.26	0.00	3047.28
	2	95.80	52.33	28.73	81.07	0.00	0.00	0.00	362.66	362.66	0.00	15.70	0.00	−15.70	0.00	2699.36
	3	910.70	81.08	29.05	110.13	733.41	0.00	−733.41	389.37	389.37	0.00	149.28	0.00	−149.28	0.00	3110.56
	4	234.90	54.92	29.95	84.87	1685.97	0.00	−1685.97	380.46	380.46	0.00	38.50	0.00	−38.50	0.00	2880.13
	5	252.40	33.00	27.81	60.81	1474.20	0.00	−1474.20	389.37	389.37	0.00	41.37	0.00	−41.37	0.00	2682.35

4 取水影响论证

4.1 运行期取水对区域水资源的影响及其配置方案的影响

本项目立足当地水资源状况，优先利用凤凰山铁矿矿坑涌水作为项目生产用水水源，其余生产用水和生活用水采用会宝岭水库地表水，不仅符合兰陵县水资源实际，也充分体现了“合理利用地表水、严格控制地下水、充分利用中水、矿坑水等替代水源”和“优水优用、劣水低用、节约用水”的水资源开发利用、合理配置原则。

4.1.1 矿坑涌水对区域水资源的影响

矿坑涌水是本项目生产运行过程中的正常现象，如果不能及时利用将白白浪费。本项目将这一部分资源用于生产，减少了其他水源的取用量，是符合水资源开发利用政策的。

凤凰山铁矿矿区松散层厚度较薄，裸露基岩所处地势较高，裂隙及岩溶不发育，不利于降水的渗入，地下水的补给条件差。矿体顶板围岩为黑云变粒岩，岩石坚硬，岩体较完整，含水性差，导水性较差。围岩含水性极弱，只有围岩本身裂隙含水和大气降水是矿床开采的主要充水来源。如相邻矿山太平村铁矿开采标高在－400m 时，平均涌水量 $680m^3/d$，汇水面积 $0.016m^2$，矿井疏干排水可能引起小范围地下水位下降。

根据凤凰山铁矿环境影响评价工作中建立的 GMS 三维地下水流模型，预测铁矿运营 10 年（2013 年 7 月至 2023 年 1 月）的水位变化，由于开采深度较大，将会改变地下水流场形态。铁矿运营 10 年后，第一含水层组、第二含水层组及第三含水层组的流场均在铁矿附近产生了降落漏斗。其中第一含水层组最低水位为 30m，第二含水层组最低水位为－750m，第三含水层组最低水位为－987.2m。铁矿水位最大变幅为 87.2m，影响半径约 2800m，因此会对周围第四系含水层产生一定取水影响。

通过模拟铁矿运营 10 年平均水均衡情况（表 4－1），得出矿区地下水主要补给源为大气降水入渗补给、侧向流入和河流补给，其中大气降雨入渗占 30.79%，侧向流入量占 35.92%，河流补给量占 33.29%。可以看出由于铁矿对地下水进行疏干排水，激发了河流对地下水的补给，成为主要补给源之一。评价区主要排泄项为地下水开采、侧向流出和河流潜排，其中地下水开采量占 54.23%，侧向流出量占 30.76%，河流潜排占 15.01%，可见铁矿的运营增加了地下水的开采排泄，从而减少了河流潜排的水量，评价区 10 年内整体处于负均衡状态。

表 4－1　预测铁矿运营 10 年平均地下水水均衡表　　单位：万 m^3/a

补给项		比例	排泄项		比例	均衡差
降雨入渗	234.95	30.79%	地下水开采	662.18	54.23%	－457.98
侧向流入	274.11	35.92%	侧向流出	375.62	30.76%	
河流补给	254.06	33.29%	河流潜排	183.29	15.01%	
合计	763.11	100.00%	合计	1221.09	100.00%	

铁矿的运营同时改变了水均衡项的比例构架，由于凤凰山铁矿为地下开采，对地下水进行疏干排水激发了河流对地下水的补给，增加了地下水的开采排泄，从而减少了河流潜排的水量，整体处于负均衡状态。本项目应当本着对地下水环境加强保护的原则，对边界含水层断面设置堵水帷幕的必要性进行论证分析。如出现局部地下水位下降，需要采取相应的供水保证措施及补偿措施，并对区域地下水水位采取动态观测措施。

4.1.2　取用会宝岭水库地表水对区域水资源可利用量及其配制方案的影响

根据临沂市水利局《关于印发临沂市 2013 年度水资源管理控制指标的通知》（临水资字〔2013〕10 号），临沂市分配给兰陵县的地表水、地下水指标分别为 0.9404 亿 m^3 和 0.6328 亿 m^3，合计 1.5733 亿 m^3。2013 年兰陵县总供水量为 1.3224 亿 m^3，其中地表水供水量为 0.7304 亿 m^3，地下水供水量为 0.592 亿 m^3。兰陵县现状供水量与 2013 年度用水总量控制指标相比，当地地表水有 0.21 亿 m^3 的余量，地下水有 0.0408 亿 m^3 的余量。

根据兰陵县水资源开发利用现状分析，现状地表水开发利用量为 7304 万 m^3，占总用水量的 55.23%。现状年兰陵县地表水利用量占地表水用水指标的 77.67%，会宝岭水库向凤凰山铁矿采选项目供水后，地表水利用量为 7553.37 万 m^3，占地表水用水指标的 80.32%。本项目部分用水取用会宝岭水库地表水，促进了地表水资源的合理利用，优化了水源结构。

本项目取水、用水合理，优先利用矿坑水，减少了新水使用量，且考虑本项目用水后，兰陵县用水总量不会超出兰陵县用水总量控制指标，符合最严格水资源管理制度的要求，本项目取用会宝岭水库地表水符合当地水资源规划、配置和管理要求，不会对区域水资源产生大的影响。

4.2　对水生态的影响

本次论证长系列调节计算时，预留了生态环境用水，工业供水量和农业供水量是在满足生态用水量条件下的可供水量。根据调算结果，现状和规划水平年生态用水供水量为 1800.44 万 m^3，保证率为 97%；现状年会宝岭水库年均弃水量 2837.36 万 m^3，规划年年均弃水量 2838.55 万 m^3。本项目建成后年取水 249.37 万 m^3，占会宝岭水库多年平均来水量的 1.78%，占 95%特枯年份来水量的 6.95%，取水量较小，且水库供水调节计算过程中考虑了保证生态用水，对区域水生态的影响较小。

4.3　运行期对其他用户的影响

4.3.1　对其他用户取用水条件的影响

（1）对十里泉电厂等工业用水户取用水条件的影响。目前，会宝岭水库担负着向枣庄市十里泉电厂年供水 3000 万 m^3、中钢集团山东矿业有限公司年供水 284 万 m^3、临矿集团会宝岭铁矿年供水 621 万 m^3、济钢集团石门铁矿年供水 141.33 万 m^3、兰陵县宏鑫矿业有限公司年供水 10 万 m^3、兰陵县正东矿业有限公司年供水 10 万 m^3、兰陵县宝华矿业有限公司供水 209.88 万 m^3、兰陵县东钢矿业有限公司供水 54 万 m^3、兰陵鹏辉矿业有限公司供水 30.49 万 m^3 的任务，同时还是兰陵县会宝岭水库灌区农业用水的重要供水水源。

本项目部分生产用水和生活用水取自会宝岭水库，在水库南坝南输水洞口设自流管岸边式取水泵房 1 座，水泵出水通过 1 根直径 350mm 的焊接钢管输水至厂区，不会对十里泉电厂等工业用水户取用水条件产生影响。

（2）对矿区周围村庄取用水条件的影响。凤凰山铁矿的矿坑疏干排水改变了地下水的流向，产生了降落漏斗，且有一定的影响范围，会对周围村庄的地下水用水产生一定的影响。矿山周边的地下水井主要为农业灌溉取水井及村民生活用水取水井，取用的地下水主要为第四系孔隙地下水，其补给来源主要为水库地表水。据调查，凤凰山铁矿地下水降落漏斗影响半径 2.8km 范围内共有村庄 6 个，分别为三套村、东凤庄、扳闸湖、下家庄、新庄和史庄。影响范围内共涉及农业灌溉取水井 13 口，农村饮水取水井 8 口。随着地下开采中段的不断加深，项目的地下水疏干可能会对潜水产生一定影响，但项目周边潜水有会宝岭水库补给，水量较充足，一般工况情况下水位会下降，但对农业灌溉和居民生活用水影响较小。铁矿在开采过程中应严格落实相关措施对井田所处范围内水资源进行保护，尽量减少对区域水资源的影响。而在生产过程中，对于确实遭受影响的用水户应根据受损程度进行及时的经济补偿，并及时与兰陵县各级水行政主管部门协商制定实施各类补救措施，如村庄搬迁、增建供水工程、实施农业节水等，切实保障其他用户的用水安全。

4.3.2 对其他用户权益的影响

对于十里泉电厂、石门铁矿、中钢集团山东矿业、会宝岭铁矿、宏鑫矿业、正东矿业、宝华矿业、东钢矿业和鹏辉矿业，本次论证在进行水源论证时预先扣除该供水规模。会宝岭水库向本项目供水是在保证向十里泉电厂、石门铁矿、中钢集团山东矿业、会宝岭铁矿、宏鑫矿业、正东矿业、宝华矿业、东钢矿业和鹏辉矿业本项目供水基础上进行的。因此，本项目取水对十里泉电厂等工业用水户不会产生影响。

对于灌区农业用水，本项目取水将不可避免地占用一部分灌溉用水，从而引起不利影响。虽然本项目取水并未违背山东省水资源调度“优先满足居民生活和重点工业用水，合理安排农业用水”原则，但由于农业用水保证率只有 54%，当遇上缺水干旱年份，项目取水将不可避免地占用农业灌溉用水，从而对农业用水户产生影响，可根据占用水量按照等效替代措施法和现金补偿法估算补偿费并进行补偿。

对于矿区周围的农业灌溉地下水取水井及村民生活用水取水井，随着地下开采的不断加深，项目的地下水疏干可能会对第四系含水层产生一定影响。针对可能产生的影响，应制定并落实区域地下水水位和民用井水位观测计划（每月或每季一次），动态掌握区域地下水位变化，分析区域地下水位变化与采矿影响的关系；同时，制定居民应急供水预案和居民供水替代方案，预留供水能力，配置相应资金；在生产过程中，对于确实遭受影响的用水户应根据受损程度进行及时的经济补偿，如村庄搬迁、增建供水工程、实施农业节水等，切实保障其他用户的用水安全，具体方式需与当地政府协商。本次论证在“4.4 结论”部分提出具体补偿方案建议。

4.4 结论

凤凰山铁矿采选工程投产后取凤凰山铁矿矿坑涌水 211.60 万 m^3/a，取会宝岭水库地表水 249.37 万 m^3/a。经分析，正常工况下，项目本身取用矿坑涌水和会宝岭水库地表水对区域水资源状况影响较小，对区域水生态和水功能区纳污能力影响较小；对十里泉电厂、石门铁矿、中钢集团山东矿业、会宝岭铁矿、宏鑫矿业、正东矿业、宝华矿业、东钢矿业和鹏辉矿业等现有用水户不会产生影响。但铁矿的运营将会改变地下水流场形态和水均衡项的比例构架，改变地下水流场形态，产生降落漏斗，会对周围第四系含水层产生一定取水影响，矿井生产过程中应采取水资源保护措施，减少上述不利影响；由于会宝岭水库现状向会宝岭灌区供水，在枯水年份占用了部分农业灌溉用水资源，须按国家有关规定给予补偿。

5　退水影响论证

5.1　退水方案

5.1.1　退水系统及组成

厂区外排水采用生产、生活分流制排水系统。

矿坑涌水的污染物主要以悬浮物为主，经絮凝沉淀处理后用作生产用水，不外排。采矿系统的充填搅拌站常压冲洗排水和设备管道冲洗排水经充填搅拌站深锥浓密机浓缩沉淀后回用于生产。选矿工艺排水一部分经精矿浓密机浓缩后排至总回水调节池，其余排水在尾砂池沉淀后经深锥浓密机溢流至总回水池，回用于生产。除尘系统排水、喷水抑尘排水、微雾降尘排水、渣浆泵水封排水回用至选矿工艺。选矿车间冲洗排水、设备冷却排水，以及锅炉房排水、设备冷却排水、锅炉引风机排水，经废水收集池、尾砂池排至充填深锥浓密机后排入总回水池回用于生产。

生活污水经化粪池处理后，再进入处理能力为 $10m^3/h$ 的地埋式污水处理装置，处理水达到《城市污水再生利用　城市杂用水水质》（GB/T 18920—2002）标准，部分回用于绿化及道路浇洒用水，剩余经尾砂池排至精矿浓密机和深锥浓密机处理，回用于生产。

5.1.2　退水总量、主要污染物排放浓度和排放规律

正常工况下，本项目矿坑涌水 $6412m^3/d$，经处理后用作绿化道路浇洒及生产用水，不外排。生产排水 $85644m^3/d$，主要污染物为 SS，经精矿浓密机和深锥浓密机浓缩沉淀后，回用于生产。生活污水 $118m^3/d$，主要污染物浓度 SS 不大于 220mg/L，BOD_5 不大于 400 mg/L，COD_{Cr}不大于 600mg/L，LAS 不大于 50mg/L，氨氮不大于 50mg/L，总氮不大于 60mg/L，总磷不大于 4mg/L，经处理后，部分回用于绿化及道路浇洒用水，剩余回用于生产。

废水排放形式主要呈现为连续性和间歇性，其中生活污水排水以连续排放形式进行；生产废水排放则根据生产运行情况表现出一定的间歇性。

5.1.3　退水处理方案和达标情况

正常工况下，本项目在生产运行过程中不产生有害废水，而且产生的污废水经处理后均能得到回用。

厂内设规模为 $10m^3/h$ 生活污水处理站一座，生活污水经地埋式一体化污水处理装置处理后，去除率 SS 不小于 90%，BOD_5 不小于 85%。COD_{Cr}不小于 85%，氨氮不小于 50%，出水水质达到 GB/T 18920—2002 标准。

5.2　运行期项目废污水“近零排放”的可行性与可靠性分析

本项目生活污水经处理后部分回用于厂区绿化及道路浇洒，其余排至尾砂池回用于生

产。部分生产排水经精矿浓密机浓缩后排至总回水调节池，其余生产排水排至尾砂池沉淀，再经充填搅拌站深锥浓密机浓缩后回用于生产。

本次论证所指的“近零排放”是指项目生产、生活过程中废污水的“近零排放”，不包括未能利用的矿坑排水的排放和雨水的排放。项目生产过程中废污水“近零排放”是一个系统工程，凤凰山铁矿针对矿坑涌水水质较好的特点，在节约用水的基础上通过处理矿坑涌水、生产废水和生活污水等途径实现矿区污废水“近零排放”。本项目生产用水的“近零排放”关键是做好选矿工艺环节回水的储存与回用。本次论证重点从项目选矿工艺回水的储存和输送等关键环节，论述本项目“近零排放”的可行性和可靠性。

5.2.1 “近零排放”的可行性分析

本项目生产给水系统中设有回水系统和循环水系统。

回水系统由精矿车间浓缩回水和充填搅拌站深锥浓密机溢流回水构成，充填工况下总回水量36859m^3/d。精矿浓缩回水系统设精矿回水泵2台，一用一备，精矿浓缩机溢流水量为2677m^3/d，自流至精矿回水调节池，再由精矿回水泵送至总回水调节池。总回水调节水池设计为两格，每格长31.7m，宽11.85m，深6.0m，有效容积2000m^3。充填搅拌站回水系统设回水泵4台，三用一备，充填搅拌站深锥浓密机回水量34182m^3/d，可自流回至总回水调节池，与精矿浓缩回水一并由回水泵加压，供选矿工艺、充填搅拌站冲洗和除尘造浆等用水，最大供水量2100m^3/h。本项目回水实现生产用水的重复利用，不产生外排水。

循环水系统包括选矿循环水和热工循环水系统。选矿循环水系统主要供给选矿液压站用水，循环水量1260m^3/d，热工循环水系统主要供给锅炉给水泵、引风机和氧化风机冷却用水，循环水量752m^3/d，设备出水利用余压回至冷却塔，冷却后水自流至冷水池，经循环泵加压供设备冷却用水。循环水系统能够保证系统中水的循环利用，除需补充新鲜水外，无外排水量。

本项目生活给水系统为单独供水系统，厂区设有生活污水处理站，生活污水经化粪池处理后，再进入处理能力为10m^3/h的地埋式污水处理装置，处理水达到GB/T 18920—2002标准，部分回用于绿化及道路浇洒用水，剩余经尾砂池排至精矿浓密机和深锥浓密机处理，回用于生产。

正常情况下，本项目回水系统、循环水系统、生活污水处理系统能够实现本项目生产与生活废污水的全部回用，因此本项目生产、生活废污水“近零排放”是可行的。

5.2.2 “近零排放”的可靠性分析

根据本项目的用水工艺，本次论证重点从废污水的蓄存能力分析事故工况下“近零排放”的可靠性，论证项目在非正常工况废污水的临时应急储存能力能够满足“近零排放”的要求。本项目设有总回水调节池、尾砂池、废水收集池等储水设施，遇到突发情况均可蓄存生产废水。

（1）总回水调节池。根据项目可研报告，充填搅拌站回水可自流回至总回水调节池，与精矿浓缩回水一并由回水泵加压，供选矿工艺、充填搅拌站冲洗和除尘造浆等用水。总回水调节池设有两格，每格长31.7m、宽11.85m、深6.0m，有效容积2000m^3。回水池和回水泵置于给水净化站内，回水总管沿厂区道路埋地敷设，采用焊接钢管，管径600mm。本项目总回水池总容积4000m^3，应急情况下可蓄存回水4000m^3。

（2）尾砂池。本项目设尾砂池一座，规格为 38.5m×9m×7.5m，尾矿池容积为 2598.75m^3。废水收集池 2 格，每格 15m×4m×5.8m，总容积为 696m^3。项目生活污水经处理后部分回用于厂区绿化及道路浇洒，其余排至尾砂池回用于生产。部分生产排水经精矿浓密机浓缩后排至总回水调节池，其余生产排水排至尾砂池沉淀，再经充填搅拌站深锥浓密机浓缩后回用于生产。

本项目总回水调节池、回水输送等设备及设施、尾砂池可在事故工况下作为项目废污水的临时应急调蓄池，能够满足事故工况下废污水的临时储存，保证项目废污水不外排。从项目废污水的临时应急存储和调蓄能力来看，本次论证认为，本项目生产生活废污水的“近零排放”是可靠的。

5.3　项目非正常工况下退水的风险影响及安全隐患分析和对策

凤凰山铁矿总取水量 460.97 万 m^3/a，正常工况下，项目优先采用处理后的矿坑涌水，不足部分采用会宝岭水库的地表水。非正常工况下，矿坑涌水出现大于稳定涌水量情况，被采、选生产利用后，需外排剩余部分水量；在矿采、选生产需水量临时减少期间（如法定休息期间、生产设备检修期间），需外排水量。另外，矿井在发生矿坑突水条件下也形成矿坑涌水外排水。

如果项目在生产运行中出现前两种外排水，将贮存在总回水调节池、尾砂池内，通过回水系统将贮存的矿坑涌水陆续打回厂区回用。对于突水排水，其水量、水质、持续时间都有不确定性。如出现地下水大量涌出情况，矿井受淹，必须立即排出。一般情况是通过大功率的水泵及输送管道将地下水抽至地面排放，排入西泇河后再进入邳苍分洪道。西泇河苍山农业用水区和邳苍分洪道苍山农业用水区为二级水功能区，水质目标分别为Ⅲ类和Ⅴ类。地下突水在涌出或流动的过程中夹带一定数量的悬浮物，但其他污染成分的含量较少。项目非正常情况下排水可能会对西泇河苍山农业用水区和邳苍分洪道苍山农业用水区的水质和第三者产生一定的影响。

为尽量减少项目非正常工况下矿坑排水对区域水资源造成的影响，建议采取以下对策措施：正常施工和采矿时，应超前探水，在采矿过程中，一旦出现突水情况时，应立即采取注浆等阻水措施，尽可能避免长时间突水现象。对于非正常工况下的矿坑排水，可根据最大矿坑涌水量及矿井水悬浮物沉淀时间（约 2h）设置缓冲池，设计容积约 2000m^3，尺寸为：长 31.7m、宽 11.5m、深 6.0m，采用淹没式矩形溢流堰，设计水量：0.25m^3/s（2.16×$10^4 m^3/d$），堰后水位差：0.2m。同时，还应制定各类风险事故情况下的应急预案，建立事故状态应急措施，建立健全水资源管理制度，在实际运行中能够有效应急所产生的事故，从各方面保障其正常运行。同时，结合矿区实际，从采取措施减少矿压对底板的破坏作用、注浆改造、预防断裂出水、疏水降压等几个方面入手，认真搞好底板突水防治工作。

5.4　结论

正常工况下，本项目废水均得到回收利用，没有外排污废水，不会对区域水功能区水质目标及第三者产生大的影响。非正常情况下，项目排水可能会对西泇河苍山农业用水区和邳苍分洪道苍山农业用水区的水质和第三者产生一定的影响。

专◆家◆点◆评

该项目位于山东省兰陵县，为铁矿采、选联合建设类项目。项目立项依据明确，符合国家产业政策，属于国家发展改革委产业结构调整指导目录中的鼓励类项目，对于保障和促进区域社会和经济发展具有重要意义。本案例充分考虑项目所在区域水资源禀赋条件与开发利用现状，提出优先利用矿坑涌水、合理利用地表水的取用水方案。取水合理性分析细致、全面，矿坑涌水论证方法科学、结果可靠，取退水影响分析针对性强、措施得当，符合《建设项目水资源论证导则》（SL/Z 322—2013）的要求，充分体现了采掘业水资源论证的特点，具有较强的代表性，总体质量较高。

本案例具有以下特点：

（1）取用水合理性论证部分，针对项目运行期主要工艺环节取水、用水、耗水及排水方案，对不同用水指标进行了分析评价，通过对项目用水指标与区域用水效率控制指标、国内同行业用水指标、有关部门制定的节水标准和用水定额的比较分析，论证了项目用水的合理性。结合区域最严格水资源管理和节水型社会建设要求，对项目节水潜力进行了分析，核减了项目取用水量并重新绘制了水量平衡图。

（2）矿坑涌水量预测部分，在分析凤凰山铁矿矿区地质、水文地质条件以及矿床充水因素基础上，考虑矿床开采方式，选用承压—无压完整式巷道双边进水水平坑道计算公式，对坑道各开采水平的涌水量进行预测，与相邻水文地质条件相似的开采矿山实际涌水量进行对比，分析了预测结果的可靠性。

（3）取水影响论证部分，根据矿区及周边地下水系统循环条件、矿床开采方式，应用项目环境影响评价工作中构建的地下水流数值模拟模型，评价了矿坑涌水对充水地层中地下水位和水量的影响范围、程度及发展过程，分析了对含水岩（层）组的地下水位影响；评估了项目取水对区域水资源利用条件、水功能区纳污能力、河流生态系统和生态水量以及其他利益相关方取用水条件和用水权益的影响。

（4）退水影响论证部分，从选矿工艺环节回水的储存与回用角度，深入分析了废污水“近零排放”的可行性与可靠性以及非正常工况下退水风险和安全隐患，提出了减少非正常工况下退水影响的对策措施。

采掘业项目水资源论证与一般工业建设项目水资源论证有所区别，其重点和难点在于矿坑稳定涌水量预测、取水影响以及矿坑排水的影响分析。为进一步提高该类水资源论证报告书编制质量，还应系统核算采选矿生产过程中的正常稳定涌水量、临时间歇性（如法定休假期间、生产设备检修期间等）涌水量和发生矿坑突水条件下形成的排水量，分析矿坑排水对受纳水体和周边地下水的影响，并根据建设项目取水、矿坑涌水及其外排影响的论证结果，提出补救措施，充分体现建设项目水资源论证在统筹协调水资源管理、保护、节约中的重要作用。

徐志位　李砚阁

案例六 凌源钢铁集团有限责任公司取用水水资源论证报告书

1 概 述

1.1 项目概述

凌源钢铁集团有限责任公司（以下简称“凌钢”）位于辽宁省凌源市凌北镇境内，是集采矿、选矿、冶炼、轧材为一体的钢铁联合企业。公司始建于1966年，经40多年的建设发展，凌钢成为了全国工业企业500强，年商品钢材产量突破了600万t，产值达152.83亿元，成为地方经济发展不可替代的强大支柱，为全国和辽宁省的经济发展做出了重要贡献，实现了企业效益和社会效益的协调发展。凌钢的主要产品有热轧中宽带钢、螺纹钢、圆钢、中宽冷轧带钢、焊管，产品中的热轧中宽带钢及螺纹钢曾获得国家质量金杯奖，螺纹钢为国家免检产品。

凌钢生产水源由两部分构成：地下水（包括厂区水源地地下水、东五官水源地地下水）及市政自来水；生活水源为市政自来水。随着市政自来水与凌钢协议的到期，凌钢拟采用凌源市污水处理厂的中水替换市政自来水中用于补充生产用水的部分。自2008年开始，凌钢开展了多次工艺改造，逐步淘汰了落后工艺技术手段；且为了节约用水，降低全厂用水量，促进水资源的循环利用，凌钢引进国际先进水处理工艺，建成污水处理中心（一期及二期），接纳生产、生活各个环节的排水进行处理与回用。自2012年开始，凌钢实现了废水零排放。凌钢生产、生活过程中产生的废污水经凌钢污水处理中心处理达标后回用于生产，无外排水。

由于凌钢取水许可证于2013年12月31日到期，须重新申领取水许可证，且之前凌钢从未组织编制过水资源论证报告书，为了深入研究凌钢全厂取用水及退水方案的合理性，提高水资源利用效率和效益，减少项目取水和退水对水环境以及其他利益相关方面的不利影响，凌钢决定委托辽宁省水利水电科学研究院开展水资源论证。

由于凌钢建厂时间较早，取用地下水主要有两个原因：一是当时区域地下水资源比较丰富；二是由于当地地表水资源年际间变化、年内变化均较大，如采用地表水，则无法保障工业企业的用水量，凌源市90%以上的供水来源于地下水。因此，凌钢取用地下水既有历史原因，又有现实原因。

1.2 水资源论证的重点和难点

本案例中，凌钢涉及的水源包括地下水、市政自来水及中水，水源情况较为复杂，属于多水源联合供水论证，理清各个水源的基本情况及供水情况，并查清水质水量具有一定的难度。在对资料进行充分收集的基础上，对三种水源分别进行了论证。在地下水资源量分析中，经过对比多份勘察报告，合理确定水文地质参数，采用水均衡法对区域地下水资源量进行了分析，并根据凌钢长期对厂区及东五官两处水源地的水位进行监测的数据，以及凌钢在持续干旱年——2013 年、2014 年及 2015 年的钢产量及总地下水取水量分别进行对比分析，得出未见地下水位有较大下降幅度的结论，用以佐证水均衡法对地下水资源量的计算结果。

凌钢始建于 1966 年，经过多年的改、扩建形成现有产能规模。为了节约用水，促进水资源的循环利用，凌钢建成了具备国际先进水处理工艺的污水处理中心，接纳生产、生活各个环节的排水进行处理与回用，自 2012 年开始实现了废水零排放。凌钢厂内的工艺流程较为复杂，将用水划分为生产用水系统、生活用水系统、污水处理系统、软化水系统及回用水系统 5 个用水系统进行水量平衡分析；且对生产用水中的自备电厂同样进行了电厂内部的水平衡分析。因此在取用水合理性分析这一过程中，本案例对于建有自备电厂且工艺流程较为复杂的钢铁联产企业、实现废水零排放企业的水资源论证项目具有一定的借鉴意义。

由于换证及水源替换的需要，凌钢拟将原作为地下水及市政自来水作为生产用水，替换为生产用水由地下水及中水共同构成，自来水仍作为厂区生活用水水源。由于凌源市地处辽西地区，属于重度缺水地区，水源替换后，将削减原地下水水源地的取水量，符合《辽宁省地下水保护行动计划》中对于“保护辽宁省宝贵而有限的地下水资源，实现水资源的可持续利用”的指导思想。

1.3 工作过程

辽宁省水利水电科学研究院在接受凌钢企业委托后，首先成立了项目组并组织项目组成员对凌钢地下水水源地、污水处理中心、凌源市污水处理厂及凌钢厂区内部等地进行了现场调查，并根据《建设项目水资源论证管理办法》和《建设项目水资源论证导则》（SL 322—2013）的基本要求，结合项目实际取用水情况，明确本次水资源论证的主要任务是：针对凌钢现有的取水方案，对其取用水的可行性与可靠性、取用水合理性、取退水影响等方面进行详细的分析论证，给出本项目水资源论证的结论与建议。

调查分为以下几个方面：

（1）凌钢厂区内部。调查其产品结构及生产工艺，以便于在报告中论证企业生产结构与国家及地方产业政策符合情况；对其生产能力、现有生产设备及规模、产品产量及工艺技术进行调查与资料收集，调查凌钢企业内部用水系统的划分情况，收集现状年 2013 年各个生产环节的用水情况及自备电厂的用水情况，收集生产环节水量平衡图及自备电厂水量平衡图；对污水处理中心进行调查，了解其处理工艺、处理能力及处理工艺流程等，收集污水处理中心的可研报告及初设报告；收集凌钢近 5 年的用水量（包括地下水、自来水）、炼钢用水量、自备电厂用水量、生活用水量、自备电厂的发电量及供电用水量、供热量及供热用水量等指标。由于凌钢近年开展了大规模的技术改造，详细收集其技术改造资料等。以上内容的调查及资料收集，可以为论证过程中取用水的合理性分析提供基础资料支撑。

（2）水源调查。项目组分别对凌钢的两处地下水水源地进行了调查。凌钢建厂较早，积累了较多水文地质勘察报告，在档案室保管的较为完善。项目组到档案室现场收集并借阅了相关水文地质勘察报告，为报告编写提供了较丰富的水文地质资料。同时，项目组也对现有取水水源之一的凌源市自来水公司水源地以及凌源市污水处理厂进行了实地调查，并收集了相关资料。对于凌源市市政自来水公司来说，近5年的供水能力及供水量、现有用水户及用水量是资料收集的重点；对于凌源市污水处理厂来说，其设计处理能力、实际处理能力、用水户及用水量、中水的水质状况是资料收集的重点。由于本案例是多水源联合供水水资源论证，且涉及水源的替换，在资料收集中充分考虑了可替换的水源，并逐一论证选取，如，资料调查及报告编写初期，项目组除考虑凌源市污水处理厂的中水作为替换水源之外，也考虑了凌源市应急供水工程。但经过调查论证，凌源市应急供水工程尚未建成，且主要为凌源市提供应急条件下的供水，因此，仍然选取凌源市污水处理厂的中水作为替换水源。综上，除现有水源地资料外，其他水源，包括现有水源及拟替代的水源资料都需详细收集，以便在论证中对各个水源分别进行论证。

（3）其他资料的收集。主要是集中对凌源市进行水资源开发利用状况分析所需要的自然地理概况、社会经济信息等进行收集，如统计年鉴、凌源市水资源公报及凌源市节水型社会建设规划等相关资料。

1.4 案例的主要内容

本案例针对凌源钢铁集团有限责任公司取用水开展水资源论证工作。在本案例中，主要对凌钢的用水合理性及取水水源的调整进行了分析和论述。

凌钢经过多年的改、扩建形成现有的产能规模，其节水改造过程不仅历时较长，且较为复杂。因此，在案例的介绍中，着重介绍了其凌钢工艺改造和节水改造的过程；由于其工艺流程的复杂性，在对水平衡测试的介绍和分析中，将项目用水划分为生产用水系统、生活用水系统、污水处理系统、软化水系统及回用水系统5个用水系统，使各个用水系统划分较为清晰，且由于凌钢建有自备电厂，因此，对于自备电厂进行了单独的水平衡测试分析。在用水合理性分析部分，除对吨钢取水量等主要反映钢铁联合企业代表性用水量指标进行核定外，还针对其自备电厂的单位装机容量取水量、单位发电取水量、单位热能取水量等指标进行了核定，然后对各项指标的合理取用水量进行了核定。

在“取水水源调整”部分章节，指出针对辽宁省水资源严重短缺这一现状，辽宁省为保护地下水资源，实现地下水资源的可持续利用制定了一系列政策及措施。在取水水源方案中，首先对凌源市水资源状况进行简要介绍，阐述了凌源市属于重度缺水地区的事实；对凌钢现有取水水源方案及调整后的水源方案进行了详细的论证，其水源方案的调整，为保护辽宁省地下水资源、实现地下水资源的可持续利用起到了良好的示范作用。

2 用水合理性分析

2.1 节水改造过程

为了节约用水，降低全厂用水量，促进水资源的循环利用，凌钢自2008年开始开展了一系列改造工程的建设，逐步达到《中华人民共和国国民经济和社会发展第十二个五年规划纲要》及《辽宁省国民经济和社会发展第十二个五年规划纲要》中对于重点发展高速铁路用钢等高端冶金产品的目标。其改造过程符合《凌源市国民经济和社会发展“十二五”规划纲要》中以“改造提升传统产业为基础，以项目建设为抓手，以结构调整、产业升级为主线，以科技创新为动力，打造强市工业、构建惠民农业、活跃现代服务业，全面提升产业竞争力”的经济发展重点，符合“项目拉动、产业聚集、园区支撑、配套驻凌大企业”的思路，及“集中力量发展壮大冶金矿产、汽车装备制造、建材、农产品加工四大主导产业，推动主导产业集群化发展，加快扩充整体规模，提升产业层次，增强竞争实力”的政策导向。根据《产业结构调整指导目录（2011年本）（修正）》，本项目属于鼓励类“八、钢铁”中第5项“高性能、高质量及升级换代钢材产品技术开发与应用，包括600MPa级及以上高强度汽车板、油气输送高性能管线钢、高强度船舶用宽厚板、海洋工程用钢、420MPa级及以上建筑和桥梁等结构用中厚板、高速重载铁路用钢、低铁损高磁感硅钢、耐腐蚀耐磨损钢材、节约合金资源不锈钢（现代铁素体不锈钢、双相不锈钢、含氮不锈钢）、高性能基础件（高性能齿轮、12.9级及以上螺栓、高强度弹簧、长寿命轴承等）用特殊钢棒线材、高品质特钢锻轧材（工模具钢、不锈钢、机械用钢等）”等。同时，该项目符合《钢铁产业调整和振兴规划（2009—2011年）》、《国务院关于进一步加强淘汰落后产能工作的通知》（国发〔2010〕7号）等关于钢铁冶炼的规定与要求。

凌钢的建设、改造与发展，对于带动凌源市工业经济全面发展、对促进区域社会经济的可持续发展具有十分重要的意义。其工艺改造过程见表2-1。

表2-1　　凌钢工艺改造过程

改造时间	改造项目	投资/万元
2008年7月	燃煤式石灰窑改造为一座日产量为600t的麦尔兹并流蓄热式窑	4999
2008年7月	4号锅炉及发电机组技术改造	7317
2009年4月	内燃式热风炉改造成顶燃式热风炉	9845
2010年7月	炼钢厂产品结构调整改造	9850
2010年8月	污水深度处理改造	7600
2011年12月	“十二五”产品结构调整升级改造项目	683000
2012年9月	5号高炉内燃式热风炉改造成顶燃式热风炉	9942
2012年9月	制氧机改造工程，淘汰能耗高、效率低制氧机	9814
2013年	1号锅炉易地改造及配套建设2×25MW发电工程项目	9986
2014年3月	炼钢厂产品结构转型升级改造工程	9739

其中，为了节约用水，降低全厂用水量，促进水资源的循环利用，凌钢开展了污水深度处理改造工程，建成了具备国际先进水处理工艺的污水处理中心，接纳生产、生活各个环节的排水进行处理与回用。自2012年开始，凌钢实现了废水零排放（见表2-2）。

表2-2　　凌钢近年污水排放统计　　单位：万t

月份	2006年	2007年	2008年	2009年	2010年	2011年	2012年
1	60.20	54.30	44.64	42.90	36.52	10.23	0
2	59.35	50.86	41.76	40.20	35.48	6.55	0

续表

月份	2006 年	2007 年	2008 年	2009 年	2010 年	2011 年	2012 年
3	60.00	50.60	42.98	37.20	32.05	18.37	0
4	61.50	50.27	42.58	36.81	29.36	18.24	0
5	61.89	46.77	41.42	30.76	30.13	18.04	0
6	54.36	49.68	42.27	32.55	32.04	17.90	0
7	57.49	46.42	43.09	23.51	18.67	17.52	0
8	52.92	44.41	43.04	26.85	13.15	17.52	0
9	53.63	48.25	41.54	28.08	12.54	17.53	0
10	52.93	65.80	41.27	34.90	16.35	17.78	0
11	52.71	65.81	41.14	37.01	13.57	17.82	0
12	53.06	66.61	41.57	43.96	10.25	17.69	0
合计	680.05	639.77	507.32	414.73	280.13	195.18	0

凌钢通过近年来大规模技术改造，现有年产钢能力600万t，主体装备逐步向大型化、现代化、节能化发展。其主要设备包括烧结机3套，总面积367m²；高炉5座，总炉容5030m³；转炉6座，其中，35t转炉3座，120t转炉3座；热轧机组7套：120万t/a中宽热带机组、80万t/a连轧棒材机组、90万t/a高架棒材机组、50万t/a中型材机组、50万t/a高速线材机组、100万t/a大棒材机组、80万t/a圆钢棒材机组及公辅设施等；焊接钢管生产线9条，形成了采矿、选矿、烧结、焦化、炼铁、炼钢、轧钢比较完善精干的钢铁联合企业架构和转炉全连铸—热送热装—连轧先进合理的工艺流程。主要产品有热轧中宽带钢、螺纹钢、中小型各类圆钢、中宽冷轧带钢、焊管。工艺结构和产品结构合理，具有较强的市场竞争能力。

2.2　水平衡测试

2.2.1　建设项目用水环节分析

凌钢的生产工艺流程为：原料场、焦炉、烧结、竖炉、高炉、转炉—精炼—连铸—轧钢紧凑布置的长工艺流程。针对以上工艺流程，将用水系统分为生产用水系统、生活用水系统、污水处理系统、软化水系统及回用水系统5个部分，对现状年2013年的全厂用水环节进行了水平衡测试，具体用水情况如下。

（1）生产用水系统。本项目生产用水环节主要包括原料场、烧结、焦化、炼铁、炼钢及连铸、轧钢、制氧、自备电厂等车间用水，现状年2013年取新水量1360m³/h，其中地下水取水量为1094m³/h，自来水取水量为266m³/h。本项目水平衡图见图2-1。现将主要用水过程分述如下：

1）原料场：由于采用成品矿作为生产原料，本项目原料场用水主要为料堆、地坪洒水和喷水系统，无矿山选矿用水，生产用水量为57m³/h，全部为地下水；生活用水量2m³/h；耗水量52m³/h；排水量7m³/h。

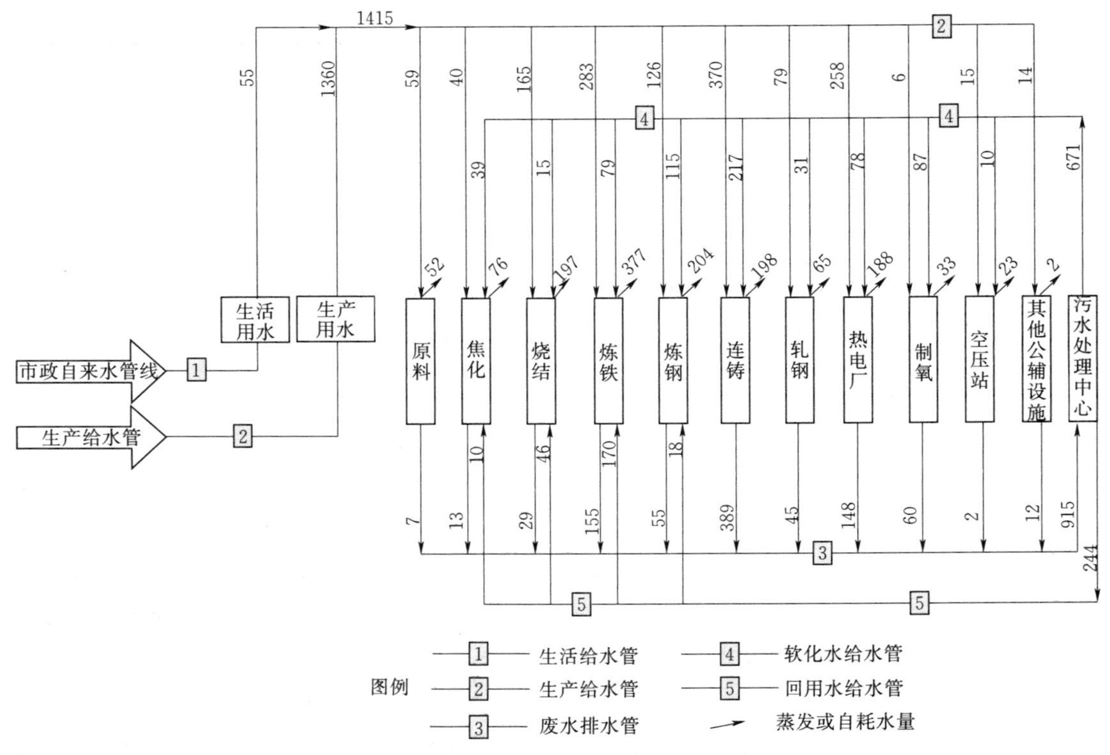

图 2-1　现状年厂区生产环节水量平衡图（单位：m^3/h）

2）焦化：生产用水中地下水取水量为 $19m^3/h$，自来水取水量为 $19m^3/h$；生活用水量 $2m^3/h$；软化水 $39m^3/h$；回用水 $10m^3/h$；耗水量 $76m^3/h$；排水量 $13m^3/h$。

3）烧结：生产用水中地下水取水量为 $115m^3/h$，自来水取水量为 $46m^3/h$；生活用水量 $4m^3/h$；软化水 $15m^3/h$；回用水共 $46m^3/h$；耗水量 $197m^3/h$；排水量共 $29m^3/h$。

4）炼铁：包括 1～5 号高炉、一铁竖炉及燃气二铁等 7 个部分。生产用水中地下水取水量为 $209m^3/h$，自来水取水量为 $65m^3/h$；生活用水量 $9m^3/h$；回用水 $170m^3/h$；软化水 $79m^3/h$；耗水量 $377m^3/h$；排水量 $155m^3/h$。

5）炼钢：包括一炼钢厂，特钢转炉 2 号、3 号，特钢 13 号、4 号及 5 号等，生产用水中地下水取水量为 $83m^3/h$，自来水取水量为 $28m^3/h$；生活用水量 $15m^3/h$；软化水 $115m^3/h$；回用水 $18m^3/h$；耗水量 $204m^3/h$；排水量 $55m^3/h$。

6）连铸：生产用水中地下水取水量为 $283m^3/h$，自来水取水量为 $84m^3/h$；生活用水量 $3m^3/h$；软化水 $217m^3/h$；耗水量 $198m^3/h$；排水量 $389m^3/h$。

7）轧钢：包括一轧钢、二轧高线、二轧中宽带 3 个部分，生产用水中地下水取水量为 $55m^3/h$，自来水取水量为 $17m^3/h$；生活用水量 $7m^3/h$；软化水 $31m^3/h$；耗水量 $65m^3/h$；排水量 $45m^3/h$。

8）自备电厂：生产用水取新水水量为 $255m^3/h$，全部为地下水；生活用水量 $3m^3/h$，软化水 $78m^3/h$，排水量 $148m^3/h$，耗水量 $188m^3/h$。现状年自备电厂水平衡图见图 2-2。

9）制氧：生产用水中地下水取水量为 $3m^3/h$，自来水取水量为 $1m^3/h$；生活用水量

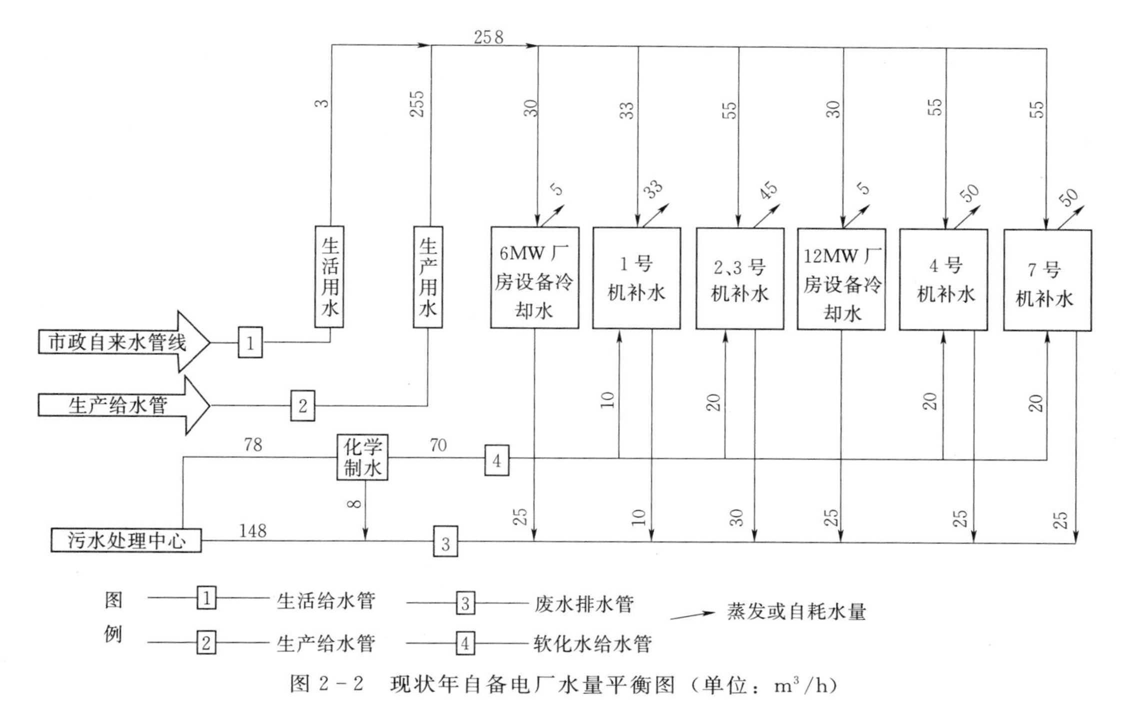

图 2-2　现状年自备电厂水量平衡图（单位：m^3/h）

$2m^3/h$；软化水 $87m^3/h$；耗水量 $33m^3/h$；排水量 $60m^3/h$。

10）空压站：即压缩空气站，生产用水中地下水取水量为 $11m^3/h$，自来水取水量为 $3m^3/h$；生活用水量 $1m^3/h$；软化水 $10m^3/h$；耗水量 $23m^3/h$；排水量 $2m^3/h$。

11）其他辅助设施：包括回转窑、检修中心等辅助部门，生产用水中地下水取水量为 $4m^3/h$，自来水取水量为 $3m^3/h$；生活用水量 $7m^3/h$；耗水量 $2m^3/h$；排水量 $12m^3/h$。

（2）生活用水系统。主要包括饮用、浴室、冲厕、绿化等。水源为市政自来水，分配到各个生产车间，总取水量为 $55m^3/h$。

（3）污水处理系统。接纳生产各个环节的排水，目前处理污水量为 $915m^3/h$。处理后的水，一部分作为软化水，软化水量为 $671m^3/h$，一部分为回用水，回用水量为 $244m^3/h$。

（4）软化水系统。软化水主要用于软水闭路循环系统补充水，总用水量 $671m^3/h$，全部来自于污水处理中心的中水回用。

（5）回用水系统。用于补充炼铁、部分炼钢及烧结、焦化环节的用水，总用水量 $244m^3/h$，全部来自污水处理中心的中水回用。

本项目现状年用水情况见表 2-3，现状年自备电厂用水情况见表 2-4。

表 2-3　　　　**现状年用水情况表**　　　　单位：m^3/h

用水项目	新水量				循环水量	耗水量	排水量	备注
	生产用水		生活用水	小计				
	地下水	自来水						
原料	59	0	2	61	0	52	7	进入污水处理中心

续表

用水项目	新水量				循环水量	耗水量	排水量	备注
	生产用水		生活用水	小计				
	地下水	自来水						
焦化	19	19	2	40	49	76	13	进入污水处理中心
烧结	115	46	4	165	61	197	29	进入污水处理中心
炼铁	209	65	9	283	249	377	155	进入污水处理中心
炼钢	83	28	15	126	133	204	55	进入污水处理中心
连铸	283	84	3	370	217	198	389	进入污水处理中心
轧钢	55	17	7	79	31	65	45	进入污水处理中心
自备电厂	255	0	3	258	78	188	148	进入污水处理中心
制氧	3	1	2	6	87	33	60	进入污水处理中心
空压站	11	3	1	15	10	23	2	进入污水处理中心
其他辅助设施水量	4	3	7	14	0	2	12	进入污水处理中心
合计	1094	266	55	1415	915	1415	915	—

表 2-4　　现状年自备电厂用水情况表　　单位：m^3/h

用水项目	新水量	循环水量	耗水量	排水量	备注
6MW 厂房设备冷却水	30	0	5	25	进入污水处理中心
1 号机补水	33	10	33	10	进入污水处理中心
2 号、3 号机补水	55	20	45	30	进入污水处理中心
12MW 厂房设备冷却水	30	0	5	25	进入污水处理中心
4 号机补水	55	20	50	25	进入污水处理中心
7 号机补水	55	20	50	25	进入污水处理中心
化学制水	0	78	70	8	耗水量 $70m^3/h$ 实为经过化学制水工序排水的用于其他工序的软化水
合计	258	148	258	148	

2.2.2　污废水处理及回用

为节约用水及实现废水零排放量，本项目设置了全厂工业废水集中处理系统，各种废水分类收集后，送至凌钢污水处理中心进行集中处理。水质合格后，一部分回用，一部分作为软化水。污水处理中心采用国际先进成熟的“双膜法”水处理工艺，采用“吸油—调节池—机械搅拌加速澄清池—变空隙滤池—超滤—反渗透工艺”。本项目采用的工艺系统技术合理，同时各环节用水充分考虑了节水和回用，在单元内部形成循环用水体系，采取循环、串联用水、串联排污技术，提高了用水循环率及用水效率。污水处理中心共收集厂内生产、生活废污水共 $915m^3/h$，作为回用水与软化水全部回用。

本项目污水处理中心工艺流程见图 2-3。

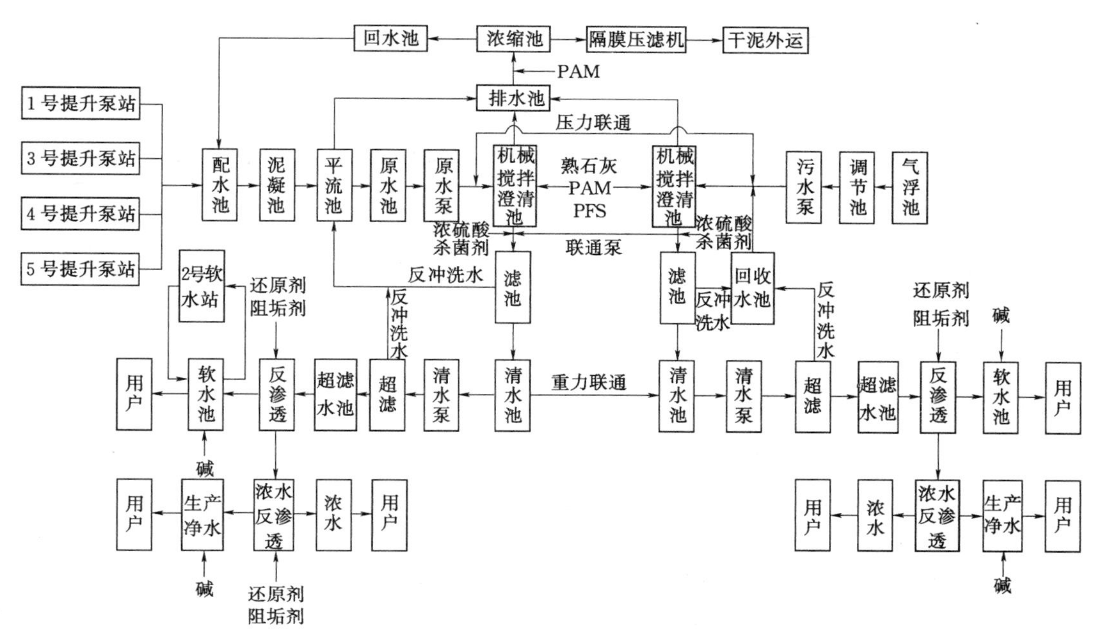

图 2-3　污水处理中心工艺流程图

2.3　用水合理性分析

2.3.1　用水水平指标计算与比较

2.3.1.1　工程设计用水量指标

（1）炼钢。本项目节约用水整体水平主要采用吨钢取水量和重复利用率等指标进行评价。根据《取水定额　第 2 部分：钢铁联合企业》（GB/T 18916.2—2012），钢铁联合企业取水量范围指从各种常规水资源提取的水量，包括取自地表水（以净水厂供水计量）、地下水、城镇供水工程，以及企业从市场购得的其他水或水的产品（如蒸汽、热水、地热水等）的水量。

钢铁联合企业供水量供给范围，包括主要生产（含原料场、烧结、球团、焦化、炼铁、炼钢、轧钢、金属制品等）、辅助生产（含鼓风机站、氧气站、石灰窑、空压站、锅炉房、机修、电修、检化验、运输等）和附属生产（含厂部、科室、车间浴室、厕所等），不包括企业自备电厂的取水量（含电厂自用的化学水）、矿山选矿用水和外供水量。

1）吨钢取水量。吨钢取水量按以下公式计算：

$$V_{ui}=\frac{V_{i1}+V_{i2}-V_{i3}}{Q}$$

式中：V_{ui} 为吨钢取水量，m^3/t；Q 为在一定计量时间内的企业钢产量，t；V_{i1} 为从自建或合建取水设施等取水总和，m^3；V_{i2} 为外购水（或水的产品）量总和，包括市政供水工程取水量，m^3；V_{i3} 为外供水（或水的产品）量总和，m^3，本项目 $V_{i3}=0$。

表 2-5 为本项目近 5 年的吨钢取水量计算成果。其中，总用水量为地下水与自来水用水量之和。由于本项目使用的是成品矿，因此无矿山选矿用水；吨钢取水量的计算仅需扣除自备电厂用水。由表 2-5 可知，现状年本项目吨钢取水量为 1.82m^3/t，经过设备改造、污水处理回用等，凌钢近 5 年的吨钢取水量呈下降趋势。

表 2-5　凌钢近 5 年吨钢取水量计算成果表

年度	商品钢材产量/万 t	地下水用水量/万 m^3	自来水用水量/万 m^3	自备电厂用水量/万 m^3	炼钢用水量/万 m^3	吨钢取水量/(m^3/t)
2009	301.16	783.10	77.00	121.30	738.80	2.45
2010	340.18	759.70	71.00	111.20	719.50	2.12
2011	351.48	684.60	164.00	137.50	711.10	2.02
2012	348.65	556.40	282.00	147.90	690.50	1.98
2013	508.84	875.00	257.00	206.40	925.60	1.82

2）重复利用率。本项目现状年总用水量 2330m^3/h，其中循环水利用量 915m^3/h，则重复利用率为 39.3%。

3）生活用水定额。本项目生活取水量 55m^3/h，生活用水主要用于饮用、洗涤、淋浴、冲厕等。按现状年全厂（包括自备电厂）职工人数 11669 人，全年生产时间为 8000h 计算，每日每人平均取水量 113L。

（2）自备电厂。根据《火力发电厂节水导则》（DL/T 783—2001），火力发电厂的节约用水整体水平一般采用装机取水量、单位发电量取水量等指标进行分析。本项目主要对自备电厂的单位装机容量取水量、单位发电取水量及单位热能取水量进行简要分析。

1）单位装机容量取水量。单位装机容量取水量按以下公式计算：

$$V_c = \frac{V_h}{N}$$

式中：V_c 为单位装机容量取水量，m^3/(s・GW)；V_h 为夏季纯凝工况（频率为 10%的日平均气象条件下）机组满负荷运行的单位时间取水量，m^3/s；N 为装机容量，GW。

现状年自备电厂单位时间取水量为 0.0654m^3/s，电厂总装机容量 0.0574GW。经计算，现状年自备电厂单位装机容量取水量为 1.14m^3/(s・GW)。

2）单位发电取水量。单位发电取水量按以下公式计算：

$$V_{ui} = \frac{V_i}{Q}$$

式中：V_{ui} 为单位发电取水量，m^3/(MW・h)；V_i 为生产过程中一定计量时间内的取水量总和，m^3；Q 为一定计量时间内的发电量，MW・h。

表 2-6 为本项目自备电厂近 5 年的单位发电取水量计算成果，其中，现状年 2013 年的单位发电取水量为 4.79m^3/(MW・h)。

表 2-6　　本项目近 5 年单位发电取水量计算成果表

年度	发电量/(MW·h)	供电用水量/m^3	单位发电取水量/[m^3/(MW·h)]
2009	203870	976500	4.79
2010	234040	1011100	4.32
2011	232730	1112500	4.78
2012	257216	1232100	4.79
2013	332707	1593300	4.79

3）单位热能取水量。单位热能取水量按以下公式计算：

$$V_{ht}=\frac{V_t}{Q_e}$$

式中：V_{ht} 为单位热能取水量，$m^3/10^6kJ$；V_t 为年供热取水量，m^3；Q_e 为年供热量，10^6kJ。

表 2-7 为本项目近 5 年自备电厂的单位热能取水量计算成果，其中，现状年 2013 年的单位热能取水量为 $0.37m^3/10^6kJ$。

表 2-7　　本项目近 5 年单位热能取水量计算成果表

年度	供热量/10^6kJ	供热用水量/m^3	单位热能取水量/($m^3/10^6$kJ)
2009	881901	236500	0.27
2010	1094675	100900	0.09
2011	760506	262500	0.35
2012	897773	246900	0.28
2013	1267346	470700	0.37

4）重复利用率。根据自备电厂水平衡图，电厂现状年总用水量为 $336m^3/h$，其中循环水利用量 $78m^3/h$，则重复利用率为 23%。

凌钢 2009 年末对动力厂 40t 锅炉进行了改造，由煤和煤气混烧锅炉改为纯烧煤气锅炉，2010 年凌钢 4 号高炉扩容改造，高炉煤气量增加，凌钢根据煤气量调节发电产量；2010 年热电供热采用循环水供热方式，循环水供热方式较乏汽供热比较，优点是减少冷却塔的风损和冷却水的补排水量，锅炉混换热水直接供热，缺点是发电效率低，2010 年后因煤气量增加，为保证煤气平衡，改为乏汽供热，因此，2010 年供热用水量大量减少，则 2010 年单位发电取水量及单位热能取水量偏低。

2.3.1.2　工程设计用水量合理性分析

（1）生产用水。本项目工程炼钢部分设计用水合理性分析依据：《取水定额　第 2 部分：钢铁联合企业》（GB/T 18916.2—2012）中现有钢铁联合企业普通钢厂的吨钢取水量标准，为 $4.9m^3/t$；辽宁省《行业用水定额》（DB21/T 1237—2015）中普通钢厂炼钢用水定额，为 $4.9m^3/t$。本项目的吨钢取水量为 $1.82m^3/t$，远低于国家标准，同时低于辽宁省的地方标准。

《取水定额　第 1 部分：火力发电》（GB/T 18916.1—2012）规定：对采用循环冷却系统、单机容量小于 300MW 机组的发电厂，单位发电取水量不超过 $3.20m^3$/(MW·h)，单位装机容量取水量不超过 $0.88m^3$/(s·GW)；DB/T 1237—2015 中对于采用循环冷却系统、单机容量小于300MW机组的发电厂规定的用水定额同样是3.20m^3/(MW·h)。

经计算，本项目自备电厂现状年单位发电取水量为4.79m^3/(MW·h)，装机容量取水量为1.14m^3/(s·GW)，均高于国家标准，存在一定的节水空间。

DB/T 1237—2015中供热的单位热能取水量为0.37m^3/10^6kJ。本项目现状年单位热能取水量为0.37m^3/10^6kJ，与定额值相符。

（2）生活用水。本项目现有在岗职工11669人，人均生活综合取水定额113L/(人·d)，包括饮用、洗涤、淋浴、冲厕等用水。DB21/T 1237—2015规定的标准为95～135L/(人·d)。因此，本项目生活综合取水定额113L/(人·d)合理。

2.3.2 节水潜力分析

本项目在钢铁生产上采用技术先进设备，在水资源利用上充分考虑了一水多用，大量使用循环水，大大减少了新水取用量。各生产单元排水及生活污水均进入污水处理中心，经处理后再利用，有效节约了水资源，提高了循环用水率。已采取的节水措施和节水方案包括：

（1）应用余热发电技术，将生产过程中多余的热能转换为电能，不仅节能，且减少了冷却水的用水量，还有利于环保。

（2）应用干法除尘技术有效减少了转炉的耗水量，环保效果明显。

通过对本项目的自备电厂用水指标进行分析，其单位装机容量取水量及单位发电量取水量略高于国家标准，存在节水潜力。根据GB/T 18916.1—2012，单位装机容量取水量按定额1.0m^3/(s·GW)计算，可节约水量为28.92m^3/h，单位发电取水量按3.20m^3/(MW·h)计算，可节约水量为1.59m^3/h，则自备电厂可节约水量为30.51m^3/h。

2.3.3 合理取用水量的核定

本项目现状年钢材产量为508.84万t时，生产取水量为1088万m^3，生活用水年取水量为44万m^3，总取水量1132万m^3。根据GB/T 18916.1—2012，本项目自备电厂核减水量为30.51m^3/h，则现状年本项目核减后生产用水量为1329.49m^3/h，年生产合理取水量为1063.59万m^3。本项目生活用水年合理取水量为44万m^3。全厂合理总取水量为1107.59万m^3。

本项目设计生产能力为年产钢材600万t，根据吨钢取水量计算，炼钢年取水量为1092万m^3，自备电厂合理年取水量为215.07万m^3，600万t全厂设计合理取水量为1307.07万m^3。

3 取水水源调整

3.1 地下水保护政策体系

辽宁省水资源严重短缺，已经成为制约经济社会可持续发展的瓶颈。地下水资源的开发利用为支持辽宁经济社会发展做出了重要贡献。为保护有限而宝贵的地下水资源，实现水资源的可持续利用，辽宁省依据《中华人民共和国水法》、和水利部《关于加强地下水超采区水资源管理工作的意见》及《辽宁省地下水资源保护区防护治理规划》（辽政〔2001〕239号文），先后编制了《辽宁省地下水资源保护条例》（2003年）、《辽宁省禁止提取地下水规定》（2011年）等一系列地下水资源的保护政策与措施。尤其是2016年，辽宁省人民政府办公厅印发了《辽宁省实行最严格水资源管理制度“十三五”工作方案》和《辽宁省“十三五”封闭地下水取水工程总体方案》，为贯彻落实国务院《关于实行最严格水资源管理制度的意见》和《水污染防治行动计划》，进一步推行落实最严格水资源管理制度，保障经济社会用水安全，提供了有效的指导依据。

以上各项条例、规定及工作方案的实施，为保护地下水资源、实现地下水资源的可持续利用提供了法律依据与保障。凌钢生产工艺的改造、污水处理中心的建设及水源的调整，体现了《辽宁省地下水资源保护条例》中的“开源与节流相结合，节流优先”及“鼓励单位和个人投资建设污水处理厂及再生水利用设施”，对于《辽宁省实行最严格水资源管理制度“十三五”工作方案》中提到的“抓好工业节水。积极推广先进适用的节水技术、工艺、产品和设备”“钢铁、石油石化、化工、食品发酵等高耗水行业重点企业达到先进定额标准。加强工业水循环利用”及“工业生产、城市绿化、道路清扫、车辆冲洗、建筑施工以及生态景观等用水，优先使用再生水”等条款起到了良好的贯彻支撑作用，体现了节水、先进定额标准及水循环利用等一系列先进的节水措施的应用。

3.2　取水水源方案

3.2.1　凌源市水资源状况

本项目厂址、取水地点均位于凌源市境内。凌源市属于半干旱季风气候，多年平均降水量529.9mm，人均占有量为535m^3，低于辽宁省人均水资源量820m^3，不到全国的1/4，不足世界的1/10，属于重度缺水地区。凌源市水资源年际间变化较大、年内分配不均匀。凌源市径流补给主要来自降雨，受降雨影响，径流年际间变化较大，经常出现连续丰水年和连续枯水年。丰水年水量较大而且集中，常常造成洪涝灾害；枯水年水量贫乏，给工农业生产和人民生活带来很大的影响。除径流年际间变化较大外，径流的年内分配也极不均匀。每年七、八两月是洪水集中的季节，径流量大，易造成洪涝灾害，枯水季节水量较小，有些小河全年水量几乎全部集中在汛期，非汛期河道经常干涸，甚至出现断流现象。本项目厂址虽靠近热水河（凌源市境内河长18.47km，流域面积405.10km^2）及大凌河西支（凌源市境内河长65.79km，流域面积1472.70km^2），但用水量较大，如采用地表水，则无法保障本项目的用水量。

凌源市地下水开发利用程度在大凌河流域及青龙河流域较为不均衡。以2013年为例，大凌河流域地下水用水量为7443万m^3，占流域多年平均地下水资源量的82.9%；青龙河流域地下水用水量为1939万m^3，占流域多年平均地下水资源量的28.6%。

凌源市污水处理厂工程建设地点位于辽宁省凌源市东城街道办事处房申村，总投资11647.1万元，占地5.61万m^2。污水处理厂接纳凌源市城市生活污水、工业废水等，目前处理规模为5万t/d，处理后水质达到一级B排放标准，目前回收处理水量在3.6万～3.9万t/d，经协商可为凌钢提供1万t/d中水。

目前，凌源市工业企业大多仍采用地下水水源。自2009—2013年，地下水供水量占总供水量的比例分别为94%、96%、94%、92%、90%，基本呈下降趋势（表3-1、图3-1）。这与《辽宁省地下水资源保护条例》《辽宁省禁止提取地下水规定》等一系列政策法规的实施及社会整体用水效率的提升、节水意识的增强是分不开的。

表3-1　凌源市近5年地下水用水量情况　单位：万m^3

年份	地下水用水量	总用水量
2009	8757	9287
2010	10403	11009
2011	9845	10443
2012	9703	10491
2013	9382	10410

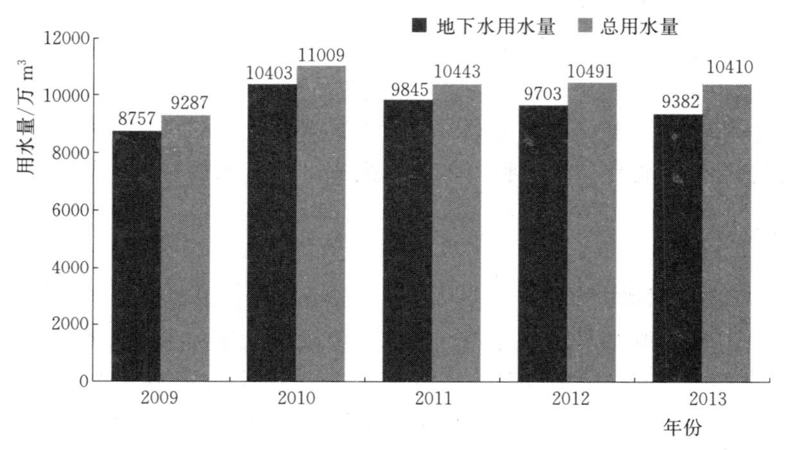

图3-1　凌源市近5年地下水用水量与总用水量对比情况

3.2.2　凌钢现有取水水源方案

现状年凌钢生产总取水量为1132万m^3，最大日取水量为3.40万m^3。其中市政自来水为257万m^3，用于补充生产的自来水量为213万m^3，用于生活用水的自来水量为44万m^3。现状年地下水取水量为875万m^3，小于取水证的总取水量1078万m^3。

（1）地下水。现状年凌钢生产用水系统取用地下水及部分市政自来水，其中，地下水水源地共有两处，分别为厂区内及厂区外水源地（以下统称为“厂区地下水水源地”）及距凌钢厂区14km的哈巴气及喇叭滩村水源地（由于哈巴气及喇叭滩村两处水源地距离较近，且位于东五官村附近，以下统称为“东五官地下水水源地”），水源地位置见图3-2。两处地下水水源地均位于大凌河西支阶地和漫滩地带，含水层岩性以砂砾石、砂卵石为主，厚3.8～14.5m，上覆亚黏土、亚砂土，厚0.7～8.5m；地下水位埋深2.4～8.9m，为潜水，局部微承压。钻孔及管井涌水量1018.9～3025.8t/d，渗透系数100～295m/d。矿化度多小于0.5g/L。大口井涌水量2148.3～5142.5t/d。经分析，本区域单井涌水量比较大，补给水源充足，因此可以将地下水作为本项目的主水源。凌钢近5年地下水取水量

（含自来水取水量，且自来水也为地下水）见表3-2。

表3-2　　凌钢近5年地下水取水量情况　　单位：万 m^3

年份	取水位置	合计	其中自来水
2009	小计	860.1	77
	厂区水源地	323.4	—
	东五官水源水地	536.6	—
2010	小计	830.7	71
	厂区水源地	346.8	—
	东五官水源水地	483.9	—
2011	小计	848.6	164
	厂区水源地	254.8	—
	东五官水源水地	593.7	—
2012	小计	838.4	282
	厂区水源地	323.1	—
	东五官水源水地	515.3	—
2013	小计	1131.8	257
	厂区水源地	449.6	—
	东五官水源水地	682.2	—

此次业主提出的取水方案为：生产用水中两处地下水水源地仍维持年取水量1078万 m^3。

（2）市政自来水。1995年，凌源市自来水公司为凌钢铺设了一条生活用水管道。供水管线自大凌河南岸凌源市自来水公司400mm自来水管线接头处开始，过河穿101线公路到凌钢水源中间泵站，经泵站加压后，沿凌钢工业主供水管线至高位水池。产权划分以加压泵站计量表为界，水表以后部分属凌钢，水表以前部分（含水表）属凌源市自来水公司，计量点设在加压泵站水池入口处。

凌源市自来水公司共有三处水源：

1）凌河水厂坐落在大凌河流域西河八里堡村，设计日供水能力3万t。有水源井3眼，井径全部为10m，一号井井深9.8m，设计产水能力5000 m^3/d；二号井井深10m，设计产水能力15000 m^3/d；三号井井深11.8m，设计产水能力10000 m^3/d。

2）古塔水厂坐落在大凌河流域西河十五里堡村，设计日供水能力3万 m^3。有大口水源井3眼，井径全部为10m，四号井井深10m，五号井井深13.5m，六号井井深10m，设计产水能力均为10000 m^3/d。

3）由于2009年干旱，在大凌河流域西河宫家烧锅村打管井7眼，井深10～40m，当年增加产水量3000 m^3/d，以上7眼井现在产水量已很小，并已并入主水源管网使用；在大凌河流域西支三家村，打管井4眼，井径全部为254mm，六号井井深247m，增加产水能力2000 m^3/d；八号井井深29m，增加产水能力1000 m^3/d；九号井井深50m，增加产水能力1000 m^3/d；十一号井井深313m，增加产水能力2000 m^3/d。以上各井共增加产水量

$6000m^3/d$。

现状年凌源市自来水公司各水源总供水能力为6.6万m^3/d，见表3-3。

表3-3　现状年凌源市市政自来水供水能力　单位：m^3/d

水源地名称	供水能力
凌河水厂	30000
古塔水厂	30000
2009年干旱打井	6000
合计	66000

凌钢与凌源市自来水公司签订用水协议的用水户取水量为$10000m^3/d$。从2006年8月16日开始，凌源市自来水公司向凌钢日供水量约$7000m^3$。本项目生活用水取水量为$1320m^3/d$（$55m^3/h$），市政自来水除满足凌钢生活用水需求外，还可部分补充生产用水。这样做不仅可以降低生产成本（自来水成本低于从两处水源地取水成本），还可以为凌钢生产与生活用水提供最大程度的保障。现状年市政自来水向凌钢的供水量为257万m^3。

近5年凌源市自来水供需平衡见表3-4。

表3-4　近5年凌源市市政自来水供需平衡　单位：万m^3

年份	供水能力	供水量	用户	用水量
2009	2190	1063	凌钢	77
			居民生活	556
			其他	430
2010	2190	898	凌钢	71
			居民生活	642.5
			其他	184.5
2011	2190	1369	凌钢	164
			居民生活	650
			其他	555
2012	2190	1537	凌钢	282
			居民生活	620
			其他	635
2013	2190	1514	凌钢	257
			居民生活	831
			其他	426

注　“其他”中包含城市公共、生态环境及管网漏失水量。

自来水公司用于生活饮用水的出水水质符合《生活饮用水卫生标准》（GB 5749—2006）的规定。

在与凌源市市政自来水公司的协议到期之前（2015年末），除用于生活用水外，在不影响凌源市居民生活用水的前提下，部分用于补充生产用水，取水量为 1 万 m^3/d（根据已与自来水公司签订的协议）。协议到期之后，将取用凌源市污水处理厂的中水，年取水量为 365 万 m^3。

生活用水由凌源市市政自来水提供。

3.2.3　调整后凌钢取水水源方案

调整后的凌钢水源包括两处地下水水源地、凌源市市政自来水及凌源市污水处理厂的中水，各水源的位置及取水走向如图 3-2 所示。

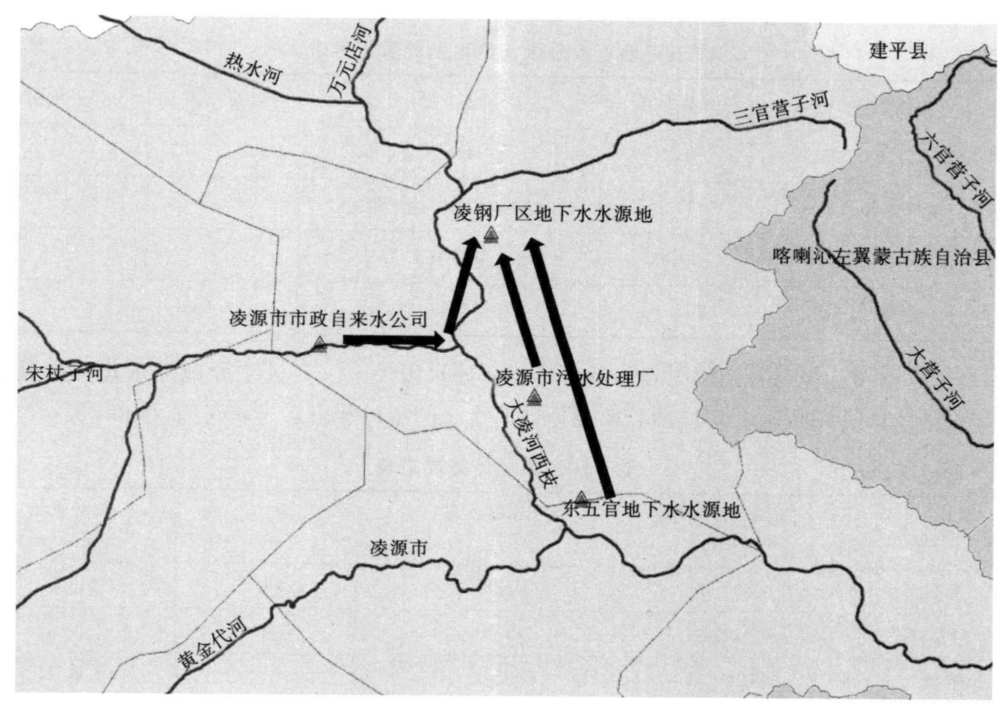

图 3-2　凌钢取水水源位置及取水走向示意图

（1）地下水。采用水均衡法，对凌钢厂区及东五官地下水水源地分别进行地下水资源量分析。

1）凌钢厂区水源地。现状年本区地下水补给项主要包括降水入渗补给量及地下水侧向补给量，排泄量主要包括人工开采量及地下水侧向排泄量。通过对区域补给量和排泄量平衡分析，两者差值为 $54.31m^3/d$，即 1.98 万 m^3，基本可以认定两者处于平衡状态。凌钢厂区地下水潜水水量均衡计算成果见表 3-5。

表 3-5　　凌钢厂区地下水潜水水量均衡计算成果表　　单位：万 m^3

补给量	计算结果	排泄量	计算结果	变化量
降雨入渗补给量	4.18	工业开采量	380.62	—
地下水侧向补给量	503.14	侧向排泄量	124.71	—
合计	507.32	合计	505.33	1.98

由于凌钢厂区邻近热水河，河水与地下水联系密切，属于傍河取水，丰水期河水补给地下水，枯水期地下水对河水产生补给。地下水位监测结果显示，年内水位变幅不超过0.5m，因此地下水天然流量较为固定。多次勘察结果也显示，本区水文地质条件较好，含水层具有调节水量的作用。开采未造成地下水位大幅度下降。

2）东五官地下水水源地。现状年本区地下水补给项主要包括降水入渗补给量、地下水侧向补给量及灌溉渗入补给量，排泄量主要包括人工开采量、地下水侧向排泄量及农田灌溉排泄量。

凌钢长期对地下水水位动态进行监测，经分析未见地下水位大幅度下降趋势（表3-6）。

表3-6　　东五官地下水潜水水量均衡计算成果表　　单位：万 m^3

补给量	计算结果	排泄量	计算结果	变化量
降雨入渗补给量	31.71	工业开采量	577.52	
地下水侧向补给量	689.15	地下水侧向排泄量	110.29	
农业灌溉回渗补给量	16.54	农业灌溉水量	47.25	
合计	737.40	合计	735.05	2.34

3）地下水资源量计算成果。经论证，凌钢两处水源地——厂区水源地及东五官水源地地下水资源量计算成果见表3-7，两处水源地地下水总的年可开采量为995.77万 m^3/a。

表3-7　　地下水资源量计算成果表

水源地	地下水补给量/万 m^3	地下水排泄量/万 m^3	均衡差/万 m^3	可开采量/(万 m^3/a)
厂区	507.32	505.33	1.98	405.85
东五官	737.40	735.05	2.34	589.92
合计	1244.71	1240.39	4.33	995.77

凌钢长期对厂区及东五官两处水源地的水位进行监测，由于近年来干旱频发，尤其是2013年、2014年及2015年持续干旱，而凌钢在这3年间的钢产量分别为508万t、513万t及435万t；两处水源地总地下水取水量分别为875万 m^3、871万 m^3 及777万 m^3（截至2015年11月）。由此可见，钢材产量与地下水用水量呈正相关趋势，两处地下水水源地地下水取水量较为稳定。经过对两处水源地长期地下水水位埋深情况的分析可知，近几年，尤其是近3年，在地下水用水量未超过900万 m^3 的情况下，地下水埋深未发生较大幅度变化，因此，认为本次地下水资源量计算结果较为合理。

（2）市政自来水。凌钢与凌源市市政自来水公司的供水协议于2015年末到期。协议到期之后，将取用凌源市污水处理厂的中水替换原市政自来水公司的自来水，日取水量为1万 m^3/d，年取水量为365万 m^3。但凌钢的生活用水仍由凌源市市政自来水提供。

（3）中水。凌源市污水处理厂位于凌源市东城街道房申村，接纳凌源市城市生活污水、工业废水等。根据《凌源市污水处理厂初步设计》中对污水处理厂处理污水的水量预测，2015年凌源市城区混合污水量为4.90万m^3/d，2020年混合污水量为9.75m^3/d，近期处理规模为5万t/d，处理后水质达到一级B排放标准，目前回收处理水量在3.6万～3.9万m^3/d。表3-8中列出了凌源市污水处理厂的处理能力、实际处理量及规划用水户及其用水量。

表3-8　　凌源市污水处理厂基本情况表

设计处理能力/(万m^3/d)	实际处理量/(万m^3/d)	规划用水户	用水量/(m^3/d)
5	3.6～3.9	辽宁凌源钢达集团矿产品精加工有限公司	350
		辽宁凌源钢达实业有限公司	9090
		朝阳鑫源有色金属有限公司	800
		北晨汽车服务有限公司	50
		凌源市丽丰铁精选有限公司	460
		凌源市龙兴铸造厂	48
		辽宁九通电力电子有限公司	50
合计			10848

对凌源市污水处理厂2015年9—11月实际监测数据进行分析，目前该厂实际处理能力尚未达到设计能力。现根据实测数据，对凌源市污水处理厂现状中水可利用量进行分析。中水最低日可利用量应考虑城市污水的波动性、污水处理厂设计规模、污水及中水处理过程中的损失、中水输水漏失以及已有规划用水户等影响因素。污水的波动性即指污水的日变化系数，表示污水排放的不连续性。由于分析数据为凌源市污水处理厂实际监测数据，已经考虑了污水波动性。凌源市污水处理厂水量实际监测最低日污水处理3.6万m^3/d，最高为3.9万m^3/d。

根据现场调查，污水处理过程只有渗漏、污泥处理损失和蒸发损失以及自用水量。根据《污水再生利用工程设计规范》(GB 50335—2002)“自用水量采用平均日供水量的5%～15%”，现场调查凌源市污水处理厂仅有少量绿化和道路喷洒自用水量，综合考虑以上因素，本次论证污水处理损失率取5%，输水损失为3%。根据实际监测数据，考虑污水处理自用损失和输水损失，计算分析污水处理厂中水可利用量。重点分析最低日中水可利用量，实际监测最低日污水处理3.6万m^3/d，考虑自用和输水损失后，最低日中水可利用量为3.31万m^3/d。此外，目前凌源市污水处理厂已与若干其他用水户签订了用水合同，总用水量为1.08万m^3/d，则剩余用水量为2.23万m^3/d。本工程最大日取中水量1万m^3/d。经过现场调查，凌源市污水处理厂无新的规划用水户，因此能够满足本工程的取水量要求。

凌源市污水处理厂排放标准执行《城镇污水处理厂污染物排放标准》(GB 18918—2002)一级标准中的B级标准，具体出水指标见表3-9，工艺流程如图3-3所示。

凌源市污水处理厂2015年10月实际水质监测结果见表3-10，出水水质全部满足设计指标，并且全部满足GB 18918—2002一级B标准。

表 3-9　　凌源市污水处理厂出水指标

出水指标	指标值
COD	≤80mg/L
BOD_5	≤20mg/L
SS	≤20mg/L
NH_3-N（以N计）	≤8mg/L
T-P	≤1mg/L

表 3-10　　凌源市污水处理厂水质检测表　　单位：mg/L

项目	检测结果	一级B排放标准
COD	27.0	≤60
BOD_5	1.2	≤20
氨氮	4.75	≤8（15）
SS	2.8	≤20
TN	19.8	≤20
TP	0.90	≤1

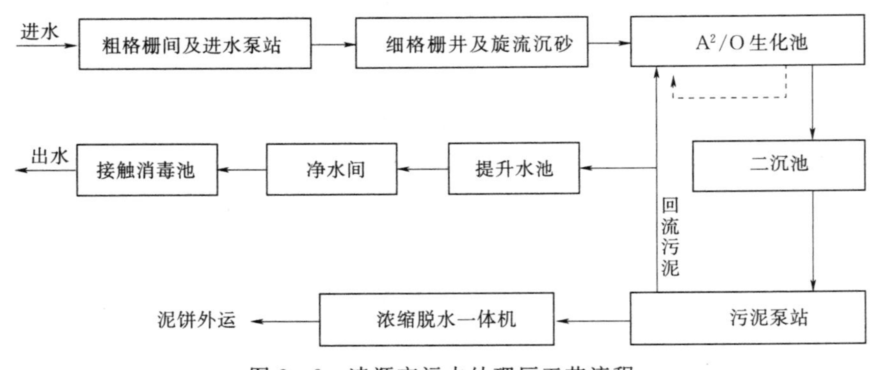

图 3-3　凌源市污水处理厂工艺流程

（4）水源调整方案。本项目设计生产能力为年产钢材600万t，根据吨钢取水量$1.82m^3/t$计算，炼钢年取水量为1092万m^3，自备电厂合理年取水量为215.07万m^3，600万t全厂设计合理取水量为1307.07万m^3。本项目生活用水由凌源市自来水公司提供，凌源市污水处理厂同意每年为凌钢提供365万m^3（1万m^3/d）中水用于补充生产的情况下，凌钢厂区及东五官水源地能够满足凌钢每年生产用水中地下水为898.07万m^3的需求。因此，凌钢生产及生活用水是有保障的。

根据以上分析，凌钢水源调整方案为：

1）地下水取水量。生产用水中两处地下水水源的年取水量1078万m^3减为898.07万m^3，每年共减少179.93万m^3。

2）市政自来水。市政自来水由原来的年供水量365万m^3减为44万m^3，由原来的提供生产补充用水及生活用水转变为仅为凌钢生活供水。

3）中水。原供水方案中，没有涉及中水。水源调整后，由凌源市污水处理厂为凌钢提供1万m^3/d用于补充生产用水，年供水量为365万m^3。

本次水源调整方案符合《中华人民共和国水法》第二十三条“地方各级人民政府应当结合本地区水资源的实际情况，按照地表水与地下水统一调度开发、开源与节流相结合、节流优先和污水处理再利用的原则，合理组织开发、综合利用水资源”；符合《辽宁省区域经济可持续发展水资源配置规划报告》（2010年），且满足其中“凌源市因发展导致的缺水由污水处理回用、凌源市应急供水工程解决”的配置成果。本项目取用水方案调整后，采用地下水、中水及市政自来水的联合水源方案符合以上配置方案，是合理的，符合《辽宁省地下水资源保护条例》《辽宁省实行最严格水资源管理制度“十三五”工作方案》等各项条例、规定及工作方案中关于“开源与节流相结合，节流优先”“鼓励单位和个人投资建设污水处理厂及再生水利用设施”“加强工业水循环利用”及“工业生产、城市绿化、道路清扫、车辆冲洗、建筑施工以及生态景观等用水，优先使用再生水”等条款与精神。本项目水源方案的调整，为保护辽宁省地下水资源，实现地下水资源的可持续利用起到了良好的示范作用。

（5）退水方案。为了更多地节约用水，降低全厂用水量，提高水的重复利用率，促进水资源的循环利用，本项目生活污水、生产废水及雨水均由厂区内地下排水系统统一收集后，进入污水处理中心，经处理达标后回用至各生产环节。污水处理中心采用国际先进成熟的“双膜法”水处理工艺，处理流程为“吸油—调节池—机械搅拌加速澄清池—变空隙滤池—超滤—反渗透工艺”。污水处理中心接纳生产、生活各个环节的排水，进行处理与回用。污水处理中心共包括一期及二期两个工程，处理能力共1600m^3/h（一期、二期均为800m^3/h），目前收集全厂共排水915m^3/h（2.28万m^3/d），处理能力尚且结余685m^3/h。处理后的水，一部分作为软化水，软化水量为671m^3/h，一部分为回用水，回用水量为244m^3/h（0.59万m^3/d）。

污水处理中心原水进水为凌源钢铁厂区外排放水，设计的最低进水水温为12℃，最高进水温度为40℃。编制污水回用设计报告的蓝星环境工程有限公司先后两次对凌钢对原水取样并经过国家认可的权威机构检测，综合分析后得出原水水质综合指标，见表3-11。

表3-11　原水水质综合指标

项　目	水　质　指　标
pH值	8.0
电导率/(μs/cm)	2.19×10^3
总硬度/(mg/L)	926
总碱度/(mg/L)	208
全盐量/(mg/L)	1.46×10^3
生化需氧量/(mg/L)	—
化学需氧量/(mg/L)	61
悬浮物/(mg/L)	120～150（根据污泥产量估算）

续表

项　目	水　质　指　标
硫酸盐/(mg/L)	52.8
磷酸盐/(mg/L)	0.13
氯化物（以 Cl 计）	255
钙/(mg/L)	270
镁/(mg/L)	56.6
铁/(mg/L)	＜1.5
锰/(mg/L)	＜0.002
钡/(mg/L)	0.22
锶/(mg/L)	1.37
六价铬/(mg/L)	＜0.004
全硅/(mg/L)	31.9

注　数据来源于《辽宁省凌源钢铁集团有限公司污水回用项目设计方案》(2009)。

目前污水处理中心收集全厂排水处理后用作软化水和回用水，经处理后的出水水质见表 3－12。

表 3－12　　经处理后的出水水质综合指标

项目	水　质　指　标
前处理出水	澄清池出水应保证悬浮物不大于 10mg/L，控制出水碳酸盐硬度不大于 2mmol/L
滤池出水悬浮物	不大于 2mg/L
超滤膜产水 SDI 值	小于 3
超滤产水浊度	小于 0.2NTU
超滤系统回收率	不小于 80%
反渗透膜组件脱盐率	不小于 97%（3 年内）

污水处理所产生的固体废弃物主要是脱水污泥，随其产生直接装车排到四合一混料场，作为炼钢、烧结的工业原料，因此没有临时存放地点，不存在二次污染的可能性。数量及基本性能见表 3－13。

表 3－13　　固体废弃物综合指标

项　目	指　标
数量	12.32t/d
脱水率	约 50%

凌钢污水处理中心的物料平衡如图 3－4 所示。

目前为止凌钢没有出现过水污染突发事件，且已编制突发事件的预案。污水处理中心

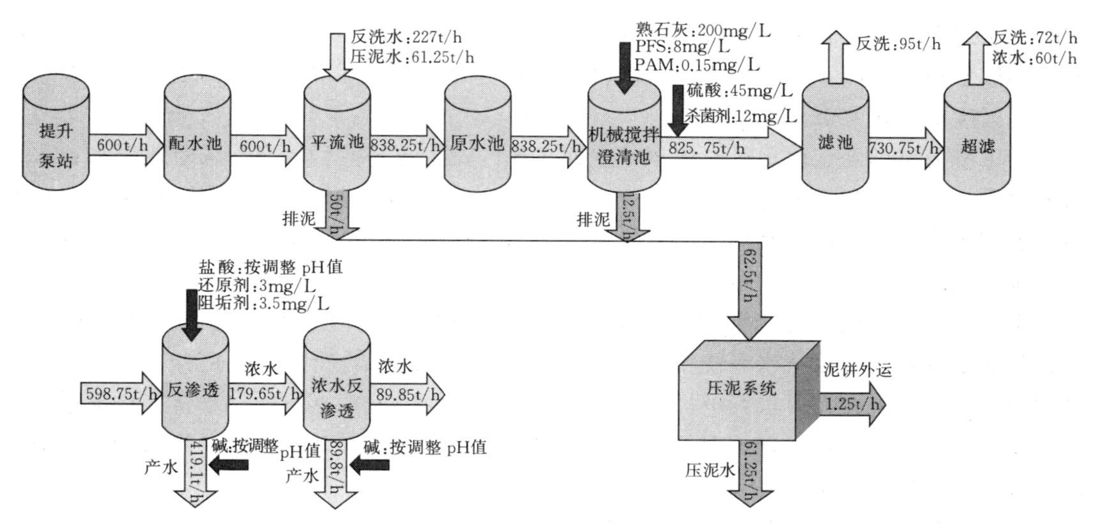

图 3-4　污水处理中心物料平衡图

建有事故调节池，煤场及灰场已全部做防渗处理。

目前凌钢有一个排污口，排污管道直径 1200mm，日常没有排污，污水处理中心一期及二期工程各具备一套配水池、沉淀池、澄清池、滤池，一般事故状态下可临时储水 0.8 万 t。只有发生重大事故情况下从排污口排水，将污水排入大凌河西支。

凌钢已编制水污染突发事件应急预案，若发生突发事件，则按照应急预案进行处理，以降低水污染突发事件带来的环境风险，避免对周边环境产生不利影响。

本项目运行期间，所有产生的生产废污水、生活污水及雨水，均收集到厂区污水处理中心，经处理后回用。因此，在正常运行情况下本工程退水不会对水功能区和第三者产生不利影响。非正常情况下的废污水排放，建议修建事故废污水池，待事故排除后，继续由厂区污水处理中心处理，避免对周围水环境造成影响。

本项目无外排污水，因此对第三者没有影响。

本项目无外排污水，未设置入河排污口。

4　结　　语

凌源市是一个以地下水源为主要供水水源的城市，凌源市总用水量 90%以上为地下水，其中，工业全部采用地下水。本项目在采用地下水资源的基础上，实现生产废水、生活污水的全部回用，达到了零排放，有效节约了地下水资源，符合《辽宁省区域经济可持续发展水资源配置规划报告》（2010 年）凌源城区及开发区的城市用水供需平衡成果，符合《凌源市节水型社会建设规划》。

由于本案例涉及的水源包括地下水、市政自来水及中水，水源情况较为复杂，属于多水源联合供水论证，理清各个水源的基本情况及供水情况，并查清水质水量具有一定的难度。本案例在对资料进行充分收集的基础上，分别对三种水源分别进行了论证。且通过核定取水量以及与市政自来水协议的到期，制定了凌钢水源调整方案，主要体现为原地下水水源年取水量的削减，生产补水由市政自来水转变为凌源市污水处理厂的中水，自来水仍作为厂区生活用水水源。

由于凌源市地处辽西地区，属于重度缺水地区，水源替换后，将削减原地下水水源地的取水量，符合《辽宁省地下水保护行动计划》中“保护辽宁省宝贵而有限的地下水资源，实现水资源的可持续利用”的指导思想。本案例水源方案的调整，为保护辽宁省地下水资源，实现地下水资源的可持续利用起到了良好的示范作用。

由于凌钢厂内的工艺流程较为复杂，因此将用水划分为生产用水系统、生活用水系统、污水处理系统、软化水系统及回用水系统5个用水系统进行水量平衡分析；而生产用水中的自备电厂同样需要进行电厂内部的水平衡分析。因此，本案例对于建有自备电厂且工艺流程较为复杂的钢铁联产企业、实现废水零排放企业及涉及水源替换的水资源论证项目具有一定的借鉴意义。

在取水合理性分析章节，通过对本案例所在地区地下水资源条件、供水设施等进行综合分析，本案例生产采用地下水作为主水源，目前使用市政自来水作为生产补充水源，待与市政自来水公司的协议到期后，将使用凌源市污水处理厂的中水作为生产补充水源，但生活水源仍采用市政自来水。取水方案符合建设项目所在区域水资源条件、水资源配置、工艺技术及国家及地方有关产业政策，取水方案合理可行。

对于凌钢的取水影响和退水影响及补偿措施论证中，着重论述了本项目以凌钢厂区地下水水源地及东五官水源地作为生产水源，经长期监测显示，地下水开采未对区域地质、环境和地下水位变化产生影响及对区域产生不利影响；目前，在不影响城市居民生活用水的前提下，市政自来水用于补充生产，若发生居民生活用水困难的情况，则自来水公司会削减凌钢用于生产的自来水；且与市政自来水公司的协议到期后，凌钢将采用凌源市污水处理厂的中水作为生产补充水源。经分析，凌钢取用凌源市市政自来水及日后取用污水处理厂提供的中水，不会对现有用水户和规划用水户产生影响。

本项目采用先进的污水处理工艺，实现了全部生产废水、生活污水的处理与回用，是污水资源化的具体表现，大大节约了地下水水资源量，不会对当地淡水水资源环境产生不利影响，有利于推动区域再生水利用，优化淡水资源配置，缓解区域淡水资源短缺的局面。厂区污染物的排放为零，对地区水环境改善具有积极的促进作用，且具有明显的经济效益和社会效益。故本项目在正常运行情况下取水不会对地区水资源产生不利影响。非正常情况下的废污水排放，建议修建事故废污水池，待事故排除后，通过污水处理中心对事故排放废污水进行处理，避免对周围水环境造成影响。由于本项目无退水，不会对周边水环境及第三者产生影响，故本工程水资源论证不需要取水、退水补偿方案建议。

由于本项目属于大型钢铁联合企业，水资源保护措施的实施应从水质、水量及管理制度等方面入手，建议安装水质监测设备，规范水质监测制度，加强地下水的水质监控；安装水量计量装置，完善节水设施；设置突发性水污染应急蓄水池；加强原料场的防渗处理；加强供水管道的防护；严格执行取水许可管理；加强厂区的水务管理；建立健全凌钢厂区内部用水管理制度，强化节水意识；水量平衡监督管理措施；加强职工教育培训；开展清洁生产、减少用水量等。

最后，由前述论证可知，本项目取水用水方案合理，用水工艺先进，取水和退水对区域水资源以及其他用水户不会产生影响，各项水资源保护措施也比较合理。从全厂总体取水用水和退水情况看，提出以下建议：

（1）水质同步长期监测。建议本项目规范水质取样及监测制度，并开展水源的水质、水量同步长期监测。

（2）加强供水管网的运行保障。本项目利用管道、泵站及其附属设施将地下水输送至厂区，建议对取水口和厂区各车间之间连接的管道进行定期查看和检查、检修，避免供水时出现故障。

（3）设置非正常工况下事故水池。应考虑厂内工业废水集中处理站发生事故时，厂内未经处理的污水存放，设置非正常工况下事故水池，并进行防渗处理。

（4）落实设计工艺用水方案，提高水资源利用效率。根据本项目的设计工艺用水方案，在各项节水技术措施和要求下，各项用水指标均符合国家或地方的标准，建议严格落实本项目在运行中的工艺用水方案，提高水资源的利用效率。

（5）加强各个水源的单独计量。由于本项目水源较多，建议加强各个水源的单独计量，以便水行政主管部门对各水源取水量进行严格监管。

（6）建议自备电厂采用用水量少、耗水量低的工艺系统，以降低单位装机容量取水量及单位发电取水量。

（7）由于本项目为补做水资源论证项目，因此水量的核减可通过加强用水环节管理来实现。

专◆家◆点◆评

凌源钢铁集团有限责任公司位于辽宁省凌源市，是集采矿、选矿、冶炼、轧材为一体的钢铁联合企业，始建于1966年，经过多年的改、扩建，2012年形成现有年产钢材600万t的规模，同时，建成了具备国际先进水处理工艺的污水处理中心，对生产、生活废水进行处理并回用，实现了废水零排放。因是老企业，之前一直未做水资源论证，本次根据换发取水许可证和调整水源的需要，进行全面论证是十分必要的。凌钢取水水源包括地下水、市政自来水及中水，属于多水源联合供水。本案例针对该项目的特点，确定将用水合理性分析和取水水源调整作为案例示范重点，是十分适宜的。

该项目属改造类建设项目水资源论证，应按照《建设项目水资源论证导则》的要求，重点关注以下方面的问题。首先，该项目工艺改造、节水改造的过程是论证的基础。在用水合理性分析中，考虑该项目建厂时间较长，现有产能规模是逐步形成的，其间经历了多次工艺改造，因此，在论证中着重介绍了其工艺改造和节水改造的过程，在此基础上分析了各项用水指标的合理性，条理清晰。其次，报告书以水平衡测试为手段，构建能够反映该项目实际用水情况的水量平衡图（表），提高用水合理论证的精度。将项目用水划分为生产用水系统、生活用水系统、污水处理系统、软化水系统及回用水系统等5个用水系统，使得模块清晰便于分析论证。同时，该项目建有自备电厂，将自备电厂作为独立用水单元进行，提高论证深度。最后，在取水水源论证中，由于该项目取水水源包括地下水、市政自来水及中水，互不关联，因此报告书对三种水源分别进行了论证。另外，减少地下水和市政自来水的取水量，采用中水替代，是该项目的一大特点。论证报告紧紧抓住这一特点，将项目的取水水源调整作为论证的重点，详细展开了分析和论证。同时，结合当地水资源的实际情况和地下水资源管理的政策、法规，分析了水源调整方案与政策的符合性。如上所述，均是本论证报告书的鲜明特点。

另外，凌钢取水水源调整的论证，根据当地水资源的实际情况，结合地下水资源管理的政策、法规，充分论证了水源调整方案与政策的相符性和可行性。由于该项目实现了废水零排放，因此报告书在进行退水方案及退水影响论证时，着重论证了实现零排放的保证程度及发生水污染突发事件情况下的处理措施，也是十分必要的。

刘振胜　何宏谋

案例七　中科合成油内蒙古有限公司年产 1.2 万 t 煤制油催化剂项目水资源论证报告书

1　概　　述

1.1　项目概况

1.1.1　建设背景

我国是一个石油资源匮乏而煤炭资源丰富的国家，随着国民经济的高速发展和人民生活水平的不断提高及环境保护压力的增大，我国一次能源中石油的供需矛盾日益突出。为填补供需缺口，发展新型煤化工已成为我国能源建设的重要任务，建设煤化工产业，生产煤基清洁燃料，是当前和未来几十年我国能源建设的重要需求，是保障国家能源安全的一项必要和可行的措施。

煤炭间接液化技术是将煤气化制得的合成气转化为油品的过程，其中催化剂在煤炭间接液化过程中扮演着极其重要角色，催化剂性能的好坏直接决定了煤炭间接液化工艺的成败与效益。中科合成油技术有限公司长期从事费托合成催化剂及工艺集成技术的开发，填补了我国煤制油催化剂领域技术空白，其产品选择性和催化剂转化率方面已经大大超过国际水平。催化剂的甲烷选择性小于 3.0%，C_3^+ 大于 96%，催化剂的产油能力大于 1000t 油品/t 催化剂，整体能量转化率达到 40.53%。按照国内外煤炭液化产业化的进程，为了满足煤炭间接液化项目对催化剂的需求，中科合成油内蒙古有限公司拟在 2025 年逐步形成 4.8 万 t/a 的催化剂生产能力，分三期实施，其中一期建设 1.2 万 t/a。

1.1.2　工艺技术方案

中科合成油内蒙古有限公司煤制油催化剂项目以硝酸、液氨、金属和助剂（主要成分为二氧化硅，不含重金属）为原料，采用中科合成油内蒙古有限公司自主知识产权的工艺生产费托合成催化剂，同时副产硝酸铵，设计生产规模为 1.2 万 t/a。

中科合成油内蒙古有限公司煤制油催化剂项目的工艺技术流程如下：

（1）原料配制及尾气吸收单元。原料配制及尾气吸收单元包括盐液制备、氨水制备和尾气吸收单元部分。

1）盐液制备主要是硝酸和金属反应制备浆液合成部分所需的盐液，反应产生的 NO_x 的气体与部分空气混合进入尾气吸收单元反应吸收。盐液制备反应釜采用中科合成油内蒙古有限公司自主研发专利设备。

2）氨水制备单元，液氨经液氨釜式蒸发器蒸发为氨气，氨气与无离子水或洗滤部分的洗液水配置浆液合成部分所需的氨水。

3）尾气吸收单元采用两段吸收塔吸收来自盐液配制部分的 NO_x 气体。产生的吸收硝酸返回盐液制备单元，达到排放标准的吸收尾气排入大气。吸收塔采用三级吸收。

（2）合成洗滤单元。合成洗滤单元包括浆液合成部分、洗滤部分和多效蒸发部分。

1）浆液合成部分是将原料配制单元的盐液和氨水打入浆液合成釜，反应生成催化剂浆液，反应温度为50～80℃。

2）洗滤部分主要是将合成的浆液压滤和洗涤，浆液通过压滤后产生滤液主要为硝酸铵溶液，洗滤产生的滤液和洗液去多效蒸发单元和氨水制备部分，压滤和洗涤的滤饼通过去离子水洗涤去成型和焙烧单元，洗液去氨水制备部分。合成浆料过滤采用全自动暗流板框式压滤机。

3）多效蒸发部分，硝酸铵溶液经多效蒸发器浓缩处理后将滤液蒸发浓缩成50%硝铵浓液，蒸发过程产生的蒸发冷凝液去洗滤装置回用。多效蒸发系统采用当今最为节能的五效八体蒸发器混合结构形式，蒸发形式采用传统降膜结构蒸发。

（3）成型焙烧单元。成型焙烧单元包括浆液成型部分和焙烧单元。成型部分是滤饼和去离子水及部分助剂混合打浆后喷雾干燥成型生产催化剂半成品，焙烧部分是将催化剂半成品通过双层电热式辊道窑焙烧生产催化剂成品，焙烧温度控制在350～700℃。

煤制油催化剂项目工艺流程图，详见图1-1。

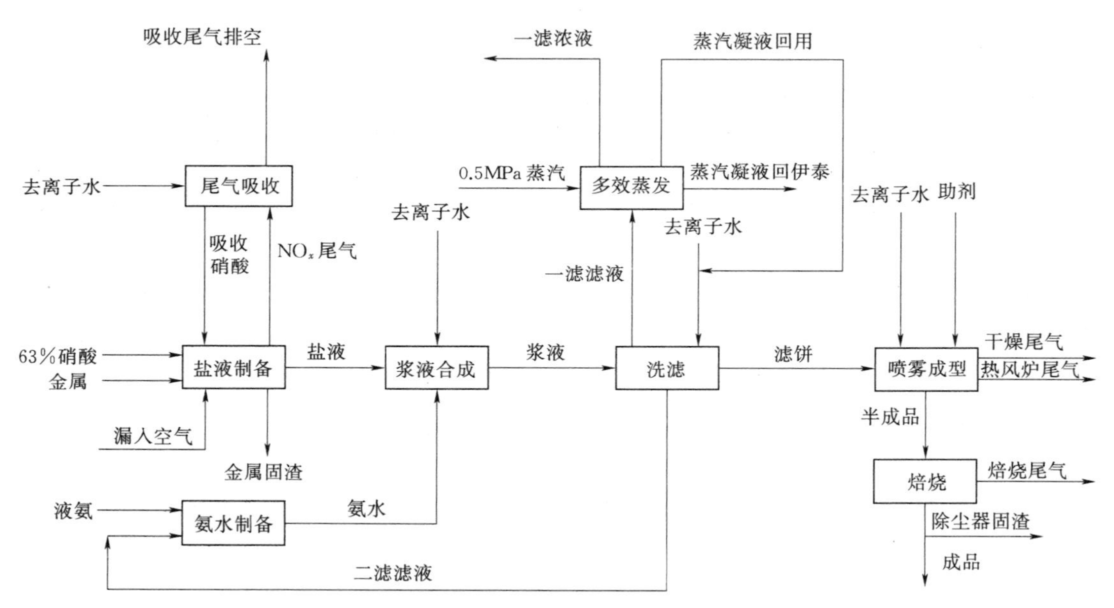

图1-1 煤制油催化剂项目工艺流程图

1.1.3 园区基本情况

（1）园区规划建设情况。大路工业园区位于鄂尔多斯市准格尔旗北部，是内蒙古自治区规划建设的重点工业园区之一。内蒙古自治区水利厅以内水资〔2013〕107号文对《内蒙古准格尔旗大路工业园区规划水资源论证报告书》进行了批复。

大路工业园区规划控制面积350km^2，规划建设面积170km^2，分“一区三基地”。目前已入驻企业31家，引进重点工业项目41个，已投产项目7个。根据现状调查，大路工业园区已投产企业总用水量为4008.95万m^3。根据《内蒙古准格尔旗大路工业园区规划水资源论证报告书》，大路工业园区规划2015年总需水量为9155.88万m^3，规划2020年总需水量为20996.88万m^3。

（2）供、排水工程。根据《大路工业园区发展总体规划》，大路工业园区生产用水水源以黄河水为主，同时使用园区污水处理厂的再生水。黄河水指标通过对灌区实施节水改造工程建设，以水权转让的方式获得，供水工程为黄河柳林滩供水工程；生活用水以地下水为主，由苗家滩水源地供水。

1）柳林滩供水工程设计为岸边固定泵站，现状为浮船泵站。近期设计取用黄河水量为7089万m^3，经净化处理后，设计供水量为6026万m^3。远期设计取用黄河水量为12000万m^3，经净化处理后，设计供水量为10200万m^3。

根据内蒙古自治区水利厅文件，鄂尔多斯南岸灌区水权转让指标配置给大路工业园区的水指标为5863.98万m^3；盟市间水权转让一期试点工程配置给大路工业园区的水指标6000万m^3。

2）苗家滩水源地已建有承压水自流井10眼，加压泵房1座，1000m^3蓄水池两座，供水能力为2.4万m^3/d。

3）大路工业园区的废污水由污水管网收集后排至园区污水处理厂，经污水处理厂处理达标后全部回用，浓盐水通过蒸发塘自然蒸发（蒸发塘采用有效防渗措施）。园区污水处理厂已于2010年9月建成并投入试运行，现状日处理能力为2.5万m^3/d，一般污水处理工艺采用A^2O生物处理工艺。高盐水处理设计规模为2万m^3/d，高盐水处理采用超滤、反渗透处理工艺。

（3）项目建设与园区规划的相符性。中科合成油内蒙古有限公司煤制油催化剂项目位于大路工业园区，属于园区供水工程的供水范围，该项目生产用水由柳林滩供水工程统一供给；生活用水由园区自来水厂统一供给。因此，该项目生产、生活用水符合大路工业园区的用水水源规划。

该项目生产、生活污水厂区污水处理装置预处理后排至大路工业园区污水处理厂，经园区污水处理厂处理达标后全部回用于其他用水企业及园区绿化、道路喷洒用水，没有外排。因此该项目的排水方案符合园区的排水处理方案。

1.1.4　取、退水方案

中科合成油内蒙古有限公司煤制油催化剂项目生产用水取用黄河水，通过对南岸灌区实施节水改造工程获得黄河水指标。由柳林滩供水工程统一供水。生活用水水源采用大路园区自来水，由苗家滩水源地供水。该项目年需取用新鲜水量为16.32万m^3/a，其中：生产需取用的黄河水量为15.0万m^3/a。生活需取用的自来水量为1.32万m^3/a。

本项目正常情况下，生产、生活污水经厂区污水处理装置预处理后排至大路工业园区污水处理厂，经园区污水处理厂处理达标后作为园区其他企业的工业用水、绿化及道路喷洒用水，没有外排水量。当系统出现故障时，为避免污水外排对环境造成影响，将污水暂时贮存在废水事故水池，待设备恢复正常时再处理回用。

1.2　水资源论证的重点与难点

根据《建设项目水资源论证导则》（SL 322—2013），中科合成油内蒙古有限公司年产

1.2万t煤制油催化剂项目水资源论证的重点及难点主要体现在以下几方面：

（1）该项目位于大路工业园区内，了解园区的规划建设情况，分析项目建设与园区总体发展规划、水资源配置的相符性，分析项目供、排水工程与园区供、排水工程等基础设施的相符性。

（2）该项目位于鄂尔多斯市准格尔旗，属于黄河流域水资源短缺区域。根据项目所在区域的当地水资源量、黄河客水量及鄂尔多斯市“三条红线”控制指标，分析项目所在区域现状用水水平及“三条红线”落实情况，并指出水资源开发利用存在的问题。

（3）取水的合理性从国家产业政策、水资源规划管理、园区发展规划、“三条红线”的控制指标及用水工艺方面进行分析；根据项目设计热季、冷季的用、耗、排水过程，对主要用水环节、用水指标进行合理性分析；废污水经厂区污水处理设施预处理后排至大路工业园区污水处理厂，通过分析园区污水处理厂的处理工艺、现状处理量、剩余处理能力及设计进水水质等，分析废污水处理方案的可行性及合理性；结合用水工艺和用水环节分析提出节水措施与节水潜力，确定建设项目合理的取用水量。

（4）生产用水采用黄河水，以水权转让的方式获得黄河水指标，由柳林滩供水工程统一供水。本论证首先分析供水工程取水水量、水质的可靠性，再分析供水工程为本项目供水水量、水质的可靠性，同时对黄河水指标获得的可行性进行分析论证。

生活用水采用园区自来水，本论证从水量、水质、水压方面分析了生活取水的可靠性。

（5）从项目生产、生活取水对区域水资源、水功能区纳污能力、其他用水户等方面分析取水的影响。

（6）在详细分析项目退水系统、废污水组成特点及其处理方案的基础上，生产、生活废污水排至园区污水处理厂进一步处理，经园区污水处理厂处理达标后全部回用不外排，实现废污水区域内的零排放，分析废污水对区域水生态环境的影响。

1.3 工作过程

按照SL 322—2013的要求，结合本项目供、用、耗、排水的特点，该报告书的编制过程如下：

（1）熟悉、了解项目情况。根据业主提供的《中科合成油内蒙古有限公司年产1.2万t煤制油催化剂项目可行性研究报告》，了解项目的建设地点、设计产品规模、工艺技术，生产、生活设计取用水源及取用水量，供、排水方案。初步分析该项目的建设是否符合国家法律、法规、产业政策、行业准入条件等，确定该项目的分析论证范围、取水水源论证范围及取、退水影响范围，进一步确定需要收集的资料。

（2）收集相关资料及支持性文件。在了解建设项目基本情况后，对项目建设地点、生产供水工程、生活供水工程及污水处理工程进行现场查勘，并收集相关资料及支持性文件。

1）委托书，发改委关于同意该项目开展前期工作的函等。

2）该项目位于大路工业园区区，收集《内蒙古准格尔旗大路工业园区总体发展规划》及批复文件、《内蒙古准格尔旗大路工业园区规划水资源论证报告书》及批复文件等，大路工业园区现状建设情况，现状及规划供、排水工程，现状用、排水量资料。

3）根据项目所在区域及取、退水情况，分析确定建设项目水资源论证的分析论证范围，收集《内蒙古自治区水资源及其开发利用调查评价》及鄂尔多斯市“三条红线”控制指标的文件，收集项目所在区域的水利工程建设情况及现状年供、用水量。

4）针对该项目的产品规模及用水情况，分析取用水合理性，需收集《产业结构调整指导目录（2011年本）》（修正）、产业政策及其他支持性文件，《内蒙古自治区地下水管理办法》《节水型企业目标导则》《工业循环冷却水处理设计规范》《内蒙古自治区行业用水定额标准》等资料。

5）该项目生产用水采用黄河水，以水权转让的方式获得黄河水指标，由柳林滩供水工程统一供水。收集《内蒙古准格尔旗能源基地黄河柳林滩供水工程可行性研究报告（北部近期供水区）》及批复文件、《内蒙古准格尔旗能源基地黄河供水工程水资源论证报告》及批复文件，内蒙古自治区水利厅关于鄂尔多斯黄河南岸灌区水权转让指标的配置文件，收集柳林滩供水供水工程供给其他用水户的情况，近两年的生产用水水质检测报告书，生产用水协议。

6）生活用水采用园区自来水，收集《内蒙古自治区准格尔新区水源地水文地质详查报告》及批复文件，《准格尔旗大路新区供水工程可行性研究报告》及批复文件，近两年的生活用水水质检测报告书，生活用水协议。

7）该项目废污水经厂区污水处理设施预处理后排至园区污水处理厂，收集《准格尔旗大路新区污水处理及再生利用工程可行性研究报告》及批复文件，园区污水处理厂已建成的处理能力及现状处理污水量，处理达标的再生水回用情况，污水排放协议等。

（3）编制报告。按照SL 322—2013的要求，编制《中科合成油内蒙古有限公司年产1.2万t煤制油催化剂项目水资源论证报告书》。

1.4　案例的主要内容

中科合成油内蒙古有限公司年产1.2万t煤制油催化剂项目属于化工项目，位于大路工业园区内。虽然在国内同类项目中较少，但针对建设项目的用、耗、排水特点，其用水合理性分析有很大的参考价值。因此，确定以建设项目用水合理性分析为本案例的论证重点。

根据煤制油催化剂项目具体的取用水要求和工艺特点，项目用水的合理性分析不仅从传统的用水指标（水重复利用率、单位产品用水量等）、用水系统（循环冷却系统、脱盐水系统）进行了详细分析比较，而且还从物料含水量（原料带入水量、产品及尾气带走水量）进行了更深入的分析。结合生产、生活排污水量及水质的特点，由于该项目排污水量较少，从经济运行成本分析，该项目废污水排至园区污水处理厂进一步处理是合理可行的。大路园区污水处理厂处理后的达标水全部回用，不外排，实现了区域内的零排放。通过对该项目用、耗、排水环节详细深入的分析，为核定建设项目合理的取用水量奠定了基础。

2 用水环节及设计参数的合理性识别

2.1 给水系统

2.1.1 低压消防及生产给水系统

生产给水系统由设置在加压泵房内的供水泵及生产给水管网组成，生产用水主要满足脱盐水站补水、循环冷却水系统补水（热季）、装置管道及地坪冲洗用水。

（1）脱盐水站。结合脱盐水站来水水质及工艺用水的水质要求，脱盐水站采用超滤＋双级反渗透＋EDI 工艺。工艺流程详见图 2－1。

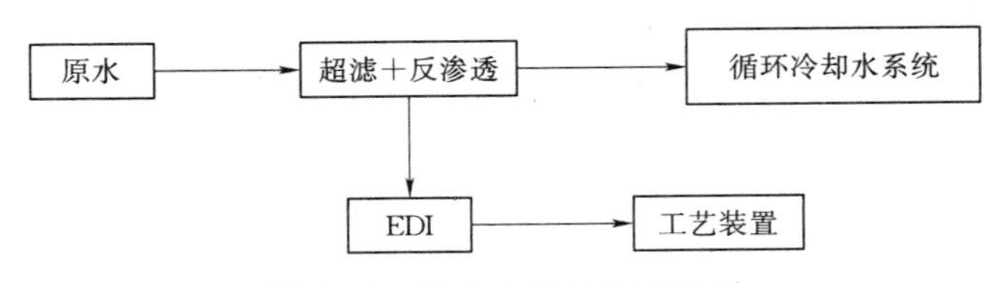

图 2－1 脱盐水站工艺流程图

1）超滤装置。超滤（UF）是当今最为先进的预处理过滤技术，其出水水质优于任何其他原水预处理工艺，充分满足反渗透的进水水质要求。经超滤预处理后，污染指数 SDI 小于 4。

2）反渗透装置。反渗透膜是整个脱盐站的执行机构，反渗透膜采用进口的新型高脱盐率超低压复合膜，双级反渗透系统总脱盐率不低于 98％。原水双级反渗透处理后，将脱盐水的产水率由通常的 70％左右提高到 86％左右，达到节约新鲜水量的目的。

3）EDI 装置。本项目采用电再生离子交换去离子工艺，取代传统的需要酸、碱再生的混合离子交换树脂去离子工艺。EDI 就是传统的电渗析技术同混合离子交换技术的有机结合，通过离子交换树脂及选择性离子交换膜，在电场作用下达到高效去离子效果。

4）出水水质。二级 RO 产水电导率不大于 5μs/cm，EDI 产水电阻率不小于 10MΩ·cm（25℃），SiO_2 不大于 20μg/L。

双级反渗透系统总脱盐率 98％。超滤＋反渗透阶段处理原水量为 16.49m^3/h，其中：8m^3/h 作为闭式循环冷却水系统的补充水，8.49m^3/h 作为 EDI 给水。EDI 处理工艺回水率为 95％，除盐率为 98％。脱盐水站废水排放量为 2.47m^3/h，集中排入大路工业园区污水处理厂浓盐水处理站。

（2）循环冷却水系统。循环冷却水系统采用空冷闭式冷却方式，循环水量为 850m^3/h。主要给浆液合成、洗滤、合成、焙烧等装置循环冷却水。热季气温较高不能满足要求时，开启喷淋系统，保证给水温度。循环冷却系统补给水采用经脱盐处理后的软水，补充水量热季为 8m^3/h，排水量为 0.3m^3/h。

2.1.2　生活给水系统

生活给水系统主要向综合办公楼、食堂、生产装置生活间、化验室、浴池等供水。厂区加压泵房内设生活水池1个，泵站内设生活给水泵2台，1用1备。生活水泵与生活水供水压力联锁，恒压变频供应生活用水。加压泵房主要建（构）筑物包括生活水池、生产消防水池、吸水池、泵房、配电间及控制室等。

2.1.3　稳高压消防系统

根据《石油化工企业设计防火规范》（GB 50160—2008）的相关规定，同一时间内火灾处数按2处考虑。一处为本工程工艺装置区消防用水最大处，消防用水量按90L/s考虑，延续供水时间3h。另一处辅助生产设施消防用水量按50L/s考虑，延续供水时间2h。

2.2　设计用水量

根据可研报告，煤制油催化剂项目在充分考虑综合高效用水的基础上，生产、生活用新鲜水量热季为30.46m^3/h，冷季为16.55m^3/h。其中：生产用新鲜水量热季27.96m^3/h，冷季为14.05m^3/h，生活用水量为2.5m^3/h。

煤制油催化剂项目热季水量平衡表见表2-1，热季水量平衡图见图2-2；冷季水量平衡表见表2-2，冷季水量平衡图见图2-3。

本工程总需新水量为17.31万m^3，其中：生产年用水量为15.12万m^3（热季为10.07万m^3、冷季为5.06万m^3），年操作时间按7200h；生活年用水量为2.19万m^3，按8760h计算。

本工程生产取水水源为黄河地表水，生活取水水源为地下水。生产用水取用黄河水考虑9%的管道输水及净化损失；生活用水不考虑输水损失。则本项目年取用新鲜水量为18.80万m^3，其中：生产取用新鲜水量为16.61万m^3；生活取用水量为2.19万m^3。

2.3　设计参数的合理性识别

2.3.1　脱盐水站

根据各装置不同季节对脱盐水量的需求，需要脱盐水量热季为16.89m^3/h，冷季为8.89m^3/h。

根据脱盐水站处理原水水质及各装置对脱盐水的水质要求，脱盐水站采用超滤＋反渗透＋EDI工艺。双级反渗透系统总脱盐率98%。超滤＋反渗透阶段脱盐水量为16.89m^3/h，其中8m^3/h（热季）供循环水站作为闭式循环水系统的补充水使用，其余部分作为EDI给水。EDI为电再生离子交换去离子工艺，通过离子交换树脂及选择性离子交换膜，在电场作用下达到去离子效果。EDI工艺除盐率为98%。

脱盐水站处理原水量热季为19.36m^3/h，冷季为10.55m^3/h。经处理后脱盐水量热季为16.89m^3/h，冷季为8.89m^3/h。其中：作为循环冷却系统补充脱盐水量热季为8m^3/h，冷季为0m^3/h；去电再生离子交换系统进一步处理的去离子水量热季为9.49m^3/h，冷季为9.49m^3/h。脱盐水站浓盐水排放量热季为2.57m^3/h，冷季为1.66m^3/h，集中排入大路工业园区污水处理厂浓盐水处理装置。详见图2-4和图2-5。

表 2-1　　催化剂项目热季水量平衡表　　单位：m^3/h

装置	用水量				耗水量	排水量		备注
	新鲜水	脱盐水	物料水	串用水		回收	外排	
脱盐水站	19.46					16.89	2.57	至园区浓盐水管网
尾气吸收		3.94				3.94		至盐液制备
盐液制备			2.03	3.94		5.97		至浆液合成
浆液合成		3.4		20.91		24.31		至洗滤装置
洗滤		0.29		60.58		60.87		40.79 一滤滤液至多效蒸发装置；14.94 二滤滤液至氨水制备装置；5.14 滤饼至喷雾成型装置
喷雾成型		0.86	0.65	5.14	6.4	0.25		至焙烧装置
焙烧				0.25	0.25			
多效蒸发				40.79	4.52	36.27		36.27 至洗滤装置
氨水制备				14.94		14.94		至浆液合成装置
密闭循环水系统		8			7.7		0.3	至厂区污水处理装置，处理后排至园区污水处理厂
装置、管道冲洗	1				0.2		0.8	至厂区污水处理装置，处理后排至园区污水处理厂
供热		0.4			0.4			
生活用水	2.5				0.5		2	至园区市政生活污水管网
未预见水量	4.5				4.5			
绿化、道路喷洒	3				3			
合计	30.46	16.89	2.68	146.55	27.47	163.44	5.67	

注　1. 盐液制备装置的物料水为63%硝酸的含水量。
2. 喷雾成型装置的物料水为助剂的含水量。
3. 外供蒸汽由伊泰煤制油项目区供给，冷凝液返回伊泰项目区。
4. 表中水量不包括从黄河到厂区的输水、净化损失水量。

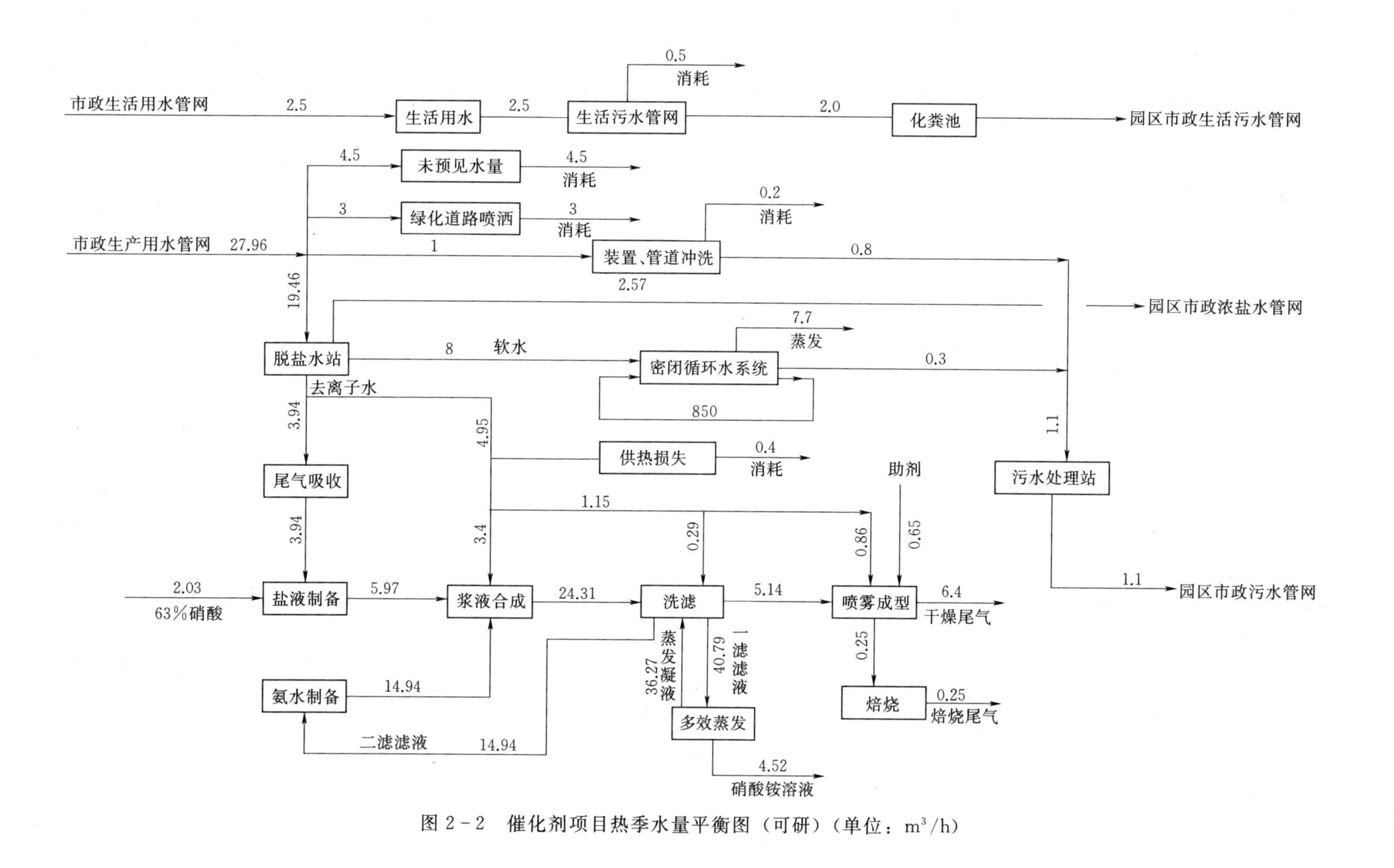

图 2-2　催化剂项目热季水量平衡图（可研）（单位：m^3/h）

表 2-2 催化剂项目冷季水量平衡表 单位：m^3/h

装置	用水量				耗水量	排水量		备注
	新鲜水	脱盐水	物料水	串用水		回收	外排	
脱盐水站	10.55					8.89	1.66	至园区浓盐水管网
尾气吸收		3.94				3.94		至盐液制备
盐液制备			2.03	3.94		5.97		至浆液合成
浆液合成		3.4		20.91		24.31		至洗滤装置
洗滤		0.29		60.58		60.87		40.79 一滤滤液至多效蒸发装置；14.94 二滤滤液至氨水制备装置；5.14 滤饼至喷雾成型装置
喷雾成型		0.86	0.65	5.14	6.4	0.25		至焙烧装置
焙烧				0.25	0.25			
多效蒸发				40.79	4.52	36.27		36.27 至洗滤装置
氨水制备				14.94		14.94		至浆液合成装置
密闭循环水系统		0			0		0	至厂区污水处理装置，处理后排至园区污水处理厂
装置、管道冲洗	1				0.2		0.8	至厂区污水处理装置，处理后排至园区污水处理厂
供热		0.4			0.4			
生活用水	2.5				0.5		2	至园区市政生活污水管网
未预见水量	2.5				2.5			
合计	16.55	8.89	2.68	146.55	14.77	155.44	4.46	

注 1. 盐液制备装置的物料水为63%硝酸的含水量。
2. 喷雾成型装置的物料水为助剂的含水量。
3. 外供蒸汽由伊泰煤制油项目区供给，冷凝液返回伊泰项目区。
4. 表中水量不包括从黄河到厂区的输水、净化损失水量。

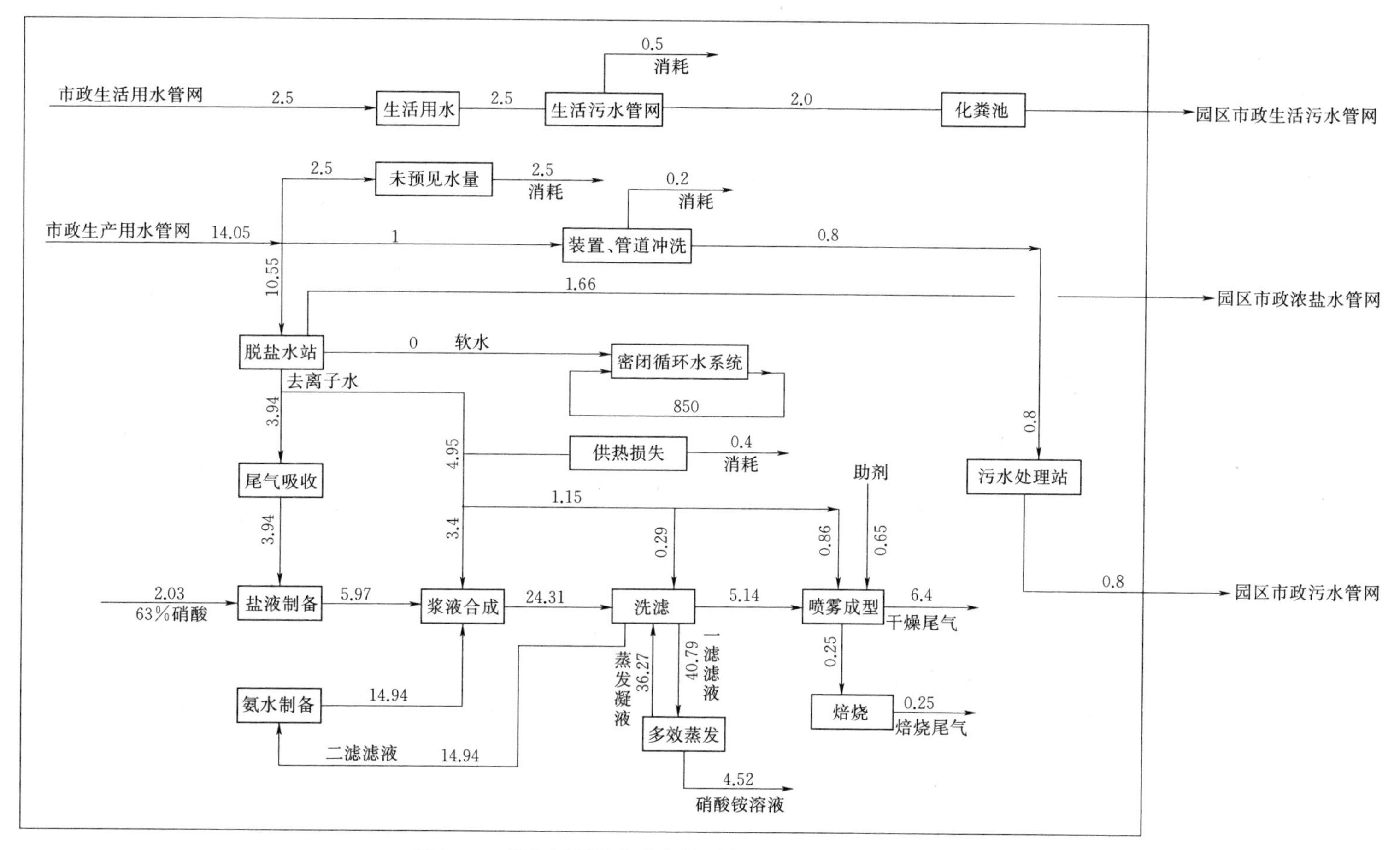

图 2-3　催化剂项目冷季水量平衡图（可研）（单位：m^3/h）

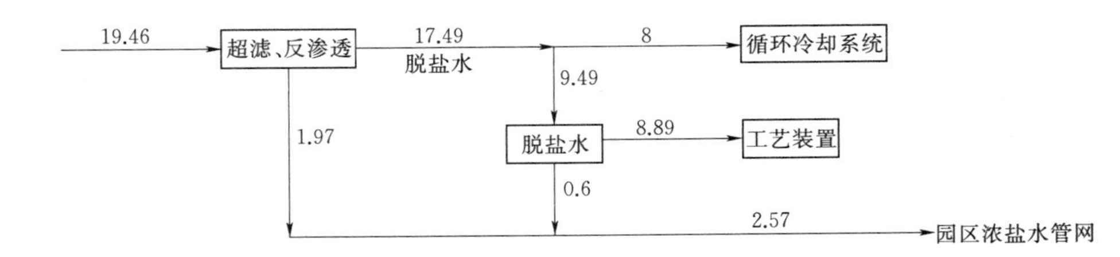

图 2-4　脱盐水站热季水平衡图（单位：m^3/h）

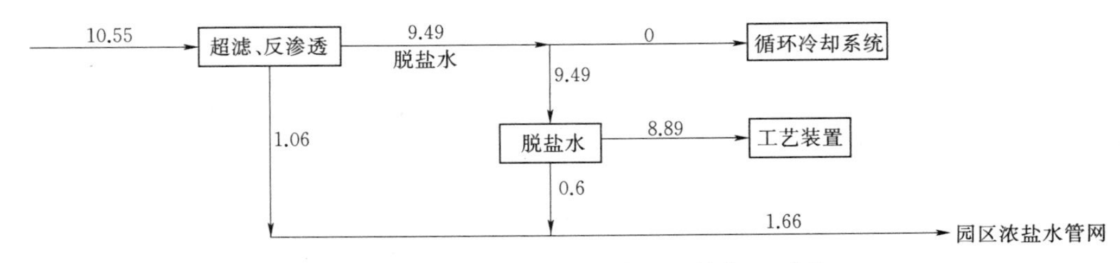

图 2-5　脱盐水站冷季水平衡图（单位：m^3/h）

脱盐水系统超滤、反渗透的得水率热季为 89.87%；冷季为 89.95%。去离子水的得水率热季为 93.68%；冷季为 93.68%。脱盐水站的得水率热季为 86.79%；冷季 84.27%。结合脱盐水站采用的处理工艺，将普通脱盐水的产水率由通常的 70%左右提高到 86%左右。分析认为该脱盐水站的得水率基本合理。

超滤、反渗透装置的脱盐水用于循环冷却系统补充水；工艺装置用水全部采用 EDI 工艺去离子水，主要的用水装置为尾气吸收单元、浆液合成单元、洗滤单元、喷雾成型单元及供热补充水。各单元用水量详见表 2-3。

表 2-3　　脱 盐 水 用 量　　单位：m^3/h

装置	热季	冷季
循环冷却水系统	8	0
尾气吸收	3.94	3.94
浆液合成	3.4	3.4
洗滤	0.29	0.29
喷雾成型	0.86	0.86
供热损失	0.4	0.4
合计	16.89	8.89

2.3.2　循环冷却水系统

根据可研报告，循环冷却水系统采用空冷密闭式冷却系统，循环冷却系统的循环水量为 850m^3/h，设计规模为 1000m^3/h。循环回水采用压力回水，夏天气温较高不能满足要求时，开启喷淋系统，保证给水温度。给水温度 30℃；回水温度 35℃。

闭式循环冷却水系统以联合式空冷器为核心设备，用脱盐水代替传统工业循环水，吸收工艺装置冷却器热量，然后通过联合式空冷器冷却，再到工艺装置冷却器，在系统中密闭循环，闭式循环系统正常情况下并不耗水，在很大程度上节约了水资源。另外，由于闭式循环水站冷却装置为联合式空冷器，配有辅助喷淋系统，辅助喷淋系统采用开式水，由脱盐水进行补充，循环水系统的喷淋用水量热季为8m³/h。由于目前没有对闭式循环冷却系统辅助喷淋系统补充水量的具体核定标准，而设计的喷淋补充水量是根据换热器的面积、当地的气象条件等因素计算得出，故本论证认为闭式循环冷却系统喷淋耗水基本合理。

2.3.3　原料含水及产品、尾气带走水量

（1）原料含水量。根据可研报告，该项目以金属、硝酸、液氨及专用助剂为原料制备费托合成催化剂。原料需求量详见表2-4。

表2-4　　原料需求量

名称	需求量/(t/a)	备注
浓硝酸	42462.5	浓度63%
液氨	7036.72	99.9%
金属铁	7356.38	99%～99.5%
专用助剂	7203.97	
合计	64059.57	

1）根据可研报告，浓硝酸的含水量为2.03m³/h。结合物料平衡，浓硝酸的需求量为42462.5t/a，浓度为63%。则浓硝酸的含水量为15711.13t/a，按7200h计算，浓硝酸的含水量为2.18m³/h。由于设计中考虑某些不确定因素，分析认为水量平衡中浓硝酸的含水量按2.03m³/h考虑是合理的。

2）根据可研报告，专用助剂的含水量为0.65m³/h。结合物料平衡，专用助剂的需求量为7203.97t/a，按100%计算时，专用助剂的用量为3933.04t/a，则专用助剂的含水量为3270.93t/a，按7200h计算，专用助剂的含水量为0.45m³/h。分析认为，设计中专用助剂的含水量按0.65m³/h考虑偏大，应按0.45m³/h进行核减。

（2）产品带走水量。根据可研报告，该项目的主要产品为煤制油催化剂，副产品为硝酸铵，产品量详见表2-5。

表2-5　　工程产品量

产品	规格	产量/(t/a)
催化剂		12000
硝酸铵	浓度50%	65091.84

根据可研报告，硝酸铵带走的水量为4.52m³/h。硝酸铵的产量为65091.84t/a，浓度为50%，则硝酸铵的含水量为32545.92t/a，按7200h计算，硝酸铵的含水量为4.52m³/h。因此，硝酸铵带走的水量是合理的。

（3）尾气带走水量。

1）喷雾干燥尾气经过一级旋风分离器、布袋除尘器捕捉后达标排放。干燥尾气的主要成分为空气和水蒸气，含有微量催化剂粉尘，其中水蒸气含量10%左右。根据可研报告，喷雾干燥尾气量为65.1t/h（53356Nm³/h），干燥尾气带走的水量为6.4m³/h，干燥尾气的含水量约占尾气量的9.83%，符合设计中10%左右的要求。

2）焙烧尾气的主要成分为空气、水蒸气、少量 NO_x 和催化剂粉尘，排除的尾气经过布袋除尘器捕捉后达标排放。排放的尾气中水蒸气的含量为3.0%左右。根据可研报告，焙烧尾气量为10.85t/h（8453Nm^3/h），焙烧尾气带走的水量为0.25m^3/h，焙烧尾气的含水量约占尾气量的2.31%，符合设计中3.0%左右的要求。

2.3.4 供热

本项目所需蒸汽为低压蒸汽，主要用于催化剂生产过程中的加热、硝酸铵溶液的浓缩和溴化锂制冷机组，管道设备伴热保温及换热站。本项目用汽量为40t/h的0.5MPa饱和蒸汽。项目所需蒸汽依托伊泰煤制油公司（已签订供热协议）公用工程车间2台型号为UG-200/9.8-M6循环流化床锅炉（1开1备），锅炉额定蒸发量200t/h，额定蒸汽温度540℃，额定蒸汽压力9.8MPa。目前生产过程中实际用150t/h左右的9.8MPa的高压蒸汽。可见伊泰煤制油公司锅炉有足够富余的蒸汽供本项目使用。9.8MPa的高压蒸汽经过减压至0.5MPa饱和蒸汽，然后通过管径为300mm的管道传输至催化剂厂界区，供气量40t/h。蒸汽平衡详见图2-6。

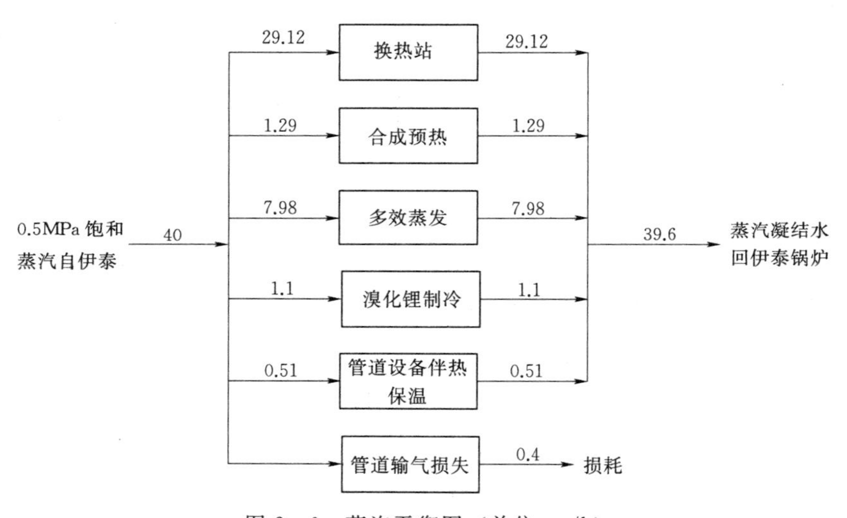

图2-6 蒸汽平衡图（单位：t/h）

蒸汽输送过程中管道损失水量为0.4t/h，损失水量占输送蒸汽量的1%。符合相关规范中厂区输气损失量不高于1%的要求。

2.3.5 生活用水

根据可研报告，本工程劳动定员为155人，生活用水量为2.5m^3/h，则人均综合生活用水量为387.10L/(人·d)。根据内蒙古自治区《行业用水定额》(DB15/T 385—2009)，非营业性食堂每人每餐用水量为20L，厂区不设住宅，职工住宅依托大路工业园区市政生活区，按每人每日一餐计算，每人每天食堂用水量为20L/(人·d)；一般工作环境工人淋浴用水定额为120L/(人·d)，本工程采取三班倒的工作方式，即职工淋浴用水量为120L/(人·d)；办公楼为60L/(人·d)。由以上三项计算，厂区职工综合生活用水定额应不大于200L/(人·d)。综合分析认为，本项目职工生活用水量偏大。按照核定的用水量，并考虑部分化验用水，职工生活用水量建议核减为1.5m^3/h。

根据可研报告，厂区职工生活用水量为2.5m^3/h，生活污水排放量为2.0m^3/h，污水排放量为用水量的80%。根据《室外排水设计规范》(GB 50014—2006)，生活污水排放量一般为用水量的80%～90%。因此，生活污水排放量是合理的。

2.3.6 其他用水

(1) 绿化、道路喷洒用水。根据可研报告，厂区绿化面积为21625m^2，厂区道路及广场面积为8775m^2。厂区热季绿化及道路喷洒用水量为3m^3/h，经计算，单位面积每天用水量为2.37L/(m^2·d)。按照DB15/T 385—2009及《室外给水设计规范》(GB 50013—2006)，并结合当地气候条件，项目所在区绿化及道路广场喷洒用水一般为2L/(m^2·d)。因此，该项目厂区热季绿化及道路喷洒用水量偏大，应进行核减。按照规范要求核减后建议厂区热季绿化、道路喷洒用水量按2.0m^3/h计算。

(2) 未预见水量。根据可研报告，该项目未预见水量热季为4.5m^3/h，冷季为2.5m^3/h。未预见水量占生产用新水量的比率热季为16.09%，冷季为17.79%。GB 50013—2006中指出未预见水量应根据水量预测中考虑难以预见因素的程度确定，一般按用水量的8%～12%计。因此，该项目未预见水量偏大，应进行核减。按照GB 50013—2006中未预见水量的要求，同时考虑本项目工艺设备先进，用水参数设计较为先进，未预见水量按生产用新水量的8%考虑。

2.3.7 小结

根据上述对用水环节设计参数的合理性分析，设计参数的合理性识别详见表2-6。

表2-6　设计参数的合理性识别分析

用水装置		合理性	备注
脱盐水系统		合理	
循环冷却水系统		合理	
原料含水量	浓硝酸	合理	
	专用助剂	偏大	核减
产品带走水量		合理	
尾气带走水量		合理	
供热		合理	
生活用水		偏大	核减
绿化、道路喷洒用水		偏大	核减
未预见水量		偏大	核减

3 废污水处理及回用

3.1 排水系统

根据清污分流、分质处理的原则，本项目排水系统分为生产废水排水系统、生活污水排水系统、雨水排水系统、初期污染雨水及事故消防排水系统。

（1）生产废水排水系统。生产废水主要来自脱盐水站浓盐水、热季循环冷却系统喷淋排污水及装置管道、地坪冲洗排水。

脱盐水站的浓盐水排放量热季为 $2.57m^3/h$，冷季为 $1.66m^3/h$。脱盐水站的浓盐水直接排至大路工业园区污水处理厂，由污水处理厂浓盐水处理装置进一步处理。

热季循环冷却系统喷淋排污水和装置管道、地坪冲洗水的排水量为 $1.1m^3/h$，其首先排至厂区污水处理站，经处理后的出水水质达到《污水综合排放标准》（GB 8978—1996）二级标准，然后排至大路工业园区污水处理厂进一步处理。

（2）生活污水排水系统。本工程设置独立的生活污水排水管网，生活污水排放量为 $1.1m^3/h$。厂区内各建筑物的生活污水经污水管网收集后自流至厂区化粪池，经化粪池收集后排至市政生活污水管网，最后排入大路工业园区污水处理厂。

（3）雨水排水系统。本系统收集全厂未污染的雨水，以重力流形式分散、就近排入全厂雨水排水沟系统，并最终排入市政雨水管网。

（4）初期污染雨水及事故消防排水收集系统。存在污染的工艺装置及罐区内设置初期雨水及事故消防排水收集系统，装置内及罐区内排水收集系统由排水沟（或围堰）、水封井和切换阀门组成，对于有污染的工艺装置区及罐区的初期雨水、事故消防排水排入水封井后，经过阀门切换至单独的事故排水管线，排至全厂事故水池，然后送入园区污水处理厂进一步处理。

3.2 废污水处理方案

根据各种排水水质的复杂程度设置了不同的处理工艺。循环冷却系统排污水和装置管道、地坪冲洗水排至厂区污水处理站，经处理后的出水水质达到 GB 8978—1996 二级标准，然后排至大路工业园区污水处理厂进一步处理。

3.2.1 厂区污水处理站

（1）处理方案。中科合成油内蒙古有限公司污水处理站建设在厂区西北侧，占地面积 $5720m^2$，根据处理的污水量并考虑该项目后期扩建，设计规模为 10t/h。

循环冷却系统喷淋排污水和装置管道、地坪冲洗水的主要污染物为 NH_3-N 和悬浮物（SS）（主要成分为 Fe_2O_3 和少量 SiO_2）。由于废水中 NH_3-N 的含量约为 100mg/L，因此 F－T 催化剂污水处理采用山东华屹重工有限公司的膜处理技术工艺，即疏水膜脱氨氮工艺。由于污水中含有 Fe_2O_3 等胶状悬浮物。因此在进膜处理前首先要去除污水中的悬浮物，防止堵塞膜组件，影响污水处理效果。

催化剂污水进入沉淀缓冲池进行初步沉淀并储存，保证后续系统连续稳定运行。污水经提升泵送入沉淀池，采用的药剂为氢氧化钠。同时加入 PAC、PAM，使污水中的悬浮物在沉淀池中加速絮凝沉淀，沉淀池中的上清液经二级提升泵送至过滤膜装置。污水进入膜过滤装置前，进行第二次 pH 值调节，尽可能地使污水中的悬浮物进行沉淀。调节 pH 值后的污水进入过滤膜，其中的 Fe_2O_3 等胶状物已基本脱除，这样就保证脱氨膜高效稳定的运行。脱除悬浮物的污水主要分成为氨氮，脱除氨氮采用的工艺为膜处理工艺，其简单框图见图 3－1。

膜过滤出水经保安过滤器进入疏水膜系统去除氨氮，首先将去除悬浮物污水的 pH

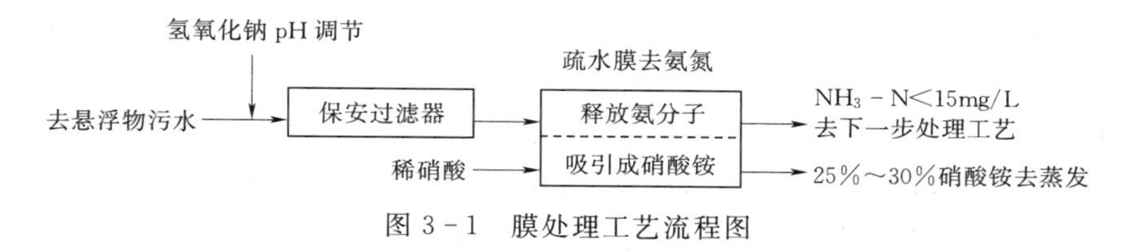

图3-1　膜处理工艺流程图

调到10.5左右，调节pH亦采用液体氢氧化钠；调节后污水送入脱氨膜组件内中空纤维的内腔。与此同时，硝酸溶液（吸收液）送入脱氨膜组件内中空纤维的外腔。由于该膜具有选择透过性，能保证氨水自由穿过中空纤维壁，而硝铵、硝酸根或氢离子不能穿过。这样污水中的氨氮通过中空纤维壁进入其外侧，并被硝酸吸收，从而去除污水中的氨氮。脱氨工艺采用循环吸收方案，脱氨后的污水再次进入料液罐，经料液循环泵二次进入脱氨膜进行脱氨氮（每次氨氮脱出率为50%），如此循环，直至污水达标排放。同时，吸收氨氮的硝酸进入硝酸罐，经循环二次进入膜组件进行吸收。另外为了保证氨氮去除效果，需要定时进行废水加碱调节pH值和吸收液补酸。当废水的氨氮浓度降到15mg/L时，停止上述过程，向外排放。吸收液硝酸铵的浓度可以达到25%，然后蒸发得到优质硝酸铵。

（2）出水水质。厂区污水处理站处理后的出水水质满足GB 8978—1996二级标准，主要指标如下：氨氮小于15mg/L；悬浮物含量小于200mg/L。

3.2.2　园区污水处理厂

厂区职工生活污水经污水管网收集后排至厂区化粪池，经化粪池预处理后再统一排至工业园区市政污水管网，最后排入大路工业园区污水处理厂。

厂区污水处理站处理后的出水排至大路工业园区污水处理厂进一步处理。

脱盐水站的浓盐水直接排至大路工业园区污水处理厂浓盐水处理装置进一步处理。

（1）园区污水处理厂基本情况。大路工业园区污水处理厂位于西大道和锦园南路交口西北侧，占地106.5亩。污水处理厂的污水主要来自大路工业园区居民综合生活污水和工业废水。

大路工业园区污水处理厂包括一般污水处理装置和浓盐水处理装置，一般污水处理装置主要收集收水范围内的综合生活污水和一般工业废水，再生水由再生水管网供给用水户。浓盐水处理装置主要收集收大路园区内企业排放的浓盐水，经过浓盐水处理装置处理后，再生水由再生水管网供给用水户，高浓盐水排至蒸发塘自然蒸发。

一般污水处理装置已于2010年9月建成并投入试运行，设计处理能力为2.5万m^3/d，目前实际处理量为1.95万m^3/d。浓盐水处理装置2014年12月已建成处理能力达到1.5万m^3/d，现状实际处理量为1.05万m^3/d。

（2）处理工艺。

1）一般污水处理工艺流程。一般污水处理工艺采用预处理＋水解酸化＋A^2O生物处理工艺。一般污水处理工艺流程：污水→粗格栅污水提升泵房→细格栅及曝气沉砂池→初次沉砂池→配水井→A^2O反应池→二沉池配水井→二次沉淀池→接触消毒池→用户。污泥处理工艺流程：污泥→污泥储存池→污泥脱水泵房→脱水后的污泥外运。

2）浓盐水处理工艺流程。浓盐水站采用气浮＋高密度沉淀＋浸没式超滤＋反渗透的处理工艺。浓盐水处理工艺流程：浓盐水→蓄水池→混合反应沉淀池→反渗透调节池→清水池→用水户。

浓盐水经过 RO 反渗透装置后，高盐浓水先期考虑进入污水处理厂南侧的蒸发塘，用自然蒸干的方式对高盐水进行蒸干。待今后大路工业园区有较大规模发展，高盐水排放量较大的情况下，再考虑利用蒸发器的方式将浓水进行彻底干化结晶。

大路工业园区污水处理厂工艺流程见图 3－2。

（3）处理达标情况。

1）进水水质。大路工业园区一般污水处理厂的污水主要来自居民综合生活污水和工业废污水，综合考虑，一般污水处理厂的进水水质设计指标详见表 3－1。

表 3－1　污水处理厂设计进水水质控制指标　单位：mg/L

项目	COD_5	BOD_5	SS	NH_3-N	矿物油类	pH 值	氰化物	硫化物	总磷
控制指标	≤500	≤280	≤330	≤50	≤20	6～9	≤0.5	≤1.0	≤4.0

根据煤制油催化剂项目厂区生活污水及污水处理站的出水水质情况，详见表 3－2。分析认为该项目污水水质可以满足大路园区污水处理厂进水水质要求。

表 3－2　本项目排至园区污水处理厂废污水水质指标　单位：mg/L

装置	污水水质指标	备注
厂区污水处理站	氨氮＜15mg/L；SS＜200mg/L	
生活污水	COD＜300mg/L；BOD_5＜150mg/L 氨氮＜30mg/L；SS＜200mg/L	

2）出水水质。一般污水处理厂的出水设计水质将达到《城镇污水处理厂污染物排放标准》（GB 18918—2002）中一级 A 标准，见表 3－3。

表 3－3　污水处理厂污染物排放标准　单位：mg/L

控制项目	一级 A 标准	控制项目	一级 A 标准
COD_{Cr}	50	NH_3-N	5（8）
BOD_5	10	TP	1
SS	10	pH 值	6～9
石油类	1	粪大肠菌群数/（个/L）	10^3
TN	15		

注　括号外数值为水温大于 12℃时的控制指标，括号内数值为水温不大于 12℃时的控制指标。

浓盐水站出厂污水的设计水质达到《城镇污水再生利用　工业用水水质》（GB/T 19923—2005）标准，详见表 3－4。

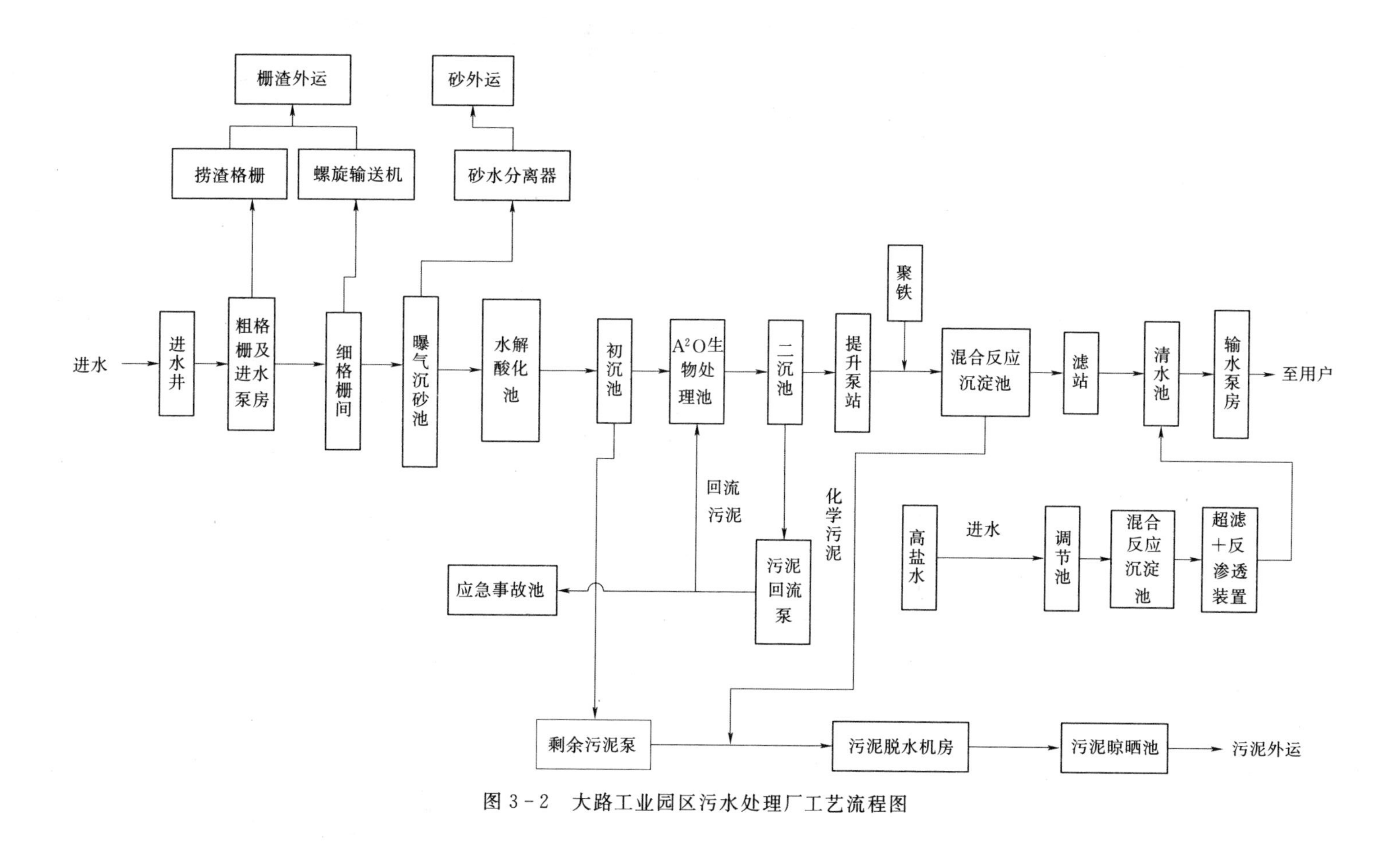

图3-2　大路工业园区污水处理厂工艺流程图

表 3-4　　再生水出水水质标准　　单位：mg/L

控制项目	出水水质	控制项目	出水水质
COD_{Cr}	≤50	总硬度	≤450
BOD_5	≤10	总碱度	≤350
SS	≤10	硫酸盐	≤250
浊度/NTU	≤5	溶解性总固体	≤1000
石油类	≤1	余氯	管网末端≥0.5
阴离子表面活性剂	≤0.5	NH_3-N	≤8
Fe	≤0.3	TP	≤0.5
Mn	≤0.1	色度	≤30
Cl^-	≤250	pH 值（无量纲）	6.5～8.5
SiO_2	≤30	粪大肠菌群数/(个/L)	1000

（4）处理回用情况。目前，污水处理厂实际处理污水量约为 3 万 m^3/d，其中：一般污水处理量为 1.95 万 m^3/d，高盐水处理量为 1.05 万 m^3/d。处理后可利用水量 1.7 万 m^3/d，其中：一般污水经处理后可利用量约为 1.38 万 m^3/d，浓盐水经处理后可利用量约为 0.32 万 m^3/d。其余高浓盐水排至蒸发塘自然蒸发。污水处理厂目前已建成 7 个蒸发塘，容量可达到 120 万 m^3。

根据调查，污水处理厂的再生水已经配置给入驻大路工业园区奈伦集团内蒙古天润化肥有限公司年产 30 万 t 合成氨、52 万 t 尿素项目（再生水量 443.4 万 m^3，已通过黄委会的审查，黄水调〔2009〕87 号）、内蒙古国电能源投资有限公司玻璃沟矿井及选煤厂工程（再生水 61.98 万 m^3，已通过黄委会的审查，黄水调〔2014〕191 号）及内蒙古准格尔矿区唐家会煤矿（再生水 5.48 万 m^3 已通过黄委会的审查，黄水调〔2012〕35 号），内蒙古准格尔旗煤炭清洁高效综合利用示范项目动力岛 2×350MW 热电机组工程再生水量 174.64 万 m^3。其余的作为园区绿化及道路喷洒用水。

3.2.3　处理方案的可行性

由于煤制油催化剂项目生产规模较小，用水量少，生产、生活污水量较少，从经济运行成本分析，该项目厂区内设置生产、生活污水处理装置，提高水的重复利用率，实现零排放是不现实的。

煤制油催化剂项目的生活污水经厂区管网收集后排至大路工业园区污水处理厂；生产废水（循环冷却系统喷淋排水、装置管道、地坪冲洗水）经厂区污水处理站预处理后排至工业园区污水处理厂进一步处理；脱盐水站高含盐水排至工业园区污水处理厂浓盐水处理装置进一步处理。

（1）水量的可行性。大路工业园区污水处理厂已建成日处理能力为 2.5 万 m^3/d，目前实际处理量为 1.95 万 m^3/d，污水处理厂剩余处理能力为 1.28 万 m^3/d。根据用水合理性分析，该项目需要排入园区污水处理厂的污水量热季为 0.0053 万 m^3/d（$2.2m^3/h$），冷季为 0.0046 万 m^3/d（$1.9m^3/h$）。可见大路工业园区污水处理厂的剩余处理能力可以满足该项目污水的处理需求。

浓盐水处理装置已建成日处理能力为 1.5 万 m^3/d，目前实际处理量为 1.05 万 m^3/d，浓盐水处理装置的剩余处理能力为 0.45 万 m^3/d。根据用水合理性分析，该项目需要排入园区污水处理厂浓盐水处理装置的高含盐水量热季为 0.0060 万 m^3/d（$2.52m^3/h$），冷季为 0.0031 万 m^3/d（$1.31m^3/h$）。可见大路工业园区污水处理厂浓盐水处理装置的剩余处理能力可以满足该项目高含盐水的处理需求。

（2）水质的可行性。该项目的生活污水及厂区污水处理站预处理后的水质指标能够满足大路工业园区污水处理厂的设计进水水质指标要求。详见表 3-5。

表 3-5　污水处理厂设计进水水质指标与该项目排水水质指标对比分析　单位：mg/L

项目	COD_5	BOD_5	SS	NH_3-N
控制指标	≤500	≤280	≤330	≤50
生活污水进水指标	≤300	≤150	≤200	≤30
经厂区污水处理站预处理后的水质指标			≤200	≤15
合理性	达标	达标	达标	达标

脱盐水站排出的高盐水含盐量约为 3000mg/L，其水质满足园区污水处理厂高盐水处理装置的进水水质含盐量不高于 5000mg/L 的要求。

根据上述针对大路工业园区污水处理厂及高盐水处理装置从水量、水质方面接收该项目废污水的可靠性、可行性分析，认为该项目废污水排至大路工业园区污水处理厂是合理可行的。同时，内蒙古天河水务有限公司已与中科合成油有限公司签订了污水、浓盐水接收处理协议书。

4　用水指标计算与比较

4.1　用水指标计算

根据可研报告中设计的用水量，在水量平衡分析的基础上，选取工业水重复利用率、循环冷却水利用率、新水利用系数、单位产品新水量、万元工业增加值用水量、职工人均生活日用水量等指标进行评价。

（1）工业水重复利用率。在一定时间内，生产过程中水的重复利用量与总用水量的比值，计算公式如下：

$$热季：R=\frac{V_r}{V_t}\times 100\%=\frac{1013.44}{1043.90}\times 100\%=97.08\%$$

$$冷季：R=\frac{V_r}{V_t}\times 100\%=\frac{1005.44}{1021.99}\times 100\%=98.38\%$$

式中：R 为工业水重复利用率，%；V_r 为重复水利用量，m^3/h；V_t 为总用水量，m^3/h。

（2）循环冷却水利用率。水的循环利用率表示循环用水系统中水被循环利用的程度。

计算公式如下：

$$热季：R_c=\frac{V_{cr}}{V_{ct}}\times 100\%=\frac{850}{858}\times 100\%=99.07\%$$

$$冷季：R_c=\frac{V_{cr}}{V_{ct}}\times 100\%=\frac{850}{850}\times 100\%=100\%$$

式中：R_c 为水的循环利用率，%；V_{cr} 为循环水量，m^3/h；V_{ct} 为循环系统总用水量，m^3/h。

（3）新水利用系数。在一定的计量时间内，生产过程中使用的新水量与外排水量之差同新水量之比，计算公式如下：

$$热季：K_f=\frac{V_f-V_d}{V_f}=\frac{30.46-5.67}{30.46}=0.81$$

$$冷季：K_f=\frac{V_f-V_d}{V_f}=\frac{16.55-4.46}{16.55}=0.73$$

式中：K_f 为新水利用系数；V_f 为生产过程中取用的新水量，m^3/h；V_d 为生产过程中外排水量，m^3/h。

（4）单位产品新水量。单位产品新水量为生产单位产品所取用的新鲜水量，计算公式如下：

$$V_{uf}=\frac{V_{yf}}{Q}=\frac{17.31}{1.2}=14.42$$

式中：V_{uf} 为单位产品新水量，m^3/t；V_{yf} 为用新水量总和，万 m^3/a；Q 为年生产产品总量，万 t/a。

（5）万元工业增加值用水量。万元工业增加值用水量为工业增加值增加一万元所取用的新鲜水量，计算公式如下：

$$V_{ai}=\frac{V_c}{V_a}=\frac{17.31\times 10000}{58920}=2.94$$

式中：V_{ai} 为万元工业增加值用水量，m^3/万元；V_c 为工业用新鲜水量，m^3；V_a 为年工业增加值，万元。

（6）职工人均生活日用水量。在企业内每个职工在生产中每天用于生活的新水量，计算公式如下：

$$V_{lf}=\frac{V_{ylf}}{nd}\times 1000=\frac{2.5\times 8760}{155\times 365}\times 1000=387.10$$

式中：V_{lf} 为职工人均生活日用水量，L/(人·d)；V_{ylf} 为用于生活的新水量，m^3；n 为企业职工人数（155 人），人；d 为全年工作日，365d。

4.2 用水水平分析

（1）本工程全厂水的重复利用率热季为 97.08%，冷季为 98.38%，符合《节水型企业评价导则》规定的水重复利用率不低于 80%的要求，属国内较先进水平。

（2）本工程循环冷却水系统循环率热季为 99.07%，冷季为 100%，符合《节水型企业评价导则》中不低于 95%的要求，符合《工业循环冷却水处理设计规范》中循环水利用率不低于 96%的要求。

(3) 本工程生产、生活污水经预处理后排至大路工业园区污水处理厂进一步处理，新水利用率热季为0.81，冷季为0.73，符合一般工业新水利用系数不低于0.6的要求。

(4) 该项目生产规模为1.2万t/a，生产、生活用新水量为17.31万m^3/a，则生产单位催化剂用新水量为14.42m^3/t。一般传统催化剂生产装置吨催化剂的用水指标为200～250m^3/t。该项目通过对整个催化剂工艺装置优化和生产用水的循环迭代利用，使得本催化剂生产装置节水措施达到国际先进水平。

(5) 本项目年平均工业增加值为58920万元，本项目生产、生活用新鲜水量为17.31万m^3，则万元工业增加值用水量为2.94m^3/万元。

(6) 该项目职工数量为155人，综合生活需水量为2.5m^3/h。经计算，人均综合生活用水量为387.1L/(人·d)。根据内蒙古自治区《行业用水定额》(DB15/T 385—2009)，一般环境工人淋浴用水量为120L/(人·班)，非营业食堂用水量为20L/(人·餐)，办公楼用水量为60L/(人·d)，综合用水定额为200L/(人·d)。因此，综合分析认为本项目职工人均生活用水量偏高，应进行核减。

煤制油催化剂项目1.2万t/a主要用水指标，详见表4-1。

表4-1　煤制油催化剂项目用水指标（可研）

用水指标	用水指标		评价标准	合理性分析
	热季	冷季		
水重复利用率/%	97.08	98.38	80	符合
循环水利用率/%	99.07	100.00	93～96	符合
单位产品新水量/(m^3/t)	14.42		传统工艺200～250	符合
新水利用系数	0.81	0.73	≥0.6	符合
万元工业增加值用水量/(m^3/万元)	2.94		—	—
人均生活用水量/[L/(人·d)]	387.1		200	偏高

5　节水潜力分析

综合上述用水设计参数及用水水平分析，本工程节水潜力分析如下：

(1) 根据用水设计参数合理性分析，厂区热季绿化及道路喷洒用水量为3m^3/h偏大。按照DB15/T 385—2009及GB 50013—2006，并结合当地气候条件，项目所在区绿化及道路广场喷洒用水按2L/(m^2·d)进行核减，即可节约新鲜水量0.5m^3/h。

(2) 根据用水设计参数合理性分析，未预见水量占生产用新水量的比率热季为16.09%，冷季为17.79%。按照GB 50013—2006中未预见水量的要求，同时考虑本项目工艺设备先进，用水参数设计较为先进，未预见水量按生产用新水量的8%考虑。核减后即可节约新鲜水量热季为2.4m^3/h、冷季为1.4m^3/h。

(3) 根据用水设计参数合理性分析，厂区职工生活用水量为2.5m^3/h，按照DB15/T 385—2009复核后，职工生活用水2.5m^3/h偏大，考虑厂区化验用水后，建议生活用水量按1.5m^3/h考虑，即生活用水节约水量1m^3/h。

6　合理取用水量的核定

6.1　合理的用水量

根据上述用水合理性分析，本工程热季需补充的新鲜水量为 26.81m³/h。其中：生产用新鲜水量为 25.31m³/h；生活用水量为 1.5m³/h。核定后的水量平衡表详见表 6-1，核定后的水量平衡图见图 6-1。

冷季需补充的新鲜水量为 14.10m³/h。其中：生产用新鲜水量为 12.6m³/h；生活用水量为 1.5m³/h。核定后的水量平衡表详见表 6-2，核定后的水量平衡图见图 6-2。

核定后，用水指标中重复利用率热季为 97.42%，冷季为 98.62%；循环水利用率热季为 99.07%，冷季为 100%，单位产品取水量为 12.47m³/t，新水利用系数热季为 0.82，冷季为 0.76，人均生活用水量 232L/(人·d)，考虑化验用水，属于《节水型企业目标导则》规定的先进水平，详见表 6-3。核定前后的指标对比详见表 6-4。

表 6-3　　煤制油催化剂项目用水指标（核定后）

用水指标	用水指标		评价标准	合理性分析
	热季	冷季		
重复利用率/%	97.42	98.62	80	符合
循环水利用率/%	99.07	100.00	93～96	符合
单位产品新水量/(m³/t)	12.47		传统工艺 200～250	符合
新水利用系数	0.82	0.76	≥0.6	符合
万元工业增加值取水量/(m³/万元)	2.54		—	—
人均生活用水量/[L/(人·d)]	232（考虑化验用水）		200	符合

表 6-4　　煤制油催化剂项目核定前后用水指标对比表

用水指标	核定前		核定后	
	热季	冷季	热季	冷季
新鲜水/(m³/h)	30.46	16.55	26.81	14.1
总用水量/(m³/h)	1043.9	1021.99	1040.45	1019.74
重复用水量/(m³/h)	1013.44	1005.44	1013.64	1005.64
重复利用率/%	97.08	98.38	97.42	98.62
循环水利用率（闭式）/%	99.07	100.00	99.07	100.00
单位产品新水量/(m³/t)	14.43		12.47	
新水利用系数	0.81	0.73	0.82	0.76
万元工业增加值取水量/(m³/万元)	2.94		2.54	
人均生活用水量/[L/(人·d)]	387.1		232	

表 6-1　　**热季水量平衡表（核定后）**　　单位：m^3/h

装置	用水量				耗水量	排水量		备注
	新鲜水	脱盐水	物料水	串用水		回收	外排	
脱盐水站	19.71					17.09	2.62	至园区市政浓盐水管网
尾气吸收		3.94				3.94		至盐液制备
盐液制备			2.03	3.94		5.97		至浆液合成
浆液合成		3.4		20.91		24.31		至洗滤装置
洗滤		0.29		60.58		60.87		40.79 一滤滤液至多效蒸发装置；14.94 二滤滤液至氨水制备装置；5.14 滤饼至喷雾成型装置
喷雾成型		1.06	0.45	5.14	6.4	0.25		至焙烧装置
焙烧				0.25	0.25			
多效蒸发				40.79	4.52	36.27		36.27 至洗滤装置
氨水制备				14.94		14.94		至浆液合成装置
密闭循环水系统		8			7.7		0.3	至厂区污水处理装置，处理后排至园区污水处理厂
供热		0.4			0.4			
装置、管道冲洗	1				0.2		0.8	至厂区污水处理装置，处理后排至园区污水处理厂
生活用水	1.5				0.3		1.2	至园区市政生活污水管网
绿化、道路喷洒用水	2.5				2.5			
未预见水量	2.1				2.1			
合计	26.81	17.09	2.48	146.55	24.37	163.64	4.92	

注　1. 盐液制备装置的物料水为 63% 硝酸的含水量。
2. 喷雾成型装置的物料水为助剂的含水量。
3. 外供蒸汽由伊泰煤制油项目区供给，冷凝液返回伊泰项目区。
4. 表中水量不包括从黄河到厂区的输水、净化损失水量。

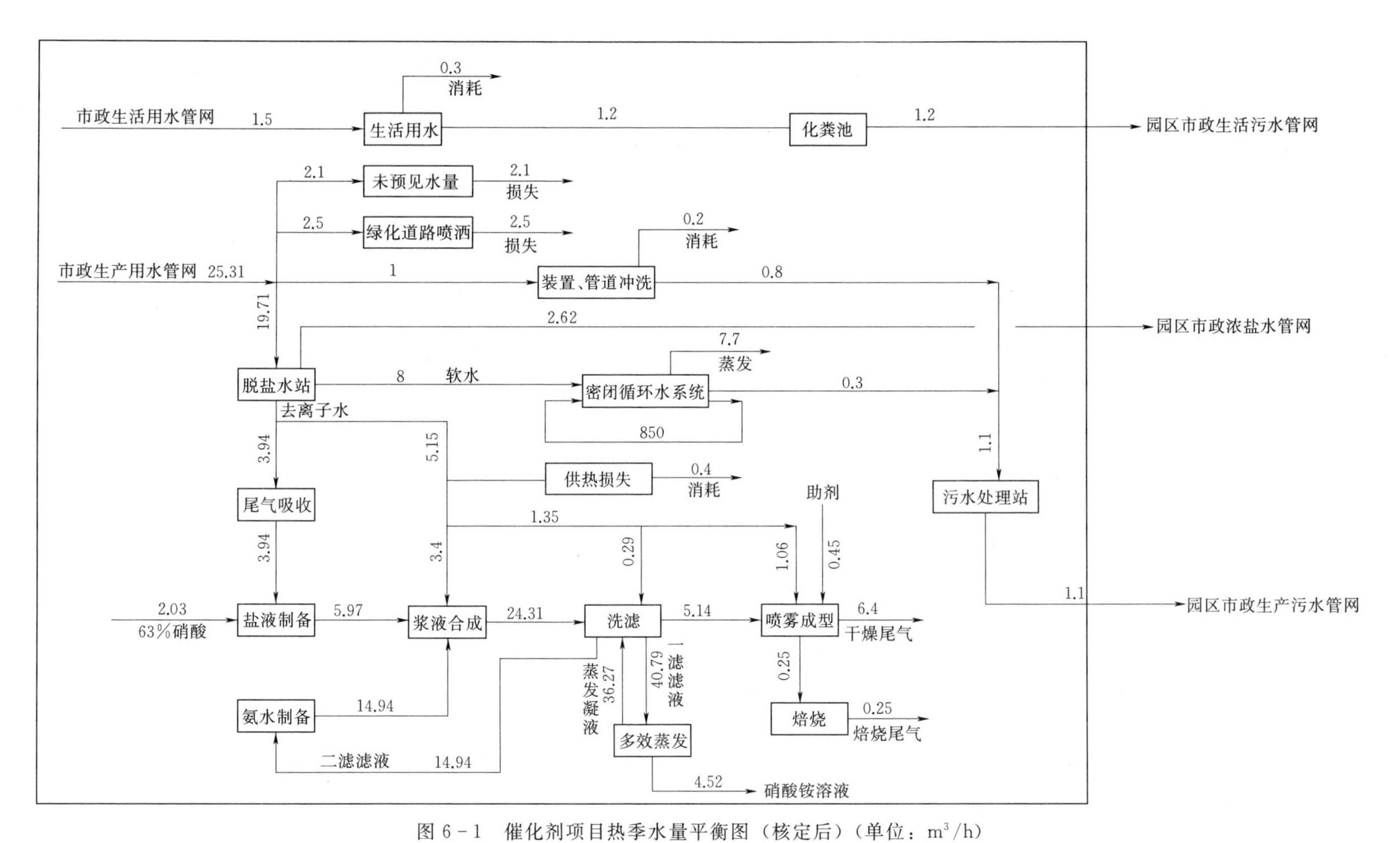

图6-1 催化剂项目热季水量平衡图（核定后）（单位：m^3/h）

表 6-2　　冷季水量平衡表（核定后）

单位：m^3/h

装置	用水量				耗水量	排水量		备注
	新鲜水	脱盐水	物料水	串用水		回收	外排	
脱盐水站	10.5					9.09	1.41	至园区市政浓盐水管网
尾气吸收		3.94				3.94		至盐液制备
盐液制备			2.03	3.94		5.97		至浆液合成
浆液合成		3.4		20.91		24.31		至洗滤装置
洗滤		0.29		60.58		60.87		40.79 一滤滤液至多效蒸发装置；14.94 二滤滤液至氨水制备装置；5.14 滤饼至喷雾成型装置
喷雾成型		1.06	0.45	5.14	6.4	0.25		至焙烧装置
焙烧				0.25	0.25			
多效蒸发				40.79	4.52	36.27		36.27 至洗滤装置
氨水制备				14.94		14.94		至浆液合成装置
密闭循环水系统		0			0		0	至厂区污水处理装置，处理后排至园区污水处理厂
供热		0.4			0.4			
装置、管道冲洗	1				0.2		0.8	至厂区污水处理装置，处理后排至园区污水处理厂
生活用水	1.5				0.3		1.2	至园区市政生活污水管网
绿化、道路喷洒用水								
未预见水量	1.1				1.1			
合计	14.1	9.09	2.48	146.55	13.17	155.64	3.41	

注　1. 盐液制备装置的物料水为 63% 硝酸的含水量。
2. 喷雾成型装置的物料水为助剂的含水量。
3. 外供蒸汽由伊泰煤制油项目区供给，冷凝液返回伊泰项目区。
4. 表中水量不包括从黄河到厂区的输水、净化损失水量。

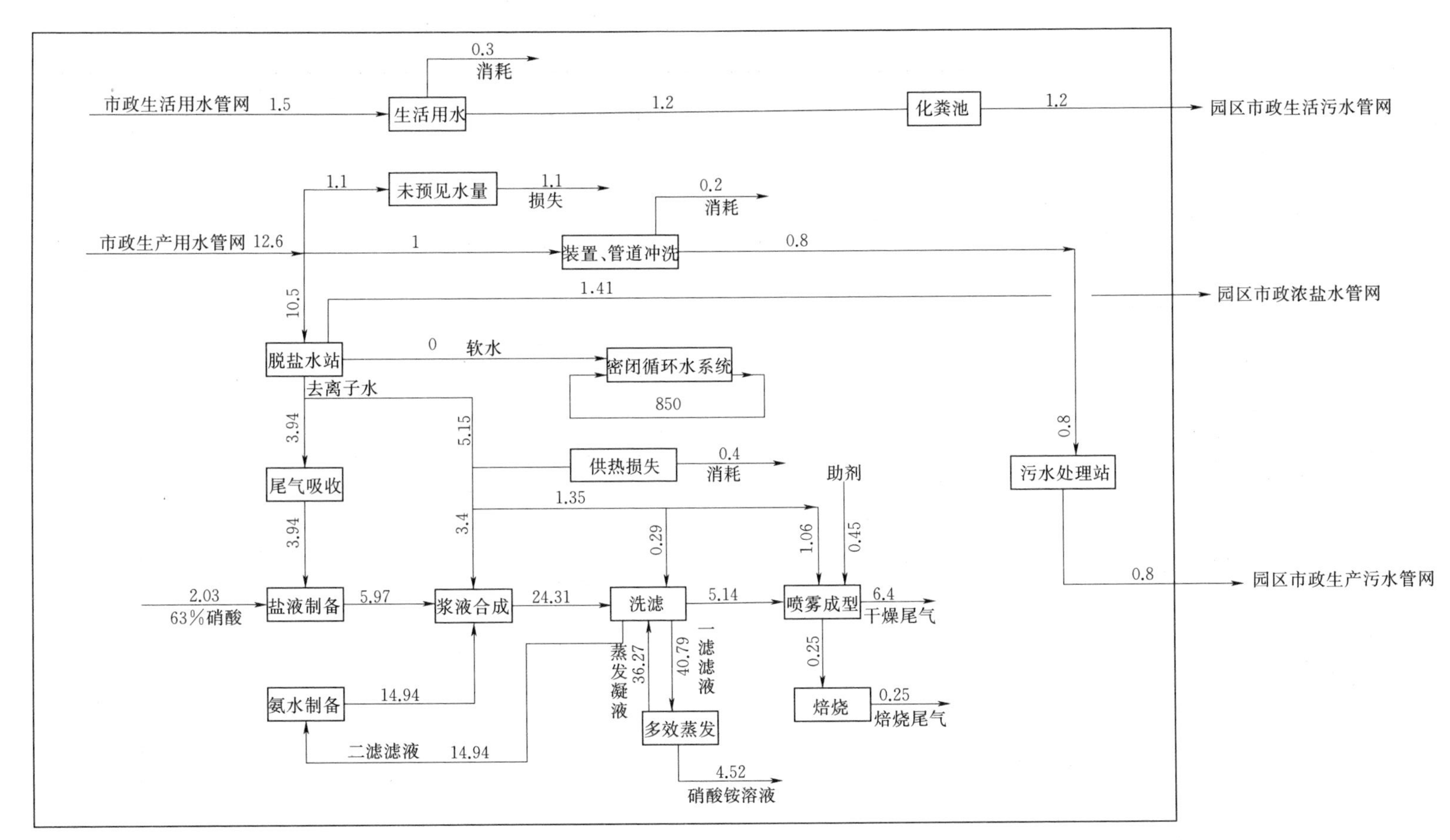

图 6－2 催化剂项目冷季水量平衡图（核定后）（单位：m^3/h）

煤制油催化剂项目生产年运行7200h，属于新建项目。经核定，该项目年需要补充的新鲜水量为14.97万m^3/a。其中：生产需补充新鲜水量为13.65万m^3/a；厂区职工生活需用的新鲜水量为1.32万m^3/a，生活用水按8760h计算，详见表6-5。核定前后的用水量对比详见表6-6。

表6-5　　煤制油催化剂项目用水量（核定后）

用水	用水量				合计/(万m^3/a)
	热季		冷季		
	m^3/h	万m^3/a	m^3/h	万m^3/a	
生产用水	25.31	9.11	12.6	4.54	13.65
生活用水	1.5	0.66	1.5	0.66	1.32
合计	26.81	9.77	14.1	5.20	14.97

表6-6　　煤制油催化剂项目核定前后用水量对比表

用水	核定前/(万m^3/a)	核定后/(万m^3/a)
生产用水	15.12	13.65
生活用水	2.19	1.32
合计	17.31	14.97

6.2　合理的取水量

煤制油催化剂项目需要从水源地取用的新水量为工程净消耗水量、管道输水及净化损失水量之和。根据内蒙古天河水务公司提供资料，柳林滩供水工程从黄河取水由管道输送至净水厂经净化处理后的输水净化损失率约为9%。因此，本工程生产取用黄河水考虑9%的净化及管道输水损失。经计算，本工程生产需取用的新鲜水量为15.0万m^3/a。

生活用水采用工业园区自来水，由工业园区生活供水管网直接提供，该项目可就近接入工业园区自来水主管。经核定厂区职工生活用水量为1.5m^3/h（1.31万m^3/a），不考虑管道输水损失，则生活取水量为1.31万m^3/a。

因此，煤制油催化剂项目年取用新鲜水量为16.32万m^3/a，详见表6-7。核定前后的取水量对比详见表6-8。

表6-7　　煤制油催化剂项目取用的新鲜水量（核定后）

指标	生产/(万m^3/a)	生活/(万m^3/a)
用水量	13.65	1.32
管道输水及净化损失率	9%	0
取水量	15	1.32
合计	16.32	

表6-8　　煤制油催化剂项目核定前后用水量对比表

用水	核定前/(万m^3/a)	核定后/(万m^3/a)
生产用水	16.61	15.0
生活用水	2.19	1.32
合计	18.80	16.32

专◆家◆点◆评

本项目地处我国西北部水资源紧缺地区的工业园区内；项目生产工艺先进、具有典型性。

报告书针对项目建设与园区规划水资源论证的相符性、“三条红线”控制指标、取用水的合理性、水权转让的方式、获得黄河水指标的可行性、取退水影响等重点和难点编制，论证内容全面、资料详实，论证结论合理，符合《建设项目水资源论证导则》（SL 322—2013）的要求，总体质量较高。

本案例以报告书中最精彩的建设项目用水合理性分析论证内容为基础，分用水环节及设计参数的合理性识别等5个部分，详细介绍了主要用水环节设计参数合理性分析识别，节水潜力分析；结合废污水的组成及水质特点，从经济技术、运行成本方面分析废污水处理方案的合理性；分析计算主要用水指标，并与同行业及国内、外先进用水水平进行了对比分析；合理确定建设项目的取用水量。可为类似项目水资源论证用水合理性分析提供借鉴。

储德义　徐志侠

案例八　平岗—广昌原水供应保障工程水资源论证报告书

1　概　　述

1.1　项目概况

珠澳供水系统受咸潮影响日趋严重，随着珠澳地区用水量的增加，咸潮期现广昌泵站补库能力不足，且丰水期现广昌泵站运行不稳定，存在无法正常取水和及时补库的问题；同时，咸潮期仅有“平岗一期”工程单管供水至珠海市主城区和澳门，存在爆管问题，珠澳供水安全存在隐患，枯水期珠澳供水压力较大，供水保障能力不足。为解决咸潮期珠澳供水存在的问题，缓解珠澳供水压力，提高珠澳两地供水系统的安全性，作为珠海市主城区南北库群的补水来源，以及现广昌泵站的备用取水设施，结合珠海市城市供水现状、发展规划，建设平岗—广昌原水供应保障工程十分必要。

1.1.1　平岗—广昌原水供应保障工程

平岗—广昌原水供应保障工程主要包括竹银水库—平岗泵站输水工程、新建平岗泵站—广昌泵站输水管线工程、新广昌泵站。

（1）竹银水库—平岗泵站输水工程，包括竹银水库—平岗泵站输水隧洞和平岗泵站接管工程。竹银水库—平岗泵站输水隧洞起点从竹银水库主坝正对的山口处往东约1500m后，向北转弯后向东直通至平岗泵站北面，隧洞出口采用钢管与拟建的直径2400mm管道接通。平岗泵站接管工程沿平岗泵站路西侧新敷设一根直径2400mm输水管道，起端分别与竹洲头泵站—平岗泵站直径2400mm输水管、竹银水库—平岗泵站输水隧洞连接，终点与平岗泵站—广昌泵站输水管线连通。

（2）新建平岗泵站—广昌泵站输水管线工程，起点接平岗泵站管道系统，沿海堤敷设至斗门港，然后转向新港路西侧布置，横穿连桥路后穿过到达海堤，穿越天生河后继续沿海堤敷设至广昌泵站对岸，最后横穿磨刀门水道，至新广昌泵站。采用直径2400mm管道，全长21.55km。

（3）新广昌泵站，泵房内共设10个泵位，水泵单台流量为10417m^3/h，扬程为18m，电机功率为800kW。设置取水设施，即取水头部1座、自流取水管2根，直径2800mm，长约300m，泵站最大取水规模为110万m^3/d。

1.1.2　广昌泵站

1.1.2.1　现广昌泵站

现广昌泵站位于磨刀门水道东岸珠海大桥上游，设计取水规模130万m^3/d，设1座取水头部，通过4根管径为2000mm的取水管从磨刀门水道取水。目前，现广昌泵站内共有3个供水系统，分别如下：

（1）输送至南区水厂，最大输送能力24万 m^3/d。

（2）输送至挂锭角引渠—洪湾泵站，最大输送能力40万 m^3/d。

（3）输送至南沙湾泵站和南屏水库，最大输送能力60万 m^3/d。

丰水期时，现广昌泵站可自行取水；咸潮期时，现广昌泵站作为上游平岗泵站调水的中转泵站。现广昌泵站的主要供水范围包括珠海市主城区（香洲区）及澳门，现状2014年最大取水量为102.6万 m^3/d。

1.1.2.2 新广昌泵站

（1）建设地点和占地情况。新广昌泵站位于珠海香洲区珠海大桥上游2km新围垦区，拟建于现广昌泵站站区北部，现状为一片空地，地势较平坦。

新广昌泵站工程占地面积1380.5m^2，总建筑面积3837m^2，共4层，建筑物高度在室外平以上15.6m。新广昌泵站工程主要建设内容包括泵房、前池及二期顶管工作井，由西向东分别布置顶管工作井、前池和泵房，原水向东输送出站。新广昌泵站前池与现广昌泵站前池连通，使两座泵站能互为备用。新广昌泵站泵房（26.9m×46.5m）布置采用半地下式矩形泵房，内设10个泵位，一字排开，选用长轴轴流泵，单台流量为10417m^3/h，扬程为18m，电机功率为800kW。另外，泵房内设电动双梁双钩桥式起重机1台（起吊重量16/3.2t），通风系统1套。

（2）建设规模及实施意见。新广昌泵站设计最大取水规模为110万 m^3/d。输配水系统主要包括：向南沙湾泵站供水50万 m^3/d，再通过南沙湾泵站输送至梅溪水库；向南区水厂供水60万 m^3/d，南区水厂主要为南湾城区及前山、上冲等区域供水。另外，第四条对澳供水管道供原水方案从新广昌泵站取水，接入澳门石排湾水厂进行净化处理。因此，新广昌泵站主要供水范围为珠海市主城区（香洲区）及澳门。

根据《平岗—广昌原水供应保障工程初步设计（修编版）》，平岗—广昌原水供应保障工程计划于2016年下半年开工，至2018年完工，施工期为2年左右。平岗—广昌原水供应保障工程自动化程度高，管道的管理维修人员可与“平岗一期”工程部分共用，工程管线维护设计劳动定员增加3人。新广昌泵站位于现广昌泵站北侧，距离较近，两个泵站可共同管理，工程设计劳动定员增加5人。

新广昌泵站工程是平岗—广昌原水供应保障工程的主要部分。2010年2月10日，珠海市发展和改革局批复同意开展平岗—广昌原水供应保障工程项目前期工作（珠发改函〔2010〕56号）。2010年6月30日，珠海市发展和改革局批复同意建设平岗—广昌原水供应保障工程（珠发改函〔2010〕385号）。2010年12月30日，珠海市发展和改革局批复了平岗—广昌原水供应保障工程的可行性研究报告（珠发改建〔2010〕230号）。2012年5月，珠海市发改局批复了工程初步设计概算。2014年9月珠海水务集团重新启动工程建设，2015年1月，完成了平岗—广昌原水供应保障工程的可行性研究报告修编成果。

（3）泵站取水设施。新广昌泵站工程取水方式采用箱式取水头部及自流引水管方案。设置箱式取水头部1座，以灌注桩为框架，四周设钢格栅（长20.6m、宽6.0m、高6.5m），双侧及顶面开窗进水，进水窗设置格栅，以减少漂浮物、进砂量及其他水生物。

自流引水管采用2根直径2800mm钢管，单根长333m，取水规模为110万m^3/d时，两根管同时运行，管内流速1.03m/s。

1.1.3　取水方案

（1）取水水源和取水地点。新广昌泵站工程取水水源为磨刀门水道地表水。

新广昌泵站工程取水地点位于磨刀门水道东岸珠海大桥上游，距现广昌泵站上游150m左右，取水口坐标为东经113°24′44″，北纬22°12′14″。

（2）取水量。根据工程设计方案，新广昌泵站工程施工期用水量约为1.24万m^3，取自市政自来水。

作为现广昌泵站的备用取水设施，运行期新广昌泵站工程最大取水规模为110万m^3/d（折合4.58万m^3/h，流量12.73m^3/s），考虑日变化系数1.15，工程日平均取水量为96万m^3/d（折合4.0万m^3/h，流量11.11m^3/s）。新广昌泵站丰水期自磨刀门水道取水，枯水期受咸潮期影响，由平岗泵站和竹洲头泵站转供原水。根据2010—2014年取水口逐时含氯度数据，现广昌泵站全年平均受咸潮影响时段为3654h，可取水时段为5106h。根据新广昌泵站日平均取水规模与现广昌泵站可取水时段，计算得到新广昌泵站在磨刀门水道的年取水量为20424万m^3。

由于珠海市供水系统的特殊性，现广昌泵站工程与平岗泵站、竹洲头泵站和挂锭角引水渠—洪湾泵站工程合发一个取水许可证，为西江干流多点取水工程，工程最大取水许可水量为46782万m^3，取水主要用于珠海、澳门供水系统原水。新广昌泵站与现广昌泵站互为备用，其年总取水量在已核发的取水许可证的取水许可总量之内，即新广昌泵站的建设不会新增取水许可的水量。

（3）取用水水质要求。新广昌泵站取水所在磨刀门水道属于一级水源保护区，取水水源水质要求达到或优于《地表水环境质量标准》（GB 3838—2002）Ⅲ类水标准，同时满足《生活饮用水水源水质标准》（CJ 3020—93）要求。

根据《全国重要江河湖泊水功能区划（2011—2030年）》、《广东省水功能区划》，工程取水口所在河段属于磨刀门水道开发利用水功能一级区，磨刀门水道珠海饮用、渔业用水区水功能二级区，起始断面为百顷头，终止断面为挂锭角，全长36km，水功能区划功能定位为饮用、渔业用水，水质管理目标为Ⅱ类。

根据《2014年珠海市水资源公报》，2014年磨刀门水道珠海饮用、渔业用水区水功能二级区水质为Ⅱ类，能够满足新广昌泵站的取水水质要求。

（4）取水头部和引水管。新广昌泵站工程设置箱式取水头部1座，以灌注桩为框架，四周设钢格栅，总长20.6m，宽6.0m，高6.5m，双侧及顶面开窗进水，进水窗设格栅，控制进栅流速不超过0.30m/s，以最大限度减少漂浮物、进砂量及其他水生物。

自流引水管采用2根直径2800mm钢管，单根长333m。取水规模110万m^3/d，两根管同时运行时，管内流速1.03m/s；当一根管发生事故时，管内流速为2.06m/s。

1.1.4　退水方案

（1）泵站自身退水方案。新广昌泵站工程本身不产生废污水排放，施工期主要为施工人员生活污水、生产废水及机械维修污水，施工期退水量较少，排入施工现场附近的城镇下水道。运行期为泵站日常生活产生的生活污水，生活污水由泵站一体化污水处理设施和化粪池处理，回用于绿化。工程建设完成后，泵站未有废水排放。

（2）供水范围间接退水方案。新广昌泵站主要供水范围为珠海市主城区（香洲区）及澳门。新广昌泵站工程供水范围内产生的废污水主要有工业废水和居民生活污水。居民生活污水由市政管网收集至市政污水处理厂进行统一处理达标后排放。

现状 2014 年珠海市已建成污水处理厂 13 座，其中主城区（香洲区）5 座，处理规模为 40.3 万 t/d；斗门区和金湾区共 7 座，处理规模为 26 万 t/d；桂山海岛 1 座，处理规模为 0.1 万 t/d。现状污水处理能力为 66.4 万 m^3/d，城市污水集中处理率 88.5%。至规划 2020 年，珠海市污水处理厂将达到 16 座，设计污水处理能力将达到 185.3 万 m^3/d，污水处理率达 90%以上。澳门共有 5 座污水处理设施，污水处理能力为 35.67 万 m^3/d。供水范围内污水处理厂处理能力能够满足要求。

1.2 水资源论证的重点与难点

1.2.1 项目特点

平岗—广昌原水供应保障工程属于城乡供水水源工程，符合国家的产业政策，符合区域水资源条件和相关供水规划的要求。平岗—广昌原水供应保障工程项目建设可缓解枯水期珠澳两地淡水供应压力，保障珠澳地区用水需求，提高咸潮期抢淡蓄淡能力，完善供水系统和保证供水安全。工程取水水源为磨刀门水道地表水，属于珠江三角洲河网区。本项目的主要特点如下：

（1）工程取水规模的特殊性。平岗—广昌原水供应保障工程涉及珠澳供水系统。珠澳供水系统具有江河为主、水库为辅、库库联通和多水源等特点，新广昌泵站与现广昌泵站、平岗泵站和竹洲头泵站的取水调度密切相关，同时新广昌泵站还为珠海市南北库群补水，工程取水规模的确定具有特殊性。在分析珠澳供水系统原水调度的基础上，基于水量平衡关系（即新广昌泵站河道取水量＋南北库群自产水量＝珠海市主城区和澳门地区用水量＋南北库群补库水量），推求最不利补库条件下泵站取水规模。

（2）工程取水可靠性的复杂性。平岗—广昌原水供应保障工程取水水源为磨刀门水道，位于珠三角河网区，河网纵横交错，水动力条件复杂，且多为往复流，取水河段水量受上游径流和河口潮流上溯影响，珠三角河网区上游有流量控制站，但河网区各取水河道无水文站点，缺乏水文站实测流量数据，因此，工程取水水源论证与一般平原区不同，取水水源论证采用一维潮流数学模型。在设计频率 97%最枯月和最枯日流量条件下，对现状年和规划水平年广昌泵站、平岗泵站和竹洲头泵站取水前后所在河段流量、水位过程进行模拟计算，分析取水水源的可供水量。

同时，工程取水水源受径流和潮流共同影响，枯水期咸潮活动活跃，受咸潮影响，枯水期取水水源取水口不能正常取水，严重影响珠海和澳门地区供水安全。针对珠三角河网区咸潮上溯影响的问题，本案例分析枯水期上游来水量与工程取水断面日均氯离子含量及日超标时数的关系，编制咸潮期供水调度模型分析，提高取水口供水保障程度。

1.2.2 水资源论证的重点与难点

建设项目水资源论证的核心和重点主要包括两个方面：①论证项目用水量多少和项目

如何用水，这需要分析取用水合理性来解决；②分析水量是否满足项目用水要求，这需要论证取水水源来解决。

平岗—广昌原水供应保障工程水资源论证在分析工程供水范围珠海市和澳门地区水资源现状的基础上，重点分析项目取用水规模的合理性，论证项目取水水源的可行性和可靠性，分析项目供水保障程度。根据项目特点，平岗—广昌原水供应保障工程水资源论证的重点和难点为项目取用水合理性分析和取水水源论证。

（1）取用水合理性分析。根据《建设项目水资源论证导则》（SL 322—2013）的要求，建设项目取水应符合国家和地方产业政策、水资源规划分配方案、水资源管理等的要求。这是给不给工程用水的前提。平岗—广昌原水供应保障工程属于国家鼓励类的"城乡供水水源工程"，符合国家产业政策。根据《珠海市水资源综合规划》《珠海市给水工程系统规划（2006—2020）》等珠海市供水工程布局规划成果，规划2020年建设新广昌泵站，以提高现广昌泵站的供水保障能力，工程建设符合区域水资源条件和相关供水规划的要求。

作为城乡供水水源工程，平岗—广昌原水供应保障工程的重点和难点是分析工程取用多少水量，而取用多少水量的关键是根据项目业主提供的工程取水方案和用水工艺，明晰区域供水现状，掌握供水系统和供水调度，采用合适的方法进行区域需水预测，进而确定工程取用水规模，并进行合理性分析。工程取用水规模的确定是水行政主管部门审批建设项目取水量的重要技术依据。

平岗—广昌原水供应保障工程主要向珠澳地区供水，珠澳供水系统庞大，供水调度比较复杂，涉及多个水库和多个泵站，且各个泵站之间的取水调度关系密切；同时，新广昌泵站为珠海市南库群和北库群补水，与一般的供水水源工程不同，工程取用水量的分析不是简单的区域供需平衡分析过程，除了分析取水量和用水量，还要考虑工程对南北库群的补库水量，基于水量平衡关系来推求工程取用水规模。

（2）取水水源论证。平岗—广昌原水供应保障工程取水水源为磨刀门水道，属于地表水，根据SL 322—2013要求，地表水取水水源论证应利用已有成果，分析取水水源论证范围内来水量和地表可供水量，结合取水水源水质评价成果，分析取水水源的保证程度。

平岗—广昌原水供应保障工程取水水源论证的重点和难点是分析来水量和地表可供水量。与一般平原区不同，平岗—广昌原水供应保障工程取水水源位于珠三角河网区，靠近珠江河口，取水河段水量受上游径流和河口潮流上溯影响，且河网区各取水河段无水文站点和实测水文数据，无法直接采用上游实测流量资料来计算不同保证率的来水量和可供水量，应考虑河口潮流影响，建立一维潮流数学模型，分析设计频率97%最枯月和最枯日流量条件下，取水水源的可供水量。

另外，按照SL 322—2013要求，需要对取水水源的水质进行评价分析，根据GB 3838—2002，采用单项因子比较法对取水河段水质进行分析；同时，对于取水水源为河网区的水质评价，重点对枯水期取水河段咸潮情况进行分析论证，分析取水口供水保障程度。

1.3 工作过程

水资源论证工作过程主要包括现场查勘与调研、资料收集与整理、水资源论证工作大纲和水资源论证报告编制等阶段。2015年9月，珠海水务集团有限公司委托珠江水利委员会珠江水利科学研究院开展平岗—广昌原水供应保障工程水资源论证工作；2016年2月，编制单位根据《水利水电建设项目水资源论证导则》（SL 525—2011）和SL 322—2013要求，完成《平岗—广昌原水供应保障工程水资源论证报告书（送审稿）》；2016年5月，根据项目审查意见，完成《平岗—广昌原水供应保障工程水资源论证报告书（报批稿）》。为完成平岗—广昌原水供应保障工程水资源论证项目，编制单位主要开展的工作包括以下方面。

1.3.1 现场查勘与调研

现状查勘与调研是开展水资源论证的前期工作之一，主要了解项目的总体情况以及取退水方案，重点查勘项目建设现场、取水口及取水设施、退水口及退水设施以及项目涉及的相关水利工程。平岗—广昌原水供应保障工程主要向珠澳供水系统供水，编制单位根据项目取水方案制定了现场查勘方案，并开展了项目调研工作。

项目调研工作。与珠海市海洋农业和水务局进行座谈，全面了解珠海市水资源现状、珠海市供用水情况、珠海市最严格水资源管理制度等情况；与珠海水务集团有限公司进行座谈，全面了解珠澳供水系统现状、对澳供水现状、珠澳供水系统总体调度情况以及存在的问题。

现场查勘工作。制定了现场查勘方案，并与珠海水务集团有限公司进行沟通协调，实地查勘了平岗—广昌原水供应保障工程现场，主要包括平岗至广昌的输水管线、新广昌泵站建设地点现场、工程取水口现场等。实地查勘了珠澳供水系统涉及的主要原水泵站和水库，主要包括竹洲头泵站、平岗泵站、现广昌泵站、珠海市南库群、珠海市北库群、挂锭角引水渠、竹银水库等。

1.3.2 资料收集与整理

资料收集是开展水资源论证的前期工作之一。收集资料的准确性、详实度和时效性直接影响分析论证工作的进度和质量，甚至影响论证结论的可信程度。编制单位根据项目水资源论证要求和工作等级，整理了平岗—广昌原水供应保障工程水资源论证所需的资料清单，主要资料包括以下方面。

（1）项目资料。项目可行性研究报告、环评报告书、与项目有关的政府部门（发改委、国土局和规划局等）批复文件或函。主要了解项目基本情况、建设规模、占地情况、实施情况和取水方案、退水方案等。

（2）论证区域基本资料。珠海市和澳门自然地理、社会经济、水文气象、河流水系资料。珠海市和澳门降水量、水资源量、现状开发利用情况等资料。珠海市和澳门主要水利工程、各工程供水范围及供水规模等。珠海市和澳门用水量和用水水平资料。收集广东省和珠海市最严格水资源管理实施方案，分析取用水总量、用水效率和水功能区限制纳污总量情况。主要了解分析范围概况和水资源及其开发利用情况等。

（3）规划资料。珠海市城市供水系统规划、珠海市污水规划等。主要了解分析范围内取用水户和污水处理厂情况，分析项目取水影响和退水影响。

（4）水文和水质资料。项目取水水源上游长系列水文资料，分析上游来水情况；项目分析范围内主要取用水户，分析其用水情况。根据以上资料建立一维潮流数学模型，考虑旁侧出流，分析取水水源可供水量。

项目取水水源（磨刀门水道）的水质监测资料，分析取水水源水质情况。

项目取水水源（磨刀门水道）所在取水口（竹洲头泵站、平岗泵站、广昌泵站取水口）逐时咸潮监测资料，分析取水水源受咸潮影响情况。

1.3.3　水资源论证工作大纲编制

水资源论证工作大纲是水资源论证的首要环节，也是保证水资源论证报告书质量的重要手段。在现场查勘和资料收集的基础上，按照导则要求，编制《平岗—广昌原水供应保障工程水资源论证工作大纲》，确定论证工作等级和论证水平年，明确论证技术路线以及论证的组织形式。

水资源论证工作大纲主要内容包括分析建设项目概况、确定水资源论证范围、确定水资源论证工作深度和工作重点、分析项目取用水合理性、论证项目取水水源方案、分析项目取水和退水影响、提出水资源保护措施。

1.3.4　水资源论证报告编制

按照导则要求，以工作大纲制定的技术路线为基础，编制《平岗—广昌原水供应保障工程水资源论证报告》，主要论证项目取用水的合理性和取水水源的可靠性。

项目取用水合理性分析的重点为取水规模的确定，难点为珠澳供水系统的调度，编制单位多次实地勘察珠澳供水系统的多个泵站和水库，深入学习和了解珠澳供水调度现状和规则，开展了技术讨论，最终确定基于水量平衡来推求工程取水规模。

项目取水水源的可靠性分析的重点为可供水量的确定和供水保障程度分析，编制单位以自主研发的一维潮流数学模型为手段，分不同工况对取水水源的可供水量进行了分析计算。同时，收集整理了广昌泵站、平岗泵站、竹洲头泵站取水口的逐时咸潮数据，分析了取水水源受咸潮影响情况，并编制了咸潮期供水调度模型，深入分析项目供水保障程度。

1.4　案例的主要内容

平岗—广昌原水供应保障工程水资源论证的主要任务是根据建设项目的规模及取水方案，论证项目取用水的合理性和取水水源的可靠性，为平岗—广昌原水供应保障工程项目取水许可提供科学依据。根据平岗—广昌原水供应保障工程水资源论证的主要特点，以及重点和难点，本案例主要从工程取水规模合理性和取水可靠性分析两个方面阐述主要内容。

1.4.1　取水规模合理性分析

平岗—广昌原水供应保障工程属于供水工程，供水系统及其调度比较复杂，泵站之间的取水调度关系密切，取水规模的确定除了分析取水量和用水量，还要考虑库群补库水量，基于水量平衡关系来推求工程取用水规模。因此，本工程取水规模合理性分析主要包括以下内容：

（1）珠澳供水系统及其调度。了解珠澳供水系统现状，根据珠澳供水系统示意图，明晰珠澳供水系统的供水和用水情况。

阐述珠澳供水系统的原水调度规则，分析广昌泵站、平岗泵站、竹洲头泵站、挂锭角引水渠、洪湾泵站与蓄淡水库的调度规则。

新广昌泵站属于珠澳供水系统的重要原水泵站，担负对珠海市主城区（香洲区）水库补水和用水，及对澳供原水。丰水期广昌泵站从磨刀门取水，输送原水至南区水厂、南沙湾泵站和梅溪水库以及挂锭角引水渠—洪湾泵站。枯水期受咸潮影响，广昌泵站转供平岗泵站和竹洲头泵站原水。

（2）取水口相互关系。工程取水水源为磨刀门水道，现有广昌泵站、平岗泵站和竹洲头泵站3个取水口，取水口相互关系密切，本案例分析新广昌泵站取水与现广昌泵站、平岗泵站、竹洲头泵站、挂锭角取水点的相互关系，尤其是枯水期咸潮不同影响时段，各取水点的关系。

（3）取水规模的确定。明确新广昌泵站的备用和补充功能，在供水系统及其调度的基础上，考虑泵站对南北库群的补库，本案例提出基于水量平衡关系（即新广昌泵站河道取水量＋南北库群自产水量＝珠海市主城区和澳门地区用水量＋南北库群补库水量）推求工程取用水规模，并论证新广昌泵站取水规模的合理性。

1.4.2 取水可靠性分析

平岗—广昌原水供应保障工程取水水源为珠江河网区，受上游径流和河口潮流影响，应考虑河口潮流影响，采用一维潮流数学模型，分析设计频率97%最枯月和最枯日流量条件下取水水源的可供水量。受河口咸潮影响，取水口保证程度应分析项目受咸潮影响的情况，因此，取水水源可靠性分析主要包括以下内容：

（1）取水水源可供水量分析。枯水期咸潮影响期间，作为工程取水水源的广昌泵站、平岗泵站和竹洲头泵站3个取水口的取水调度密切相关，在明确各取水点关系的基础上，采用一维潮流数学模型分析新广昌泵站、现广昌泵站、平岗泵站、竹洲头泵站的可供水量。

（2）取水水源咸潮影响分析。枯水期工程取水水源受河口咸潮影响，各取水口不能正常取水，为提高工程取水保障程度，分析项目受咸潮影响的情况，在原水系统调度的基础上，分析枯水期上游日均来水量（“马＋三”）和工程取水断面咸潮因子的关系，编制供水调度模型，分析项目取水的可靠性和供水保障程度。

2 新广昌泵站取水规模合理性分析

作为平岗—广昌原水供应保障工程的重要组成部分，新广昌泵站具备取水功能，与现广昌泵站互为备用和补充。新广昌泵站取水工程的供水范围为珠澳供水系统（重点为珠海市主城区和澳门地区），珠澳供水系统涉及多个泵站和水库，泵站从磨刀门水道取水供水至珠澳地区，同时泵站也向主城区补库，供水调度比较复杂，另外，泵站取水口之间关系密切，因此，新广昌泵站取水规模的确定是在掌握驻澳供水系统及其调度的基础上，阐述枯水期受咸潮影响时各取水口的相互关系，考虑珠澳地区需水和主城区补库水量，基于水量平衡关系推求工程取用水规模，并分析新广昌泵站取水规模的合理性。

2.1 珠澳供水系统调度

2.1.1 珠澳供水系统

珠海市供水系统分为珠海市东部供水系统和西部供水系统，其中珠海市东部供水系统由4座原水泵站、7座水库和4座水厂组成，向珠海市主城区（香洲区）和澳门供水；西部供水系统由5座原水泵站、5座加压泵站和7座水厂组成，向珠海市斗门区和金湾区供水。枯水期咸潮影响时，为保障澳门和珠海市主城区（香洲区）的供水安全，竹洲头泵站、平岗泵站、广昌泵站和竹银水库组成西水东调系统，向珠海市主城区（香洲区）和澳门补给原水。珠海市主城区（香洲区）和澳门地区原水泵站情况见表2-1。

表2-1　珠海市主城区及澳门地区原水泵站情况表

序号	泵站名称	水源及水质	设计抽水能力/（万 m^3/d）	实际抽水能力/（万 m^3/d）	原水输水目的地
1	广昌泵站	磨刀门Ⅱ类	130	100	南屏水库、拱北水厂、大镜山水库（南区水厂）
2	平岗泵站	磨刀门Ⅱ类	124	124	西区水厂、广昌泵站
3	竹洲头泵站	磨刀门Ⅱ类	100/80	100/80	竹银水库、平岗泵站
4	洪湾泵站	磨刀门Ⅱ类	45	40	蛇地坑水库、银坑水库
5	南沙湾泵站	原水中转泵站	75	75	南屏水厂、拱北水厂、香洲水厂、大镜山水库

（1）广昌泵站。现广昌泵站位于磨刀门水道东岸珠海大桥上游，设计取水规模为130万 m^3/d；新广昌泵站拟建于现广昌泵站站区北部，最大取水规模为110万 m^3/d。取水水源为磨刀门水道，现广昌泵站和新广昌泵站互为备用，其供水系统主要包括：输送原水至南区水厂；输送原水至南沙湾，再通过南沙湾泵站输送至梅溪水库，向香洲水厂、拱北水厂和澳门供原水；输送原水至挂锭角引水渠，再到洪湾泵站。丰水期广昌泵站可自行取水；咸潮期广昌泵站作为上游平岗泵站调水的中转泵站。

（2）平岗泵站。平岗泵站位于磨刀门水道西岸平岗村，现状取水能力最大可达124万 m^3/d。丰水期时，给西区水厂供水（24万 m^3/d），给月坑水库补水；枯水期时，给西区水厂供水的同时，调水100万 m^3/d 至广昌泵站。

（3）竹洲头泵站。竹洲头泵站丰水期给竹银水库补库，咸潮期与平岗泵站现有供水系统结合，向珠海市主城区和西区水厂供水。取水规模100万 m^3/d，设计水泵扬程为14～64m。竹银水库向平岗泵站供水量为100万 m^3/d，供水流量为11.57m^3/s。

（4）洪湾泵站。洪湾泵站位于洪湾涌北岸，由挂锭角引渠抽水，输水至南部库群，设计取水能力为45万 m^3/d。由于中途输水通道受塌方影响，过水断面变小，实际输水能力为35万 m^3/d。

（5）南沙湾泵站。南沙湾泵站位于前山河北岸，取水能力为75万 m^3/d。因前山河污染严重，该泵站已基本停止取水，仅作为原水中转泵站，主要转抽广昌泵站及南屏水库的来水，输送至拱北水厂及北部库群，同时可利用广昌—南屏管道输水至南屏水库。

平岗—广昌原水供应保障工程的建设可提高珠海市主城区（香洲区）和澳门特区供水保障程度。新广昌泵站属于东部供水系统的重要原水泵站，担负对珠海市主城区（香洲区）水库补水和用水，以及对澳供原水，同时，新广昌泵站与平岗泵站、竹洲头泵站密切相关。珠澳供水系统见图 2-1。

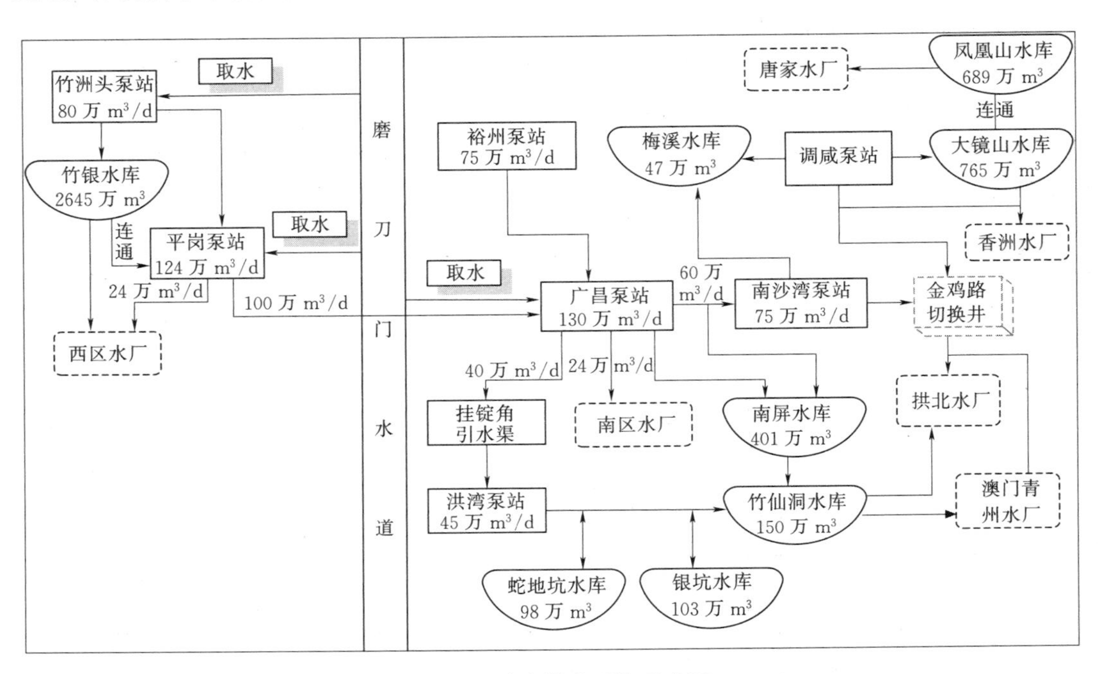

图 2-1　珠澳供水系统示意图

（注：水库库容为调节库容，泵站规模为设计规模）

丰水期广昌泵站从磨刀门取水，供水至 3 个系统：①输送原水至南区水厂，南区水厂主要供水范围为珠海市香洲区的南湾和横琴。②输送原水至南沙湾泵站，再通过南沙湾泵站输送至梅溪水库，梅溪水库作为前置库，广昌泵站原水通过广（昌泵站）南（沙湾泵站）梅（溪水库）系统流向大镜山水库和凤凰山水库，梅溪水库、大镜山水库和凤凰山水库分别向珠海市香洲区的唐家水厂、香洲水厂和拱北水厂供水；另外输送原水至南屏水库，南屏水库可向竹仙洞水库供水，最终供水至珠海市香洲区的拱北水厂和澳门青州水厂。③输送原水至挂锭角引水渠，再通过 5km 的引水渠输送广昌泵站原水到洪湾泵站，洪湾泵站输水至竹仙洞水库、蛇地坑水库和银坑水库，最终供水至珠海市香洲区的拱北水厂和澳门青州水厂。

枯水期受咸潮影响，广昌泵站含氯度超标，不能从磨刀门水道取水，平岗泵站取水，通过输水管道输水至广昌泵站；平岗泵站受咸潮影响不能取水，竹洲头泵站取水，通过输水管道输水至广昌泵站；咸潮严重期间，3 个泵站均不能取水时，由汛前蓄满水的竹银水库取水，通过隧道和输水管道输水输送至广昌泵站。

2.1.2　珠澳供水系统原水调度

2.1.2.1　原水调度

根据供水不同时期（汛期、枯水期、补水期）的调度目标，结合流域水情和水文、本地降雨以及未来气候的发展等进行动态调度。

（1）汛期调度（4 月 15 日至 10 月 14 日）。开汛前夕，各水库水位降至汛限水位以下，8 月前为加快库水置换和改善库水水质，在满足系统安全供水的前提下，尽可能降低运行水位。根据流域水情，8 月初开始进行补库工作。补库的水位目标：汛期结束时，将水位提到接近汛限水位的位置；10 月将水库补到正常水位。

（2）枯水期调度（10 月 15 日至次年 4 月 14 日）。实施“水量为主，先紧后松”的调度原则。充分利用水库的调咸能力，力争达到“抢淡”水量最大化，保证整个咸潮期间的供水安全。通过分析上游水文数据和河口潮汐规律，判断各取水泵站取水几率，制定取水计划，并在实施过程中进行动态调整。

（3）补水期调度（搭接于后汛期至咸潮期前期）。根据规划年咸情预判和咸潮期调度计划，结合主城区水库的蓄水情况，有效拦蓄后汛期降雨产生的径流量；同时，合理增加原水泵站产量，分步对水库进行回蓄。

2.1.2.2　取水泵站调度

（1）竹洲头泵站。竹洲头泵站属于竹银水源工程的重要组成部分，与竹银水库一起进行蓄淡调咸，根据历年遭遇咸潮时间及供水要求，于 8 月底开始由竹洲头泵站抽原水补充竹银水库，至 10 月底水库蓄满，当平岗泵站和广昌泵站受咸潮影响无法取水时，由竹洲头泵站向广昌泵站输水。当竹洲头泵站无法取水时，竹银水库向珠海市东区供水。

（2）平岗泵站。平岗泵站分高压和低压系统。高压系统泵站全开，主要根据水情（竹银水库蓄水情况和广昌、挂锭角咸潮情况）对平岗泵站取水概率进行分析和预测，平岗泵站能取水时，向月坑水库补水，同时西水东调，增加高压的总取水量；平岗泵站不能取水时，竹银水库放水至平岗泵站，亦可科学调配月坑水库水供给。低压系统向西城水厂供水，其出现故障时，可通过高压系统供西区水厂取水。

（3）广昌泵站。提高广昌泵站取水量，充分发挥平岗泵站的优质淡水，在满足调度水质目标的前提下，最大化发挥广昌泵站高压机组的抽水量。丰水期当来水达标时，广昌泵站最大化取水，广昌泵站高压机组取水补南屏水库或北库群后供给拱北水厂，同时广昌泵站低压机组取水供给挂锭角引渠，输送至蛇地坑水库、银坑水库供给竹仙洞水库。枯水期受咸潮影响时，转输平岗泵站原水至主城区。

（4）洪湾泵站。提高洪湾泵站的取水量，在满足调度水质目标的前提下，最大化发挥洪湾泵站抽水量，向竹仙洞水库、蛇地坑水库和银坑水库补库。枯水期受咸潮影响时，转输广昌泵站原水，通过挂锭角引渠供给竹仙洞水库。

（5）挂锭角引渠。科学利用挂锭角引渠的容积，挂锭角引渠的容积可作为临时周转“仓库”使用。平岗泵站可抢淡时，控制挂锭角引渠的水位，开启平岗泵站，输水至挂锭角引渠，使平岗泵站的抢淡水量最大化，同时增加取水量。

2.1.2.3　蓄淡水库调度

（1）北库群。北库群主要包括大镜山水库、凤凰山水库和梅溪水库。

大镜山水库承接南部的来水，与凤凰山水库通过隧洞连通，两库互为备用，肩负对香洲水厂原水的供水任务。大镜山水库的调度原则为：正常情况下，每年10月底补至正常水位；每年开汛前，将水库降至汛限水位以下1.0m，根据天气预测、时间进程、北库群总库容情况，每日南水北调的水量，在运行过程中，根据条件的变化，进行动态调整。

凤凰山水库主要向唐家水厂提供原水，亦可利用水位差自流至大镜山水库。

梅溪水库是一个前置库，广（昌泵站）南（沙湾泵站）梅（溪水库）管建成后，从南往北补库的客水将通过此通道流向大镜山水库和凤凰山水库。

（2）南库群。南库群主要包括南屏水库、竹仙洞水库、蛇地坑水库和银坑水库。

南屏水库作为主城区的枢纽水库，可向北库群、拱北水厂、竹仙洞水库供水。其水位的高低直接影响广昌泵站的能耗，一般情况下，枯水期高水位（32.0m左右）运行，汛期低水（24.0m左右）位运行。

竹仙洞水库负责对澳门供原水，同时肩负珠海市香洲区拱北水厂的部分原水，因库容小，正常情况下，每日出入库的水量在35万m^3左右，汛期期间，约5.5d置换一库的水量。

蛇地坑水库和银坑水库的主要作用是在咸潮期到来前将水库蓄满，咸潮期间作为应急备用水源（勾兑或直接放至竹仙洞水库）。为保证度汛安全和最大化置换库水，一般在汛期前夕将其空库，整个汛期的前半段时间（4月上旬至7月底）处于空库状态。后汛期主要拦蓄尾汛，利用自产水进行补库，如到咸潮期前期还未补满，则利用各自配属的泵站从洪湾泵站至竹仙洞水库的引渠中抽取补库。当洪湾泵站抽取的原水含氯度满足不了要求时，利用水库低含氯度库水与洪湾泵站的来水在引渠中勾兑成符合要求的原水，流入竹仙洞水库。

（3）竹银水库。竹银水库主要担任对东部主城区的调咸任务，咸潮期磨刀门水道的广昌泵站、平岗泵站和竹洲头泵站取水口不能正常取水时，通过调度由竹银水库输送原水至广昌泵站，经南北库群供水至珠澳地区。竹银水库也肩负对西城水厂的调咸任务。

竹银水库的调度原则如下：竹银水库水位在42.0m以下时，由平岗泵站补库；42.0m以上时，由竹洲头泵站补库。补库水量和补库进度根据流域的实际情况进行动态控制。

竹银水库调度运行如下：补库，每年后汛期根据流域水情，确定水库的起蓄时间。消容，开汛前根据各种水情资料，预测咸潮期的结束时间，有计划消耗水库库容，主汛期水库维持在尽可能低的水位运行。咸潮期做好每旬各取水泵站的抢淡概率预测，在确保安全供水的原则上，避免高水位运行降低泵站能耗，同时加快水库库水的置换频率，避免藻类暴发。

2.2 取水口相互关系

新广昌泵站取水水源为磨刀门水道，取水口所在水域珠海市区域内取水口主要为现广昌泵站、平岗泵站、竹洲头泵站和挂锭角取水口，其中平岗泵站、竹洲头泵站的取水口位于新广昌泵站取水口上游，挂锭角取水口位于新广昌泵站取水口下游。磨刀门水道受咸潮影响，作为珠澳供水系统的原水泵站，枯水期新广昌泵站与现广昌泵站、平岗泵站、竹洲头泵站、挂锭角取水口密切相关。

（1）新广昌泵站与现广昌泵站取水口关系。现广昌泵站现状真空系统受取水管沉降影响，运行不稳定，系统出现故障而导致取水泵站无法正常取水，新广昌泵站可以作为现广昌泵站的备用取水设施，在现广昌泵站出现故障时进行取水。同时，随着珠海市主城区（香洲区）和澳门地区用水量的增加，现广昌泵站在枯水咸潮影响时补库能力不足，且补库时间来不及，在有水可取的情况下，新广昌泵站可作为现广昌泵站的补充和备用工程，对主城区（香洲区）南北库群的水库进行补水，以保障珠澳地区用水需求。因此，新广昌泵站与现广昌泵站取水口互为备用和补充。

（2）新广昌泵站与平岗泵站取水口关系。枯水期，磨刀门水道受咸潮影响，新广昌泵站距离珠江河口较近，取水口含氯度较高，当含氯度不小于 250mL 时，新广昌泵站不再从磨刀门水道取水，而是转接平岗泵站的原水，由平岗泵站取水后通过“平岗二期”管线工程输水至新广昌泵站。因此，新广昌泵站是咸潮期供水配套工程，咸潮期可从平岗泵站抢淡调水给主城区（香洲区）和澳门。

（3）新广昌泵站与竹洲头泵站取水口关系。竹洲头泵站主要功能为丰水期给竹银水库补库，咸潮期与平岗泵站现有供水系统结合，向主城区（香洲区）、澳门和西区水厂供水。枯水期，磨刀门水道受咸潮影响，竹洲头泵站距离珠江河口较远，当新广昌泵站和平岗泵站取水口含氯度均较高（含氯度不小于 250mL）时，受咸潮影响新广昌泵站和平岗泵站均不能从磨刀门水道取水，则由竹洲头泵站取水后输水至平岗泵站，再通过“平岗二期”管线工程输水至新广昌泵站。因此，新广昌泵站咸潮期可从竹洲头泵站抢淡调水给主城区（香洲区）和澳门。当枯水期咸潮影响较大时，新广昌泵站、平岗泵站和竹洲头泵站均不能从磨刀门水道取水，则从竹银水库取水，由竹银水库—平岗泵站输水隧洞输水至平岗泵站，再通过“平岗二期”管线工程输水至新广昌泵站。

（4）新广昌泵站与挂锭角取水口关系。挂锭角直接取磨刀门水道的江水，江水通过 5km 长的引水渠（穿越洪湾涌采用两根直径 1300mm 的倒虹管）自流到洪湾泵站。挂锭角取水口是距离珠江河口最近的取水口，枯水期挂锭角取水口受咸潮影响不能取水，洪湾泵站原水主要由新广昌泵站供水。

因此，根据新广昌泵站与磨刀门水道各主要取水口的关系，新广昌泵站与现广昌泵站互为备用和补充，枯水期受咸潮影响时，转供平岗泵站和竹洲头泵站的原水，输送至珠海市主城区南北库群和澳门。

2.3　新广昌泵站取水规模的确定

现广昌泵站现状真空系统运行不稳易出现故障时，新广昌泵站可以作为现广昌泵站的备用取水设施进行取水。同时，新广昌泵站可作为现广昌泵站的补充和备用工程，对主城区（香洲区）南北库群的水库进行补水。新广昌泵站与现广昌泵站互为备用和补充。新广昌泵站担负珠海市主城区（香洲区）和澳门地区的供水，主要向水厂提供原水，并对主城区水库进行补水，因此，新广昌泵站取水规模根据珠澳供水系统实际情况基于水量平衡进行确定。

2.3.1 需水量预测

采用分类用水定额测算法按不同用水行业，对新广昌泵站供水范围（珠海市香洲区和澳门地区）进行需水预测，主要包括生活、工业、建筑业、第三产业、生态环境用水。

2.3.1.1 珠海市需水量预测

（1）人口和社会经济预测。根据《2015年珠海市统计年鉴》，新广昌泵站供水范围内珠海市主城区（香洲区）2014年常住人口为93.34万人。根据《珠海市城市总体规划（2001—2020年）》的相关成果，预测新广昌泵站供水范围珠海市主城区（香洲区）规划2020年人口为105.1万人。根据《珠海市国民经济和社会发展第十三个五年规划的建议》，预测珠海市主城区（香洲区）规划2020年GDP为1829.80万元，其中工业增加值为676.29万元，建筑业增加值为92.22万元，第三产业增加值为1057.62万元。

（2）生活需水量预测。居民生活用水定额参照《广东省用水定额》（DB44/T 1461—2014）及珠海市现状用水情况确定，规划2020年珠海市香洲区居民生活毛用水定额200L/(人·d)。根据人口预测及定额成果，规划2020年新广昌泵站供水范围珠海市主城区（香洲区）居民生活需水量为7681万m^3。

（3）工业、建筑业和第三产业需水预测。参照《珠海市实行最严格水资源管理制度考核暂行办法》和《珠海市水资源综合规划》，规划2020年珠海市主城区（香洲区）万元工业增加值用水量（含火电）为9m^3/万元，万元建筑业增加值用水量为6m^3/万元，万元第三产业增加值用水量为7m^3/万元。由此预测得到规划2020年珠海市主城区（香洲区）工业需水量为0.67亿m^3，建筑业需水量为0.06亿m^3，第三产业需水量为0.82亿m^3。

（4）生态环境需水预测。生态环境需水包括城镇绿化需水和环境卫生需水两部分。预测规划2020年珠海市生态环境需水占生活和三产用水的1.5%，生态环境需水量为0.02亿m^3。

综合以上需水量成果，新广昌泵站供水范围内珠海市主城区（香洲区）规划2020年需水量为2.34亿m^3，日平均需水量为64.1万m^3/d，最高日需水量为73.7万m^3/d。

2.3.1.2 澳门需水量预测

规划2020年澳门人口达到77.32万人，人均家庭用水定额为150L/(人·d)，则规划2020年澳门生活需水量为4233.27万m^3。

根据《澳门总体节水规划研究总报告》成果，规划2020年，澳门地区商业用水为6128万m^3，公共事业需水量为451.68万m^3。规划2020年工业用水增长率为4%，预测得到规划2020年工业需水量为594.38万m^3。

综合澳门4项用水户需水量预测结果，规划2020年需水量为1.14亿m^3，日平均需水量为31.2万m^3/d，最高日需水量为35.9万m^3/d。

2.3.2 新广昌泵站取水规模

新广昌泵站主要供水范围为珠海市主城区（香洲区）及澳门。根据珠海主城区（香洲区）和澳门地区的需水预测结果，规划2020年，新广昌泵站供水范围需水量为3.48亿m^3，日均需水量为95.3万m^3/d，最高日需水量为109.6万m^3/d。其中，珠海市主城区（香洲区）需水量为2.34亿m^3，日平均需水量为64.1万m^3/d，最高日需水量为73.7万

m^3/d；澳门年需水量为1.14亿m^3，日平均需水量为31.2万m^3/d，最高日需水量为35.9万m^3/d。

新广昌泵站取水规模主要基于珠海市供水系统及水量平衡关系（广昌泵站河道取水量+南北库群自产水量=珠海市主城区和澳门地区用水损耗+南北库群补库水量），推求最不利补库条件下规划水平年的泵站取水量。根据珠海市水务集团有限公司提供的2010—2015年广昌泵站河道取水量、珠海市主城区南北库群的自产水量和珠海市主城区和澳门地区用水数据，推求主城区补库水量（见表2-2）。由表2-2可知，最不利条件下，珠海市主城区补库水量为2920万m^3，年均自产水量为2520万m^3。

表2-2　　珠海市主城区补库水量计算表　　单位：万m^3

年份	原水量	自产水量	用水量	补库水量
2010	25492	2629	25201	2920
2011	25797	1835	26526	1106
2012	27065	2413	28845	633
2013	23854	3772	29251	0
2014	28452	2435	30873	14
2015	32050	2040	32462	1628

基于水量平衡关系式，根据预测得到的规划水平年珠海市主城区和澳门需水量，根据最不利条件下的补库水量，采用年均自产水量，推求得到规划2020年广昌泵站取水量。根据新广昌泵站供水范围需水量预测结果，供水范围内总需水量为3.48亿m^3，日均需水量为95.3万m^3/d，最高日需水量为109.6万m^3/d，考虑最不利条件下的主城区补库水量（2920万m^3），基于水量平衡关系式，推求得到2020年新广昌泵站日平均取水量为96万m^3/d，考虑日变化系数1.15，则最高日取水量为110万m^3/d。

由以上计算结果可知，确定新广昌泵站取水规模，即广昌泵站日平均取水量为96万m^3/d，考虑日变化系数1.15，则最高日取水量为110万m^3/d。

3　新广昌泵站取水可靠性分析

新广昌泵站取水水源为磨刀门水道，属于珠江三角洲河网区，河流水动力复杂，受上游径流和河口潮汐双重影响，且河网区河段无水文资料，取水水源可供水量无法根据长系列水文资料进行频率分析，确定设计年径流和设计枯水径流量，本项目取水水源可供水量分析采用一维潮流数学模型，考虑上游径流量和下游潮位对取水河段水量的影响，计算新广昌泵站工程取水河段可供水量。同时工程取水水源地靠近珠江河网区，受咸潮上溯影响，取水河段含氯度超标，取水口无法正常取水，本项目取水水源可靠性分析论证分析项目受咸潮影响的情况，在原水系统调度的基础上，分析枯水期上游日均来水量（“马十三”）与工程取水断面咸潮因子的关系，编制供水调度模型，分析项目取水的可靠性和供水保障程度。

3.1 取水水源可供水量分析

新广昌泵站工程取水水源为磨刀门水道，属于珠江三角洲河网区，鉴于三角洲地区河网是相互连通的水网系统，并且取水河段水量不但受上游径流影响，而且受潮流上溯影响也较大。故本次论证通过西北江下游及三角洲一维潮流数学模型，考虑下游潮位对取水河段水量的影响，计算新广昌泵站工程取水河段可供水量。

3.1.1 一维潮流数学模型简况

一维潮流数学模型采用圣维南方程组，采用四点加权 Preissmann 隐式差分格式离散方程组，运用追赶法进行求解。采用 2001 年 2 月 7—10 日的西北江三角洲同步水文测验资料对经参数率定的模型进行验证，模型计算成果的误差符合有关技术规程规定的精度要求。

一维潮流数学模型研究范围基本上包括了西江三角洲、北江三角洲、东江三角洲。模型上边界取高要（西江）、石角（北江）、老鸦岗（流溪河）、麒麟咀（增江）、博罗（东江）、石咀（潭江）水文（位）站，下边界取八大口门的大虎（虎门）、南沙（蕉门）、冯马庙（洪奇门）、横门（横门）、大横琴（磨刀门）、黄金（鸡啼门）、西炮台（虎跳门）及官冲（崖门）潮位站。模型范围示意图见图 3-1。

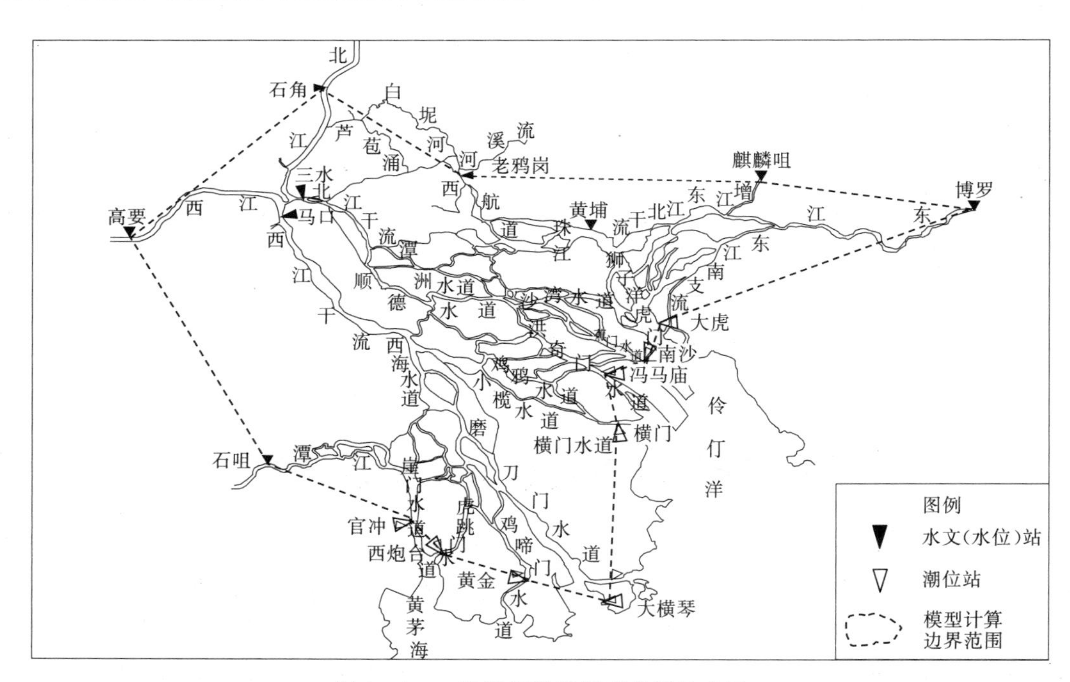

图 3-1 一维潮流数学模型范围示意图

一维潮流数学模型上边界为 97%保证率的枯水流量，采用高要水文站、石角水文站 1957—2011 年共 55 年的流量资料，以 P-Ⅲ适线法进行枯水频率计算得到高要水文站、石角水文站 97%保证率枯水流量；下游边界采用枯水期实测典型潮位过程，采用

“2001·2”枯水实测同步水文观测资料，选取2001年2月7—15日8d同步水文观测资料。旁侧出流主要包括思贤滘以上计算区域的耗水量和思贤滘以下西北江三角洲计算区域各主要取用水户的取水量。

3.1.2　可供水量分析

新广昌泵站工程属于咸潮期供水配套工程，作为上游平岗泵站调水的中转泵站，咸潮期从平岗泵站抢淡调水给主城区补库。平岗—广昌原水供应保障工程取水分以下3种情况：①丰水期广昌泵站直接取水；②咸潮影响下，广昌泵站不能取水，可在平岗泵站取水；③咸潮影响下，广昌和平岗泵站均不能取水，在竹洲头泵站取水。因此，本案例利用一维潮流数学模型，在设计频率97%最枯月和最枯日日均流量条件下，对现状年和规划水平年广昌泵站、平岗泵站和竹洲头泵站取水前后所在河段流量过程进行模拟计算。

（1）现状年。三种情况下，现状年97%最枯日和97%最枯月来水条件下广昌、平岗和竹洲头泵站取水断面取水前后流量变化情况见表3-1。

表3-1　现状年广昌、平岗和竹洲头泵站取水断面取水前后流量变化表

频率	取水断面	工况	落潮平均/(m^3/s)	变化值/%	涨潮平均/(m^3/s)	变化值/%
97%最枯日	广昌泵站（丰水期）	工程前	3506.47	—	2962.93	—
		工程后	3493.45	−0.37	2962.57	−0.01
	平岗泵站（咸潮期广昌泵站不能取水时）	工程前	2889.89	—	2438.00	—
		工程后	2878.59	−0.39	2435.80	−0.09
	竹洲头泵站（咸潮期广昌和平岗泵站均不能取水时）	工程前	2773.48	—	2346.60	—
		工程后	2763.38	−0.36	2343.57	−0.13
97%最枯月	广昌泵站（丰水期）	工程前	3495.48	—	2958.68	—
		工程后	3482.39	−0.37	2958.36	−0.01
	平岗泵站（咸潮期广昌泵站不能取水时）	工程前	2956.59	—	2346.97	—
		工程后	2945.29	−0.38	2344.88	−0.09
	竹洲头泵站（咸潮期广昌和平岗泵站均不能取水时）	工程前	2866.49	—	2223.89	—
		工程后	2856.41	−0.35	2221.00	−0.13

由表3-1模型计算成果可知，现状年97%保证率年最枯日流量条件下，广昌泵站取水断面落潮平均流量和涨潮平均流量分别为3506.47m^3/s、2962.93m^3/s，平岗泵站取水断面分别为2889.89m^3/s、2438.00m^3/s，竹洲头取水断面分别为2773.48m^3/s、2346.60m^3/s。97%保证率年最枯月流量条件下，广昌泵站取水断面落潮平均流量和涨潮平均流量分别为3495.48m^3/s、2958.68m^3/s，平岗泵站取水断面分别为2956.59m^3/s、2346.97m^3/s，竹洲头取水断面分别为2866.49m^3/s、2223.89m^3/s，水量较充沛。

三种情况下，现状年97%最枯日和97%最枯月来水条件下广昌、平岗和竹洲头泵站取水断面取水前后水位变化情况见表3-2。由表3-2可知，现状年三种情况下广昌、平岗和竹洲头泵站取水断面取水前后水位变化很小。

表 3-2　现状年广昌、平岗和竹洲头泵站取水断面取水前后水位变化表　单位：m

频率	取水断面	工况	落潮平均	变化值	涨潮平均	变化值
97%最枯日	广昌泵站（丰水期）	工程前	0.4139	—	−0.3275	—
		工程后	0.4137	−0.0002	−0.328	−0.0005
	平岗泵站（咸潮期广昌泵站不能取水时）	工程前	0.4075	—	−0.2738	—
		工程后	0.4071	−0.0004	−0.2747	−0.0009
	竹洲头泵站（咸潮期广昌和平岗泵站均不能取水时）	工程前	0.3876	—	−0.2695	—
		工程后	0.3871	−0.0005	−0.2706	−0.0011
97%最枯月	广昌泵站（丰水期）	工程前	0.4134	—	−0.3265	—
		工程后	0.4132	−0.0002	−0.3271	−0.0006
	平岗泵站（咸潮期广昌泵站不能取水时）	工程前	0.4113	—	−0.2681	—
		工程后	0.4109	−0.0004	−0.2691	−0.001
	竹洲头泵站（咸潮期广昌和平岗泵站均不能取水时）	工程前	0.3975	—	−0.2589	—
		工程后	0.397	−0.0005	−0.2601	−0.0012

（2）规划水平年。三种情况下，规划水平年97%最枯日和97%最枯月来水条件下广昌、平岗和竹洲头泵站取水断面取水前后流量变化情况见表3-3。

表 3-3　规划水平年广昌、平岗和竹洲头泵站取水断面取水前后流量变化表

频率	取水断面	工况	落潮平均 /(m^3/s)	变化值 /%	涨潮平均 /(m^3/s)	变化值 /%
97%最枯日	广昌泵站（丰水期）	工程前	3499.23	—	2970.86	—
		工程后	3486.2	−0.37	2970.49	−0.01
	平岗泵站（咸潮期广昌泵站不能取水时）	工程前	2882.63	—	2445.93	—
		工程后	2871.33	−0.39	2443.72	−0.09
	竹洲头泵站（咸潮期广昌和平岗泵站均不能取水时）	工程前	2766.21	—	2354.52	—
		工程后	2756.11	−0.37	2351.49	−0.13
97%最枯月	广昌泵站（丰水期）	工程前	3549.90	—	2899.09	—
		工程后	3536.83	−0.37	2898.77	−0.01
	平岗泵站（咸潮期广昌泵站不能取水时）	工程前	2949.35	—	2354.91	—
		工程后	2938.04	−0.38	2352.81	−0.09
	竹洲头泵站（咸潮期广昌和平岗泵站均不能取水时）	工程前	2859.28	—	2231.87	—
		工程后	2849.20	−0.35	2228.97	−0.13

由表 3-3 模型计算成果可知，规划水平年 97%保证率年最枯日流量条件下，广昌泵站取水断面落潮平均流量和涨潮平均流量分别为 3499.23m^3/s、2970.86m^3/s，平岗泵站取水断面分别为 2882.63m^3/s、2445.93m^3/s，竹洲头取水断面分别为 2766.21m^3/s、2354.52m^3/s。97%保证率年最枯月流量条件下，广昌泵站取水断面落潮平均流量和涨潮平均流量分别为 3549.90m^3/s、2899.09m^3/s，平岗泵站取水断面分别为 2949.35m^3/s、2354.91m^3/s，竹洲头取水断面分别为 2859.28m^3/s、2231.87m^3/s，水量较充沛。

三种情况下，规划水平年 97%最枯日和 97%最枯月来水条件下广昌、平岗和竹洲头泵站取水断面取水前后水位变化情况见表 3-4。

表 3-4　规划水平年广昌、平岗和竹洲头泵站取水断面取水前后水位变化表　单位：m

频率	取水断面	工况	落潮平均	变化值	涨潮平均	变化值
97%最枯日	广昌泵站（丰水期）	工程前	0.4138	—	−0.3277	—
		工程后	0.4136	−0.0002	−0.3282	−0.0005
	平岗泵站（咸潮期广昌泵站不能取水时）	工程前	0.4071	—	−0.2743	—
		工程后	0.4067	−0.0004	−0.2752	−0.0009
	竹洲头泵站（咸潮期广昌和平岗泵站均不能取水时）	工程前	0.3871	—	−0.27	—
		工程后	0.3866	−0.0005	−0.2712	−0.0012
97%最枯月	广昌泵站（丰水期）	工程前	0.4132	—	−0.3267	—
		工程后	0.413	−0.0002	−0.3273	−0.0006
	平岗泵站（咸潮期广昌泵站不能取水时）	工程前	0.4109	—	−0.2686	—
		工程后	0.4105	−0.0004	−0.2696	−0.001
	竹洲头泵站（咸潮期广昌和平岗泵站均不能取水时）	工程前	0.397	—	−0.2594	—
		工程后	0.3965	−0.0005	−0.2606	−0.0012

由表 3-4 可知，规划水平年三种情况下广昌、平岗和竹洲头泵站取水断面取水前后水位变化很小。

3.1.3　可供水量保证程度分析

（1）生态需水保证分析。从前面的模型计算结果看，在设计频率 97%条件下，规划水平年工程取水前和取水后取水断面最小潮位值分别为−0.923m 和−0.924m（广昌断面）、−0.817m 和−0.818m（平岗断面）、−0.772m 和−0.774m（竹洲头断面）。河道内最小水深的变化幅度很小，河道内生态需水可以得到保证。

（2）可供水量保证分析。新广昌泵站最大取水规模为 110 万 m^3/d，折合取水流量 12.73m^3/s；日均取水量为 96 万 m^3/d，折合取水流量 11.11m^3/s。

规划水平年97%保证率年最枯日流量条件下，广昌泵站取水断面落潮平均流量和涨潮平均流量分别为3499.23m^3/s、2970.86m^3/s，平岗泵站取水断面分别为2882.63m^3/s、2445.93m^3/s，竹洲头取水断面分别为2766.21m^3/s、2354.52m^3/s，水量充沛，远大于泵站取水需求。新广昌泵站最大取水流量占广昌取水断面涨、落潮平均流量比例分别约为0.43%和0.36%，新广昌泵站日平均取水流量占广昌取水断面涨、落潮平均流量比例分别约为0.36%和0.32%。涨落潮时段泵站工程取水流量均有所保障。

规划水平年97%保证率年最枯月流量条件下，广昌泵站取水断面落潮平均流量和涨潮平均流量分别为3549.90m^3/s、2899.09m^3/s，平岗泵站取水断面分别为2949.35m^3/s、2354.91m^3/s，竹洲头取水断面分别为2859.28m^3/s、2231.87m^3/s，水量较充沛，远大于泵站取水需求。新广昌泵站日最大取水流量占取水断面涨、落潮平均流量比例分别约为0.36%和0.44%，新广昌泵站日平均取水流量占广昌取水断面涨、落潮平均流量比例分别约为0.31%和0.38%。涨落潮时段泵站工程取水流量均有所保障。

3.2 取水水源咸潮影响分析

3.2.1 取水断面咸潮影响

新广昌泵站工程取水水源为磨刀门水道，磨刀门水道属于三角洲河网区，为往复流，从9月开始会出现咸潮上溯，枯水期（12月至翌年2月）咸潮活动最为活跃。新广昌泵站工程取水口距离河口较近，取水河段受咸潮影响较大，尤其是枯水期，磨刀门水道受咸潮影响更为严重。根据珠江三角洲咸潮影响分析成果，广昌泵站、平岗泵站和竹洲头泵站取水口位于大旱年咸潮影响范围之内，受咸潮影响。在不同流量条件下，平岗—广昌原水供应保障工程取水水源受咸潮影响，上游来水流量小于2500m^3/s时，竹洲头泵站取水水源含氯度达到250mg/L；上游来水流量小于3500m^3/s时，平岗泵站取水水源含氯度达到250mg/L；上游来水流量小于5500m^3/s时，广昌泵站取水水源含氯度达到250mg/L。

本论证对2011—2014年枯水期（10月至翌年4月）上游日均来水量（“马＋三”）和工程取水断面日均氯离子含量关系情况进行了分析（图3-2～图3-4），也对2012—2014年枯水期（1—3月）上游日均来水量（“马＋三”）和工程取水断面日超标时数关系进行了分析（见图3-5～图3-7）。

由图3-2～图3-4可以看出，随着上游来水量的增加，取水断面氯化物含量降低。三个取水断面中，广昌泵站取水断面受咸潮影响最大，上游来水量小于5500m^3/s，广昌泵站取水断面氯化物含量超标，影响取水；上游来水量小于3500m^3/s，平岗泵站取水断面氯化物含量超标，影响取水；上游来水量小于2500m^3/s，竹洲头泵站取水断面氯化物含量超标，影响取水。

由图3-5～图3-7可以看出，随着上游来水量的增加，取水断面咸潮日超标时数减少。三个取水断面中，枯水期广昌泵站取水断面咸潮日超标时数平均值最大，1—2月几乎不能取水；平岗泵站取水断面咸潮日超标时数平均值较大，1—2月有一半时间可以取水；竹洲头泵站取水断面咸潮日超标时数平均值最小，1—2月有大部分时段均可以取水。

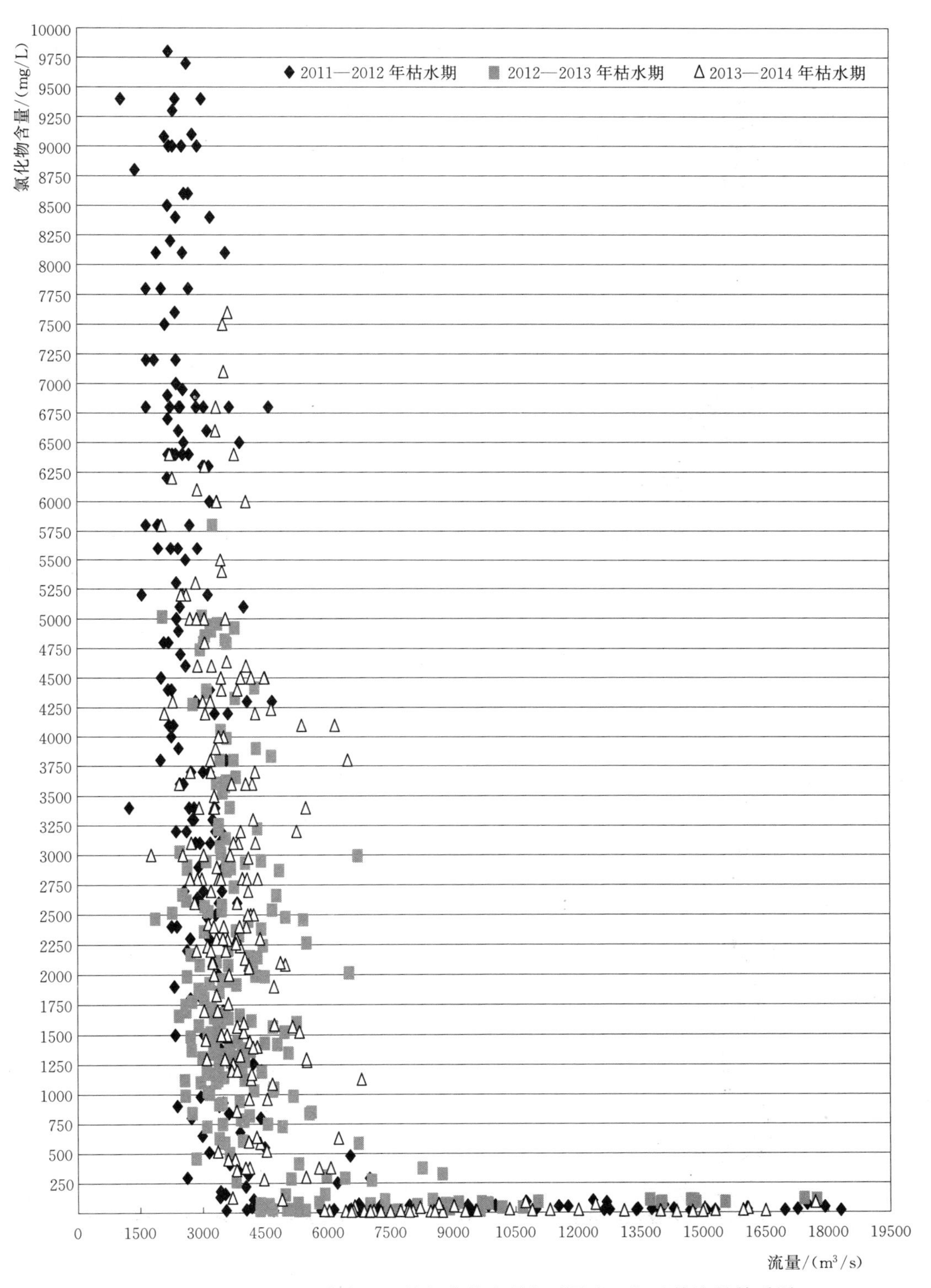

图 3-2　广昌泵站取水断面日均氯化物含量与“马十三”日均流量关系图

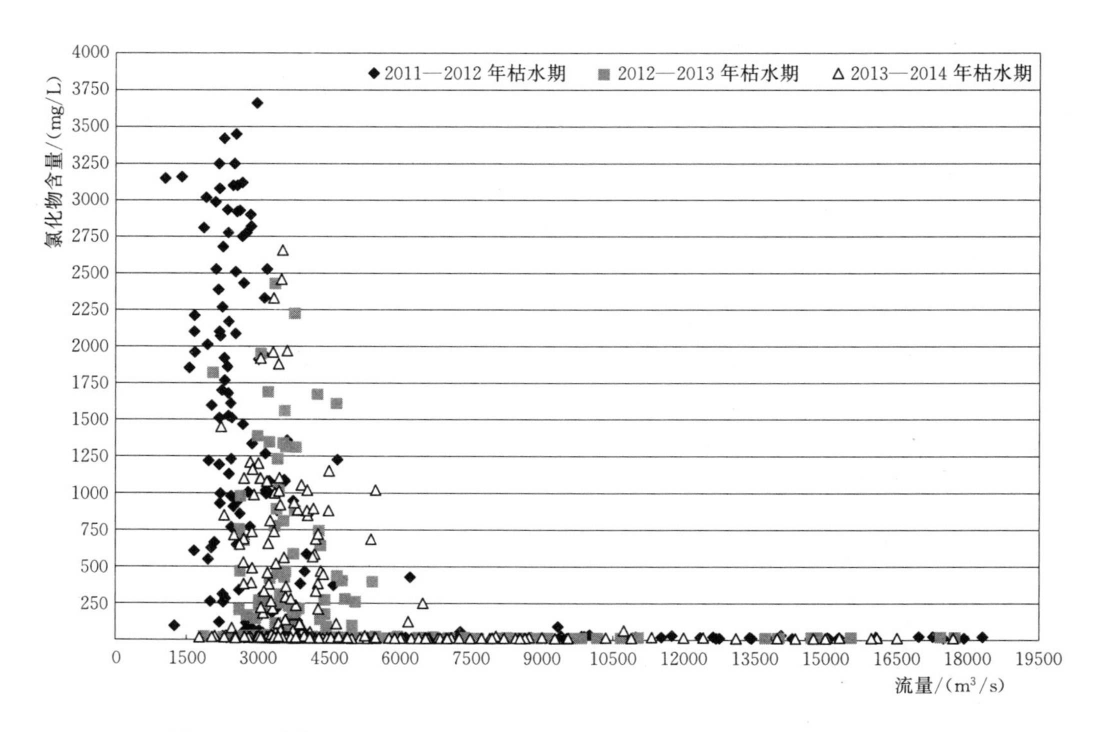

图 3-3　平岗泵站取水断面日均氯化物含量与“马十三”日均流量关系图

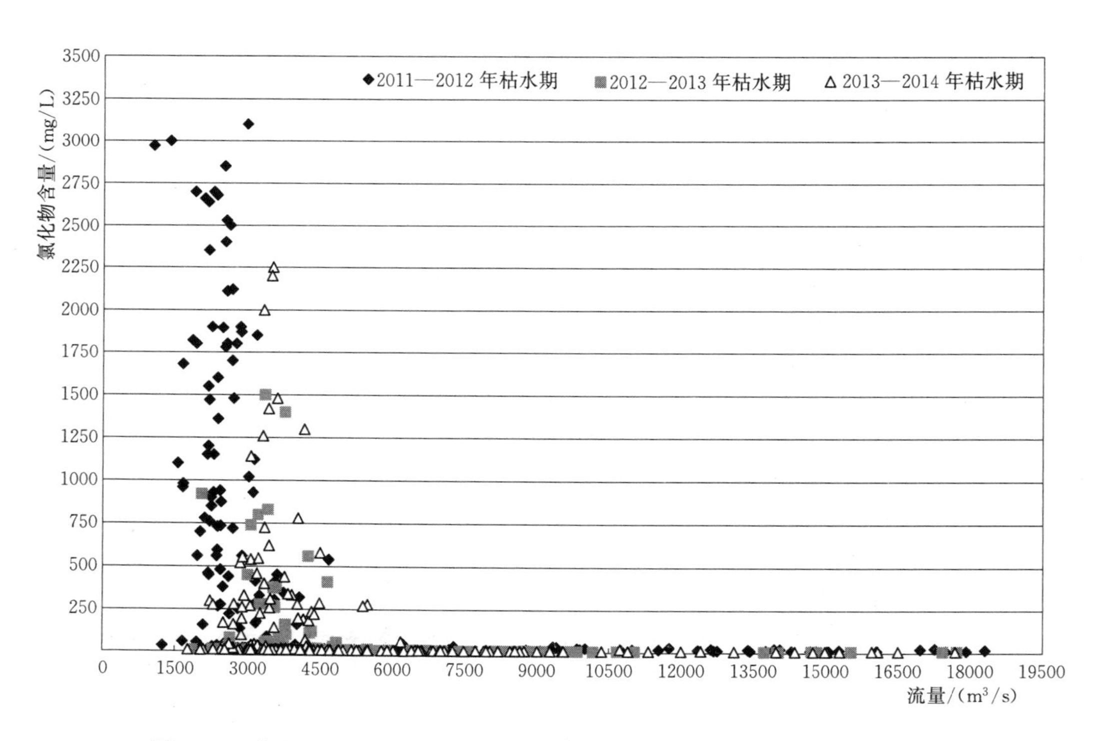

图 3-4　竹洲头泵站取水断面日均氯化物含量与“马十三”日均流量关系图

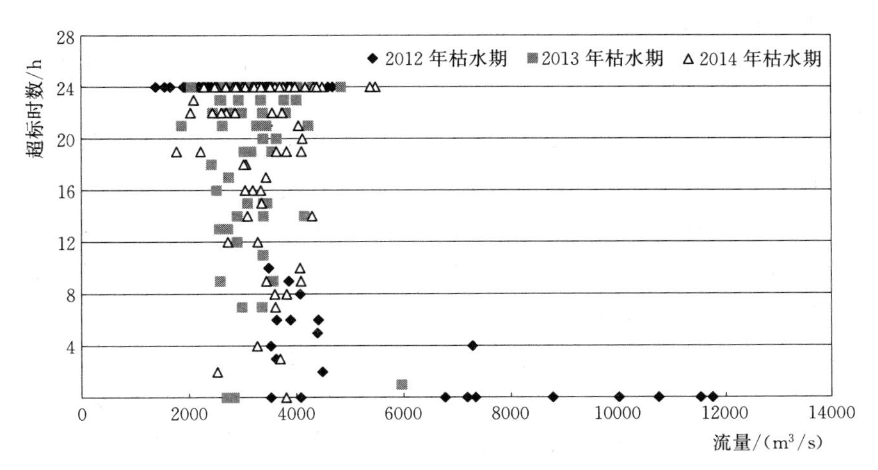

图 3-5　广昌泵站取水断面日超标时数与“马十三”日均流量关系图

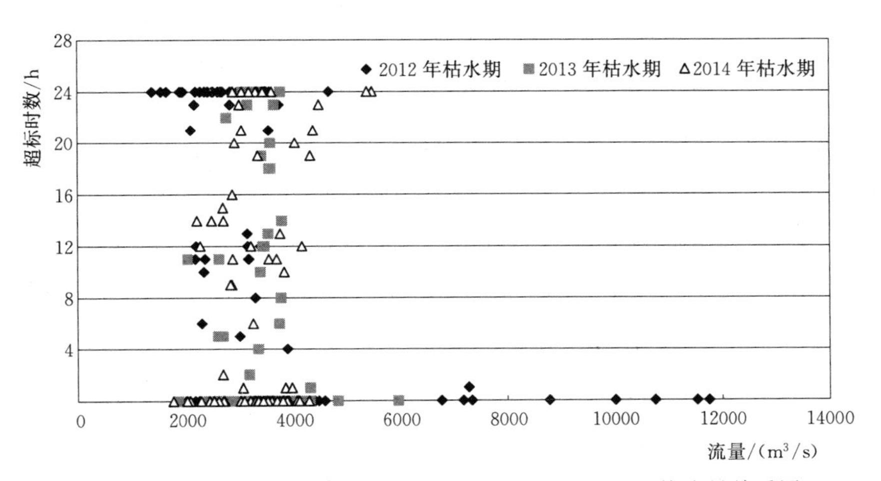

图 3-6　平岗泵站取水断面日超标时数与“马十三”日均流量关系图

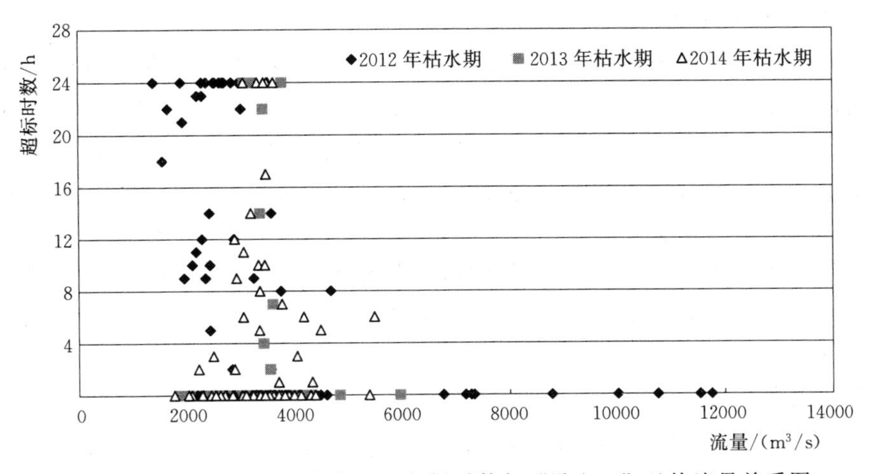

图 3-7　竹洲头泵站取水断面日超标时数与“马十三”日均流量关系图

3.2.2 取水断面咸度现状

根据2003—2014年枯水期（10月至翌年3月）广昌泵站、平岗泵站和竹洲头泵站取水点的咸度数据分析成果可知（见表3-5）：

（1）2009年开始，总咸潮天数增加迅速，2011年达到257d；广昌泵站和平岗泵站咸度超标天数不断增加，最长连续超标天数在2009年9月至2012年4月达到最大。

（2）自2004年10月至2014年3月，位于磨刀门水道最下游的广昌泵站咸度超标天数平均为180d，最大为222d（2011年10月至2012年4月），广昌泵站咸潮周期内咸度超标时间所占比例最高达到95%。

（3）平岗泵站咸度超标天数平均为70d，最大为125d（2009年9月至2010年4月），咸潮周期内咸度超标时间所占比例也呈上升趋势，由2006—2007年度的24%提高到2009—2010年度的51.7%，近三年咸度超标时间所占比例下降。

（4）竹洲头泵站位于最上游，目前受咸潮影响较小，咸度超标天数平均为26d，最大为80d。

表3-5　　广昌泵站、平岗泵站和竹洲头泵站取水点咸度超标统计表

项目		2003年10月至2004年3月	2004年10月至2005年3月	2005年10月至2006年3月	2006年10月至2007年3月	2007年10月至2008年3月	2008年10月至2009年3月	2009年9月至2010年4月	2010年10月至2011年4月	2011年10月至2012年4月	2012年9月至2013年3月	2013年10月至2014年3月
咸潮天数/d		184	183	185	182	183	182	242	212	257	194	177
咸度超标天数/d	广昌	151	155	169	165	174	126	217	190	222	186	163
	平岗	33	29	61	44	86	36	125	58	106	39	63
	竹洲头	—	—	—	—	—	—	3	1	80	14	33
咸度超标所占比例/%	广昌	82	85	91	90	95	69	89.7	89.6	72	67	74
	平岗	18	16	33	24	47	20	51.7	27.4	32	10	20
	竹洲头	—	—	—	—	—	—	1.2	0.5	22	3	8
最长连续超标天数/d	广昌	31	42	56	79	87	44	127	156	111	26	43
	平岗	8	7	8	9	12	7	39	11	22	5	8
	竹洲头	—	—	—	—	—	—	3	1	10	4	6

3.2.3 取水断面咸潮期供水调度

磨刀门水道受咸潮影响，新广昌泵站、平岗泵站和竹洲头泵站取水点均受咸潮影响，平均咸度超标天数分别为180d、70d和26d，最长连续超标天数分别为156d、39d和10d。枯水期磨刀门水道咸度超标时，新广昌泵站、平岗泵站和竹洲头泵站取水口不能取水，为保证珠海市主城区和澳门枯水期用水，编制了咸潮期供水调度模型（模型界面见图3-8）对枯水期咸潮影响用水调度进行了分析。

（1）调度时间。磨刀门水道枯水期受咸潮影响的时间，即2011年10月至2012年4月、2012年10月至2013年4月、2013年10月至2014年4月、2014年10月至2015年4月，逐时时段。

（2）调度规则。

1）枯水期新广昌泵站咸度超标（含氯度大于250mg/L）时，新广昌泵站不能取水，从平岗泵站抢淡调水，通过广昌泵站给珠海市主城区补库。

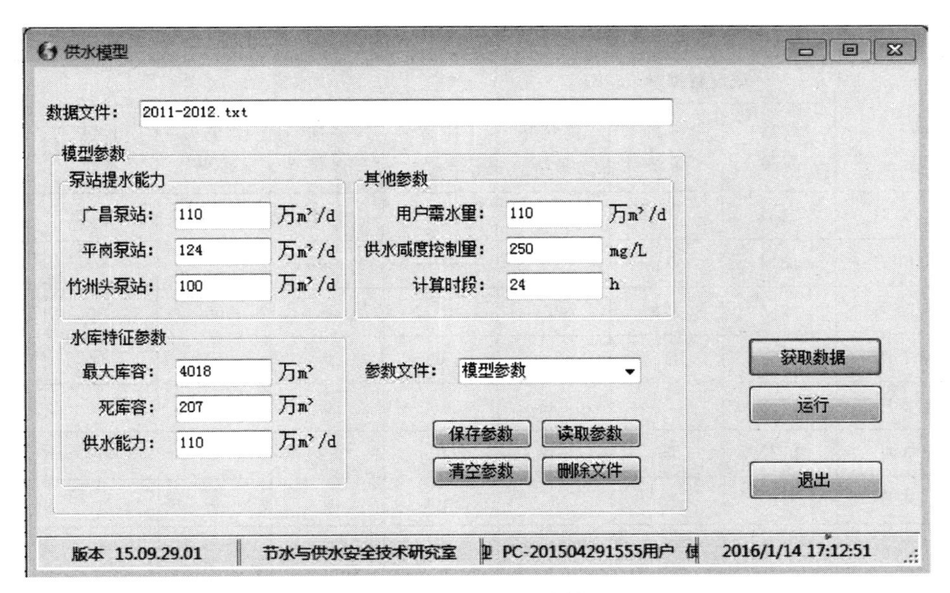

图 3-8　咸潮期供水调度模型界面

2）枯水期新广昌泵站和平岗泵站咸度均超标（含氯度大于 250mg/L）时，新广昌泵站和平岗泵站均不能取水，竹洲头泵站抽水至平岗泵站，再通过广昌泵站给珠海市主城区补库。

3）枯水期新广昌泵站、平岗泵站咸度和竹洲头泵站均超标（含氯度大于 250mg/L）时，新广昌泵站、平岗泵站咸度和竹洲头泵站均不能取水，利用非咸潮期从竹洲头泵站取水输送至竹银水库的水，通过隧洞输送至平岗泵站，再通过广昌泵站给珠海市主城区补库。

（3）调度结果。通过对 2011—2015 年枯水期逐时时段三个泵站的供水进行调度，调度平衡月平均计算结果见表 3-6。根据咸潮期供水调度模型运行结果，在以上三种调度规则下，新广昌泵站不会缺水。

表 3-6　　广昌泵站、平岗泵站和竹洲头泵站咸潮期供水调度平衡计算结果表

时间	咸度数据/(mg/L)			供水量/万 m³				缺水统计
	广昌泵站	平岗泵站	竹洲头泵站	广昌泵站	平岗泵站	竹洲头泵站	竹银水库	
2011 年 10 月	1483	55	25	0	3300	0	0	0
2011 年 11 月	3697	537	214	0	0	3000	300	0
2011 年 12 月	7213	2064	1351	0	0	0	3300	0
2012 年 1 月	6332	1416	937	0	0	0	3300	0
2012 年 2 月	5621	1193	654	0	0	0	3300	0
2012 年 3 月	1181	190	68	0	3300	0	0	0
2012 年 4 月	336	19	12	0	3300	0	0	0

续表

时间	咸度数据/(mg/L)			供水量/万 m^3				缺水统计
	广昌泵站	平岗泵站	竹洲头泵站	广昌泵站	平岗泵站	竹洲头泵站	竹银水库	
2012 年 10 月	2121	79	17	0	3300	0	0	0
2012 年 11 月	1314	53	10	0	3300	0	0	0
2012 年 12 月	1953	290	77	0	0	3000	300	0
2013 年 1 月	2484	413	69	0	0	3000	300	0
2013 年 2 月	3172	558	232	0	0	3000	300	0
2013 年 3 月	1177	29	10	0	3300	0	0	0
2013 年 4 月	57	13	8	3300	0	0	0	0
2013 年 10 月	1442	61	11	0	3300	0	0	0
2013 年 11 月	1929	97	19	0	3300	0	0	0
2013 年 12 月	2297	301	93	0	0	3000	300	0
2014 年 1 月	3668	441	142	0	0	3000	300	0
2014 年 2 月	5139	986	585	0	0	0	3300	0
2014 年 3 月	2229	181	115	0	3300	0	0	0
2014 年 4 月	21	12	9	3300	0	0	0	0
2014 年 10 月	559	10	8	0	3300	0	0	0
2014 年 11 月	1298	13	8	0	3300	0	0	0
2014 年 12 月	4915	766	412	0	0	0	3300	0
2015 年 1 月	2731	204	79	0	3300	0	0	0
2015 年 2 月	2143	118	9	0	3300	0	0	0
2015 年 3 月	1396	69	9	0	3300	0	0	0
2015 年 4 月	682	11	8	0	3300	0	0	0

规划水平年，控制站上游将建成一系列水利枢纽工程，珠江流域骨干水库的调度将对三角洲枯水期的流量起到较大的调控作用。根据《保障澳门、珠海供水安全专项规划》，西江上游的天生桥、龙滩、百色等水库调节库容大、调节性能好，可以增加西北江三角洲枯水期的流量。考虑大藤峡水利枢纽工程在枯水期调节来水，可将最枯月平均流量的保证率提高到 93.2%。

同时，2005 年以来，在国家防总、水利部的组织和领导下，珠江水利委员会组织实施了多次枯水期水量调度，保障珠三角及珠海、澳门供水安全，随着枯水期水量调度方案的制度化、日常化，项目取水口不受咸潮影响的保障程度会更高。因此，枯水期受咸潮影响下，新广昌泵站取水可以得到保障。

专◆家◆点◆评

平岗—广昌原水供应保障工程是珠澳地区城市发展规划的原水供给工程，工程建设可缓解枯水期珠澳淡水供应压力，提高咸潮期抢淡蓄淡能力，保障珠澳地区用水需求，完善供水系统和保证供水安全。

平岗—广昌原水供应保障工程水资源论证报告围绕珠澳地区城市发展过程中提高供水保障程度这个重点展开论证。首先，在分析珠澳地区水资源现状的基础上，论证项目用水规模的合理性；其次，结合工程取水口为珠江三角洲河网区的特点，论证项目取水水源的可行性和可靠性，分析项目供水保障程度。本案例具有如下主要特点：

(1) 工程取水规模确定的特殊性。平岗—广昌原水供应保障工程涉及珠澳供水系统，珠澳供水系统具有江河为主、水库为辅、库库联通和多水源等特点，新广昌泵站与现广昌泵站、平岗泵站和竹洲头泵站的调度运行密切相关，同时新广昌泵站还为珠海市南北库群补水，工程取水规模的确定具有特殊性。工程基于水量平衡关系，推求最不利补库条件下泵站取水规模。

(2) 工程取水水源论证的复杂性。平岗—广昌原水供应保障工程取水水源位于珠三角河网区，河网纵横交错，水动力条件复杂，取水河段水量受上游径流和河口潮流上溯影响，工程取水水源论证与一般平原区不同，取水水源论证采用一维潮流数学模型分析广昌泵站、平岗泵站、竹洲头泵站的可供水量。

(3) 咸潮对取水影响的论证。平岗—广昌原水供应保障工程取水水源枯水期受咸潮影响，枯水期取水水源取水口不能正常取水。报告书重点论证了受咸潮影响的情况，编制了咸期供水调度模型，分析取水口供水保障程度。

本案例也存在一些不足，例如南北库群自产水量和补库水量的确定论证不够深入、取水水源论证范围的确定分析不够等。总体而言，平岗—广昌原水供应保障工程水资源论证，其取用水合理性分析和工程取水规模的确定，较好地结合了珠江三角洲河网区的特点及珠澳供水系统的实际；另外，将数值模拟方法运用到河网区建设项目的水源论证中，采用的咸潮分析方法在受咸潮影响河网区的水源论证中具有推广应用意义。

何宏谋　刘振胜